DIE FEILE

UND IHRE ENTWICKLUNGSGESCHICHTE

VON

OTTO DICK

INGENIEUR UND MITINHABER DER FIRMA FRIEDR. DICK G. M. B. H.
ESSLINGEN A. N.

MIT 278 TEXTABBILDUNGEN

SPRINGER-VERLAG BERLIN HEIDELBERG GMBH

1925

ISBN 978-3-642-50597-3 ISBN 978-3-642-50907-0 (eBook)
DOI 10.1007/978-3-642-50907-0

URSPRÜNGLICH ERSCHIENEN BEI JULIUS SPRINGER IN BERLIN 1925
SOFTCOVER REPRINT OF THE HARDCOVER 1ST EDITION 1925

Vorwort.

So bekannt die Feile und so wohl gehegt ihr Dasein in den Kreisen der Industrie und des Handwerks ist, so herzlich wenig weiß im allgemeinen der Ingenieur, Meister und Arbeiter von der Art und Weise ihrer Herstellung, noch weniger aber von ihrer Entwicklung.

Früher ist mehr über dieses wichtige Werkzeug geschrieben worden, und aus alter technischer Literatur sind bemerkenswerte Einzelheiten bekannt.

Ich habe mir die Aufgabe gestellt, eine möglichst erschöpfende Arbeit zu liefern und mich dabei von zwei Grundgedanken leiten lassen: Einmal, um der technischen Wissenschaft zu dienen, deren Bestrebungen bekanntlich auch dahin gehen, die Geschichte von Werkzeugen und Maschinen geschildert zu wissen; sodann um ein Lehrwerk zu schaffen zum Nutzen aller Industrieller, Ingenieure, Betriebsleiter und Meister, aller Lehrkräfte, Kaufleute, Eisen- und Werkzeughändler usw.

Die Anregung zu einer Biographie der Feile kam schon vor vielen Jahren aus interessierten Kreisen. — Der im Jahre 1914 verstorbene kaufmännische Leiter der Firma Friedr. Dick in Eßlingen a. N., Prokurist Friedrich Gayler, begann einiges geschichtliche Material über die Feile zu sammeln. Mir blieb es vorbehalten, eingehend die technische Entwicklung der Feile von Anfang an aufzurollen und Zitate aus alter und neuerer Literatur in ausgedehntem Maße zusammenzutragen.

Besonderen Wert habe ich auf die Beschreibung der wichtigsten Maschine in der Feilenfabrikation gelegt, — der Feilenhaumaschine. Der besseren Übersicht wegen sind die Modelle in chronologischer Reihenfolge erläutert, und zwar vom Entwurf Leonardo da Vinci bis zur neuesten Konstruktion der Jetztzeit.

Ein anderer Hauptabschnitt behandelt den Werdegang der Feile nach modernen Grundsätzen, nicht ohne interessante geschichtliche Rückblicke zu bieten. Ich war darauf bedacht, den Stoff erzählerisch zu gestalten, um ihn auch dem Laien verständlich und zugänglich zu machen.

Jedermann, der mit der Feile und Raspel durch das Berufsleben in Fühlung kommt, sei hiermit ein Leitfaden in die Hand gegeben, der nicht nur die Bibliothek erweitern, sondern auch als Ratgeber dienen soll in allen mit der Feile selbst und ihrem Gebrauch zusammenhängenden Fragen. — Deshalb ist alles Wissensnötige über die Gestalt und Herstellung dieses Werkzeuges sowie über den Feilenhieb als solchen erwähnt und besprochen.

Trotzdem macht dieses Nachschlagebuch keinen Anspruch auf Vollständigkeit, denn da und dort werden sich schließlich Lücken oder Mängel zeigen, um deren freundliche Nachsicht ich an dieser Stelle bitte.

Schließlich möchte ich allen Denjenigen, welche mir das oft schwer auffindbare Forschungsmaterial zur Verfügung stellten, mir bereitwillig die Erlaubnis zur Reproduktion vieler Bilder erteilten, und welche mich bei der Bearbeitung tatkräftig unterstützten, meinen herzlichen Dank aussprechen.

Eßlingen a. N., im September 1925.

Otto Dick.

Inhaltsverzeichnis.

Erster Teil. **Die Geschichte der Feile.**

Zweiter Teil. **Die Entwicklung der Feilenhaumaschinen.**

Dritter Teil. **Die Feilenfabrikation und ihre Entwicklung.**

Erster Teil.

Entwicklungsgeschichte.

Zur Einführung. Will man der geschichtlichen Entwicklung von Feilen und Raspeln und der Entwicklung ihrer Herstellung nachforschen, will man feststellen, zu welcher Zeit die Menschen sich zuerst eines Werkzeuges bedienten, welches man in der römischen Sprache mit „Lima“ und „Scorbina“, im deutschen Mittelalter mit „figil“ (fyl) und „raspen“ (raspe) und heute mit „Feile“ und „Raspel“ bezeichnet, so muß man in erster Linie wissen, was unter dieser Bezeichnung verstanden wird.

Eine Feile oder Raspel ist ein Werkzeug, welches mit scharfen Einkerbungen (Zacken, Einschnitten, sägeartigen Zähnen, Hieben) versehen ist und welches schärfer oder härter oder beides zugleich sein muß als der Gegenstand, welchen man durch Darüberstreichen in seiner ursprünglichen Form verändern — abfeilen oder abraspeln — oder welchen man trennen, durchschneiden — durchfeilen — will.

Aus der Urform heraus hat sich die Feile im Laufe der Jahrtausende zum feinsten Werkzeug entwickelt, mit welchem vielfach auch die letzte Nachbearbeitung vorgenommen wird. Das Wort „Feile“ wurde, wie ich hier gleich anführen möchte, in der römischen Literatur schon sehr früh bildlich angewandt und so schrieb z. B. der Freund des Kaisers Trajan, Cajus Plinius Cäcilius Secundus (62—114 n. Chr.), einem seiner Freunde in Bezug auf eine literarische Arbeit „um die Schärfe Deiner Feilen noch zu steigern“, d. h. um des Freundes kritische Schärfe in der Beurteilung der Arbeit noch zu steigern, und weiter hierzu noch Christoff Weigel in seinem Buch „Gemein-Nützliche Hauptstände von Regenten und ihren Künstlern und Handwerkern“ 1698: „Wann die alten Römer eine übelgestellte ungelehrte Schrift oder andere schlechte Arbeit sahen, pflegten sie sprichwortsweise zu sagen: hic lima opus est, hier ist annoch die Feile nötig. Ich führe aber solches zum Beweise an, daß auch schon die Feile zu der alten Römer Zeiten bekannt gewesen, indem nicht allein bei Ovidius oben angeführtes Sprichwort zu lesen ist, sondern auch Horatius der Feile gedenket. Ich habe den eigentlichen Erfinder dieses so nützlichen Werkzeuges weder finden noch erfahren können, da aber Horatius wenige Jahre vor und Ovidius 17 Jahre nach Christi Geburt starb, so ist leicht zu erraten, daß die Feilen als nützliche Werkzeuge bereits schon lange vorher

Abb. 1*). Englische Satire aus dem Jahre 1846.

*) Abb. 1 und 2 Quellenforschungen. Feldhaus, Berlin-Friedenau.

bekannt waren." Und noch bis zum heutigen Tage gebrauchen wir die aus der Handwerkersprache entnommene Redensart, „die letzte Feile anlegen", wenn wir einer Arbeit den letzten Schliff geben wollen. Selbst große Politiker wandten in früheren Jahren den Ausdruck „an etwas herumfeilen" auf wichtige politische Ereignisse an. Hier abgebildete Satiren befinden sich in Zeitschriften, welche in staatlichem Besitze sind. Abraham a S. Clara, Augustiner, Barfüßer, weiland Kaiserl. Hofprediger am Wiener Stephansdom, veröffentlichte im Jahre 1711 ein großes, heute noch bekanntes Werk, „Etwas für Alle, das ist: Eine kurtze Beschreibung allerley Stands-, Ambts- und Gewerbspersonen mit beygedruckter Sittlichen Lehre und Biblischen Concepten", in welchem er alle damaligen Handwerke, darunter auch das der Feilenhauer, beschrieb. Vor den Toren des Stephandomes hielt Abraham a S. Clara eines Tages auch eine etwas drastische Predigt an die Feilenhauer und deren Angehörigen, in welcher er zunächst über ihr Gewerbe sprach und dann seine Predigt mit folgenden Worten einleitete: „Gott der Allmächtige hat noch mehr Feilen, mit welchen er den Rost der Sünden von uns wegfeilet, obwolen sich viele darüber beklagen und mancher sagt: daß Gott erbarm!" Nach einer längeren Auslassung hierüber kam er zu folgendem Schluß: „Der Feilenhauer gedenke, daß gleichwie er solchen Werkzeug machet, so das Böse von andern wegnimmt; also unterlässet auch Gott nicht seine Feilen zu verfertigen, die uns den Rost der Sünden benehmen und in der Vollkommenheit ganz glänzend machen."

Abb. 2. Wiener Satire auf Bismarck 1878.

Abb. 3. Äsop'sche Sage von der „Schlange und Feile."

Ehe die aufeinanderfolgende Entwicklung der Feile aus ihrer Urform heraus geschildert wird, soll zunächst im Gegensatz zur bildlichen Anwendung der Feile ihre technische Verwendung in der griechischen, römischen und deutschen Literatur und Geschichte kurz erwähnt werden.

Daß die Feile Jahrhunderte vor Christi Geburt schon zur Genüge bekannt war, geht aus der Äsop'schen Sage ganz deutlich hervor. Der griechische Fabeldichter Äsop, der ein Sklave aus Phrygien gewesen sein soll und um das Jahr 560 v. Chr. gelebt hat, war offenbar ein genauer Kenner der Feile, wie dies aus seiner 12. Fabel „Von der Schlange und Feile" einwandfrei hervorgeht. Der griechische Urtext wurde zunächst in das Lateinische und später in alle andern Sprachen übersetzt. In alemannischer Sprache lautete die Übersetzung von Steinhöwel (1412—1482):

„Ain hungrige nater kam in ain schmitten iere spys suochend und fand ein fylen, und fieng sie an, ze nagen. Do des die fyl empfand, sprach sie zuo der nater: O du törin, was tuost du nit anders, wann daz du dyne zend verderben wilt. Waist du nit, daz ich die bin, die alles ysen abnagt, und du wilt mich nagen? und was ruch ist und uneben, das glette ich, was ekot ist, das beschnid ich. Darumb krecz dich nit mit kainer kaczen."

Im heutigen Deutsch: „Eine hungrige Natter kam in eine Schmiede nach Nahrung suchend und fand eine Feile, an welcher sie zu nagen anfing. Als dies die Feile spürte, sprach sie zu der Natter: O du Törin, du verdirbst dir ja bloß deine Zähne. Weißt du nicht, daß ich die bin, die alles Eisen abnagt und du willst mich benagen? Was rauh ist und uneben, das glätte ich, was eckig ist, das beschneide (befeile) ich: Darum kratz' dich nicht mit einer Katze."

Ein weiteres Vorkommen der Feile in der griechischen Literatur fällt in eine nicht viel spätere Zeit. Der griechische Trauerspieldichter Euripides (480—406 v. Chr.) spricht in dem verlorenen Stück „Telephos" in einem Vers, der zufällig erhalten ist, von der Feile. Telephos, der nach der Sage durch den, der ihn verwundet hatte, geheilt wurde, wird durch die Feilspäne der Lanze des Achilles gesund. Xenophon, der berühmte griechische Geschichtsschreiber (434—355 v. Chr.) sagt in seiner „Kyrupädie" (380 v. Chr.), der Bildungs- und Regierungsgeschichte des älteren Kyros, anläßlich der Vorschriften für den Krieg folgendes über die Feile:

„Gut ist's, auch eine Feile mitzunehmen, denn wer seine Lanze schärft, schärft dabei seinen Mut auch etwas. Es wäre ja eine Schande, wenn man die Lanze schärfte und dabei ein Feigling wäre."

An anderer Stelle berichtete Xenophon, der mit offenen Augen den damaligen Handel beobachtete, daß sich in Sparta ein besonderer Markt für Eisenwaren befand, der stets auf das Beste versehen war. Man konnte dort lakonischen Stahl, lakonische Schlösser, Schwerter, Helme, Äxte und andere Gerätschaften kaufen. Lakonien war von altersher berühmt durch seine Eisen- und Stahlwaren, doch wurden diese nicht von den Achäern, sondern von den Periöken hergestellt. Die Eisenwaren bildeten einen Exportartikel. Am häufigsten genannt wurden Waffen und Werkzeuge aus Stahl, wie Schwerter, Lanzen, Hacken, Feilen, Bohrer und Äxte.

Aus der römischen Literatur lassen sich eine ganze Anzahl Stellen anführen, nach welchen Feilen allgemein im Gebrauch waren. Das lateinische Wort „Lima" ist gleichbedeutend mit dem deutschen Ausdruck Feile, während man die Raspeln „Scorbina" nannte, welcher Name ja heute noch in Italien für Raspeln, welche auf Holz oder Marmor verwendet werden, gebräuchlich ist. Zu bemerken ist hierzu, daß Cajus Plinius Secundus (23—79 n. Chr.) in seiner „Historia Naturalis" Buch XXXII, 11, von „scorpena" spricht und damit wohl eine Fischart meint. Tatsächlich wurden, wie später gezeigt wird, gewisse Fischhäute schon zu den frühesten Zeiten zu Feilen bzw. Raspeln verwendet. Der eben genannte Cajus Plinius Secundus erwähnt in seiner großen Naturgeschichte wiederholt die Bearbeitung von Edelsteinen mit einer Feile. So sagt er u. a. in seinem 33. Buche: „Sachkundige haben herausgefunden, daß man mit einem Wetzstein, wie mit einer Feile eine Probe der Erdstufe (Steine und Erze) abreiben kann" und in seinem 37. Buche: „Der Topas hat übrigens unter den Edelsteinen den größten Umfang, ihn allein greift die Feile an, die übrigen werden mit naxischem Wetzsteine (von der Insel Naxos) geglättet." Daß mit dem Probieren der Edelsteine auch schon mancher Schaden hervorgerufen wurde, geht aus dem 76. Kapitel hervor, denn dort lesen wir: „Die Edelsteinhändler verweigern das Probieren von Edelsteinen mit der Feile." Im Buch 34, Kap. 7 und 8, sind weiter noch vermerkt, daß Scipio Carvilius ein Bild Jupiters herstellte. „Mit Bruchstücken einer Feile verfertigte er sein eigenes Standbild, das am Sockel jenes Bildes steht" und „Theodorus, der das Labyrinth erbaute, goß sich in Samos selbst in Erz. — Ein Standbild, das wegen seiner wunderbaren Treue und Natürlichkeit berühmt sei. In der rechten Hand hält er eine Feile, in der linken Hand mit drei Fingern ein Viergespann, das dann nach Praeneste gebracht wurde." Und zum Schlusse schrieb Plinius einmal, daß der Rost, hervorgebracht durch Ziegen- oder Bocksblut, vorteilhaft die Feile ersetzte beim Polieren von Metallen.

Theoderich, der König der Ostgoten, schrieb Ende des 5. Jahrhunderts in einem Dankbrief an einen Warnenkönig u. a.:

„Euer Liebden hat uns Schwerter, die sogar Wehr und Waffen durchhauen, zugedacht; Schwerter, die wertvoller sind durch das Eisen, als durch den Goldwert. Es strahlt an ihnen eine so glänzende Politur, daß das Bild der Beschauer treu und klar wiedergegeben wird. Die Ränder sind so gleichmäßig scharf, daß man glaubt, sie seien nicht mit Feilen geformt, sondern aus glühenden Oefen gegossen. Die Schwerter haben in der Mitte eine schöne Rille (Blutrinne) und sind, wie man sieht, fein damasziert; es tritt da ein so mannigfaltiges Schattenspiel ein, daß man eher glaubt, das glänzende Metall sei mit verschiedenen Farben umwunden. Dieses ist von Euch mit Schleifsteinen so sorgfältig und völlig gereinigt worden und durch Euren ganz glänzenden Staub so fleißig abgeschmirgelt worden, daß der das schimmernde Eisen geradezu zu einem Spiegel für die Männer macht, der deshalb von der reichlich schenkenden Natur Eurem Vaterland vergönnt worden ist, damit Ihr von dieser Sache die einzig richtige Meinung bekommt: Schwerter sind das, bei deren Schönheit man glauben möchte, sie stammen vom Vulkan, der Schmiedearbeiten mit solcher Feinheit angefertigt haben soll, daß man das, was aus seinen Händen hervorgeht, nicht für das Werk Sterblicher hält, sondern glaubte, es sei göttlichen Ursprungs." (Aus „Geschichte der Familie Henckels" von Dr. Heinrich Kelleter, 1924.)

In der deutschen Literatur spielt die Feile im Gegensatz zu manch anderen Werkzeugen keine so große Rolle und nur sehr wenig ist über sie zu finden. Die nationalen Sagen der Germanen, ihre Mythologie, sind außerordentlich reich an Erzählungen, die auf Eisen und Eisenwaffen Bezug haben. Die Schmiedekunst und ganz besonders die Kunst des Waffenschmiedes war bei den alten Germanen hoch angesehen. Feile und Feilspäne kommen dabei besonders in der ausgedehnten und farbenprächtigen germanischen Sage von „Wieland dem Schmied" vor. Im Amelungenlied, einer freien Nachdichtung K. Simrocks (Stuttgart 1863) heißt es von Wieland, daß er mit einem Schwert einen schwimmenden Wolleballen so durchschneiden sollte, daß zwei spiegelglatte Flächen sichtbar würden. Folgende Verse sollen dem Leser nicht vorenthalten werden*).

Wieland besah die Wolle, wo sie das Schwert durchfuhr:
Ihm schien an beiden Stücken nicht scharf genug die Spur.
Er sprach: „Es hat sich eben nicht sonderlich erprobt.
Viel besser muß es werden, bevor es seinen Meister lobt."

Da ging zu seinem Saale Neiding der König reich,
Wieland in der Schmiede nahm eine Feile gleich;
Das schöne Schwert zerfeilt' er damit zu eitel Staub:
Wer es vernommen hätte, die Ohren wären ihm taub

*) Die Wielandsage ist die altertümlichste aller auf uns gekommenen germanischen Heldensagen; sie geht zurück in die vorgeschichtliche Zeit und hängt zusammen mit dem wichtigsten Schritt in der Entwicklung der menschlichen Kultur, nämlich mit dem Übergang von der primitiven Steinzeit zur Bronzezeit. In Nordeuropa, der Heimat der germanischen Völker, geschah dies etwa um die Mitte des zweiten vorchristlichen Jahrtausends. Wann die Sage ihre heutige Form erhielt, ist nicht genau zu bestimmen, vielleicht in den ersten nachchristlichen Jahrhunderten.

geworden von der Feile Geschrill auf hartem Stahl;
Auch hätt' ihn wohl gedauert des guten Schwertes Qual.
Da lagen nun die Späne: die schlug der weise Schmied
Mit Mehl und Milch zusammen: der Teig ihm trefflich geriet.

Wieland schmiedete ein neues Schwert, mit welchem er wieder nicht zufrieden war, obwohl es den im Wasser schwimmenden Wolleballen auf einen Schlag durchschnitt, aber „die Schur schien ihm noch nicht glatt genug".

Doch Wieland nahm die Wolle, durch die das Eisen fuhr;
Noch schien ihm an den Stücken nicht glatt genug die Schur.
Er sprach: „Es hat sich diesmal schon ziemlich scharf erprobt;
Doch muß es schärfer werden, bevor sein Meister es lobt."

Der König, ungeduldig, ging in seinen Saal,
Wieland nahm die Feile zu Händen noch einmal,
Damit zerfeilt' er wieder zu eitel Staub das Schwert;
Sähe das der König, er hätt' es sicher gewehrt.

Die Feilspäne mischte der Meister wohlgemut
Mit Milch und Mehl zusammen, der Teig geriet ihm gut;
Den gab er Mastvögeln, die schon den fünften Tag
Auf Kost umsonst gelauert im eng vergitterten Hag.

Die fraßen unmäßig, der Trog war bald geleert,
Und jener andre morgens mit Unrat hoch beschwert.
Den warf er in den Kessel und schürte seine Glut;
Das Erz herauszuschmelzen verstand kein Meister so gut.

Als sich das erkühlte, da schuf der Degen wert
Am siebenten Tage das wunderbare Schwert,
Das Mimung ist geheißen und aller Welt bekannt;
König aller Schwerter wurde Mimung genannt.

Hierzu schreibt Dr. Ludw. Beck im 1. Band seiner „Geschichte des Eisens in technischer und kulturgeschichtlicher Beziehung" 1884 wie folgt:

„Die bereits oben angeführte merkwürdige Stelle aus dem Amelungenlied, in der geschildert wird, wie Wieland das Schwert Mimung schmiedet, scheint uns ein klarer Beweis zu sein, daß zur Zeit des Dichters und wohl noch früher — denn die sonderbare Stelle trägt den Charakter altertümlicher Überlieferung an sich — die Zementation des Stahles durch Einsatzhärtung mittels eines Härtepulvers schon bekannt war. Das erste Schwert, welches Wieland geschmiedet hatte, genügte trotz der wunderbaren Probe dem Meister nicht. Er zerfeilt es in Stücke und zu eitel Staub, mischt das Eisen mit Mehl und Milch zu einem Teig, füttert damit hungrige Mastvögel (wohl Gänse), diese verdauen die schwere Speise und Wieland sammelt ihren Kot. Aus diesem schmelzt er das reine Eisen aus, „von Schlacken lauter und klar", aus dem er dann das zweite und nachdem er dieselbe Prozedur noch einmal wiederholt hatte, das dritte, herrliche Schwert schuf.

Diese Stelle dürfte beweisen, daß die Anwendung von Mehl und Vogelkot als Mittel zur Stahlhärtung bereits im frühen Mittelalter bekannt und gebräuchlich war."

Auch Hans Sachs, Nürnbergs großer Sohn, „Schuh-Macher und Poet dazu", welcher um die Mitte des 16. Jahrhunderts über „alle Stände auf Erden" Gedichte verfertigte, gedachte der Feile in seinem Gedicht mit der Überschrift:

„Der Schleifer."

Ich schleiff sehr scharff auf mein Schleifstein
Messerkling mittl, groß und klein,
Feyln, Schlösser, bender allewegen,
Helleparten, Dolch, Schwert und Degen,
Allen Harnisch zu Fuß und Roß
Helm und ganz Hacken, zum geschoss.
Reithämmer, Partisan, ich zier
Auch auf Scheiben ich polier.

Abb. 4. Bild zu „Der Schleifer" von Hans Sachs. (Kupferstich von Jost Ammann. 1539—1591.)

Das Vorkommen von Eisen, teils schon in frühesten Zeiten, wurde auch in der Heiligen Schrift des Alten Testamentes ziemlich oft erwähnt und dadurch die Zeitangaben der Altertumsforscher bestätigt. Von der Feile selbst finden wir allerdings nur eine Stelle, und zwar im 1. Buch Samuel XIII, Vers 20 und 21, die im hebräischen Urtext ziemlich unklar ausgedrückt ist, aber von verschiedenen Forschern wie folgt übersetzt wird: „Und mußte ganz Israel hinabziehen zu den Philistern, wenn jemand hatte eine Pflugschar, eine Haue, ein Beil oder eine Sense zu schärfen. Und die Schneiden an den Sensen und Hauen und Gabeln und Beilen waren abgearbeitet und die Stachel stumpf geworden. Und es diente die Feile, um die Schneide des Pfluges und des Dreizackes und der Äxte und Spitzhacke zu schärfen." Da die Bücher Samuels frühestens im 10. Jahrhundert v. Chr. geschrieben wurden, so wird der vorgenannte Text wohl die erste schriftliche Erwähnung der Feile enthalten.

Die Feile der Steinzeit. In der Kultur- und Urgeschichte sprechen die Forscher von einem Stein-, Bronze- und Eisenzeitalter, die aufeinander folgten und die drei Hauptstufen der kulturellen Entwicklung darstellen.

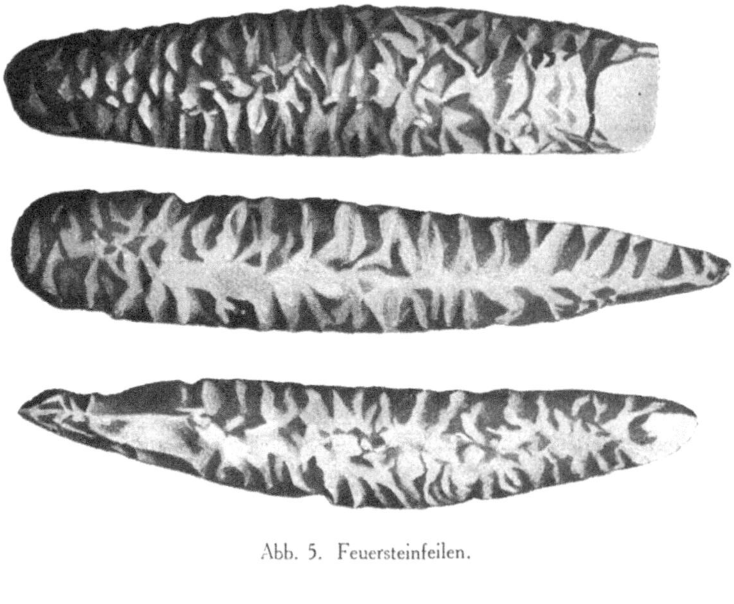

Abb. 5. Feuersteinfeilen.

In Wirklichkeit waren diese drei Zeiten unter sich im Einzelnen nicht scharf geschieden, so wenig wie Altertum, Mittelalter und Neuzeit. Kupfer und Bronze waren schon bekannt und wurden verarbeitet, als noch lange steinerne Werkzeuge nebenher im Gebrauch waren. Auch begannen die einzelnen Kulturperioden in den verschiedenen Ländern zu ganz verschiedenen Zeiten. Der Beginn der menschlichen Kultur, die ältere Steinzeit, geht zurück in ferne Jahrtausende, in die sogenannte Eiszeit.

Die Urform der Feile und der Raspel war ein vielzackiger Stein. Die verschiedensten Formen von oft wunderbarer Vollkommenheit verdanken ihre Entstehung dem Spiel der Natur mit ihren gewaltigen inneren Kräften, und ein Besuch völkerkundlicher und steinzeitlicher Sammlungen bietet eine Reihe von Vergleichsobjekten für Feilen und Sägen, die z. T. heute noch bei Naturvölkern im Gebrauche sind. Die Abb. 5 zeigt uns einige Feuersteinwerkzeuge in eckigen Formen und mit seitlichen Hieben. Sobald ein solcher Stein eine vielzackige, rauhe Fläche aufwies, konnte er zur Bearbeitung von weichem Holz oder von Knochen verwendet werden.

Abb. 6. Der prähistorische Feilenhauer, nach Forschungsergebnissen gezeichnet.

Aus weiteren alten Funden ließ sich der interessante Schluß ziehen, daß unsere ältesten Vorfahren auch schon die Einkerbungen (Zähne) dieser Werkzeuge durch Einhauen herstellten, und so zeigt das nebenstehende, nach Forschungsergebnissen gezeichnete Bild (Abb. 6) wohl den ältesten prähistorischen Feilenhauer*), der die vor ihm liegenden Steine mit einem härteren Material zu Feilen und Raspeln herrichtet.

Wann die spätere Herstellung der Zähne, deren Hauen mit Meißel und Hammer — das war natürlich nur bei Feilen aus Metall möglich — aufkam, läßt sich nicht mit Sicherheit feststellen, doch dürfte dieser Zeitpunkt gegen 1000 Jahre zurückliegen.

Feilen und Raspeln aus der Steinzeit, „Feuersteinfeilen", wenn man ihnen diesen Namen schon geben will, wurden beispielsweise auch in Thayngen im Kanton Schaffhausen (Schweiz) gefunden und hatten diese und ähnliche Formen.

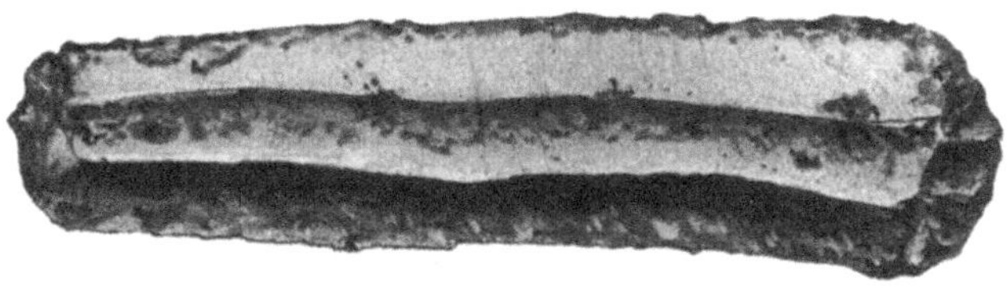

Abb. 7. Feuersteinschaber aus Thayngen; aus der Urgeschichte des Europäers von Dr. Robert Forrer.

Das Ende des länglichen Feuersteinrückens fand sich oft gerundet vor und paßte gut in die Handhöhlung. Da der Feuerstein eine ziemlich große Härte aufweist, so ließ sich mit derartigen gezackten, gerieften und rauhen Werkzeugen ganz gut weiches Holz oder Horn, Knochen usw. bearbeiten.

Die heutigen Feilen und Raspeln, deren Vorgänger nichts anderes als Feuersteinschaber und -messer waren, haben sich im Laufe von Jahrtausenden direkt aus diesen Steinvorlagen entwickelt.

*) Aus „Files and Filing" von G. Taylor, London 1920.

Ein äußerst anschauliches Bild hierfür gibt uns die Abb. 8, auf welcher eine dreikantige Feuersteinfeile aus paläolithischer Zeit einer heutigen Bandsägefeile gegenübersteht. Denselben Vorgang haben wir ja noch bei vielen andern Werkzeugen. Es sei nur an Bronze- und Eisensägen, an Äxte und Beile erinnert. Die Abb. 9 zeigt eine weitere Feuersteinfeile, welche Geheimrat Dr. L. Pfeiffer in seinem Werk „Die steinzeitliche Muscheltechnik" unter der Solutré-Technik (paläolithische Kultur) angegeben hat. — Auch poröse Lava wurde zu Feilen und Raspeln benutzt. N. G. Munro schreibt in seinem Werk „Prähistorisches Japan", daß Schleifsteine sowohl, als auch Wetzsteine in verschiedenen Größen und Rauhigkeitsgraden in Japan gefunden wurden. Darunter waren 3 japanische Steinfeilen. Fig. 1 und 2 Abb. 10 stellen 2 japanische Steinfeilen aus weicher, poröser Lava dar, welche durch das Feilen Rillen erhalten hatten und die Fig. 3 stellt eine dreikantige Feile von Bimsstein dar, welche verwendet wurde, um Knochen oder Hartholz zu verarbeiten.

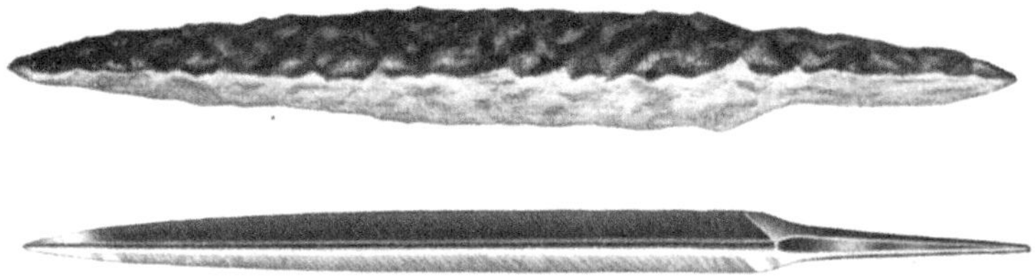

Abb. 8. Feuersteinfeile aus paläolithischer und Bandsägfeile aus heutiger Zeit.

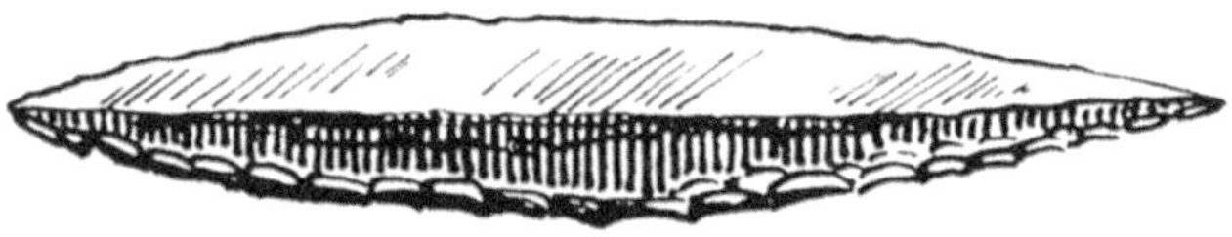

Abb. 9. Feuersteinfeile.

Außer dem Feuerstein gab es noch zwei weitere außerordentlich harte Steine, welche vielfach ebenfalls als Schaber, Raspeln und Feilen verwendet wurden. Es sind dies die Nephrit- und Obsidiansteine. Jene sind wohl die zähesten und dauerhaftesten Steine, welche bekannt wurden und welche vor allem in Neuseeland, Neu-Kaledonien und in China vorkamen. Wohl möglich ist, daß mit diesen außerordentlich zähen Steinen weiche Bronze bearbeitet werden konnte. Der Stein wurde oftmals zu Meißeln verarbeitet

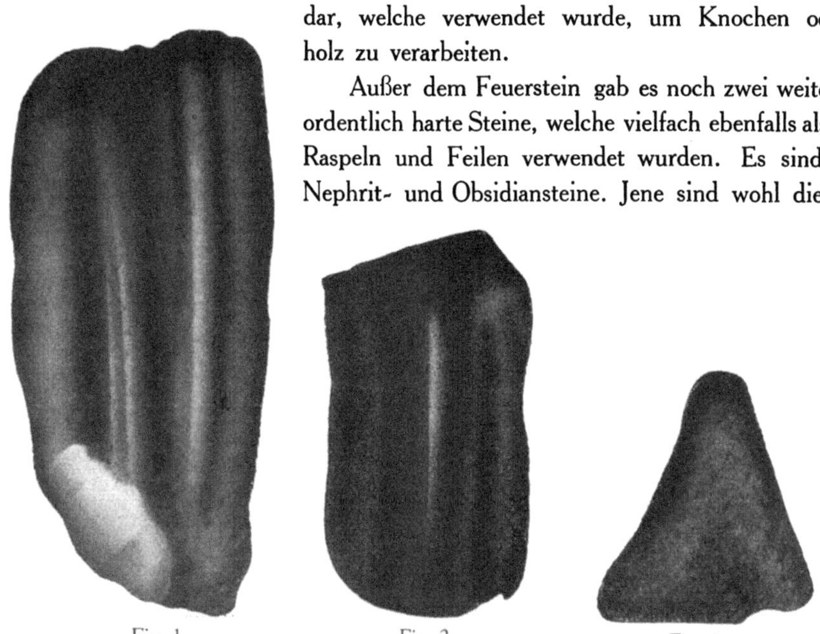

Fig. 1 Fig. 2 Fig. 3

Abb. 10. Japanische Steinfeilen aus Lava.

und man konnte mit ihm Bildhauerarbeiten nicht nur in Holz, sondern auch schon in nicht zu harten Steinen ausführen. Die Obsidiansteine werden aus einer glasartigen Lava ausgehauen,

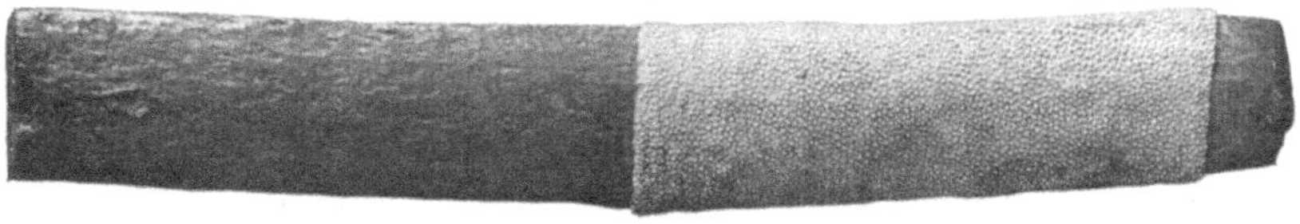

Abb. 11. Rochenhautfeile aus dem Lindenmuseum, Stuttgart.

welche auf den Inseln Melos und Lipari, den Admiralitätsinseln, der Osterinsel, bei den Azteken usw. vorkommt. Diese Steine sind ebenfalls außerordentlich hart und sehen meist wie schwarzes Glas aus. Urvölker haben aus ihnen Schaber, Messer, Raspeln und Pfeilspitzen hergestellt und sehr interessant ist, daß heute noch eine dreikantige Feile aus Obsidian vorliegt, welche dem Lindenmuseum zu Stuttgart einverleibt ist.

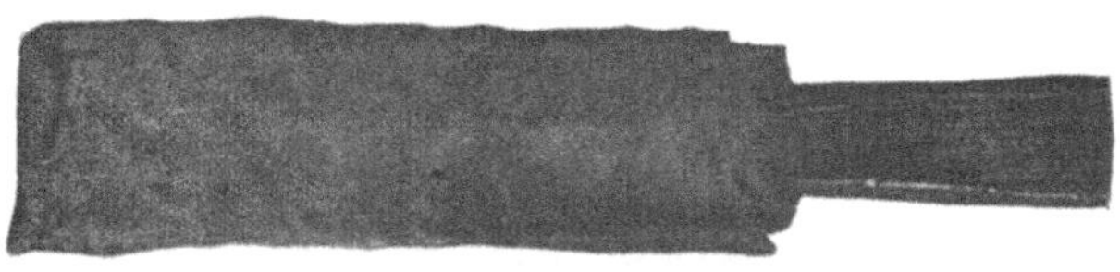

Abb. 12. Rochenhautfeile aus dem Lindenmuseum, Stuttgart.

Die Feilen der primitiven Völker. Ehe ich mit der Entstehungsgeschichte der Feilen und Raspeln weiterfahre, möchte ich kurz bemerken, daß diese Werkzeuge in ältester Zeit und auch heute noch bei den Naturvölkern aus allem hergestellt werden, was in ihrem Lande vorhanden ist und eine rauhe, widerstandsfähige Oberfläche hat. So verwenden z. B. die Naturvölker der Südseeinseln mehr den Raspeln ähnliche Feilen aus Rochen- oder Haifischhäuten, aus Gaumen, Knochen und Stacheln gewisser Fischarten, aus Korallen und Muscheln, aus angeschwemmten oder anstehenden vulkanischen Bimssteinen, aus in Korallensand getauchten Schwämmen und aus Palmenstielen und Schachtelhalmen.

Abb. 13. Haifischhautfeile aus dem Lindenmuseum, Stuttgart.

Auch die griechische Bezeichnung für Feilen (ῥίνη = Rhine) deutet darauf hin, daß man neben den erwähnten Feuersteinfeilen schon Feilen kannte, welche aus einer rauhen Haifisch- oder Rochenhaut bestanden, die man über ein Holz oder ein Bambusrohr gelegt hatte, um damit Holz, Marmor usw. bearbeiten zu können. Drei schöne Rochen- und Haifischhautfeilen, bei welchen die Fischhaut über Holzstäbe genäht ist, besitzt das Lindenmuseum in Stuttgart. Die

Fig. 1

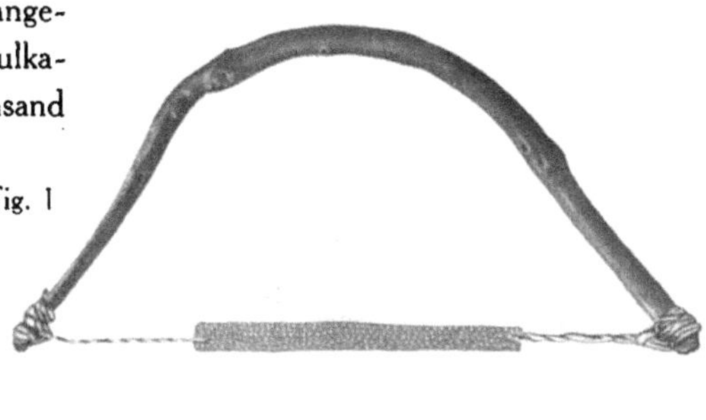

Fig. 2

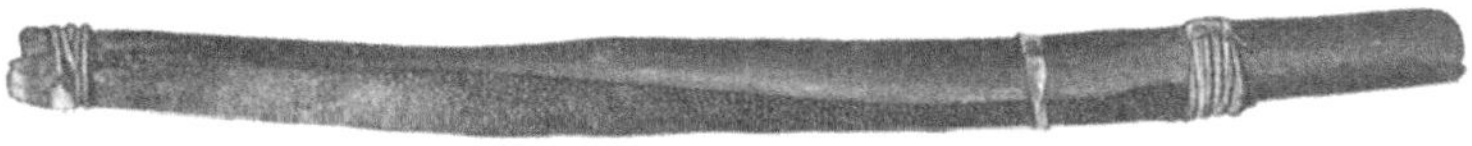

Abb. 14. Rochen- und Haifischhautfeile aus dem Grassimuseum für Völkerkunde, Leipzig.

Abb. 11 zeigt eine zum Bootsbau verwendete Rochenhautfeile von 42 cm Länge, welche aus Apaiang (Gilbertinseln) stammt. Eine weitere Rochenhautfeile von 29 cm Länge aus Klein-Kei (Malaische Inseln) zeigt die Abb. 12. Die dritte Feile, welche auf den Gilbertinseln verwendet wurde, aus Haifischhaut, 65 cm lang, zeigt die Abb. 13. Die Abb. 14 zeigt zwei weitere Fischhautfeilen aus dem Grassimuseum für Völkerkunde zu Leipzig. Fig. 1 stellt eine Rochenhautfeile „te ikunroa" dar, welche in einen hölzernen Bogen eingespannt ist, um mit derselben bequem etwaige Vertiefungen ausfeilen zu können. Fig. 2 zeigt eine Feile aus Haifischhaut, welch letztere um ein Stück Bambusrohr gelegt und mit einer Schnur festgehalten wurde. Die Oberfläche der Fischhäute besteht aus kleinen rücken- oder kuppenartigen Zähnen, welche außerordentlich hart sind und alle nach einer Richtung schneiden. Noch eine eigenartige Feilenform zeigt die Abb. 15. Eine hölzerne Palette ist mit einer Rochenhaut vollständig überzogen. Die Eingeborenen auf den Neu-Hebrideninseln gebrauchen diese Art Raspeln bzw. Feilen auch heute noch zum „Polieren" ihrer Hölzer.

Abb. 15. Hölzerne Palette mit Rochenhautüberzug.

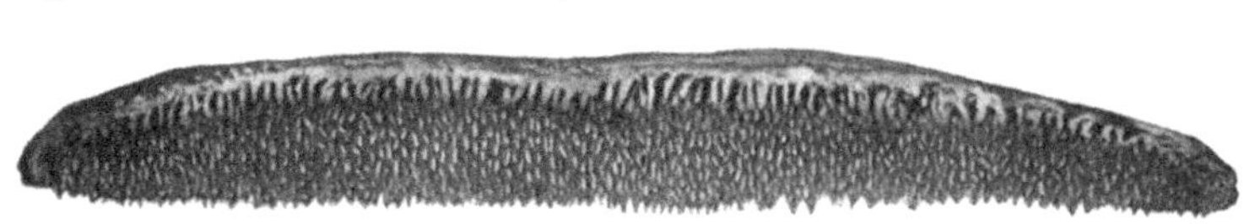

Abb. 16. Feile aus dem Gaumen des Fisches „Arapaima gigas".

Eine weitere natürliche Feile aus dem Gaumen des Fisches Arapaima gigas zeigt die Abb. 16. Dieser Fisch, dessen getrockneter Gaumen so hart wird, daß weiche Materialien damit bearbeitet werden können, kommt teils in brasilianischen Gewässern, teils in dem Fluß Saramacca in Niederländisch-Guyana vor. Auch unsere heutigen Feil- und Raspelscheiben haben schon längst ihre Vorgänger gehabt, wie dies aus den folgenden zwei Abbildungen ersichtlich ist. Die Abb. 17 zeigt ein dünnes, weiches Holzbrett, in welches kleine scharfe Splitter von Feuersteinen oder sonstigen harten Steinen mehr oder weniger gleichmäßig eingeschlagen und außerdem noch mit einem besonders haltbaren Kitt festgekittet wurden und welche so für die Südseebevölkerung brauchbare

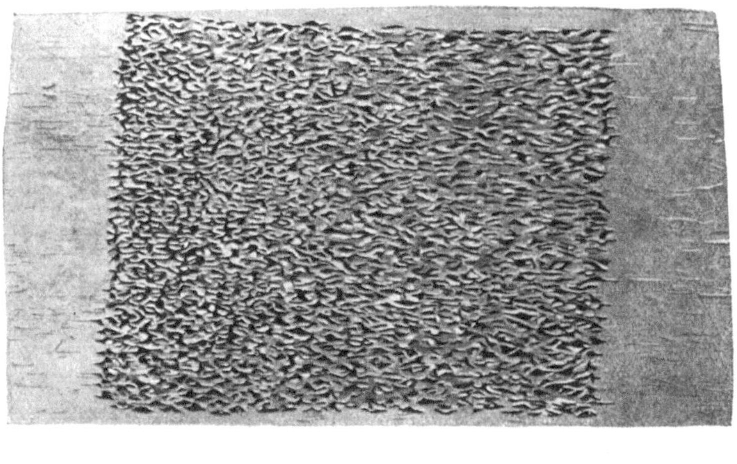

Abb. 17. Raspelbrett aus Feuersteinsplittern.

Raspelflächen ergaben. Die Feilen bzw. Raspeln nach den Abb. 15, 16 und 17 sind in dem ethnographischen Trokaderomuseum in Paris aufbewahrt.

Ein Reibebrett ähnlicher Art, jedoch vorwiegend zum Reiben der Maniokawurzel, wurde in der Länge von 83 cm u. a. in Uaupos, Ob. Rio Negro, Brasilien, festgestellt. Die Abb. 18 zeigt dieses Reibebrett, welches zeitweise auch zum Raspeln von Holz und anderen weichen Gegenständen verwendet wurde. Es befindet sich mit weiteren ähnlichen Reibebrettern im Linden-Museum in Stuttgart.

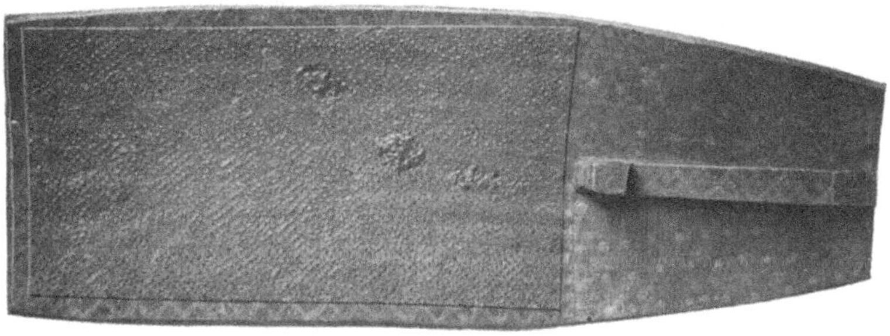

Abb. 18. Reibebrett mit Feuersteinsplittern aus dem Lindenmuseum, Stuttgart.

Auch Rochenstacheln werden vielfach als Lochfeilen und Ausreiber verwendet. Die Abb. 19 zeigt eine solche Feile aus einem 33 cm langen Flossenstachel eines Rochen, welche in dem Stuttgarter Lindenmuseum aufbewahrt ist und aus Butaritari auf den Gilbertinseln stammt.

Herr Professor Dr. Krämer, Stuttgart, teilte mir in liebenswürdiger Weise mit, daß diese Rochenstacheln auch auf Flores und den Admiralitätsinseln im Großen Ozean vorkommen und oft mit schönen Handgriffen versehen verwendet werden. Besonders fein seien noch die sehr langen Stacheln der Diadema-Seeigel, die Widerhaken haben.

Abb. 19. Flossenstachel eines Rochen, Lindenmuseum, Stuttgart.

Eine eigenartige Raspel, ebenfalls im Stuttgarter Lindenmuseum zu finden, stellt die Abb. 20 dar. Diese Raspel besteht aus einem ca. 85 cm langen Stiel eines Palmblattes der Salakpalme (Zalacca edulis) aus Labu-Djauh, Süd-Pageh (Malaische Inseln), deren Zähne oder Dornen so hart und scharf sind, daß sehr wohl Holz und andere weiche Gegenstände damit geraspelt werden konnten.

Gern werden als Rundfeilen auch Stücke von ästigen Korallen, den besonders ästigen Madreporen (Schwammkorallen) verwendet (Krämer, Havaii, Mikronesien 1906, S. 234). Außerdem die

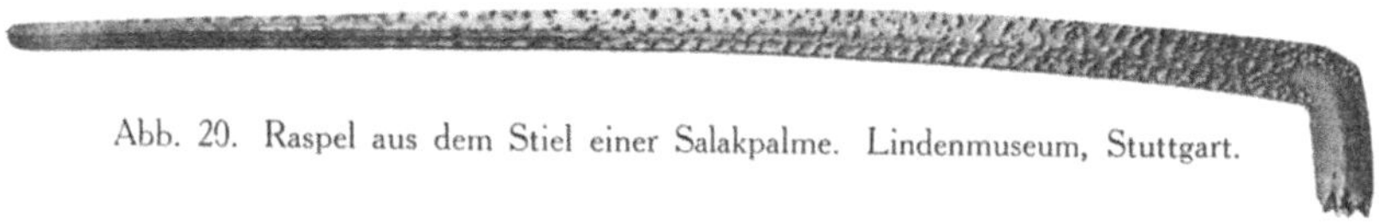

Abb. 20. Raspel aus dem Stiel einer Salakpalme. Lindenmuseum, Stuttgart.

porenlosen Pilzkorallen oder Fungien, welch letztere bei den Chinesen z. B. noch heute als Reibeisen benutzt werden. Die Abb. 21 zeigt eine ästige Fingermadrepore — Madrepore nobilis — aus Dana (Indischer Archipel), welche aus langen Fingern zusammengesetzt ist. Diese Finger sind aber ziemlich weich und können deshalb zu Feilarbeiten nicht verwendet werden, wohl aber zum Ausschleifen runder Löcher mit feinem Bimsstein oder Korallensand. Geheimrat Dr. L. Pfeiffer, Weimar, schreibt in seinem Werk „Die steinzeitliche Muscheltechnik", daß auf den Marshallinseln „Steinkorallen" benutzt werden, von denen besonders fingerartige

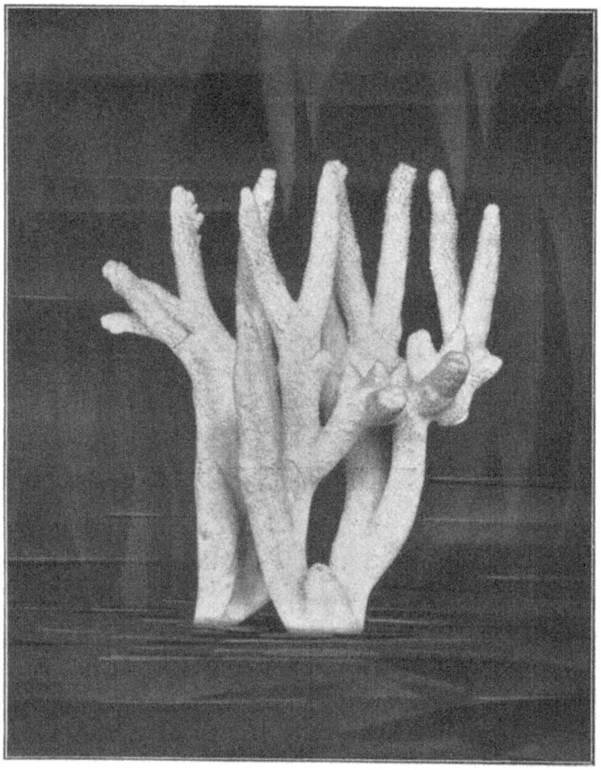

Abb. 21. Ästige Fingermadrepore. Lindenmuseum, Stuttgart.

und längliche Stücke der Gattungen Madreporen und Porites vorgezogen werden, und zwar zu Schleifarbeiten, zum Feilen und Glätten von Angelhaken usw.

In dem Werk „Ergebnis der Südsee-Expedition 1908—1910, Nauru" von Dr. P. Hambruch, sind eine Feile und eine Raspel abgebildet, welche beide aus Astraea-Korallen hergestellt sind. Die Eingeborenen der Südseeinseln stellen Geräte, Geschirre, Waffen usw. fast nur aus eigenen Rohstoffen, mit eigenen Werkzeugen her, unter welchen Feile und Raspel nicht die kleinste Rolle spielen. Die folgende Abb. 22 zeigt die erwähnte Feile — ein aus einem Block von Astraea-Korallen hergestelltes keilförmiges Gerät zum Hobeln von Holz und Ausreiben von Bohrlöchern — und eine Raspel aus demselben Material, die nur zum Hobeln dient.

Das Befeilen aller möglichen Werkzeuge wurde auch mit grobkörnigem Korallenkalk oder mit angeschwemmtem oder anstehendem vulkanischen Bimsstein vorgenommen.

Die Abb. 23 zeigt nach „Duhamel du Monceau" (Art de la draperie sec. XIII) eine Feile in der Form eines Kreuzes, auf welcher Disteln von der Klasse „Dipsacus fullonum" angebracht sind, die der Weber als „Wollkamm-Disteln" bezeichnet. Für Kämmzwecke konnte die deutsche Distelart — solange die Tuchfabrikation technisch noch nicht weit vorgeschritten war — gute Dienste leisten, aber nach meiner Ansicht konnte für das Feilen oder Raspeln selbst von ganz weichen Gegenständen, wie Holz, wenn überhaupt möglich, nur eine exotische Distel in Betracht kommen, die besonders hart war.

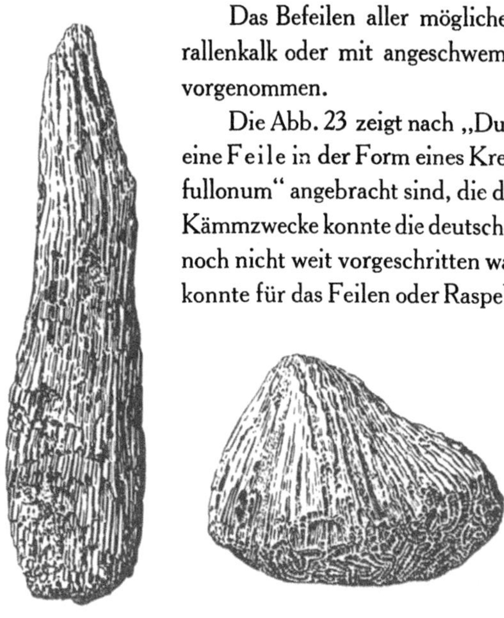

1. Feile. 2. Raspel.

Abb. 22. Feile und Raspel aus Astraea-Korallen.

Die Kupferfeilen des Altertums. Woher die Völker des Morgenlandes, die zuerst Metalle bearbeiteten, die Kenntnis dieser Stoffe hatten, wissen wir noch nicht. Daß sie es aber sehr bald zu großer Fertigkeit in der Metallbearbeitung gebracht haben, beweisen die sehr zahlreichen Ausgrabungen, welche manchen wichtigen Beitrag auch zur Geschichte der Feile lieferten. Wiederholt war in verschiedenen Zeitschriften zu lesen, daß Ausgrabungen in den ältesten Städten Babyloniens die interessante Tatsache ergaben, daß das Tempern des Kupfers, das gegenwärtig als verlorengegangene Kunst gilt, vor ca. 5—6000 Jahren in Babylonien allgemein geübt wurde und so die Herstellung der feinsten und härtesten Werkzeuge, worunter sicher auch schon feilenähnliche waren, ermöglichte. Bewundernswert seien auch die mit solchen Kupferwerkzeugen ausgeführten Gravierungen in härtestem Stein, die selbst in unserer Zeit unübertroffen geblieben sind. Meiner Ansicht nach können solche Behauptungen nur Leute aufgestellt haben, die von der Technik wenig oder gar keine Ahnung hatten. Es ist ausgeschlossen, daß z. B. Kupfermeißel oder gar Feilen aus Kupfer — so wenig wie heute — so gehärtet werden konnten, daß mit ihnen die härtesten Steine zu bearbeiten waren; im Gegenteil, ich glaube, daß Steinwerkzeuge aus Feuersteinen, gelegentlich auch aus Obsidian diejenigen Werkzeuge waren, mit denen man die „Gravierungen" selbst in harten Steinen ausführte. Das Kupfer, das vor ca. 4000 Jahren — wenn wir die oben angeführten, offenbar zu hoch gegriffenen Zahlen auf ein vernünftiges Maß zurückführen — gewonnen wurde, war sicher niemals härter als das heute verarbeitete Metall.

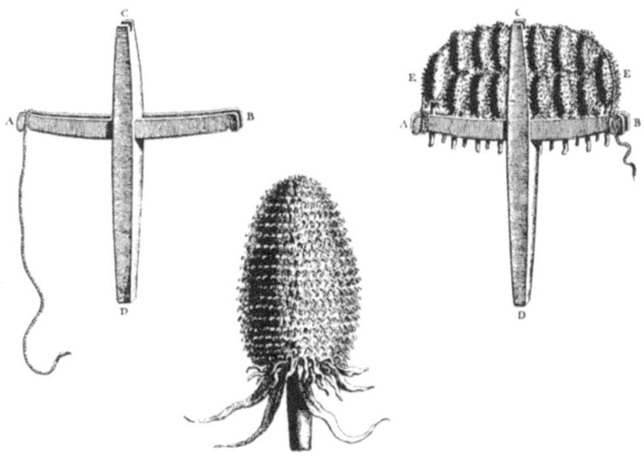

Abb. 23. Feile in der Form eines Distelkreuzes.

In der Kupferzeit, ca. 2100—1800 v. Chr., begann das Metallwerkzeug allmählich die Steinwerkzeuge zu verdrängen. Die Ägypter, sowie die Völker Mesopotamiens waren in der Verwendung des Metalles den gleichaltrigen Europäern voraus, fremde Händler aus dem Osten brachten nach und nach kupferne und bald auch bronzene Dolche, Messer, Pfeilspitzen, Angelhaken usw. nach den am Mittelmeer gelegenen Ländern Europas, von wo sie sich weiter nach dem Norden des Erdteils verbreiteten.

Leider sind spezielle Funde von Feilen und Raspeln aus der Kupferzeit nur sehr wenige vorhanden. Die Abb. 24 zeigt eine Kupferraspel, welche vielleicht aus dieser Zeit stammt und heute in dem Museum der amerikanischen Pennsylvania-Universität aufbewahrt ist. Das Stück wurde in dem von Ramses II. im 13. Jahrhundert v. Chr. für den Gott Ammon gebauten Ramesseum in Ägypten gefunden. Das hierzu verwendete Material ist Kupferblech, die Reibfläche ergab sich aus kleinen Löchern, welche mit kleinen scharfen Werkzeugen vor dem Aufbiegen durchgehauen wurden. Ihre Länge ist 2 Zoll und ihr größter Durchmesser an der Basis $^1/_2$ Zoll, zum Gebrauch wurde sie auf einen Holzstiel aufgesteckt.

Abb. 24. Ägyptische Kupferraspel, 1300—1200 v. Chr.

Bald lernten die Europäer die größere Widerstandskraft der bronzenen Geräte kennen und gingen — da die Einfuhr des ausländischen Rohmetalles sehr teuer kam — auf die Suche nach einheimischen Kupferquellen. Solche wurden in der Salzburger Gegend, in Ungarn, in England und in Spanien aufgefunden und da man gleichzeitig die Verarbeitungsweise des Kupfermetalls kennengelernt hatte, so kam die Herstellung kupferner und bronzener Geräte und Schmucksachen bald auch in Europa in Aufschwung. — Die älteste massive Metallfeile, von welcher die Welt heute Kenntnis hat, zeigt die Abb. 25. Diese metallene Feile wurde wahrscheinlich auf der griechischen Insel Kreta aus Bronze hergestellt und hat ein Alter von vermutlich 3400 Jahren. Ihre Länge ist 90 mm, ihre Breite 10 mm und ihre Stärke 6 mm. Sie hat einen abgerundeten Rücken, die Hiebe sind schräg eingemeißelt oder eingefeilt, gefunden wurde sie von einer Expedition der Pennsylvania-Universität auf Kreta und hierauf dem Museum zu Candia (Kreta) einverleibt. Die Ägypter des Neuen Reiches, 1200 bis 1000 v. Chr., benützten Raspeln, welche, im Gegensatz zu der Kupferraspel Abb. 24, aus Bronzeblech hergestellt waren. Abb. 26 zeigt drei derartige Raspeln, welche ebenfalls nach ihrer Durchlochung in Kegelform aufgerollt wurden. Sie haben eine Länge von $1^1/_2$—$2^1/_2$ Zoll und wurden, wie die obenerwähnte Kupferraspel, zur Verwendung auf Holzstiele aufgesteckt. Vorausgreifend soll hier schon erwähnt werden, daß der bekannte englische Forscher Flinders Petrie die nebenstehenden Raspeln Abb. 27 vor noch nicht langer Zeit ausgegraben hat. Diese stammen aus einer etwas späteren Zeitperiode, denn sie sind bereits aus Eisenblech hergestellt, und zwar genau auf dieselbe Weise wie die vorerwähnten Raspeln aus Kupfer- und Bronzeblech. Der Fundort dieser Raspeln — es waren deren fünf — ist Defenneh in Ägypten. Flinders Petrie nannte sie „Rattenschwanzfeilen". Interessant ist, daß vielleicht vor 100 Jahren die Indianer, die von der Steinzeit — da sie Zwischenstufen nicht kannten — sofort auf eiserne Werkzeuge übergingen, ähnliche Raspeln aus Eisenblech sich herstellten. Die Abb. 28 zeigt eine auf einen Holzstab aufgesteckte Raspel aus durchlöchertem Eisenblech in konischer Form aufgerollt zum Ausbohren und Ausglätten von hölzernen Röhren und die Abb. 29 zeigt ein umgebogenes Raspelblech zum Glätten von Pfeilschäften und ähnlichem. Diese beiden Stücke sind im Jahre 1908 von den Indianern dem Museum der Pennsylvania-Universität überwiesen worden.

Abb. 25. Bronzefeile von der Insel Kreta, ca. 1500 v. Chr.

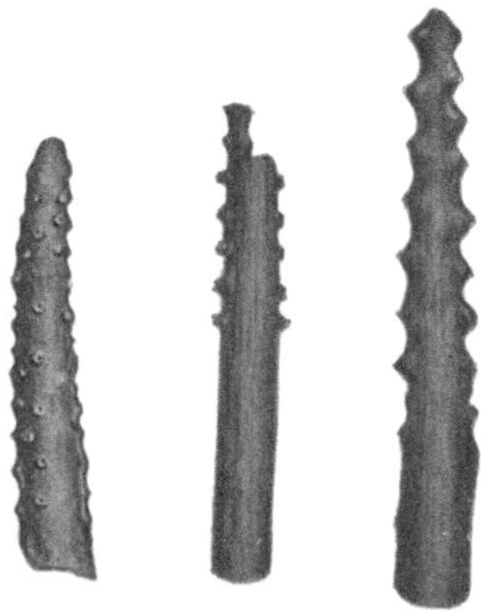

Abb. 26. Ägyptische Bronzeraspeln, 1200—1000 v. Chr.

Abb. 27. Ägyptische Eisenraspeln, ca. 800 v. Chr.

Abb. 28. Indianerraspel aus Eisenblech.

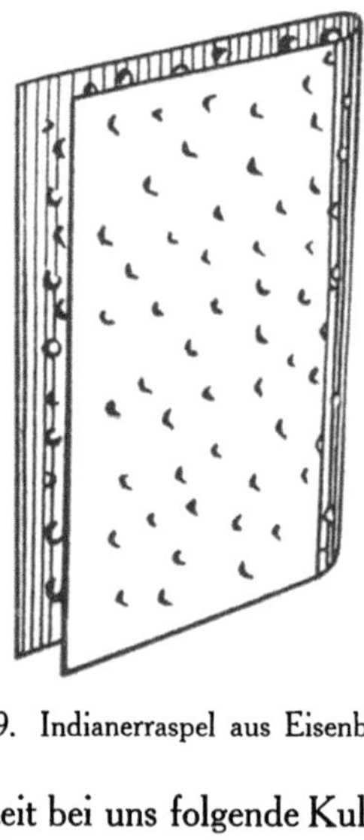

Abb. 29. Indianerraspel aus Eisenblech.

Die Bronze- und Eisenperiode. Die der reinen Bronzezeit bei uns folgende Kulturperiode der ersten Eisenzeit, die Übergangsepoche von der Bronze- zur Eisenverwendung, wird auch Hallstattzeit genannt. Diesen Namen hat sie von dem 1846—1864 ausgegrabenen und für die erste

Eisenkultur charakteristischen Gräberfelder von Hallstatt im österreichischen Salzkammergut. Gefunden wurden auf diesem Gräberfelde eine Menge Waffen und Werkzeuge, teils ganz aus Bronze, teils aus Bronze und Eisen, teils ganz aus Eisen. Unter den Werkzeugen befanden sich in größerer Zahl Feilen aus Bronze, welche mit den heutigen Feilen nicht wenig Ähnlichkeit haben und ein besonders wertvoller Fund aus der späteren Hallstattzeit liegt in Gestalt einer bronzenen Feile und Säge vor (Abb. 30), welche aus dem 6. Jahrhundert v. Chr. stammen dürften. Diese beiden Werkzeuge wurden in einem Brandgrab mit einer eisernen Feile zusammen gefunden und im k. k. Naturhistorischen Hofmuseum in Wien aufbewahrt. Das hintere Ende der Feile läuft spitz zu, ist gekerbt und diente zur Aufnahme eines hölzernen Griffes, das Mittelstück ist ein flacher Körper mit rechtwinklig zur Längsachse laufenden scharfen Kerbungen (Zähnen) und das vordere Ende zeigt einen langen und sich verjüngenden Zapfen mit scharfen Rippen. Es ist also hier eine flache Feile mit einer runden Feile vereinigt, der flache Teil diente zum Bearbeiten ebener Flächen, der runde dünne Teil zum Ausfeilen von Bohrlöchern. Auf welche Weise diese Feile hergestellt wurde, darüber lassen sich leider nur Vermutungen anstellen. Es ist nicht ausgeschlossen, daß die Hallstattfeile mit Feilen ausgefeilt wurde, die denjenigen gleichen, welche in späteren Jahren u. a. in La Tène, in Trier oder in Theben am Nil usw. gefunden wurden. Die Zähne der Hallstattfeile sind fast zu grob, um mit einem meißelartig zugespitzten Hammer gehauen zu sein, und das runde Ende der Feile kann nur wieder mit einer Feile oder einem sonstigen harten Gegenstand hergestellt worden sein, denn Dreheinrichtungen kannte man damals wohl nicht. Die Zähne des runden Teils der Feile sind ringsherum so gleichmäßig ausgearbeitet, daß von einem Hauen derselben gar keine Rede sein kann. Sind die ältesten Feilen und später auch die erwähnte Hallstattfeile aus Bronze nicht mit geeigneten Feuersteinen hergestellt worden? da ja diese Steine so hart waren, daß die Zähne der Feilen mit ihnen ausgearbeitet werden konnten. Liegt nicht die Möglichkeit vor, daß Bronzefeilen — darunter auch die Hallstattfeile — mit einem aus einem Meteoriten herausgearbeiteten grabstichelförmigen Werkzeug hergestellt wurden? Nach Neuburger „Technik des Altertums" dürften die ältesten Eisengerätschaften wohl Meteoriten gewesen sein, welche man teilweise auch in vorgeschichtlichen Gräbern gefunden hat. Sind diese Bronzefeilen und alle anderen Feilen nicht mit messerförmigen Feilen ausgefeilt worden, die derjenigen gleichen, welche in Westfalen gefunden wurde, da, wo vielleicht einst das Kastell Aliso stand? Tatsächlich läßt sich aus einer Reihe alter Funde darauf schließen, daß die vielleicht ursprüngliche Art des Ausarbeitens (Auskratzen oder Ausmeißeln) der Feilenzähne mit harten Werkzeugen eine sehr lange Zeit hindurch angewandt wurde, denn das Hauen von Feilen und Raspeln mit Meißel und Hammer kam erst viele Jahrhunderte später auf. Sichere Kunde von letzterer Arbeitsweise haben wir erst aus dem 10. Jahrhundert n. Chr.

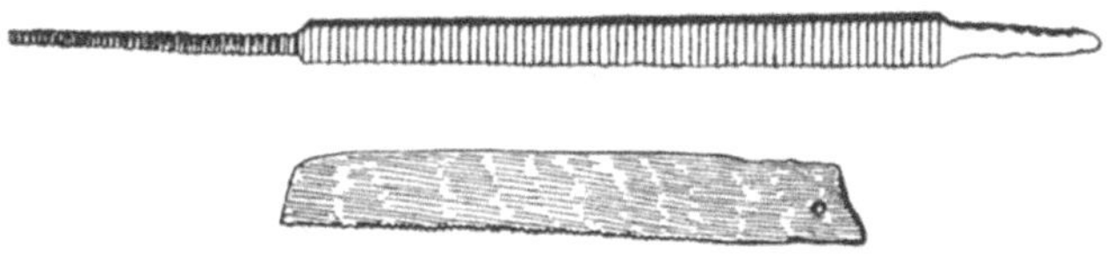

Abb. 30. Feile und Säge aus Bronze. Fund aus der späteren Hallstattzeit, 600—50 v. Chr.

Das Ende der Bronzezeit fällt um einige Zeit später als das Auftauchen und erste Verarbeiten des Eisens. Die älteste Eisengewinnung haben wir, wie diejenige des Kupfers, nicht in Europa zu suchen, sondern sehr wahrscheinlich in Afrika (Äthiopien) oder in Vorderasien. Wann und wo das Eisen zum erstenmal auftrat, ist eine Frage, die sich heute noch nicht beantworten läßt. Man weiß nur, daß es im Orient war. Ob dieses Metall nun zuerst im Kaukasus oder auch, wie andererseits vermutet wird, zuerst von den Phöniziern verarbeitet wurde, mag vielleicht für immer eine Streitfrage bleiben. Was nun die Zeit betrifft, so ist in Vorderasien das früheste Vorkommen von Eisen vielleicht schon 2500, sicher aber 1500 v. Chr. zu setzen. Um zunächst auf Ägypten zu kommen, so war man der Ansicht, daß das Eisen während der ganzen Kulturperiode Ägyptens bekannt war. Es ist dies aber nach den neuesten Forschungen anscheinend nicht der Fall. Man kann sagen, daß in Ägypten das Eisen erst etwa 1200 v. Chr. allgemein in Gebrauch kam, sicher aber auch schon früher bekannt war und — wenn auch selten — benutzt wurde. Einer der Eisenfunde aus ältester Zeit — ein eiserner Keil, welchen Belzoni unter der Sphinx von Karnak fand — entstammt vielleicht noch dem 3. vorchristlichen Jahrtausend, und in den dicken Steinwänden der Cheopspyramide bei Memphis 2800 (v. Chr.) fand Oberst Vyse 1837 ein flaches Stück Eisen (Eisensichel). In Abydos fand Flinders Petrie Eisen zusammen mit bronzenen Geräten der 6. Dynastie (2500 v. Chr.). In einer Steinfuge der großen Pyramide von Gizeh wurde ein Stück Eisen gefunden, das während der 4. Dynastie, also etwa nach dem Jahre 2800 v. Chr., dort hineingebracht worden sein muß. Die Frage, ob die Ägypter des sogenannten Alten Reiches 2900—2550 v. Chr. eiserne Werkzeuge gekannt haben, ist heute noch sehr stark umstritten, wahrscheinlich nicht, denn ein Wort für Eisen fand sich aus dieser Zeit nicht vor. Tatsache ist aber, daß diese gefundenen Stücke aus weichem Schmiedeeisen sind, das ja in Afrika und besonders bei den Äthiopiern sehr weit verbreitet war; die Ägypter des Alten und des Mittleren Reiches haben eiserne Werkzeuge, mit denen man etwa einen harten Granit oder Syenit hätte behauen können, nicht besessen. Andererseits erhebt sich aber die Frage, wie kommen die Stücke z. B. in die Bauten, in die Pyramide, unter die Sphinx? Leider sind Fundumstände bei diesen wichtigen Stücken nicht ganz gesichert. Da sie in vollständig verrostetem Zustand aufgefunden wurden, ist auch schon mit der Möglichkeit gerechnet worden, daß es sich gar nicht um metallische Eisen, sondern etwa um Roteisenstein handelte.

Sichere Kunde haben wir dagegen über das Alter der Kenntnis von Eisen bei den alten Indern. Hier bestand wahrscheinlich, wie Neuburger in seiner „Technik des Altertums" schreibt, schon 2500, sicher aber 1500 v. Chr. eine Eisenindustrie. Der größte uns erhaltene Überrest altindischer Schmiedekunst ist die Kutubsäule in der Nähe von Delhi, welche ein Gewicht von mehr als 17000 kg aufwies und schon im 9. Jahrhundert v. Chr. angefertigt wurde. — Neben dem Schmiedeeisen war aber auch schon vor mehr als 3400 Jahren der Gußstahl in Indien bekannt. Gräber aus der Zeit um 1500 v. Chr. enthielten Werkzeuge aus diesem Material hergestellt, welche den Beweis erbrachten, daß die indische Eisenindustrie schon in frühester Zeit imstande war, unübertroffene Stahlqualitäten herzustellen, welche nach vielen Ländern ausgeführt wurden.

Das Eisenzeitalter — in dem wir uns ja heute noch recht eigentlich befinden — begann in Europa etwa in der 2. Hälfte des 2. vorchristlichen Jahrtausends, womit aber nicht gesagt ist, daß das Eisen auch hier nicht schon vorher bekannt gewesen ist.

In unser engeres Vaterland kamen etwa im 10.—9. Jahrhundert v. Chr. die ersten Gegenstände aus Eisen, und zwar als Händlerware. Wie alles Kupfer und die Bronze bei uns aus andern Ländern eingeführt worden war, so auch, mindestens in der ersten Zeit, das neue Metall.

Es läßt sich geschichtlich nur feststellen, daß etwa 800—700 v. Chr. die Geräte aus Eisen den Sieg über diejenigen aus Bronze davontrugen. Von da ab wurden Beile, Messer, Schwerter und Feilen beinahe ausschließlich aus Eisen hergestellt, nicht nur in Südeuropa, sondern auch schon in den zentral gelegenen Ländern. — Man fand Eisenerze in Gallien und Noricum, dem jetzigen Steiermark, man lernte das Eisen zu schmelzen und in Barren und Stangen auszurecken und so wird man wohl auch verhältnismäßig bald gelernt haben, aus Eisenstangen Feilen herzustellen. Ob die Eisenerze der Schwäbischen Alb und ihres Vorlandes schon im Altertum verhüttet worden sind, ist nicht mit Sicherheit zu sagen.

Keltische und römische Feilen. Die Abb. 31 zeigt wohl die älteste flache Raspel und messerförmige Feile, welche je gefunden wurden. Diese beiden Werkzeuge, durch Professor Flinders Petrie bei Theben in Ägypten ausgegraben, stammen aus der Zeit um 670 v. Chr. und wurden vermutlich in dem assyrischen Feldzug unter Assurbanipal im Jahre 666 v. Chr. zusammen mit einem Helm assyrischer Form zurückgelassen. Die messerförmige Feile sowohl als auch die flache Raspel haben trotz ihrem Alter von nahezu 2600 Jahren schon fast genau die Formen, wie sie heute noch hergestellt werden.

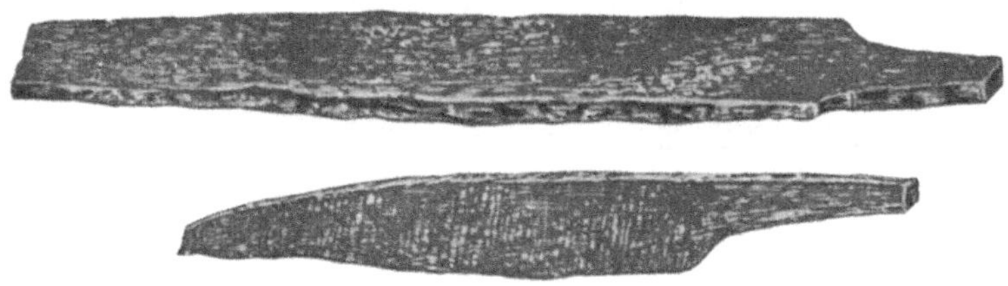

Abb. 31. Flache Raspel und messerförmige Feile aus Ägypten, 666 v. Chr.

Weitere alte keltische Feilen aus vorchristlicher Zeit, welche Paul Vouga in seiner Monographie über die Pfahlbaustation bei dem Dorfe Marin beschrieben hat, zeigt die Abb. 32. La Tène (= die Untiefe) ist einer der berühmtesten Fundorte von Geräten aus der Zeit zwischen 400 v. Chr. Geb. und 0 und liegt am Nordende des Neuenburger Sees in der Schweiz. Man fand dort unter Tausenden von Werkzeugen eine halbrunde und eine flache Feile vor. Bei der letzteren sind die Zähne auf einer Seite rauh, auf der anderen Seite feiner ausgearbeitet (ausgefeilt) worden, rechtwinklig zur Feilenachse laufend. Die Halbrundfeile ist in ihrer Form ganz ähnlich, wie man noch vor wenigen Jahrzehnten diese angefertigt hat und die spitzen Angel bei den Feilen weisen darauf hin, daß sie in Feilenhefte eingeschlagen wurden. Das Bruchstück einer hochhalbrunden Feile zeigt die Abb. 33. Diese wurde in Hood Hill bei Dorset in Südengland gefunden und dürfte aus der Zeit um Christi Geburt stammen. Noch deutlich erkennbar sind die gleichlaufenden Zähne (Hiebe), welche sicher ebenso eingearbeitet wurden wie diejenigen der vorher genannten Flachfeile und der folgenden Feile Abb. 34. Diese Feile ist auch insofern interessant, als sie bereits einen abgekröpften Angel aufweist. Sie wurde ebenfalls in Südengland unter römischen Überresten gefunden, und zwar in alten Niederlassungen bei Silchester aus der Zeit um 300 n. Chr. Die Feile weist eine

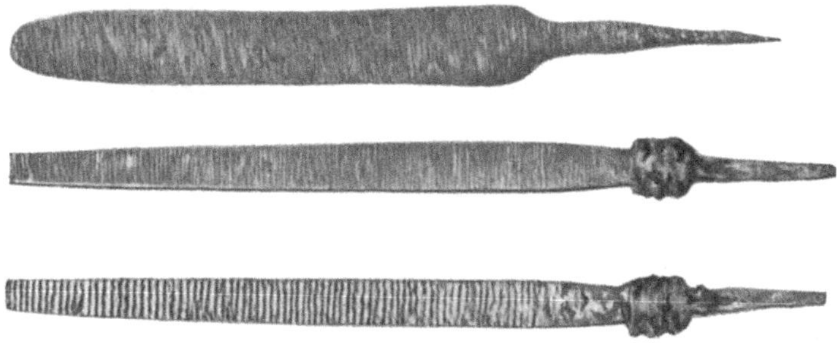

Abb. 32. Keltische Feilen aus der Pfahlbaustation „La Tène“, 400—0 v. Chr.

Abb. 33. Römische hochhalbrunde Feile aus Südengland, 50 vor bis 50 nach Chr.

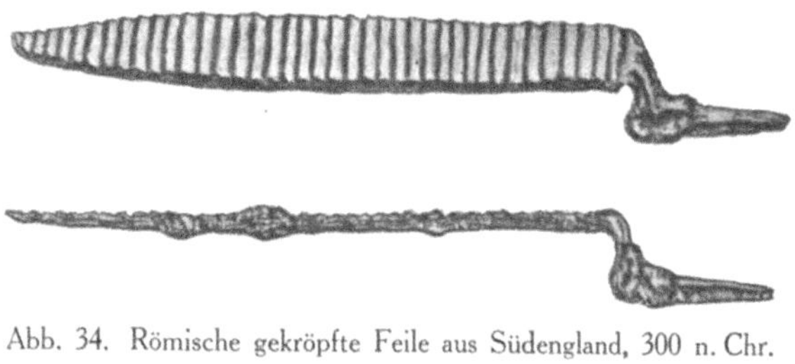

Abb. 34. Römische gekröpfte Feile aus Südengland, 300 n. Chr.

spitzflache Form auf und hat 5 Zähne auf den Zoll, welche wieder senkrecht zur Feilenachse laufen. Weitere spitzflache Feilen zeigen die Abb. 35 und 36. Die erstere Feile, in der Kollektion Castellani aufbewahrt, stammt aus einem Kastell „Nocera" bei Neapel, sie hat eine lange spitzflache Form, gerade über die Feile laufende Zähne, wobei diejenigen der flachen Seite feiner ausgeführt sind als diejenigen der Kanten. Die Feile Abb. 36 wurde in Westfalen gefunden, und zwar lag am Fundort vielleicht das Kastell Aliso. Dieses ist um das Jahr 11 v. Chr. von Drusus angelegt und nach der Varusschlacht 9 n. Chr. zerstört worden. Eine ganze Reihe römischer Feilen weist die Abb. 37 auf, nach dem Werk „Arts et Métiers des Anciens" von Grivaud de la Vincelle. Sie wurden in der Champagne bei Chatelet gefunden und haben ebenfalls schon sehr fortgeschrittene Formen, die wohl zur Bearbeitung größerer Stücke verwendet wurden. Weitere römische Feilen sind in dem Provinzialmuseum zu Trier neben vielen römischen Schmiede- und sonstigen Werkzeugen aufbewahrt. Die Abb. 38 zeigt diese Feilen, welchen jeweils ihr Querschnitt beigefügt ist. Leider sind diese so verrostet, daß die Hiebe selbst nicht mehr erkennbar sind. Im römischen Weltreich der Kaiserzeit, 30 vor bis 476 n. Chr., zu dem auch die Lande am Rhein, am Neckar und an der Donau gehörten, waren Feilen und Raspeln, wie gezeigt, schon allgemein bekannte Werkzeuge und es unterscheidet sich die antike Form der damaligen Feilen nicht viel von der Form der heutigen Feilen. Sowohl in Pompeji, der im Jahre 79 n. Chr. verschütteten Stadt, als auch in römischen

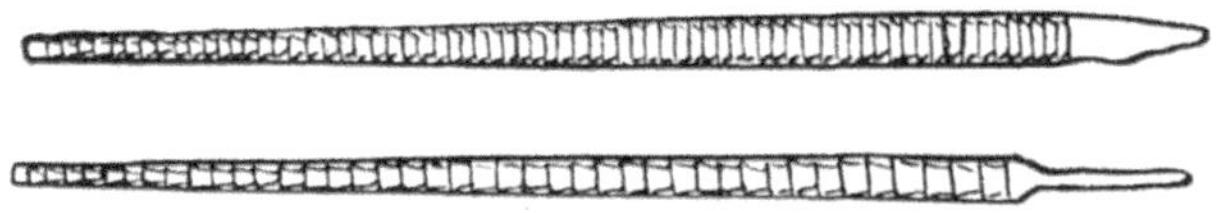

Abb. 35. Spitzflache Feile aus dem Kastell Nocera bei Neapel.

Abb. 36. Römische spitzflache Feile, vermutlich aus dem Kastell Aliso (Westfalen).

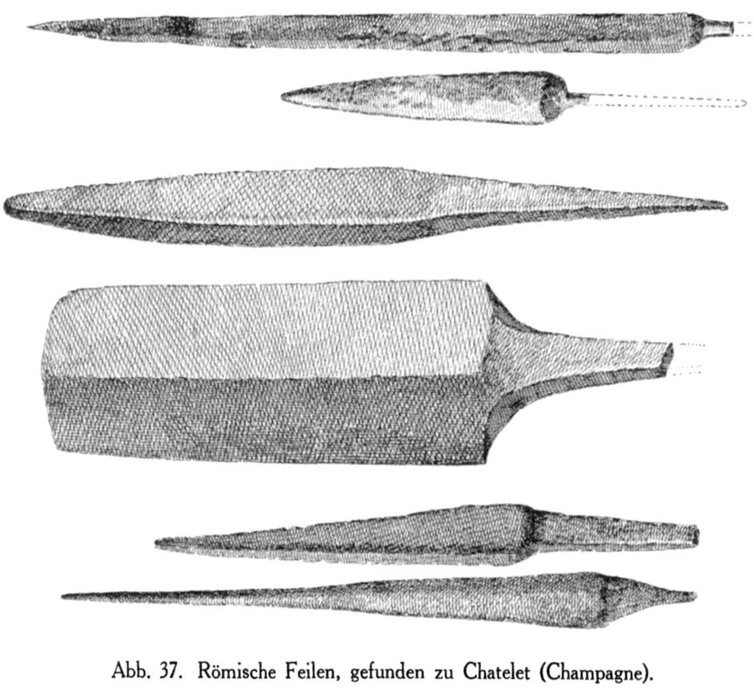

Abb. 37. Römische Feilen, gefunden zu Chatelet (Champagne).

Niederlassungen in Germanien hat man eine ganze Anzahl eiserner römischer Feilen gefunden, teils mit flachem, teils mit messerförmigem, dreikantigem und vierkantigem Querschnitt. Noch ein schönes Exemplar dieser Feilen soll nicht unerwähnt bleiben. Es ist dies eine flache, mit einem alten runden Eschenholzheft mit Zwinge versehene Feile (Abb. 39), welche in der Sammlung römischer Altertümer auf der Saalburg bei Homburg v. d. Höhe aufbewahrt wird. Diese Feile zeigt, daß die alten Römer nicht nur den geraden, sondern auch den schräg über die Feile laufenden Hieb kannten. Sie lag in dem Schlamme eines Brunnens der Saalburg, war aus gutem Stahl und mit Vivianit überzogen. Vivianit ist eine Verbindung von Eisen und Phosphor, welche sich im Laufe von Jahrhunderten in dem erwähnten Brunnen aus verwitterten Knochen und Eisengegenständen gebildet und zur Konservierung der Feile beigetragen hat.

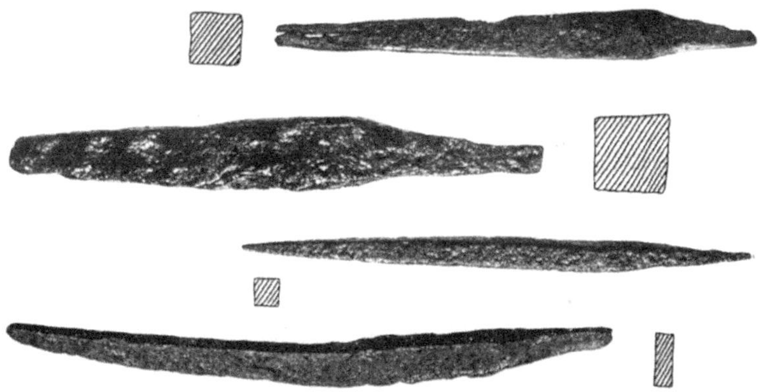

Abb. 38. Römische Feilen aus dem Provinzialmuseum, Trier.

Die Abb. 40 zeigt aus derselben Sammlung zwei Hauklingen für den Hufbeschlag, welche — wie noch deutlich erkennbar ist — ursprünglich Feilen waren. Die Römer verwendeten, wie dies vielfach auch heute noch geschieht, ihre abgenützten Feilen zu anderen Werkzeugen. — Da das Kastell auf der Saalburg von den Römern spätestens 265 n. Chr. verlassen wurde, so blicken diese Feilen und Hauklingen auf ein ehrwürdiges Alter von mindestens 1660 Jahren zurück.

Abb. 39*). Römische Feile aus der Saalburg.

Es soll hier noch beigefügt werden, daß zu Römerzeiten Feilen nicht nur in natura angefertigt wurden, sondern auch in bildlicher Darstellung auf Seinbildwerken erscheinen. Die Abb. 41 zeigt eine Atschenkiste mit der Darstellung der Werkzeuge eines Schuhleistenfabrikanten aus dem 2. Jahrhundert n. Chr., welche im Jahre 1888 unter der Petrusstraße in Trier gefunden wurde. Auf der

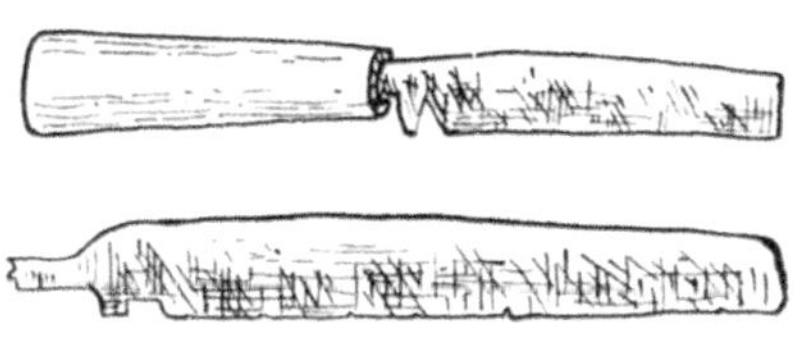

Abb. 40. Römische Hauklingen für Hufbeschlag aus der Saalburg.

Abb. 41. Aschenkiste eines Schuhleistenfabrikanten. Provinzialmuseum, Trier.

*) Jacobi, L., Das Römerkastell Saalburg, Homburg 1897.

Vorderseite der Steinkiste sind in Flachrelief dargestellt: ein Leisten, ein Hammer und ganz rechts eine spitzflache Raspel mit Heft. Darunter befindet sich die sogenannte Ascia, ein Steinmetzbeil, welches bedeutet, daß die Aschenkiste noch nicht benutzt wurde. Sie ist hergestellt aus Sandstein, 51 cm breit, 61 cm tief und 55 cm hoch. Der Deckel zu der Aschenkiste fehlte leider, dagegen wurden in derselben gefunden: ein größeres Henkelglas, ein henkelloses Gläschen mit Streifen, ein zerdrücktes Glas und die Asche des verstorbenen und verbrannten Leistenfabrikanten.

Aus den bisherigen Feststellungen läßt sich der Schluß ziehen, daß die Feile ohne Zweifel zu den ältesten Werkzeugen, deren schon der Urmensch sich bediente, gehört, und auch wiederholte Versuche mit Feuersteinfeilen haben gezeigt, daß es sich für damalige Verhältnisse recht gut mit ihnen arbeiten ließ. Die heutigen Grundformen der Feilen waren teilweise schon in der Steinzeit vorhanden. Auch die brauchbaren Feilen aus Rochen- und Haifischhäuten sind offenbar schon Jahrtausende bekannt und sie wurden besonders von den Südseeinsulanern zu allen möglichen Zwecken verwendet. Ähnlich wie bei den Feuersteinfeilen haben auch hier Versuche gezeigt, daß mit solchen natürlichen Feilen die mannigfaltigsten Arbeiten ausgeführt werden konnten. Sind doch diese Art Feilen heute noch bei manchen Südseevölkern im Gebrauch. — Daß aber

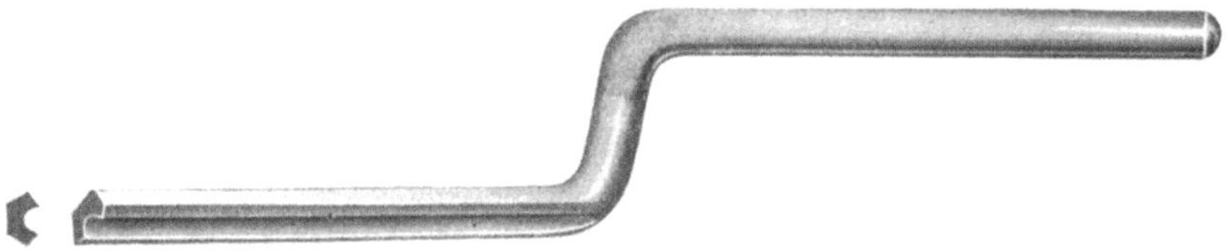

Abb. 42. „Feile an dem unteren Teile ausgegraben", vom Verfasser nach der Beschreibung von Theophilus Presbyter ausgeführt und ausprobiert.

die Metallfeilen aus Bronze und Eisen, wie vielfach von Nichtfachleuten behauptet wird, schon mindestens 5—6000 Jahre alt sein sollen, ist nicht einmal bei Bronze — abgesehen vielleicht von Ägpyten — möglich, geschweige denn bei Eisen. Erwiesen ist keine dieser Zahlen und sie werden vielleicht auch niemals mehr einwandfrei festgestellt werden können. Zusammenfassend zeigt sich, daß die erste schriftliche Erwähnung der Feile in der Bibel frühestens im 10. Jahrhundert v. Chr. stattfand, kleine konische Raspeln aus durchlochtem Kupferblech schon im 13. Jahrhundert v. Chr. angefertigt wurden, die älteste bisher bekannte Feile aus Bronze ein Alter von 3400 Jahren und die älteste bekannte Feile aus Eisen ein solches von 2600 Jahren hat.

Die Feile im Mittelalter. Aus der Zeit der Völkerwanderung, ca. 300—650 n. Chr., ließen sich leider keine Feilenfunde auftreiben. Auch dauert es bis in die Zeit des Mittelalters, ehe man wieder in der Literatur Feilen und Raspeln erwähnt findet. — Wie viele Handwerkskunst während der fortwährenden Unruhen dieses Zeitalters Schutz in den Mauern der Klöster fand, so scheinen auch Feilen und Raspeln anfangs der mittelalterlichen Zeit von Mönchen hergestellt worden zu sein, bis die Städte so weit erstarkt waren, daß ein freies Handwerk aufblühen konnte. — Ein frommer Bruder des Klosters Helmershausen bei Paderborn, namens Theophilus*), schrieb um das Jahr 1100 ein technisches Werk „Schedula diversarum artium", zu Deutsch: „Anleitung zu verschiedenen Künsten", welches die Bibliothek in Wolfenbüttel besitzt. In diesem umfangreichen Werk gibt der Verfasser, welcher vermutlich aus Westfalen stammte, viele technische Weisungen, wie kirchliche Geräte herzustellen sind und dabei kommt er verschiedene Male auf die Benützung

*) Westfälischer Mönch Rugerus — in seiner Muttersprache Rogker, als Mönch Theophilus Presbyter genannt!

der Feilen zu sprechen. Er gibt sogar eine genaue Beschreibung, wie die Feilen herzustellen und zu härten sind, was darauf schließen läßt, daß entweder in dem Kloster selbst diese Werkzeuge hergestellt wurden oder daß der Klosterbruder vor seinem Eintritt in das Kloster sich mit deren Verfertigung befaßte. — Diese Beschreibung der damaligen Herstellungsweise von Feilen ist zu interessant, um sie nicht wörtlich hier folgen zu lassen; sie lautet im jetzigen Deutsch:

1. Von Feilen, an dem unteren Teil ausgegraben (siehe Abb. 42).

Auch macht man Eisen so zart wie Strohhalme, fingerlang und viereckig, aber an einer Seite breiter. Die Enden, daran die Handhaben kommen, sind emporgekrümmt, unten aber ist der Länge nach ein Einschnitt gegraben, rundgefeilt wie eine Furche, zu deren beiden Seiten scharfgefeilte Rippen laufen. Mit diesem Eisen feilt man Gold- und Silberdrähte, dicke und feine, wenn auf denselben Körner erscheinen sollen.

2. Von den Feilen.

Feilen jedoch werden aus reinem Stahl, große und mittlere, viereckige mit 3 Rippen und runde gemacht. Man fertiget auch andere, damit sie in der Mitte stärker sind, innen aus weichem Eisen, außen aber werden sie mit Stahl bedeckt. Wenn sie nach Maßgabe der Größe geschlagen sind, welche ihnen der Arbeiter geben will, werden sie auf dem Hobel abgegleicht und mit einem Hammer, der an beiden Seiten scharf ist, mit Einschnitten versehen. Andere werden mit dem Schneideisen eingekerbt, wovon oben gesprochen wurde. Mit diesen Feilen soll das Werk geglättet werden, nachdem es mit gröberen vorher schon gefeilt wurde. Sind sie auf allen Seiten mit den Einschnitten versehen, so härte sie auf folgende Weise: (siehe unter „Härten").

3. Dasselbe, wovon oben die Rede war.

Mache auch kleinere auf ähnliche Weise, die viereckigen, halbrunden, dreieckigen, dünnen, nämlich aus weichem Eisen, welche du auf diese Weise härtest. Wenn sie mit dem Hammer mit Einschnitten versehen sind oder mit dem Schneideeisen oder Messer, so bestreiche sie mit altem Schweinefett und umgib sie mit geschnittenen Riemchen von Bockleder, und binde diese mit einem flächsernen Faden an. Darauf bedeckst du sie einzeln mit gemahlenem Ton, läßt ihre Enden aber frei. Sobald sie trocken sind, setze sie über das Feuer, blase heftig, das Leder wird verbrennen, du ziehst sie rasch aus dem Tone, löschest sie gleichmäßig im Wasser und trocknest die herausgezogenen am Feuer.

Aus dieser anschaulichen Schilderung läßt sich ersehen, daß schon im 11. Jahrhundert die Feilen teilweise nicht mehr aus Eisen, sondern aus Stahl oder aus verstähltem Eisen hergestellt wurden und ferner ergibt sich daraus die verblüffende Tatsache, daß die Herstellungsart und namentlich das Härten der Feilen von derjenigen, welche jetzt noch gang und gäbe ist, ganz wenig abweicht.

Anläßlich von Unruhen, die im Jahre 1387 in Frankfurt am Main herrschten, fand eine zunftweise Vereidigung der Handwerker statt. Da allgemeine Statistiken über die Einwohner und Handwerker zu jener Zeit leider noch nicht geführt wurden, sah sich der Rat der Stadt Frankfurt veranlaßt, ein besonderes Bürgerverzeichnis anzulegen, in welchem die Bürger, die damals dem Rate geschworen haben, aufgeschrieben sind. Unter den in dem Verzeichnis angeführten Leuten, die den verlangten Eid nicht geleistet haben, steht ein „felehauwer Clawes". Herr Dr. phil. Ruppersberg, Frankfurt, teilte mir mit, daß nach „Karl Bücher, die Berufe der Stadt Frankfurt im Mittelalter", Clawes die erste und einzige Erwähnung eines Feilenhauers im mittelalterlichen Frankfurt ist. Bis zur Stunde kann dieser Mann als einer der Ahnen der Feilenhauerei angesehen werden.

Die Abb. 43 zeigt zwei äußerst interessante Feilen aus dem Beginn des 15. Jahrhunderts, welche zwei alten technischen Handschriften entnommen wurden, die mit zu dem wertvollsten Besitz der in Betracht kommenden Bibliotheken gehören. Fig. 1 zeigt eine dreikantige „Doppelfeile" mit zugespitzten Enden, welche mit verschiedenen Werkzeugen zusammen abgebildet ist in einer der technischen Handschriften des Konrad Kyeser aus dem Jahre 1405 unter „lima silens", cod. philos. 63, Blatt 125. Diese Handschrift ist in der Universitätsbibliothek Göttingen aufbewahrt. Die Feile wurde zum Gebrauch offenbar in einen Halter eingespannt oder mit zwei Griffen gehalten und diente teils zum Schärfen von Sägeblättern, teils zum Rundfeilen von Eisen aller Art. Die meisten Maschinensägefeilen haben ja auch heute noch zugespitzte Enden, um sie bequem in beliebiger Stellung in geeignete Halter einspannen zu können. Der unter der Feile stehende lateinische Text lautet wie folgt:

Lima presens dupla optimo de calibe facta Bino dorso gira limabit ferrea queque. Obturentur aures, quoniam auditus vacillat. Abintra concava plumbo adimpleatur id ipsa, et limando silet, quod nullus audire valebit.

Zu deutsch:

Die vorliegende Doppelfeile, aus bestem Ketteneisen gemacht, wird mit doppeltem Rücken alle Eisen rund feilen. Die Ohren sollen verstopft werden, da das Gehör erzittert. Innen hohl, soll sie selbst mit Blei ausgefüllt werden und sie schweigt beim Feilen, daß niemand sie zu hören im Stande sein wird.

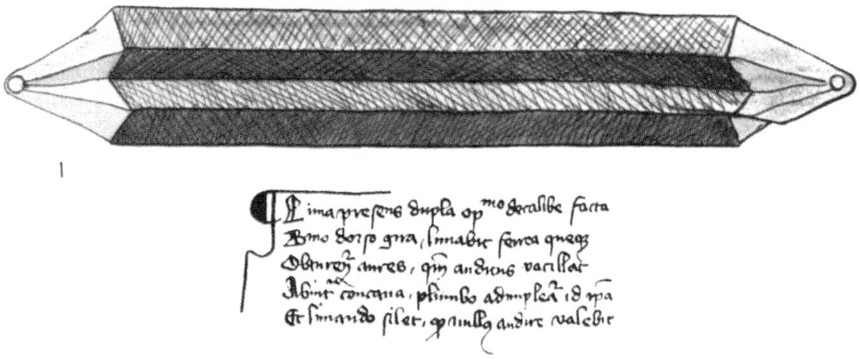

1

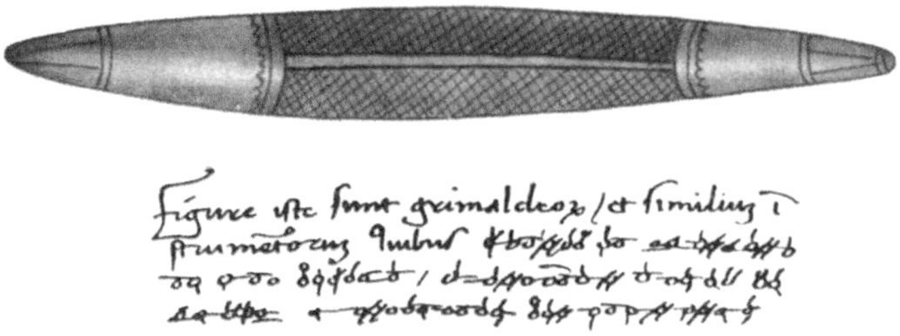

2

Abb. 43. Fig. 1. Doppelfeile aus der technischen Handschrift des Konrad Kyeser (1405). Fig. 2. Feile für Sperrzeuge aus Cod. icon. (1420).

Die zweite Feile (Fig. 2) ist einem der seltensten Werke der Bayr. Staatsbibliothek München entnommen, dem „Cod. iconogr. 242“ aus dem Jahre 1420. Die Darstellung der Feile, sowie der zugehörige Text sind von Hand auf Pergament zusammen mit verschiedenen Abbildungen von Schlüsseln und Dietrichen gezeichnet. Die Enden der Feile sind mit Griffen versehen, vermutlich aus Holz, da diese im Original rötlich getönt sind. Der erste Teil des unter der Feile stehenden Textes wurde in lateinischen Worten, der Rest in einer Geheimschrift geschrieben. In lateinischer Sprache wurde der gesamte Text wie folgt entziffert:

„figure iste sunt grimaldeorum et similium instrumentorum quibus latres et incarcerati uti solent uariantur tamen secundum uarietatem seraturarum.“

Die deutsche Übersetzung dürfte wie folgt lauten: „Das sind Figuren von Sperrzeugen und ähnlichen Instrumenten, deren sich Räuber und Eingekerkerte zu bedienen pflegen, doch variieren sie nach der Verschiedenheit der Schlüsselbärte.“ Leider hat der geniale Mann, der diese Feile im Jahre 1420 mit Schlüsseln und Sperrzeugen zusammen auf Pergament zeichnete, versäumt, den Querschnitt derselben mit aufzuzeichnen, es wäre deren Gebrauch besser ersichtlich gewesen.

Ein weiterer für die Feilenkunde ganz wertvoller Fund wurde im Archiv des Großen Generalstabs in Berlin gemacht. — Es fand sich dort in einer technischen Handschrift aus dem Jahre 1420 nachfolgende Abbildung von Feilen und Raspeln:

Hier begegnen wir den ersten Abbildungen von raspelartig gehauenen Feilen, also Feilen, bei welchen die Zähne nicht mit einem meißelartigen Hammer oder einem flachen Meißel eingehauen sind, sondern bei welchen sie mit einem spitzen, grabstichelförmigen Instrument eingeschnitten sind. — Die zum Teil gebogenen Formen dieser Raspeln weisen darauf hin, daß diese Werkzeuge nicht nur „um Eisen zu gewinnen" gebraucht wurden, sondern wohl auch für die Zwecke der Holz- und Steinbildhauer, denn gerade im Mittelalter stand ja zur Ausschmückung der Kirchen und Altäre die Bildhauerkunst in hoher Blüte.

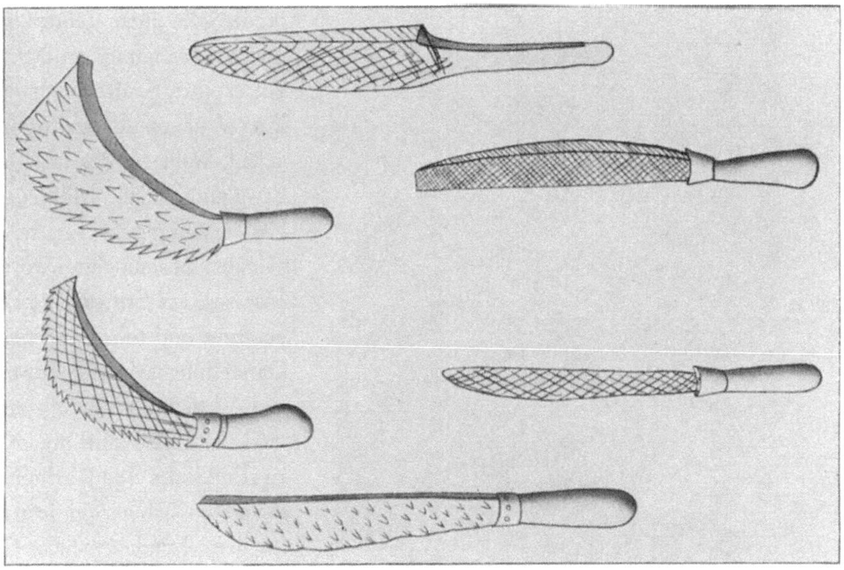

Abb. 44*). „Mit solchen fylen mag man eysen gewinnen oder prechen."
Aus einer technischen Handschrift des Großen Generalstabs der Armee zu Berlin (1420).

Einer besonderen Benennung der Feile und der Feilspäne im deutschen Mittelalter muß hier noch gedacht werden, nämlich der Worte „figil" und „figelot". Diese Worte wurden in dem ersten deutsch geschriebenen Werk über die Chirurgie erwähnt, dessen Verfasser der Straßburger Arzt Hieronymus Brunschwig um das Jahr 1497 war.

Nürnberg als Ahnenstadt der Feilenhauer. Mittlerweile hatten sich in den deutschen Reichsstädten, in Flandern und in den Niederlanden unter dem Schutz der Mauern und durch die Tatkraft ihrer Bürger die Künste und das Handwerk entwickelt; die Gewerbe waren in Deutschland, besonders in einzelnen Städten, wie Nürnberg und Augsburg, mächtig aufgeblüht und die kunstgewerblichen Arbeiten aus jener Zeit erregen heute noch das Staunen der Nachwelt. Es kann wohl angenommen werden, daß in Deutschland und wahrscheinlich überhaupt in Europa, zuerst in Nürnberg, Feilen handwerksmäßig hergestellt wurden. In Nürnberg bestand bereits im Jahre 1285 eine Zunft der Klingenschmiede und Schwertfeger. Schwerter und Klingen

*) Quellenforschungen — Feldhaus, Berlin-Friedenau.

mit Blutrinnen wurden schon in der ersten Zeit der Schwertfabrikation ausgeführt und da diese Blutrinnen damals wohl mit keinem andern Werkzeug als mit Feilen hergestellt werden konnten, so läßt sich hieraus der Schluß ziehen, daß um diese Zeit schon in Nürnberg Feilen handwerksmäßig hergestellt worden sein mußten. In den Nürnberger Geschichtsaufzeichnungen kommt im Jahre 1419 erstmals ein Feilenhauer, oder, wie die Bezeichnung damals lautete, ein „feylsmid" oder ein „feihelhawer" vor. In der Stadtbibliothek in Nürnberg ist eine Reihe von Handwerkerdarstellungen zu finden, und zwar in den beiden Mendelschen und Landauerschen Stiftungsbüchern. — Im 15. Jahrhundert hatten nämlich zwei wohlhabende Nürnberger Patrizier namens Mendel und Landauer, Stiftungen für alte Nürnberger Bürger, welche trotz ehrlicher Arbeit keine Mittel zu einem sorgenfreien Lebensabend errungen hatten, errichtet.

Abb. 45*). Der Nürnberger Feilenhauer Cuntz um das Jahr 1420.

In einem großen Stiftshause fanden die alten Leute Unterkunft und Verköstigung, mußten aber, so gut es ihre Kräfte noch erlaubten, ihrer früheren Beschäftigung nachgehen, wohl in der ganz richtigen Erwägung, daß Müßiggang aller Laster Anfang ist. — In den angelegten Stiftsbüchern wurde jedem Insassen des Stiftes eine Seite eingeräumt und sein Bild, vielfach mit Darstellung seiner handwerksmäßigen Verrichtung, farbig aufgenommen. — Diese Stiftung scheint bis zu Ende des 18. Jahrhunderts gedauert zu haben, der letzte Eintrag in dem Landauerschen Stiftungsbuch datiert vom Jahre 1798.

Nebenstehende Abb. 45 veranschaulicht einen Insassen (Bruder) des Mendelschen Stiftungshauses, etwa aus dem Jahre 1420 stammend. Wie aus dem Bild ersichtlich, haute der Bruder Cuntz den Hieb nicht mit Meißel und Hammer, sondern, wie um jene Zeit noch üblich, vom Angel nach der Spitze mit einem zweiseitig meißelartig zugeschliffenen Hammer, während die Feile selbst mit der linken Hand auf dem Amboß festgehalten wurde. Wird dieses Bild einer genaueren Betrachtung unterzogen, so zeigen alle 4 Feilen gehauene Unter- und Oberhiebe, genau wie die Doppelfeile Abb. 43. Diese Bilder sind wohl die ältesten, welche Kreuzhiebe auf Feilen zeigen und es kann angenommen werden, daß der Kreuzhieb im Laufe des 14. Jahrhunderts zum ersten Male aufgekommen ist.

Die folgende Abb. 46 läßt schon die Fortschritte erkennen, welche gegenüber dem letzten Bilde in den dazwischenliegenden 100 Jahren gemacht worden sind.

*) Abb. 45 und 46 aus dem Porträtbuch der Mendelschen und Abb. 47 aus dem der Landauerschen Stiftung; beide Bücher besitzt die Stadtbibliothek Nürnberg.

Dieser Insasse des Mendelschen Stiftungshauses mit Namen Peter Bauernschmidt, welcher im Jahre 1534 starb, gebrauchte keinen meißelartig zugeschliffenen Hammer mehr, sondern er brachte den Hieb durch Hammerschlag auf einen Meißel auf den Feilen an und hielt — genau wie es unsere Handfeilenhauer heute noch machen — die Feile auf dem Amboß mit zwei Hauriemen fest.

Ein weiterer Insasse dieses Stiftshauses war Johann Hochdörffer, Feilenhauer und Bürger zu Nürnberg. Er wurde am 8. Mai 1694 in seinem 68. Lebensjahre in dieses Haus aufgenommen. Die Abb. 47 zeigt Johann Hochdörffer, wie er sinnend an einer Fensternische steht mit einer Feile in der Hand, welche er wohl soeben auf ihren Schnitt geprüft haben wird. Die Darstellung ist einem Bild, das in der Stadtbibliothek Nürnberg aufbewahrt ist, abgenommen worden.

Abb. 46*). Der Nürnberger Feilenhauer Peter Bauernschmidt im Jahre 1534.

Wie vollkommen schon im 16. Jahrhundert Feilen hergestellt werden konnten, und welch eigenartige Anwendung damals schon stattfand, zeigt ein Kupferstich aus einem sehr verbreiteten alten Maschinenbuch, das ums Jahr 1595 von dem französischen Ingenieur Jaques Besson verfaßt wurde.

Die Abb. 48 zeigt, wie nach Besson (1565) im Mittelalter eine Schraube hergestellt wurde. Ein Gewindeschneidzeug war damals noch gänzlich unbekannt. Man behalf sich mit der Feile, welche in Dreieckform angefertigt war. Mit Hilfe des rechts sichtbaren ausgehöhlten Lineals wurden auf dem Bolzen parallele Längslinien gezogen und mit dem links oben dargestellten Pergamentstreifen die Schraubenlinie durch die vorher mit dem Zirkel auf den Längslinien eingeteilten Schnittpunkte angerissen. Mit der Dreikantfeile, dem damals wichtigsten Werkzeug zur Herstellung der Gewinde, wurde der Schraubengang hierauf vertieft und die metallene Mutter zum Schluß über die fertige Spindel gegossen.

Eine weitere Abb. 49 zeigt eine Flachfeile, eine Anzahl flache und halbrunde Raspeln, sowie eine Anzahl Stoßfeilen — darunter solche mit verzierten Angeln und Kanten (Eisenschnitt) — aus dem Jahre 1560. Diese Feilen und Raspeln sind in dem Historischen Museum zu Dresden aufbewahrt und stammen aus einer bisher unveröffentlichten Sammlung von Werkzeugen, welche der Kurfürst von Sachsen, August der Vater (1526—1586) angelegt hat.

*) Siehe Fußnote S. 24.

Die Abb. 50 zeigt in mehrfacher Vergrößerung die verschiedenen Eisenschnitte, welche mit geeigneten Sticheln in die Feilen eingegraben wurden. Zu bemerken ist hier noch, daß der Kurfürst von Sachsen in seiner Rüstkammer noch lange, dünne Rundfeilen hatte, welche er unter dem

Abb. 47*). Johann Hochdörffer, Feilenhauer und Bürger zu Nürnberg um das Jahr 1694.

heute noch geläufigen Namen „Rattenschwanzfeilen" eingeordnet hatte. Auch in französischen Werken „Descriptions des Arts et Métiers" aus dem Anfang des 18. Jahrhunderts ist die Bezeichnung „queue de rat" für Rattenschwanzfeilen, d. h. für die langen, dünnen Rundfeilen, eingeführt.

*) Siehe Fußnote S. 24.

Leider sind im Germanischen Museum in Nürnberg gar keine Feilen und Raspeln aus der Zeit des Mittelalters, auch nicht einmal aus späteren Perioden aufbewahrt. Daß aber die Feilenhauerzunft außer im 15. und 16. Jahrhundert auch noch im 17. und 18. Jahrhundert in Nürnberg nicht unbedeutend gewesen sein muß, beweisen verschiedene, in dem erwähnten Museum und in der Stadtbibliothek Nürnberg vorhandene Urkunden und Gegenstände, und zwar:

1. Ein Lobspruch des löblichen Feylenhauer-Handwerckhs 1591, erneuert anno 1597.
2. Eine Ordnung des Feilenhauer-Handwerks in Nürnberg vom Jahre 1653.
3. Eine Ordnung der Gesellen des Feilenhauer-Handwerks vom Jahre 1653.
4. Eine Liste von 228 Feilenhauern, welche in den Jahren 1701—1800 in Nürnberg vom „Ruegsamt" zu Meistern ernannt wurden. Darunter befindet sich unter dem 28. May 1796 Joh. Friedr. Dick aus Eßlingen a. N., ein Vorfahre der heutigen Feilen- und Werkzeugfabrik Friedr. Dick G. m. b. H., Eßlingen a. N.
5. Eine Feilenhauer-Gebührenordnung aus dem Ruegsamt Nürnberg.

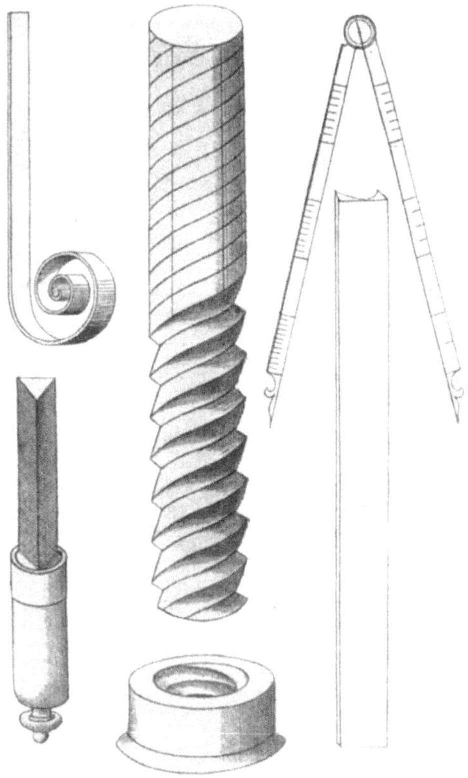

Abb. 48. Die Herstellung einer Schraube im Mittelalter (Besson 1565).

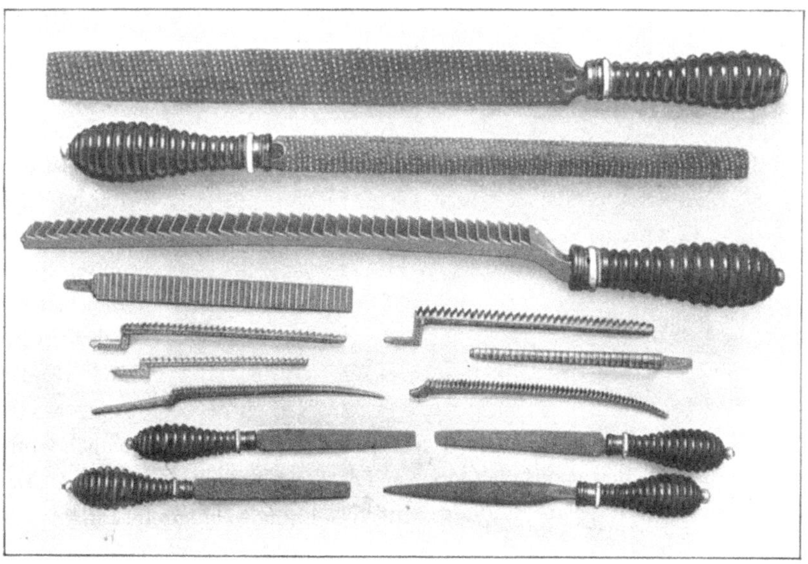

Abb. 49*). Feilen, Stoßfeilen und Raspeln aus dem Jahre 1560.

*) Quellenforschungen — Feldhaus, Berlin-Friedenau.

6. „Der Feilenhauer." Eine Beschreibung des Feilenhauerhandwerkes aus dem Buch „Die Hauptstände" (die hauptsächlichsten Gewerke jener Zeit) von Christoff Weigel, gedruckt im Jahre Christi 1698.

Abb. 50. Eisenschnitte auf Stoßfeilen.

7. Ein bemaltes Schränkchen der Feilenhauerzunft mit den Jahreszahlen 1642. 1669. 1688. 1731. Innen zwei Feilenhauer mit den Handwerksemblemen, außen zwei Meister, welche den Willkommtrunk darbieten.

8. Grundbestimmungen über die Errichtung einer Niederlage der Nürnberger Feilenhauermeister bzgl. Drahtfeilen resp. Nadelfeilen aus den Jahren 1850 und 1851.

9. Gesellenbriefe der Städte: Franckfurth am Mayn 1722, Schweinfurth 1787, Augsburg 1791, Schmalkalden 1799, Memmingen 1802 und Budissin 1805.

Als Feilenhauermeisterstücke wurden Ende des 18. Jahrhunderts Feilen angefertigt, welche heute wohl kein Feilenhauer mehr nachahmen würde. Die Abb. 54 zeigt zwei Feilen aus dem früheren Kgl. Museum zu Cassel aus dem Jahre 1778, welche von zwei Brüdern, namens Gans aus Schmalkalden, hergestellt wurden. Die linke Feile von Johann Georg Gans hat einen kunstgeschmiedeten Stahlgriff und wurde mit gleich schrägem Unter- und Oberhieb gehauen. Auf dem Spiegel der Feile ist der Name des Fertigers und darüber ein Kelch mit Blumen mittels spitziger Körner eingehauen. Der Griff selbst ist mit Kerben und Hohlkehlen verziert, das Schlußstück enthält offenbar das Familienwappen „zwei sich abwendende Gesichter mit einem Kronstück" (Spion). Am Übergang vom Griff zum Schlußstück ist eine Blume angebracht und die sichtbare Inschrift lautet: „Namen Gotts".

Abb. 51. Gesellenbrief der Stadt Franckfurth am Mayn aus dem Jahre 1722.

Die rechte Feile trägt die Inschrift „Conrath Gans, Schmalkalden den 14. des Sebtember 1778." Durch Unterbrechung der Hiebe erhält sie viele freie viereckige Feldchen, die zum Teil mit dem ganzen ABC (ausgenommen V und W) und zum Teil mit kleinen Ornamenten ausgefüllt sind.

Am Griffe der Feile sieht man wieder die beiden sich abwendenden Gesichter. Das Schlußstück ist gleich wie bei der ersterwähnten Feile, nur ohne Inschrift.

Wenn man die Arbeiten genau betrachtet, so sind sie so kunstgerecht gefertigt, daß, wie gesagt, es heute kaum einen Feilenhauer geben wird, der so ein Stück ausführen könnte.

Es bildeten die Feilenhauer in Nürnberg, Schmalkalden und später noch in Remscheid und Zwickau eine eigene Zunft und die Aufnahme in diese war nicht so einfach, denn die Feilenhauer mußten teilweise Meisterstücke anfertigen, deren gute Ausführung heute noch nicht leicht wäre.

Nürnberg vermochte seinen Rang als erste Feilenstadt später nicht zu behaupten und nur wenige Meister noch verfertigten etwa bis ums Jahr 1890 einige Spezialfeilensorten, und zwar die Nürnberger Raumfeilen (Abb. 55), welche in ihrer altertümlichen Form, Packung und schwarzer Farbe

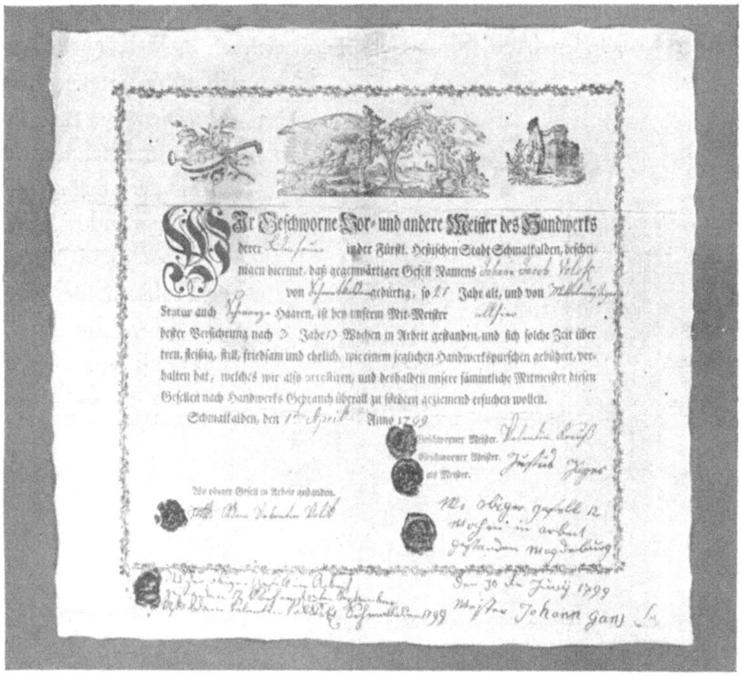
Wir Geschworne Vor- und andere Meister des Handwerks derer ... in der Fürstl. Hessischen Stadt Schmalkalden, bescheinigen hiermit, daß gegenwärtiger Gesell Namens ... von ... gebürtig, so ... Jahr alt, und von ... Statur auch ... Haaren, ist bey unserem Mit-Meister ... dessen Versicherung nach ... Jahr ... Wochen in Arbeit gestanden, und sich solche Zeit über treu, fleißig, still, friedsam und ehrlich, wie einem jeglichen Handwerkspurschen gebühret, verhalten hat, welches wir also attestiren, und deshalben unsere sämmtliche Mitmeister diesen Gesellen nach Handwerks-Gebrauch überall zu fördern geziemend ersuchen wollen.
Schmalkalden, den ... Anno ...
Geschworner Meister.
Geschworner Meister.
als Meister.
Wo obiger Gesell in Arbeit gestanden.

Abb. 52. Gesellenbrief der Stadt Schmalkalden aus dem Jahre 1799.
Dieser Gesellenbrief wurde mitunterzeichnet von Johann Georg Gans, dessen Name identisch ist mit dem auf einem Feilenhauermeisterstück aus dem Jahre 1778 (siehe Abb. 54).

Wir Geschworne, Vor- und andere Meister des Handwercks
derer ... in des Heiligen Römischen Reichs freyen Stadt Memmingen
Memmingen den ...
Ober-Meister
Beysitz-Meister

Abb. 53. Gesellenbrief der Stadt Memmingen aus dem Jahre 1802.

jahrhundertelang von Schlossern und Schmieden verwendet wurden, sowie die halbharten Nürnberger Nadelfeilen (Abb. 56), welche hauptsächlich die Silberschmiede kauften, da diese in Unschlitt gehärteten Feilen beim Gebrauch nicht abbrachen. — Als die beiden letzten Meister, Freyer und Schmidt, starben, fanden sich keine Nachfolger mehr für die Fortsetzung dieser wenig lohnenden Arbeit.

Über diese Nürnberger Nadelfeilen schrieb der Professor der Technologie am k. k. polytechnischen Institut, Altmüller, in Wien im Jahre 1847 wie folgt:

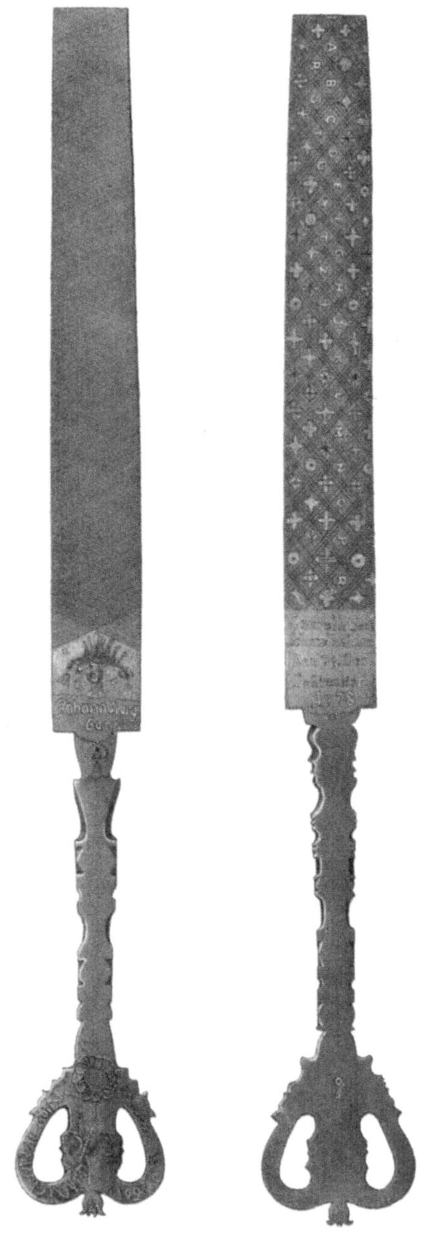

Abb. 54. Zwei Feilenhauermeisterstücke aus dem Jahre 1778. Hessisches Landesmuseum zu Cassel.

Abb. 55. Nürnberger Raumfeilen.

„Die Nürnberger Nadelfeilen sind bloß aus Eisendraht verfertigt und gar nicht gehärtet. Ihrer bedienen sich besonders die Gold- und Silberarbeiter, die zu den von ihnen zu befeilenden Metallen keine harten Feilen brauchen und auch noch deswegen solche bloß eisernen vorziehen, weil sie dieselben, um eine Krümmung oder Vertiefung zu bearbeiten, nach Erfordernis biegen können. Für ähnliche Fälle bei harten Metallen, die beim Uhrmacher und Uhrgehäusemacher ebenfalls vorkommen, hat man die Riffelfeile."

Aus dieser Bemerkung läßt sich der Schluß ziehen, daß die halbharten Nürnberger Nadelfeilen die Vorgänger der Riffelfeilen waren.

Die Bedeutung von Schmalkalden, Remscheid und Eßlingen in der Feilenentwicklung. Daß auch im Thüringer Wald und ganz speziell in Schmalkalden im 17. und 18. Jahrhundert das Feilenhauergewerbe schon in Blüte stand und dabei die Fabrikation von Raspeln ganz besonders gepflegt wurde, geht hervor aus einem Werkchen „Das Verfertigen der Feilen in Schmalkalden", das von dem Renterey-Schreiber J. C. Quanz im Mai 1790 verfaßt wurde. Dank dem Entgegenkommen des Hennebergischen Geschichtsvereins und des Fachlehrers Herrn A. Pistor in Schmalkalden kann ein Auszug aus erwähntem Werkchen später gebracht werden (siehe S. 68). Ein für die Feilenhauer zu Schmalkalden im Jahre 1791 noch maßgebender Zunftbrief war auf Pergament geschrieben und mit fürstlichem Insiegel (Abb. 57) versehen, auf welchem außer dem Wappen noch folgende Worte standen: „Wilhelmus IX D: G: LANDG: Hass: PRINC: HERSFELD: COM: CATT: DEC: ZIEG: NID: SCHAUMB: & HANOV." Zu Deutsch: „Wilhelm IX., von Gottes Gnaden Landgraf von Hessen, Fürst von Hersfeld, Graf von Katzenelnbogen, Diez, Ziegenhain, Nidda, Schaumburg und Hanau."

Außer der Freien Reichsstadt Nürnberg, dem damaligen Vororte der deutschen Feilenfabrikation, und Schmalkalden ist zunächst Remscheid und seine Umgebung zu erwähnen. Der genaue Zeitpunkt, in welchem die Feilenindustrie sich dort einbürgerte, ließ sich bis heute noch nicht bestimmen, so wenig wie der Beginn der älteren Schwertfabrikation und der nachfolgenden Messerfabrikation in der Nachbarstadt Solingen. Eine Reihe Geschichtsforscher glauben, daß in den Jahren 1145—1160 unter dem damaligen Herrscher des Bergischen Landes, Graf Adolf IV., die Grundlage für die Schwertfabrikation geschaffen wurde und daß diese dann in der Zeit der Kreuzzüge bis zum Dreißigjährigen Kriege ihre Blütezeit hatte. Nach neueren Forschungen ist aber erwiesen, daß fränkische Meister im 5. Jahrhundert schon Schwerter von guter Qualität im Bergischen Lande angefertigt haben. Ein fränkisches Schwert, das „Spatha" genannt wurde, war dem römischen Schwerte schon überlegen. Es hatte eine Länge von 95—100 cm und die Technik verlieh dieser Klinge damals schon eine sogenannte Blutrinne — eine in

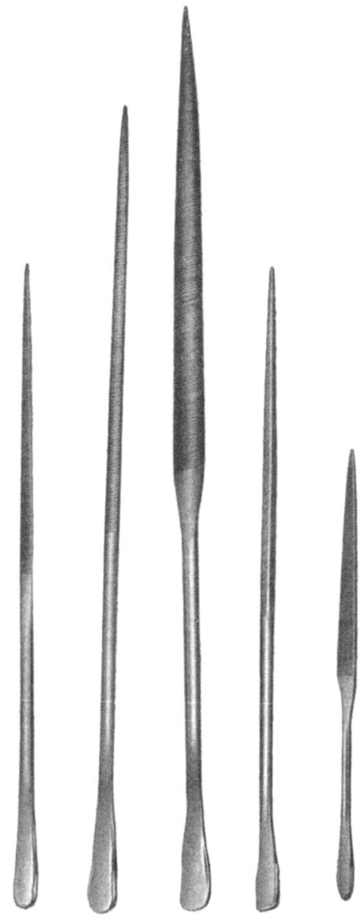

Abb. 56. Nürnberger Nadelfeilen.

Abb. 57. Fürstliches Insiegel auf einem Feilenhauer-Zunftbrief, Schmalkalden 1791.

der ganzen Klingenlänge verlaufende Auskehlung. Sicher ist, daß in Solingen die Messerfabrikation der Aufnahme der Schwertfabrikation nachgefolgt ist und es dürfte hierfür das 13. oder 14. Jahrhundert in Frage kommen, wenn auch Messer vereinzelt schon in früheren Zeiten in der Hausindustrie hergestellt worden waren. Daß nun Feilen zur Schwert- und Messerfabrikation schon sehr frühzeitig benötigt wurden — vielleicht schon zur Nachbearbeitung der Blutrinnen — und daß die Solinger Handwerker ihre Feilen nicht weither haben beziehen wollen oder beziehen konnten, ist anzunehmen, wenn sie ihre Feilen nicht zunächst sich selbst anfertigten oder von Westfalen bringen ließen, denn einwandfrei steht fest, daß in Westfalen — also in einer Gegend, die nicht weit von Solingen und Remscheid entfernt ist —, wie schon angeführt, die Herstellung der Feile im 11. Jahrhundert sehr genau bekannt war. Da nun Nürnberg die Stadt der ersten handwerksmäßigen Feilenherstellung sein soll und dort die Feilenhauerei, wie urkundlich festzustellen ist, schon zu Ende des 14. Jahrhunderts aufgenommen wurde, so läßt sich der Schluß ziehen, daß die handwerksmäßige Herstellung der Feilen in Remscheid im Laufe des 15. Jahrhunderts allgemein aufgenommen wurde, obwohl nicht ausgeschlossen ist, daß vereinzelt auch früher schon Feilen dort angefertigt wurden.

Die einzige authentische Nachricht kann hier noch beigefügt werden aus den „Erinnerungen und Briefen von Josua Hasenclever", welche Professor Adolf Hasenclever im Jahre 1922 herausgegeben hat. Auf Seite 4 dieser Erinnerungen ist folgender Satz zu finden: „Mein Vater entschloß sich gleich — um seiner Kinder willen — neben der Stahl- und Sensenfabrik auch die Geschäfte in sonstigen Eisenwaren — die damals freilich noch sehr in der Kindheit und überhaupt so mangelhaft waren, daß z. B. in den 1790er Jahren zuerst die sogenannten Bastard- und Schlichtfeilen in Remscheid eingeführt worden sind — zu betreiben." Hieraus kann mit Sicherheit geschlossen werden, daß bis zu diesem Zeitpunkt wohl nur Pack- oder Strohfeilen in Remscheid angefertigt wurden.

Der Dreißigjährige Krieg mit seinen furchtbaren Folgen für das gesamte deutsche Wirtschaftsleben schädigte auch die Feilenindustrie auf das schwerste und so konnte es nicht ausbleiben, daß England, das im Jahre 1618 begann Feilen herzustellen, die Fabrikation von Deutschland übernahm und sehr bald seinen durch die Kriegswirren gestörten Lehrmeister nicht nur erreichte, sondern im Handhauen und auch im Härten überflügelte. Ungefähr um das Jahr 1638 verlegte sich der Sitz der englischen Feilenfabrikation nach den Grafschaften Yorkshire und Lancashire mit den Hauptplätzen Sheffield und Warrington. Bis zur Mitte des 18. Jahrhunderts wurde die Herstellung von Feilen in nur kleinem Maßstabe in einer weitverzweigten Hausindustrie betrieben. Die englischen Feilen erlangten bald einen bedeutenden Ruf, so daß im Jahr 1727 von französischen Firmen alle Anstrengungen gemacht wurden, englische Feilenhauer und Härter über den Kanal in ihre französischen Werkstätten zu bekommen. Matthias Spencer und Peter Stubs waren die Männer, welche zuerst nach der Mitte des 18. Jahrhunderts die gesamte Feilenfabrikation in ihren eigenen Werkstätten aufnahmen. Die Umwandlungen der Handarbeit in Maschinenarbeit wurden in Sheffield in kleinen Anfängen nach dem Jahre 1875 vorgenommen, obgleich in Manchester und Birmingham in den Jahren 1846 und 1865 schon Feilenhaumaschinen für kleine Feilen aus Frankreich eingeführt worden waren. Große und schwere Feilen dagegen wurden bis zum Jahre 1895 fast ausschließlich von Hand gehauen.

Erst die Einwanderung der aus Frankreich und den Niederlanden wegen ihres Glaubens vertriebenen Hugenotten und Calvinisten wirkte in Deutschland im 17. Jahrhundert wieder belebend auf die Feilenindustrie. Diese kam vom Jahre 1685 ab erneut zu Ansehen und nahm einen bedeutenden Aufschwung neben Nürnberg — dessen Feilenindustrie aber im 18. Jahrhundert wieder stark zurückging — zunächst in Remscheid. Dr. Franz Ziegler schreibt in seinem Werk „Wesen und Wert kleinindustrieller Arbeit in einer Darstellung der Bergischen Kleineisenindustrie 1901“:

„Die Hammerwerke, die ältesten industriellen Einrichtungen des Bezirkes Remscheid, sind die Urzellen des blühenden Lebensbaumes der Remscheider Industrie. Unter der Schreckensherrschaft Albas, des Statthalters der Niederlande, flüchteten protestantische Niederländer auch nach Berg. Sie legten in der dortigen holzreichen Gegend Eisenhütten an und fabrizierten zunächst Raffinierstahlhämmer. Die Stahl- und Eisenhämmer am Burgholzerbache und an der Wupper sind 1650, die Hammerwerke am Gelperbache bereits 1688 schon vorhanden gewesen. In Remscheid, Cronenberg und Lüttringhausen befanden sich im Jahre 1773 126 Eisenhämmer und 31 Schleif- und Poliermühlen.“

Die Herstellungsverfahren wurden wirtschaftlicher gestaltet. Bis gegen das Jahr 1850 hatte Remscheid ausschließlich Hausindustrie. Fabrikanten, die nur die Einrichtungen zum Schmieden und Härten von Feilen hatten, ließen alle übrigen Arbeiten, wie das Schleifen, Ziehen und Hauen, von Heimarbeitern ausführen. Reinhard Mannesmann war wohl der erste Remscheider Feilenfabrikant, der etwa um das Jahr 1850 die Umwälzung der Hausindustrie zum Fabrikbetrieb einleitete und der eine einheitliche Fabrikation in eigenen Werkstätten aufnahm. Obwohl schon im Jahre 1873 die ersten Feilenhaumaschinen aus England nach Remscheid kamen, aber auf die Dauer eben nicht befriedigten, kam die maschinelle Anfertigung von Feilen erst vom Jahre 1890 ab in Aufschwung*).

Auch in Eßlingen am Neckar wurde die handwerksmäßige Feilenhauerei schon sehr frühzeitig aufgenommen. Um das Jahr 1778 errichtete ein Johann Friedr. **Dick**, nachdem er zuvor in Nürnberg seine Meisterprüfung abgelegt hatte, eine vollständig eingerichtete Feilenhauerei, aus welcher vom Jahre 1875 ab die heute größte europäische Feilenfabrik Friedr. Dick G. m. b. H. hervorging. Die ungünstige wirtschaftliche Lage der Stadt Eßlingen im Süden Deutschlands veranlaßte die Firma schon sehr frühzeitig, auf die Fabrikation kleiner und feiner Feilen für Uhrmacher, Feinmechaniker usw. überzugehen und schon im Jahre 1880 wurden Spezialmaschinen zur Herstellung dieser Feilen aufgestellt. Eßlingen steht heute mit an erster Stelle in der Feilenindustrie Deutschlands, sowohl was das Alter der Industrie, als auch was ihre Größe anbetrifft.

Wann in **Osterreich** die ersten Feilen hergestellt wurden, konnte leider nicht einwandfrei festgestellt werden, ebensowenig ob das Feilenhauergewerbe wie in Remscheid zunächst als Hausindustrie und später erst als fabrikmäßiges Handwerk betrieben wurde. Karmarsch schreibt in einem seiner technologischen Handbücher, daß die Firma Jakob Fischer zu Krems an der Donau im Jahre 1788 die älteste größere Feilenhauerei gewesen sei und daraus ist zu schließen, daß Jakob Fischer, der seiner Profession nach Büchsenmacher war, seine Feilen schon handwerksmäßig hergestellt hat. Zu Suhl in Thüringen geboren, wanderte er später nach Österreich aus und errichtete im Jahre 1780 in Rehberg bei Krems ein Hammerwerk, in welchem er Werkzeuge, Säbelklingen und auch schon Feilen handwerksmäßig herstellte. Seine Erzeugnisse wurden immer mehr verlangt und so wurde er gezwungen, die heute der St. Egydyer Eisen- und Stahl-Industrie Gesellschaft, Wien, gehörenden Werke Hainfeld, Furthof und St. Aegyd zu erwerben und gegen das Jahr 1800 in den Werken Furthof und Hainfeld die Herstellung der Feilen fabrikmäßig zu betreiben.

Durch ihre jahrhundertealte Uhrenindustrie und feinmechanischen Werkstätten waren **Frankreich** und die **Schweiz** gezwungen, sich schon sehr frühzeitig mit der Herstellung der kleinen und feinen Feilen zu beschäftigen, und so haben Paris und der Süden Frankreichs, sowie die französische Schweiz mit Genf und Vallorbe an der Spitze bereits im 17. Jahrhundert begonnen, Feilen für Uhrmacher, Feinmechaniker, Goldarbeiter usw. herzustellen. Diese Länder brachten dann auch im 18. Jahrhundert schon die ersten kleinen Haumaschinen für vorgenannte Feilen heraus. Über französische Feilen schreibt die Handlungszeitung von Johann Adolf Hildt, Gotha, in ihrem

*) Einführung der Haumaschinen in Deutschland siehe II. Teil „Haumaschinen“.

35. Stück vom 1. September 1798: „Das Konservatorium der Künste und Handwerke in Paris ist nicht nur die Niederlage aller Werkzeuge der Künste, sondern zeiget auch die Produkte der französischen Industrie vor, unter welche die Feilen des Bürgers Raval gerechnet zu werden verdienen, der es in dieser Gattung von Arbeiten zur größeren Volkommenheit gebracht hat."

Wie aus Vorstehendem hervorgeht, wurden kleine Uhrmacherfeilen schon um die Wende des 18. Jahrhunderts mit kleinen Spezialmaschinen gehauen, während in allen feilenfabrizierenden Ländern, zu denen noch Italien und Amerika gehören, sämtliche größere Feilen und Raspeln ausschließlich von Hand hergestellt wurden, und zwar fast bis zu den 1870er Jahren, trotzdem der berühmte Italiener Leonardo da Vinci sich schon zu Beginn des 16. Jahrhunderts mit dem Entwurf einer Feilenhaumaschine befaßt hatte.

Die Handwerker, welche sich mit der Herstellung von Feilen beschäftigten, galten stets als angesehene Bürger und bildeten — wie schon erwähnt — an vielen bedeutenden Plätzen ihre eigene Zunft, welche wohl schon im 15. Jahrhundert gegründet worden sein dürfte.

Abb. 58. Streit zwischen Zinngießer- und Feilenhauerlehrling (Kupferstich von Jost Amman 1539—1591).

Ein für den Laien so unscheinbares Werkzeug, wie eine Feile es ist, wurde in früheren Jahrhunderten in Druckschriften, Kupferstichen usw. nur äußerst selten abgebildet. Auf der Abb. 58, „Die Zweikämpfe der Handwerker", spielt die Feile eine besondere Rolle. Sie zeigt, wie eine große Feile als Waffe im Streit zwischen einem Feilenhauerlehrling und einem Zinngießerlehrling gebraucht wird, der sich mit einer chirurgischen Spritze verteidigt. Dieses Bild stammt von dem Kupferstecher Jost Amman (1539 bis 1591), es befindet sich im Kgl. Kupferstichkabinett zu Dresden.

Spezialfeilen. Zahllose Erfinder haben schon in frühesten Zeiten versucht, in der Feilenfabrikation auf alle mögliche Art und Weise Neuerungen und Verbesserungen einzuführen. Je mehr die Feile gebraucht wurde, desto mehr zeigte sich die Schwierigkeit, die darin lag, abgenutzte Feilen wieder zu schärfen oder frisch aufzuhauen. Das Verlangen nach leichten und billigen Feilen tauchte schon sehr früh auf und es wurde immer wieder geklagt, daß namentlich größere Feilen für den Transport zu schwer und unhandlich seien. So kam man nach und nach darauf, zunächst zusammengesetzte bzw. zerlegbare Feilen (Blätterfeilen), und nicht lange nachher auch „Bezugfeilen", d. h. Feilen mit auf massive Körper aufgeschraubten Feilblättern herzustellen.

Die erste zusammengesetzte Feile, die man kennt, beschreibt Roubo im Jahre 1774 in dem berühmten französischen Werk „Descriptions des Arts et Métiers, l'art du Menuisier-Ebeniste."

Die Feile, welche 23 Zähne hat, ist, wie die Abb. 59 zeigt, aus einzelnen, hohen, mit Angeln versehenen Messern aus Stahlbändern zusammengesetzt und um diesen eine gewisse Festigkeit zu geben, sind zwischen ihnen Holzplatten eingeklemmt. Die Messer selbst waren von nicht gehärtetem Stahl und wurden je nach Bedarf — bis sie ganz abgenützt waren — mit einer Feile nachgeschärft und mit einem gehärteten Wetzstahl abgezogen. Dieses Werkzeug konnte höchstens zur Bearbeitung von Hartholz, Knochen, Elfenbein und Horn verwendet werden. — Eine ähnliche Feile wird heute noch in der Kammfabrikation verwendet. Abb. 60 zeigt eine solche Schroppfeile — für Horn und ähnliche Materialien — mit Holzkörper und eingesetzten stählernen Zähnen (Ecouenes, Ecouanettes).

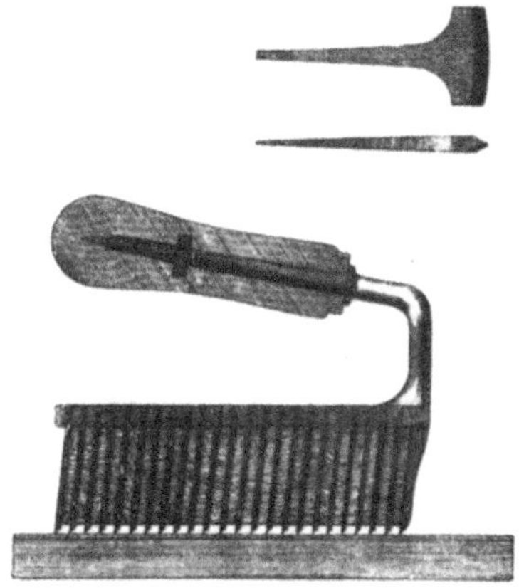

Abb. 59. Zusammengesetzte Feile.

Ein sorgfältiges Anschleifen der einzelnen Feilenzähne gestatten die zusammengesetzten Feilen. Schiebt man eine Anzahl quadratische oder rechteckige Stahlplatten, welche mit entsprechenden Löchern versehen sind, auf einen Dorn, welcher in einer Richtung dünner ist als das Loch angibt, so lassen sich die Plättchen ohne weiteres auf einen bestimmten Winkel schräg einstellen. Schleift man nun so lange ab, bis man eine gleichmäßige ebene Fläche erhält und stellt man dann die Plättchen wieder senkrecht zum Dorn, so erhält man eine aus lauter gleichartig scharf angeschliffenen Schneiden bestehende und zum Feilen brauchbare Arbeitsfläche.

Abb. 60. Schroppfeile für Horn und ähnliche Materialien.

Am 6. Januar 1795 nahm der in Paris lebende Mechaniker James White das französische Patent Nr. 407 auf eine „Ewige Feile" (lime perpétuelle), die aus einzelnen Plättchen (Zähnen) zusammengesetzt war (Abb. 61). Richtige Feilarbeiten konnten mit dieser Feile wohl nicht ausgeführt werden und zu verwenden war sie höchstens zum Schroppen weicher Materialien. Interessant an dieser Feile ist aber ihre Schärfung. Wie aus der Abb. 61 deutlich hervorgeht, können die Plättchen, welche über ein Flacheisen geschoben worden sind, nach Bedarf umgelegt werden. Dadurch entsteht eine gerade Fläche, welche mit einer Schmirgelscheibe sehr rasch und bequem abgeschliffen und nachher mit einem Stein noch abgezogen werden kann. Die Plättchen samt ihren beiden äußeren Anschlägen wurden wieder umgelegt und man hatte so auf sehr einfache Weise eine rasch nachgeschärfte Feile. Es ist nicht ausgeschlossen, daß James White mit Roubo's zusammengesetzter Feile arbeitete und dadurch auf den Gedanken kam, eine „ewige Feile" herzustellen.

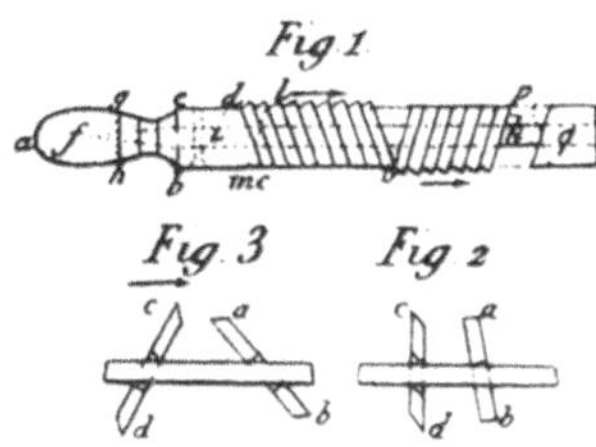

Abb. 61. „Die ewige Feile" von James White (1795).

Eine äußerst primitive, aus Plättchen zusammengesetzte Halbrundfeile zeigt die Abb. 62. Zum Schleifen der Plättchen mußten zunächst 2 Schrauben gelöst und jedes einzelne Plättchen aus einem mit Angel und Griff versehenen Flacheisen herausgenommen und die Wölbung von Hand nachgeschliffen werden. Es war dies sicher eine mühsame Arbeit und von einem genauen Schleifen ohne jede Einrichtung hierzu konnte keine Rede sein. Der Ausdruck „Rumpelfeile" wäre wohl die geeignetste Bezeichnung für diese Art „Halbrundfeile" gewesen.

Abb. 62. Aus Plättchen zusammengesetzte Halbrundfeile.

Lange Zeit später, im Jahre 1877, nahm dann Carl Döring in Prenzlau das D.R.P. Nr. 716 auf eine schleifbare, aus Stahlplatten zusammengesetzte Feile, wie die Abb. 63 eine solche zeigt. Die Zeitschrift „Stahl und Eisen" Nr. 13 vom Juli 1892 schreibt hierzu: „. . . daß Döring das Verdienst gebührt, einen neuen Weg zur Herstellung von zusammengesetzten Feilen angegeben zu haben. Die Feilen wirkten aber mehr als Raspel, da die Schneiden einen zu breiten Span nahmen und demzufolge eine sehr große Kraft beanspruchten." Die Feile ist aus gehärteten Stahlplatten zusammengesetzt, welche der Länge nach auf eine durchlaufende Stahlstange gereiht und durch eine Schraubenmutter befestigt wurden. Die einzelnen Stahlplatten sind nach demselben Winkel abgeschrägt. Zum Schleifen befestigt man sie auf einer dünneren Stange unter dem Winkel, unter welchem die Platten geschärft werden sollen. In dieser Stellung wird eine Seite der Feile glattgeschliffen, wodurch sämtliche Platten auf der betreffenden Seite geschärft sind. Auf dieselbe Weise wird mit der andern Seite verfahren.

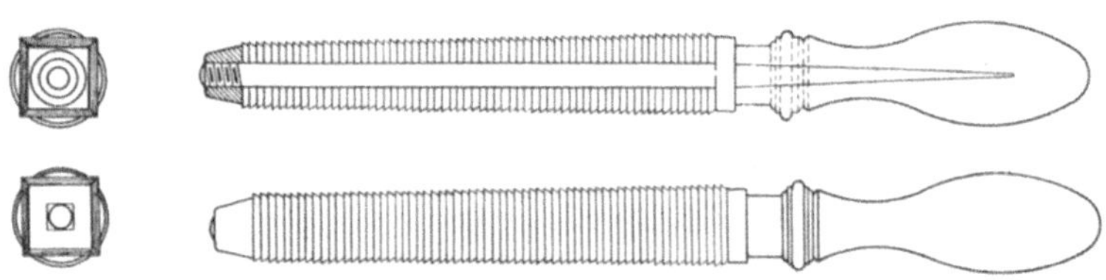

Abb. 63. Zusammengesetzte Feile von Döring, Prenzlau.

Ludwig Müller, Dresden, erhielt nicht lange darauf, im Januar 1884, das D.R.P. Nr. 27 846 auf eine Feile mit zerlegbarer Schnittfläche zum Schärfen durch Schleifen (Abb. 64). Er wendet schon zur Teilung der Zahnspitzen gerippte Plättchen an, welche man mit Schwalbenschwanz in eine Bodenplatte schieben konnte. Wenn die Spitzen mit größter Genauigkeit geschliffen wurden, so hatte man eine Feile vor sich, welche schon geeigneter für Metallbearbeitung war als die bisherigen Plattenfeilen. Die Blätter wurden zum Schleifen in dem Feilengestell herumgedreht, so daß die Seiten mit den prismatischen Rillen nach vorne zu liegen kamen. Es lagen dann die Schleifflächen aller Feilenblätter in einer Ebene und diese konnte mit einem Schleifstein leicht bearbeitet werden. Das Scharfmachen der Zähne erforderte ganz geringe Mühe, die in der Hauptsache nur im Auseinandernehmen und Wiederzusammensetzen der Feilblätter bestand.

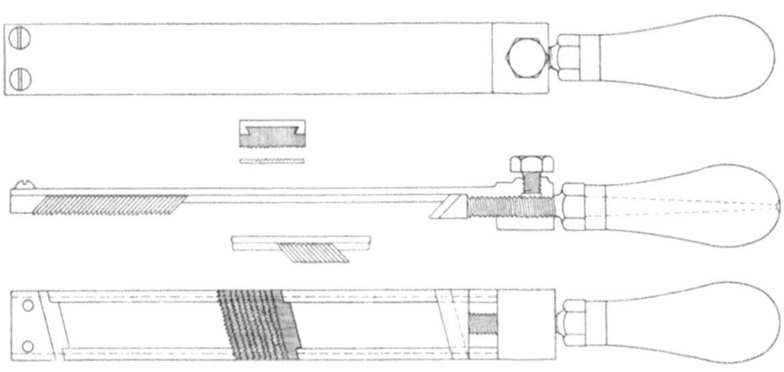

Abb. 64. Zusammengesetzte Feile von L. Müller, Dresden.

Die Schneiden der Platten standen bis jetzt immer noch in einer Linie senkrecht zur Feilenachse, wodurch, wie ohne weiteres klar ist, ein sanftes Arbeiten erschwert war. Dieses wurde erst durch das D.R.P. Nr. 35 082 von Richard Wagner in Chemnitz im September 1884 erreicht, welcher zuerst daran ging, die Plättchen um eine Diagonale zu knicken, wie dies die Abb. 65 zeigt.

Aber auf allen diesen Wegen konnte man doch keine feineren und gleichmäßig angreifenden Feilen erhalten. Die feinsten Plattenfeilen hatten höchstens 8 Zähne auf einen Zentimeter Länge,

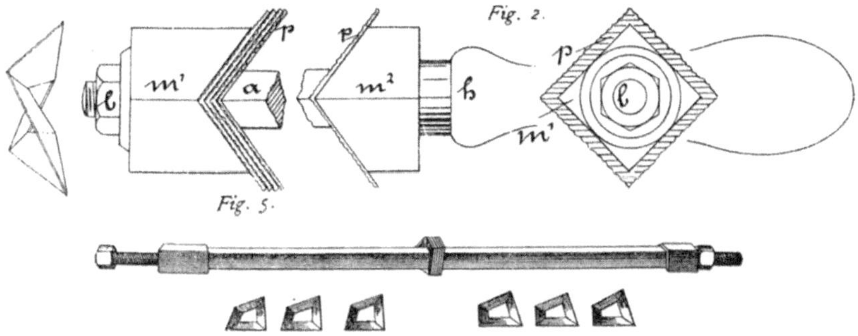

Abb. 65. Zusammengesetzte Feile mit geknickten Plättchen von R. Wagner, Chemnitz.

in der Richtung der Feilenachse gemessen. Immerhin waren aber diese Feilen für gewisse Zwecke etwas brauchbarer und so glaubten noch weitere Erfinder zusammengesetzte Feilen konstruieren zu müssen.

Dr. Theodor Koller berichtet in seinem Werk „Neueste Erfindungen und Erfahrungen 1887" über eine zusammengesetzte Feile (Abb. 66) und über die Einrichtung, um sie nachzuschleifen, wie folgt: „Die einzelnen Blätter sind aus Stahl hergestellt. Je eine Flachseite ist geriffelt. Die Blätter sind durchlöchert und auf einem entsprechenden Stahlstab aufgezogen, welchem noch ein schwacher Stahlbandstreifen beigeschoben ist. Die Plättchen können mit einer besonderen Mutter zusammengespannt werden. Das Schärfen der Feilen geschieht auf einem gewöhnlichen Schleifstein mit der in der Abbildung sichtbaren Einspannvorrichtung. Der beigelegte Stahlstreifen wird, nachdem das Heft abgeschraubt und die Spannmutter gelockert ist, herausgezogen und die Plättchen können mit einem Winkel von ca. 20° schräg gelegt werden, wodurch die Schnittfläche aller Feilenblätter eine Ebene bildet. In diesem Zustand werden die Feilen in einen gehobelten Eisenkasten (Fig. 3 und 4) gelegt, festgeschraubt und an einem gewöhnlichen Schleifstein abgeschliffen." Je nachdem die Riffelung der Feilblätter feiner oder gröber ist, entspricht die Feile gewöhnlichen Feilen mit feinen oder groben Hieben. — Die nachstehende Abb. 67 zeigt das Schleifen dieser Plattenfeilen. Diese Abbildung zum Schleifen der zusammengesetzten Feilplättchen ist einem Originalgemälde von Héroux entnommen.

Fig. 1.
Fig. 2.
Fig. 3.
Fig. 4.

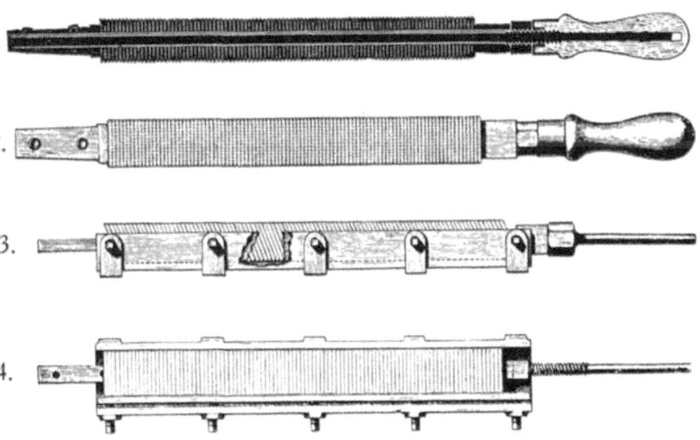

Abb. 66. Zusammengesetzte Feile.

Karmarsch schreibt 1891 in seinem Handbuch der „Mechanischen Technologie" über zusammengesetzte Feilen noch, „daß die englischen Holzarbeiter Werkzeuge gebrauchen, welche ihrer Bestimmung nach den Raspeln verwandt, in der Wirkungsweise den einhiebigen Feilen ähnlich, von diesen durch ihre Gestalt aber wesentlich verschieden sind. Sie erhalten keine Hiebe, sondern bekommen vermöge tiefer, schräger Einschnitte auf ihrer Oberfläche 10—12 Schärfen, welche nach Art von Hobeleisenschneiden das Holz angreifen. Man hat diese (so in Japan) auch aus einer größeren Zahl scharfrandiger Stahlplättchen von quadratischer Form hergestellt, welche mit Durchbrechungen auf einem mit Handgriff versehenen Eisenstab aufgereiht und mit einer Schraube aneinander gedrückt werden."

Abb. 67. „Der Schleifer", nach einem Originalgemälde von Prof. Bruno Héroux.

Weitere Patente auf zusammengesetzte und zerlegbare Feilen wurden im Laufe der darauffolgenden Jahre genommen, u. a. von

Tillier, Marcigny, im Jahre 1895.
H. Berger, Dresd., im Jahre 1907.
H. Joost, Berlin, im Jahre 1917.
Luigi Jano, Turin, im Jahre 1919.

Bei letzterem Patent sind die Zahnplättchen um Querstifte drehbar, die sich in Längsnuten der Gehäusewandung führen, so daß, wenn die Zähne nachgeschärft werden sollen, die Schneidfläche der Plättchen mit Schrauben zum Schleifen äußerst bequem in eine einzige Ebene geschraubt werden können.

Alfred Müller in Bautzen hat in seinem D.R.P. 67 445 vom November 1919 die vorerwähnten, auf kleinen Achsen drehbaren Plättchen vermieden und die besonders geformten Schneidplatten in U-förmige Träger eingesteckt. Der Zweck dieser Anordnung ist, Drehzapfen zu vermeiden und die Schneiden der Plättchen durch eine einfache Vorrichtung rasch in die zum Nachschleifen notwendige Ebene zu bringen.

Alle aus Plättchen zusammengesetzten und zerlegbaren Feilen haben sich den Weltmarkt trotz aller Verbesserungen im Laufe der langen Jahre nicht erobern können. Die einzelnen Platten zusammen ergaben eine rauhe Fläche, welche sich zum Feilen von Holz, Horn und weichen Metallen wohl eignete, dagegen gar nicht oder wenig für harte Metalle wie Eisen und Stahl. Der Hauptwert der zusammengesetzten Feile sollte in der Erübrigung des Schärfens oder Wiederaufhauens der Feile liegen, wurde aber das Schleifen nicht peinlichst genau vorgenommen, so konnte mit solchen Feilen niemals eine schöne Fläche gefeilt werden.

Wann und wo der Gedanke, Bezugfeilen, d. h. auf Feilenkörper aufgespannte Feilenblätter herzustellen, aufgekommen ist, läßt sich leider mit Sicherheit nicht mehr feststellen. Aber schon vor dem Jahre 1750 wurden in Frankreich „Glockenmacherfeilen" (Abb. 68) hergestellt, bei welchen kleine auswechselbare Feilplättchen mit Schrauben auf einen in ein Heft eingeschlagenen Feilenkörper aufgeschraubt wurden.

Im Jahre 1826 nahm der Messinggießer Benj. Cook aus Birmingham das englische Patent Nr. 5331, laut welchem dünne, einseitig behauene Stahlplatten auf einem mit Handgriff versehenen Block aufgeschraubt oder aufgekeilt wurden. Diese Feile ist wohl die Vorgängerin der heutigen Bezugfeilen.

Sie ist in der wenigen Literatur, die überhaupt vorhanden ist, kaum erwähnt. Nur der Verfasser des Buches „Der Handwerker und Künstler, Fortschritte und Muster", Weimar 1827, II. Bd.,

Abb. 68. Glockenmacherfeile mit auswechselbaren Plättchen.

schreibt hierüber: „Benj. Cook, Birmingham, erhielt am 7. Februar 1826 ein englisches Patent für Feilen zum Polieren der Metallarbeiten, welche wohlfeiler kommen. Er macht sie aus Stahlplatten, die bloß auf einer Seite rauh sind, und befestigt sie auf Blöcken mit Griffen durch schwalbenschwanzförmige Falze, oder auf eine andere Weise. Ist eine Feile abgenutzt, so kann man eine neue einsetzen."

Anton Alexander Meyer in Dresden nahm im Juni 1886 ein D.R.P. Nr. 38 885 auf eine zerlegbare Feile (Abb. 69), welche aus einem fassonierten Feilenkörper bestand, auf welchem mit einer Spannvorrichtung mit Feilenhieb versehene, dem Feilenkörper angepaßte Bezüge aufgezogen wurden. Es hat sich aber sehr bald herausgestellt, daß diese Bezüge, wenn sie aus hartem Stahl hergestellt wurden, sehr leicht abbrachen, und so kam Ludwig Müller aus Dresden im Jahre 1890 darauf, eine zerlegbare Feile herzustellen, welche in der Ausführung der Feile von Alexander Meyer entsprach, aber nach seinem Patent Nr. 54 693 vom 25. März 1890 einen Bezug erhält, welcher dem Feilenkörper sich leicht anpaßt, und welcher aus einer dünnen Schicht Schmiedeeisen und aus zwei darauf geschweißten gleich starken Schichten Stahl besteht. Diese Bezugfeilenblätter haben den großen Vorteil, daß — so hart auch die beiden Stahlschichten sein mochten — sie infolge der eisernen Einlage nie abbrechen können. Es kann somit Ingenieur Ludwig Müller, Radeberg, als der Erfinder des heutigen Bezugfeilenblattes angesehen werden.

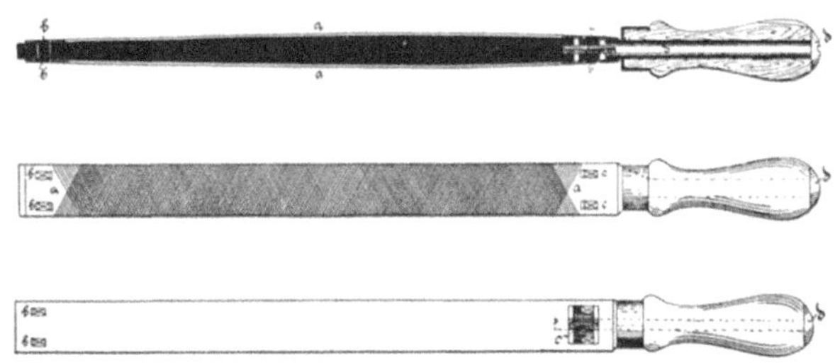

Abb. 69. Bezugfeile von A. Meyer, Dresden.

Im Laufe der nun folgenden Jahre wurden in der Befestigung der Bezugfeilenblätter und in der Ausführung der Körper der Bezugfeilen verschiedene Patente und Gebrauchsmuster genommen, welche aber nichts wesentlich Neues mehr gebracht haben. U. a. sind noch zu erwähnen die Gebrauchsmuster:

Nr. 129 558 von Feldmann, Remscheid, und

Nr. 262 696 vom Bautzener Industriewerk in Bautzen.

Eine verstellbare Bezugfeile stellt das im Jahre 1919 von Carl Bauer in Augsburg genommene D.R.P. Nr. 329 353 dar. Dem Bezugfeilenblatt kann durch eine in der Mitte des Feilenkörpers angebrachte Druckschraube jede beliebige Wölbung erteilt werden. Der Bezug wird aber nur bis zu einem gewissen Grad gewölbt werden können, da sonst das Blatt in der Mitte einen zu starken Knick erhält, mit welchem dann kaum mehr gefeilt werden kann.

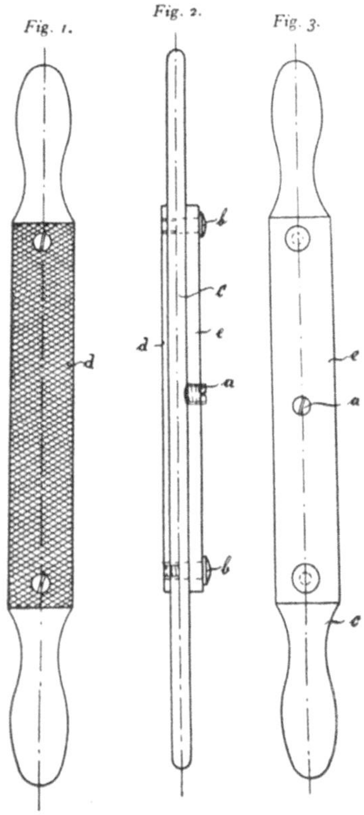

Abb. 70. Verstellbare Bezugfeile von C. Bauer, Augsburg.

Die Bezugfeilenblätter haben einschließlich ihrer Eiseneinlage je nach Gröbe des Feilenhiebes eine Stärke von ca. $1\frac{1}{2}$—4 mm. Auf der Bezugfeile kann nach Belieben eine Seite mit einem feinen, die Gegenseite mit einem groben Hieb versehen werden, dagegen haben sie gegenüber den gewöhnlichen flachen Feilen den großen Nachteil, daß die hohen Kanten nicht gehauen werden können. Die Feilenkörper selbst werden zur Verringerung ihres Gewichtes vielfach hohl und sogar auch in Holz mit Eiseneinlagen ausgeführt und unterliegen keiner weiteren Abnützung.

Anschließend hieran kurz noch einiges über einhiebige und Handfräser-Feilen.

Von den vielen Arten von Sägefeilen abgesehen, werden unter die einhiebigen Feilen, Zinnfeilen, gefräste Stoßfeilen und Handfräserblätter gerechnet. Bei allen diesen Feilen laufen die gehauenen oder gefrästen Zähne im allgemeinen ohne Unterbrechung quer über die Feile, und zwar teilweise senkrecht zur Feilenachse, teilweise etwas schräg zu ihr, aber auch in bestimmten Kreisbögen. Alle diese Hiebe können verschieden grob hergestellt werden.

Gefräste Stoßfeilen mit meist geraden Zähnen werden hauptsächlich für Bein- und Elfenbeinarbeiten, für Stockfabriken und vielfach auch für weiche Metalle verwendet.

Zinnfeilen mit meist zur Feilenachse etwas schräg laufenden Zähnen werden auf Zinn, Zink und hie und da auch noch auf Aluminium verwendet, und die Handfräserblätter mit bogenförmig gefräster Zahnung speziell für Kupfer, Messing, Blei, Aluminium, Schiefer, Marmor und Hartgummi, aber auch für Bronze, weiches Eisen und Gußeisen. Derartige Feilen wurden schon vor sehr langer Zeit angefertigt.

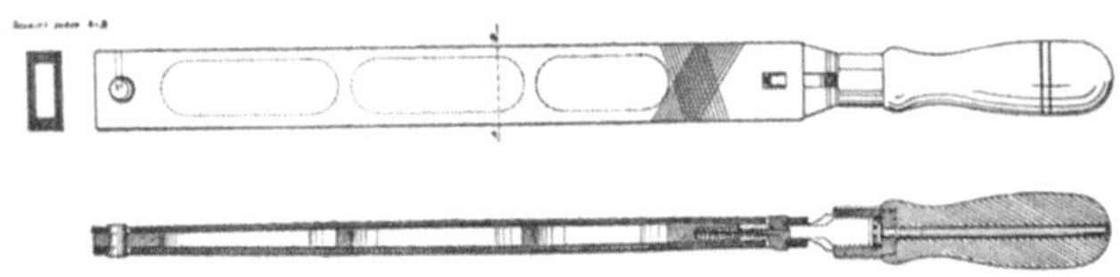

Abb. 71. Neuere Bezugfeile nach Ludwig Müller, Radeberg.

Die Hiebe wurden bei den ältesten Feilen, ehe das Hauen mit dem Meißel aufkam, mit besonders harten Werkzeugen eingegraben oder eingemeißelt. In alten technischen Werken konnten Abbildungen über einhiebige Spezialfeilen gefunden werden und es brachte z. B. Hulot sr. etwa um das Jahr 1760 in seiner Abhandlung „l'art du tourneur mécaniçien" zwei Abbildungen über einhiebig gehauene Feilen, von welchen die eine einen geraden, die andere einen gekröpften Angel hatte. Die letztere Feile zeigt die Abb. 72.

Abb. 72. Einhiebige Feile mit gekröpftem Angel aus dem Jahre 1760.

Außerdem ist in dem Werk „Descriptions, des Arts et Métiers l'art du facteur d'orgues 1770" eine interessante spitzflache Feile

(Abb. 73) abgebildet, welche speziell für Orgelbauer hergestellt wurde. Die Feile ist mit geradem Stoßfeilenhieb versehen, hat eine abgekröpfte Angel und damit man sie besser halten kann, ist die ungehauene Spitze der Feile nach aufwärts gebogen.

Nicht viel später kamen schon einhiebige Feilen mit kreisbogenförmigen Zähnen vor, denn Roubo jr. zeigt in dem vorgenannten französischen Werk „Descriptions des Arts et Métiers" aus dem Jahre 1774 eine Spezialfeile (Abb. 74), welche mit einem „Schaberhieb für Messerschmiede" versehen ist. In der Beschreibung dieser Feile ist ausdrücklich erwähnt, „daß die Zähne leicht gewölbt sind und dadurch jeder einzelne Zahn weniger Material auf einmal wegnimmt und nichts beschädigt". Es sind immer mehrere Zähne hintereinander im Angriff, ein Rumpeln der Feile kann somit kaum stattfinden. Diese Art Feilen scheinen im Laufe der Zeit aber wieder in Vergessenheit geraten zu sein, denn erst in neuerer Zeit kamen ähnliche Feilen unter allen möglichen Namen wieder auf. So wurden z. B. in Remscheid und Umgebung frühzeitig wieder Versuche zur Herstellung von Feilen mit Kreisbogenzähnen aufgenommen.

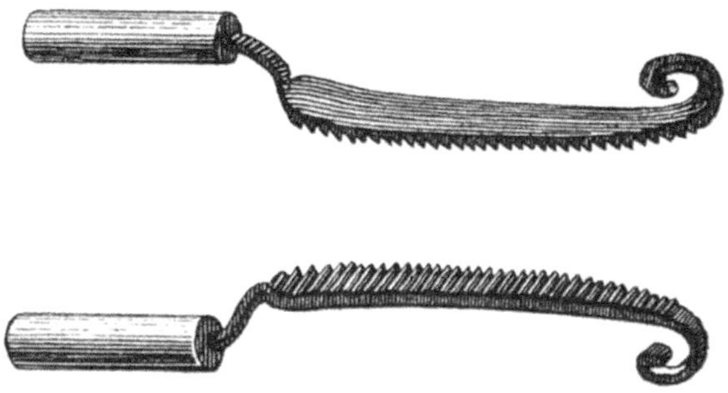

Abb. 73. Orgelbauerfeile aus dem Jahre 1770.

Alfred Leclerc, Paris, erhielt im März 1905 das D.R.P. Nr. 189 146 auf Feilen mit kreisbogenförmigen Zähnen, dadurch gekennzeichnet, daß die Zähne auf der ganzen Länge der Feile den gleichen Krümmungshalbmesser besitzen, wobei die Stichhöhe der Zahnbögen so groß bemessen ist, daß die Feilspäne beim Feilen seitlich aus den Zahnlücken entweichen können. Das Profil der Zähne ist derart gestaltet, daß ein öfteres Schärfen der Feile ermöglicht ist, ohne daß die Form oder der Schneidwinkel der Zähne eine Änderung erfahren.

England hat bald darauf die Herstellung dieser Feilen ebenfalls aufgegriffen und es wurden dort die „Dreadnought Patent Milling Files" hergestellt, welche auch wieder speziell zur Bearbeitung von weichen Materialien dienen sollten. Die Ausführung dieser Feilen erfolgte in dünnen Blättern zur Verwendung auf Bezugfeilenkörper.

Abb. 74. Feile mit kreisbogenförmigen Zähnen aus dem Jahre 1774.

Thomas Boswell, Sheffield, hat dann etwa um das Jahr 1909 eine ähnliche Feile mit kreisbogenförmigen Zähnen hergestellt, nur hat er die Feilen zunächst mit einem Unterhieb versehen, welcher schräg zur Längsrichtung der Feile verläuft; die Zahnbögen wurden dadurch gespalten und damit ein besserer Schnitt erzielt.

Alle möglichen Änderungen in Bezug auf Stellung der Kreisbögen und Spaltung der Bogenzähne wurden im Laufe der Zeit noch vorgenommen und die so verfertigten Feilen erhielten den Namen „gefräste Feilen oder Handfräserfeilen". Auch halbrunde Handfräser wurden bald aus flachen Handfräsern, auf warmem Weg gebogen, hergestellt (Abb. 75, oberes Bild). Diese und ähnliche Handfräserfeilen werden, wenn auch nicht besonders viel, heute noch in allen möglichen Betrieben verwendet. Die Hiebe sind nach besonderen, oft sehr verschiedenartigen Verfahren —

teils automatisch — gefräst. Der Vorteil besteht darin, daß derartige Feilen die Späne, namentlich von weichen Metallen, leicht und selbsttätig auswerfen.

Das zunächst angepriesene Nachschärfen der Zähne ließ man wegen allerlei Schwierigkeiten, die sich gezeigt haben, bald fallen. Die kreisbogenförmigen Zähne wurden teilweise wieder durch

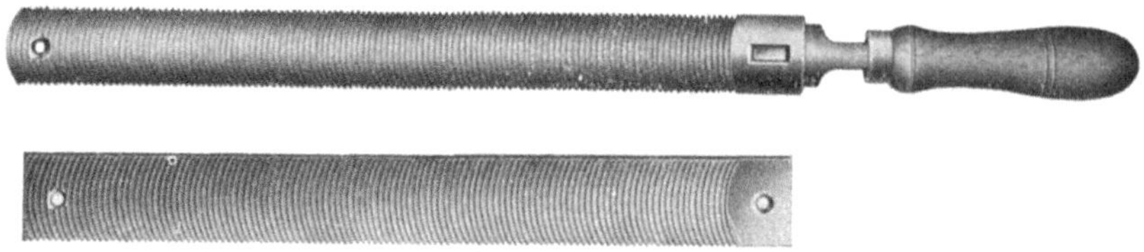

Abb. 75. Handfräserfeilen mit kreisbogenförmigen Zähnen.

geradlinige Zähne ersetzt. U. a. wurde im Jahre 1910 von J. G. Peiseler, Remscheid, eine gefräste Feile auf den Markt gebracht, die mit sogenannten Zickzackzähnen versehen war. Diese Zähne schließen sich im Zickzack aneinander, ziehen sich über die ganze Feilenfläche hin und haben daher die aufeinanderfolgenden Zähne verschiedene Schräge. Auch diese Feilen sollen sich auf hartem und auf weichem Material gleichmäßig ruhig — ohne Stöße — bei geringster Anstrengung führen lassen.

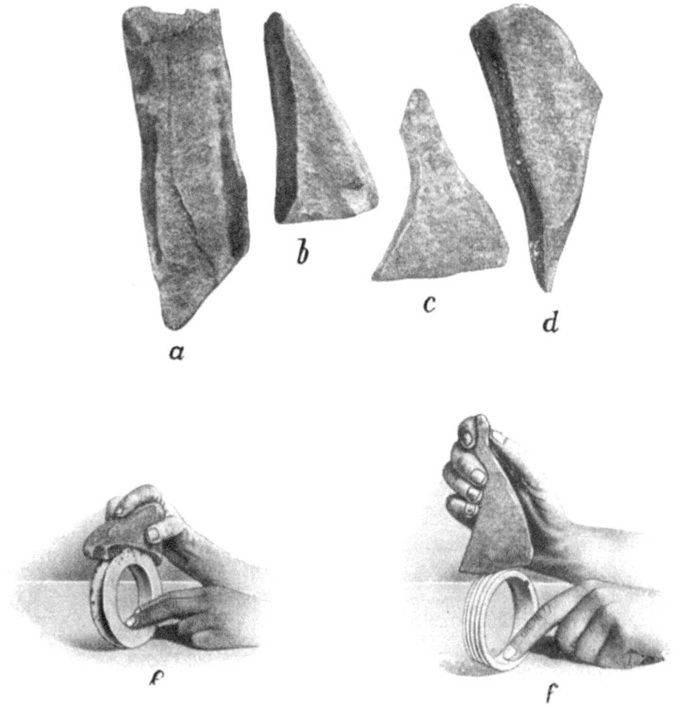

Abb. 76. Feilenartige Schleifsteine a—d. Das Schleifen von Tridacnaringen e und f.

In Amerika wurde um dieselbe Zeit von Henry Disston & Sons eine Feile herausgebracht, deren Zähne eine besondere sheddachförmige Form haben und bei welcher zwischen den Zähnen genügend Raum ist, um die Feilspäne auszuwerfen. Diese mit „scherenschnittartigen Zähnen" versehene Feile soll rasch, fein und leicht schneiden und auf weiches Material, wie auch für Drehbankarbeiten verwendet werden können.

Kreisförmige (rotierende) Feilen. Die Herstellung von Rillen in zylindrische Ringe von Muschelmaterial, Horn, Elfenbein usw. geschieht heute nicht nur mit allerhand Werkzeugen, sondern vielfach noch je nach Material mit besonders geformten Schmirgelscheiben, Feilscheiben, Raspelscheiben und Stoßfeilenscheiben. In den steinzeitlichen Jahrtausenden, und vielleicht auch heute noch auf den Südseeinseln, wurden derartige Ringe mit „feilenartigen Schleifsteinen" hergestellt, wie solche auf der obenstehenden Abb. 76, welche dem bekannten Werk „Die steinzeitliche Muscheltechnik" von Dr. Ludwig Pfeiffer entnommen wurde, zu sehen sind. Es können diese feilenartigen Schleifsteine als die ältesten Vorgänger der Feil-, Raspel- und Stoßfeilenscheibe angesehen werden. Die zugehörige Abb. 77 zeigt einen aus der Tridacnamuschel hergestellten Ring, dessen Loch mit dem unteren Basaltstein nach und nach durchgestoßen und gerade mit dem oberen Stein nachgearbeitet wird. Die Steine zum Anfertigen dieser Tridacnaringe stammen von der Insel Tanga im Bismarckarchipel und sind im Lindenmuseum zu Stuttgart aufbewahrt.

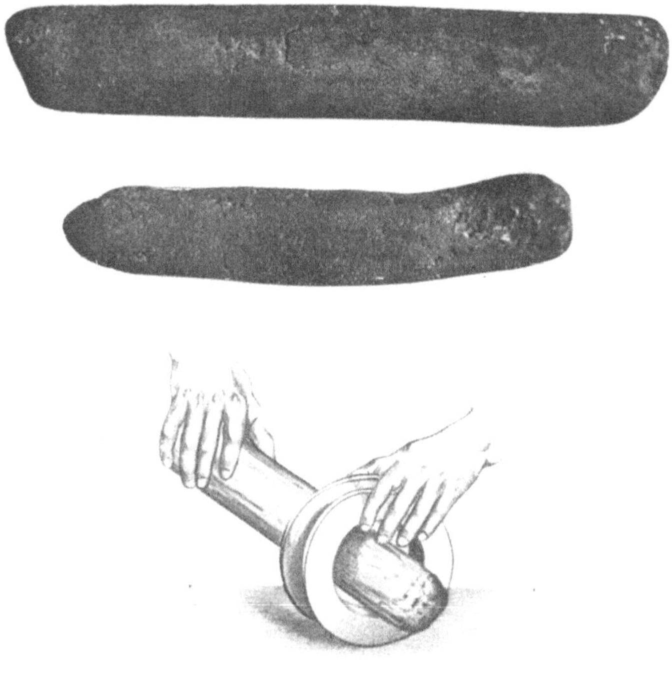

Abb. 77. Das Durchstoßen und Ausfeilen von Tridacnaringen (Lindenmuseum, Stuttgart).

Die späteren Vorgänger unserer heutigen Werkzeuge waren dann, wie mit Sicherheit festgestellt werden konnte, rotierende Steine, unter welchen man die naxischen Steine (von der Insel Naxos) vorzog. Auch Cajus Plinius Secundus (23—79 n. Chr.) muß derartige Steine gekannt haben, denn in seinem 36. Buche Kap. 10 schreibt er, daß „zum Schneiden und Feilen allen übrigen Steinen lange der naxische Stein vorgezogen wurde".

Wohl eine der frühesten Anwendungen von eisernen Feil- bzw. Raspelscheiben zeigt die Abb. 78. Eine Raspelscheibe ist in eine äußerst primitive Mühle, welche zum Zerstampfen der Abfallknochen aus der Messerfabrik von Thiers (Puy-de Dôme, Frankreich) diente, eingebaut. Die Knochenüberreste wurden, nachdem sie in der Mühle zermalmt waren, als Dünger verwendet. Die Mühle besteht aus einem Wellbaum *A*, der von einem Wasserrad in Bewegung gesetzt gedacht ist und der in seiner Mitte einen stählernen Ring *B* hat, welcher mit raspelartigen Einschnitten versehen ist. Unmittelbar über dieser Raspel war ein Querbalken angebracht, der mit einem Loche *C* durchbohrt ist, worin die Knochen gelegt werden. Mit dem am Ende des Querbalkens eingehackten Hebel *D* drückt der Mahlende mit einem in die Öffnung des Querbalkens passenden Deckel das

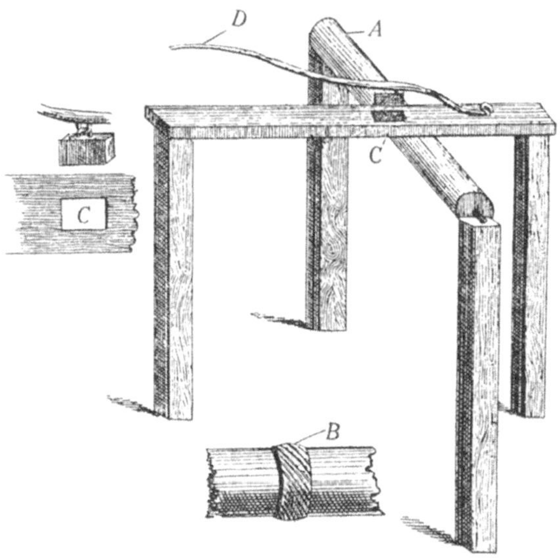

Abb. 78. Knochenmühle mit Raspelscheibe. (Aus dem 18. Jahrhundert.)

Mahlgut gegen die Raspelscheibe. Diese alte Mahlmühle, welche die Vorgängerin der heutigen Knochenmühle ist, wurde in einer „Sammlung von Maschinen, Instrumenten, Gerätschaften, Gebäuden, Apparaten usw. für landwirtschaftliche, häusliche und industrielle Oekonomie" 1821 von dem Grafen von Lasteyrie beschrieben.

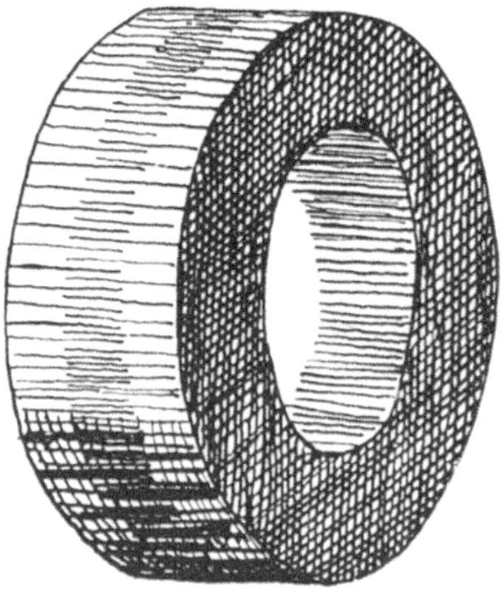

Abb. 79. Feilscheibe für Nadler aus dem Jahre 1716.

Einen weiteren Hinweis auf die schon längst bekannten Feilscheiben gibt Christoff Weigel in seinem Buch „Gemein-Nützliche Hauptstände" aus dem Jahre 1698. Es steht dort wörtlich zu lesen:

„Die Stecknadeln- und Haefftleinmacher aber nutzen eine gantz besondere Art der Feilen / welche wie ein Ring formiret / und außen her in der Runde herum wie eine Feile gehauen sind / auf welchen sie die Spitze an ihre Stecknadeln zu wetzen und zu machen pflegen."

Diese kurze Beschreibung zeigt, daß also schon im 17. Jahrhundert Spitzringe (Feilscheiben) hergestellt wurden, um alle Arten von Nadeln (Haarnadeln, Stecknadeln, Nähnadeln und Stricknadeln usw.) auf deren Umfang anschleifen zu können.

In dem Werk „Descriptions des Arts et Métiers, l'art de l'épinglier" wird bei der Beschreibung der Nadelfabrikation 1716 eine Feilscheibe nach Abb. 79 bekanntgegeben. Diese besteht aus einem eisernen Rad, hat einen Durchmesser von 3 Zoll, eine Stärke von $1^1/_2$ Zoll und die ziemlich feinen Hiebe auf ihrem Umfang sind mit einem Meißel parallel zur Achse gehauen, der, wie die Abbildung zeigt, etwas breiter war als die halbe Feilscheibe. — Über die Herstellung dieser Spitzringe bzw. Feilscheiben schreibt P. N. Sprengel in seinem interessanten Werk über „Handwerke in Tabellen" 1770 im 6. Abschnitt „Der Feilenhauer" wie folgt:

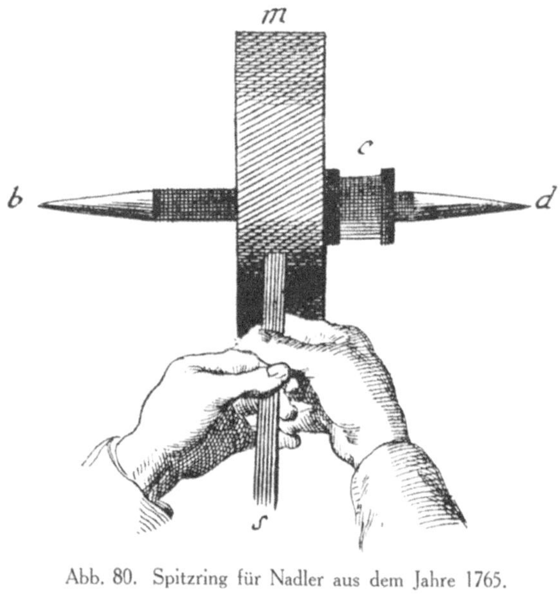

Abb. 80. Spitzring für Nadler aus dem Jahre 1765.

„Der Spitzring, womit die Nadler die Nadeln spitzen, erhält auf seiner Stirne Feilenhiebe, und es sind hiebey nur noch die Handgriffe zu erzehlen, wie der Professionist den Ring beym Hauen festhält. Die Scheibe selbst wird aus massivem Eisen geschmiedet, und in der Mitte ein vierkantiges Loch mit einem Meißel erwärmt ausgehauen. Denn ein solcher Ring hat völlig die Gestalt eines kleinen Schleifsteins. Die Stirn ist etwa um zwey Finger dick verstählt. Der Feilenhauer schmiedet ein Stück Stahl nach der gedachten Dicke aus, daß es so lang wird, als der Umfang der Scheibe, und streckt es so breit aus, als der Ring dick ist. Diesen Streif von Stahl schlägt er erwärmt um die Stirn der Scheibe, und schweisst beyde Metalle zusammen. Der Cirkel muss aber den Umfang gehörig bestimmen, und alles Überflüssige und Unebene abnehmen. Beym Hauen der Feilhiebe wird ein Holz durch das Loch des Ringes gesteckt, und das eine Ende auf den Hauamboß, das andere auf das Knie des Arbeiters gelegt. An jeder Seite des Holzes schlägt der Feilenhauer einen Nagel in den Amboßstock und schlingt um das Holz und um die beyden Nägel einen langen Riemen, den er mit dem Fuße festhält. Wenn eine Stelle der Stirn behauen ist, so läßt er den Riemen etwas nach, und alsdann kann er den Spitzring weiter umdrehen. Zuletzt wird er gleichfalls gehärtet."

In dem 3. Abschnitt desselben Buches „Vom Handwerk der Nadler“ wird 1769 über die Verwendung der Spitzringe geschrieben:

„Das große Zuspitzrad dienet die Eisernen oder Messingenen Steck- und Nehnadeln darauf zuzuspitzen. Dieses Rad gehet in einer hohlen Bank, wie das Dreherad der Zinngießer. Das vornehmste davon ist der Spitzring, eine 2 Zoll dicke Scheibe von Stahl, deren Durchmesser 6 bis 7 Zoll beträgt, deren runde Oberfläche aber wie eine Feile ausgehauen ist. Zu den Messingenen Stecknadeln ist er von Stahl, zu den Eisernen aber von Sandstein, und ist alsdenn auch größer. Die Einschnitte der umlaufenden Fläche dieses Spitzringes sind sehr scharf, um denen daran gehaltenen Nadelschäften durch das Herumdrehen glatte Spitzen anzuschleifen.“

Abb. 81. Nadlerwerkstätte aus dem Jahre 1765.

Zu derselben Zeit ist in dem Werk „Recueil de Planches sur les Sciences et les Arts“ III. Band aus dem Jahre 1765 eine im Einsatz gehärtete Feilscheibe aufgezeichnet, welche aus Eisen hergestellt wurde und 150 mm Durchmesser bei einer Breite von ca. 100 mm hat. Die Bohrung von 50 mm ist mit Hartholz ausgefüttert, durch welches die beiderseits angespitzte Vierkantachse mit Schnurrad gesteckt ist. Wenn die Zähne abgenützt sind, wird die Scheibe wieder aufgehauen. Die Umfangsgeschwindigkeit beträgt etwa 34 m pro Sekunde. Diese Scheiben sollen besser als Schleifscheiben gearbeitet haben. Die Abb. 80 zeigt eine solche Scheibe auf ihrer Achse aufmontiert, und wie der Arbeiter die Nadeln an die Scheibe führt. Die zugehörige Abb. 81 stellt die Werkstätte dar, in der diese Feilscheiben zum Anspitzen von Nadeln aller Art verwendet wurden.

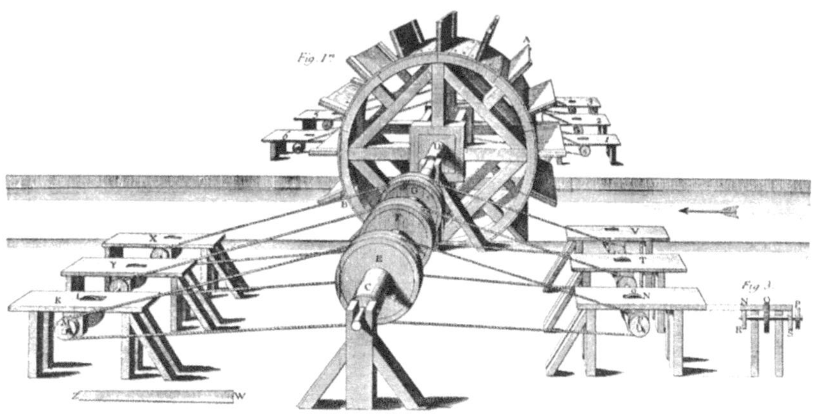

Abb. 82. Einrichtung zum Schleifen von Büchsenläufen aus dem Jahre 1716.

Um das Jahr 1716 veröffentlichte Villons in dem Werk „Recueil des machines approuvées par l'Academie“ Bd. 3, S. 71, eine Maschine zum Schleifen von Büchsenläufen. Die Abb. 82 zeigt je drei nebeneinander stehende Schleifbänke, in denen ebenfalls, wie aus der Beschreibung hervorgeht, auf dem Umfang gehauene Feilscheiben verwendet werden.

Kleine Triebräder für Uhren herzustellen war noch im 17. Jahrhundert in Ermanglung jeder geeigneten Einrichtung keine so einfache Sache. Die Zähne wurden mit dem Zirkel eingeteilt

Abb. 83. Die Herstellung von Triebrädchen für Uhren um das Jahr 1700.

und mit kleinen Flach- und Dreikantfeilen von Hand eingefeilt. Um die Wende des 17. Jahrhunderts kam eine für damalige Zeiten schon sinnreiche Einrichtung (Abb. 83) zur Herstellung der kleinen Triebräder auf, bei welcher der Radkörper *H* auf eine kleine Achse aufgesteckt und die Zähne mit einer in einem Gestell geführten Feile *FG* von Hand eingefeilt wurden. Um eine gleichmäßige Teilung zu erhalten, wurde auf der Achse *K* eine Teilscheibe *M* mit einem Teilstift angebracht. Die Abb. 83 zeigt diese Vorrichtung in anschaulicher Weise. Thiout schreibt hierüber in einem sehr interessanten technischen Werk „Traité de l'Horlogerie, méchanique et pratique par l'Academie royale des sciences 1741": „Es ist sicher, daß allen Einrichtungen zur Herstellung von Triebrädern diese vorzuziehen ist, weil die Feile viel mehr Widerstand leistet als die Fräse und weil die Feile auch billiger als die Fräse ist." Obwohl Thiout der Feile damals schon dieses gute Zeugnis ausgestellt hat, konnte es nicht ausbleiben, daß immer weitere Verbesserungen zur Fabrikation der Uhrenzahnräder ausgedacht wurden und so kam man bald darauf, die Zähne statt mit einer flachen

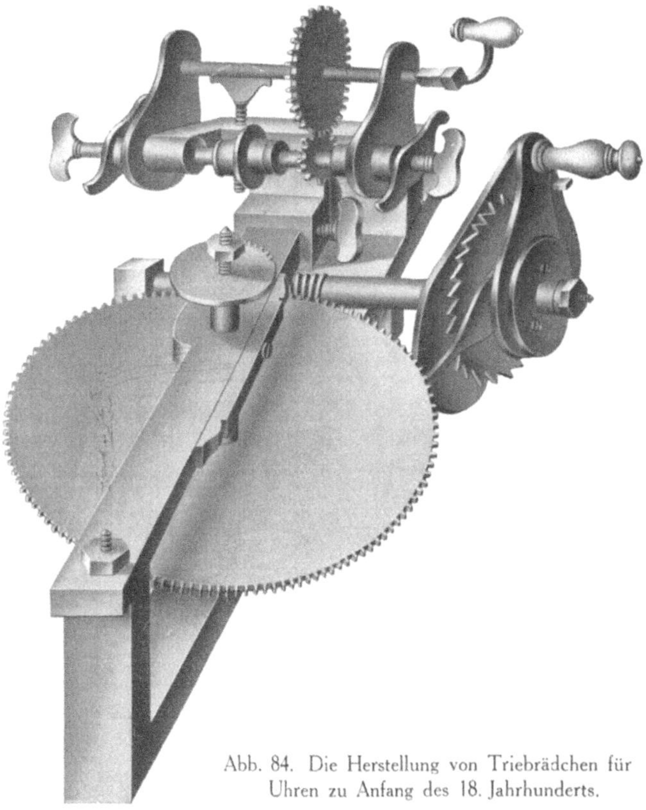

Abb. 84. Die Herstellung von Triebrädchen für Uhren zu Anfang des 18. Jahrhunderts.

Formfeile einzufeilen, mit kreisförmigen Feilen, d. h. mit Feilscheiben herzustellen. In dem vorgenannten Werk ist dann noch eine Fräseinrichtung (Abb. 84) verzeichnet, aus welcher ganz deutlich hervorgeht, wie bald darauf die Uhrenräder hergestellt wurden. Die Erläuterung von Konstruktion und Arbeitsweise erübrigt sich angesichts der trefflichen Abbildung. Feilscheiben, wie sie zur Herstellung der Zahnräder verwendet wurden, zeigt die nächstfolgende Abb. 85, welche ebenfalls dem vorerwähnten Werk entnommen wurde. Schon früher aber schrieb der bekannte deutsche Mathematiker und Mechaniker des 18. Jahrhunderts, Jacob Leupold, in seinem Werk „Theatrum Machinarum Generale, Schauplatz des Grundes mechanischer Wissenschaften 1724" unter § 93 über die Herstellung von Uhrenzahnrädern wie folgt (hierzu Abb. 86):

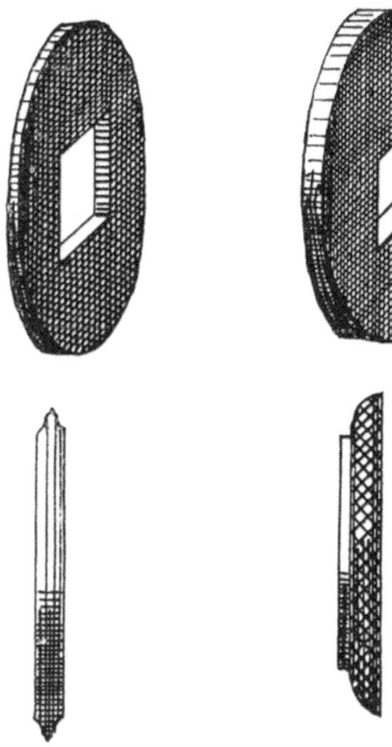

Abb. 85. Feilscheiben zur Herstellung von Triebrädchen für Uhren.

„Weil es sehr mühsam ist bei kleinen Rädern, solche nicht nur erstlich abzuteilen, sondern auch mit der Feile einzuschneiden, so hat man Maschinen erfunden, vermittels deren in einer Stunde mehr auszurichten, als sonst in einem Tag und wird überdies auch viel accurater. Eine solche Maschine, womit die Uhrmacher die Räder einschneiden, ist in nebenstehender Abbildung dargestellt. In der Mitte der Maschine ist das Uhrrad dargestellt. Das große Rad ist eine Teilscheibe, mittelst welcher die Teilungen für die Uhrräder eingestellt werden können. Zum Schneiden der Zähne wird eine kleine Einrichtung verwendet, auf einem Wellbaum auf der äußersten Peripherie ist ein gefeiltes oder gehauenes Rad mit einer Rolle zur Schnur angebracht. Das Rad wird, wie die Drechsler dies brauchen, umgetrieben, was zwar zwei Personen brauchet, aber auch sehr schnell arbeitet. Diese Maschine dienet auch sehr wohl, hölzerne Räder damit einzuschneiden, weil es geschwinde gehet und accurat arbeitet, wie denn überhaupt alle Räder durch dergleichen Maschinen gearbeitet viel accurater werden, als durch bloße Hand und Feile."

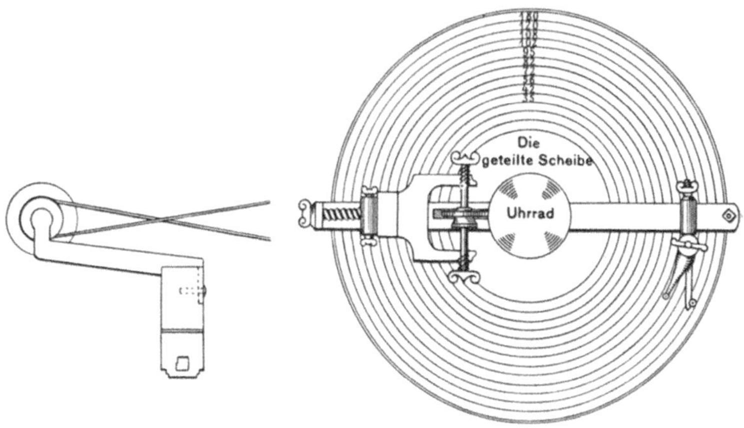

Abb. 86. Die Herstellung von Triebrädchen für Uhren nach Leupold, 1724.

Weitere interessante alte Feilscheiben (Abb. 87) aus der „Vaucanson Collection" des berühmten französischen Mechanikers Jacque de Vaucanson (1709—1782) sind im „Le Conservatoire des Arts et Métiers, Paris", ausgestellt. Diese rotierenden Scheiben, welche viel für die Pfeifenfabrikation verwendet wurden, schneiden genau wie Feilen, sie sind auf dem Umfang einhiebig und auf den Seiten teilweise doppelhiebig gehauen. Die weiteren Feilscheiben, Abb. 88, mit welchen besonders Uhrwerkteile hergestellt wurden, wurden durch Hulot im Jahre 1760 bekanntgegeben. Die Abbildungen sind, um die Zähne deutlich erkenntlich zu machen, in doppelter Naturgröße hergestellt worden; die letzteren beiden Feilscheiben zeigen sehr unregelmäßige, jedenfalls von Hand eingefeilte Hiebe.

In dem schon erwähnten interessanten, französischen Werk „Descriptions des Arts et Métiers, L'Art du Ménuisier" gibt Roubo 1774 an Hand einer Abbildung eine Beschreibung über die Herstellung von Hohlkehlen an Säulen, wie solche im Mittelalter zu kirchlichen Zwecken vielfach verwendet wurden. Hohlkehlen wurden teils mit zylindrischen, teils kugeligen, mit Feilenhieben ver-

Abb. 87. Feilscheiben für die Pfeifenfabrikation, von Vaucanson.

sehenen Fingerfräsern, welche damals noch — in Ermanglung von Bohr- und Fräsmaschinen — in eine einfache Bohrwinde eingespannt wurden, hergestellt. Um auch die längsten Hohlkehlen schnurgerade fräsen zu können, wurde die Säule zwischen ein Schlittenbett, welches deutlich aus der Abb. 89 ersichtlich ist, gespannt. Der kleine Schlitten, in welchem die Fräser ihre Führung hatten, konnte leicht immer wieder weitergeschoben werden.

James White, der Erfinder der „ewigen Feile", beschreibt in seinem französischen Patent Nr. 407 aus dem Jahre 1795 auch schon eine Feilscheibe mit eingesetzten Zähnen, welche derartig

Abb. 88. Feilscheiben für Uhrwerksteile, von Vaucanson.

konstruiert ist, daß die Zähne zum Schleifen in einem bestimmten Winkel umgelegt werden können. Wie White sich dies dachte, geht am besten aus der folgenden Abb. 90 hervor. In der Stellung *c* und *d* werden die Zähne geschliffen, in der Stellung *e* und *f* wird mit ihnen gearbeitet. Mit dieser aus einzelnen Zähnen zusammengesetzten rotierenden Feilscheibe sollten gefärbte Hölzer pulverisiert werden.

In ihren technologischen Enzyklopädien beschreiben Prechtl 1834 und das Konservationslexikon für Künstler und Handwerker, Fabrikanten und Maschinisten 1841 „scheibenförmige Feilen", welche sich um ihre Achse drehen, während die Arbeitsstücke an ihrem Umkreis bearbeitet werden. Dahin gehören u. a. die sogenannten Spitzringe, welche die Nadler zum Zuspitzen von Stecknadeln,

Haarnadeln, Drahtstiften usw. gebrauchen. Es handelt sich hier um nichts anderes, als um Feilscheiben in verschiedenen Formen und Größen, welche teils auf ihrem Umfang, teils auf ihren Seiten mit Feilenhieben versehen sind und welche auf einer Drehbank oder sonst einer ähnlichen Maschine aufgespannt werden. — Zu erwähnen sind hierzu noch die mit Feilenhieben versehenen rotierenden Senkkolben und Versenker in allen möglichen Formen. Auch Raspelscheiben sind in ähnlicher Ausführung, wie die Feilscheiben, schon vorhanden gewesen. Auf der großen Industrieausstellung in London 1851 waren „Rotierende Maschinenfeilen zum Schärfen von Zähnen und gesetzlich geschützte rotierende Feilen zum Erzielen flacher Bahnen und zum Betrieb mit Kraft, passend für das Feilen von Messing, Stahl, Eisen, Elfenbein usw." ausgestellt gewesen.

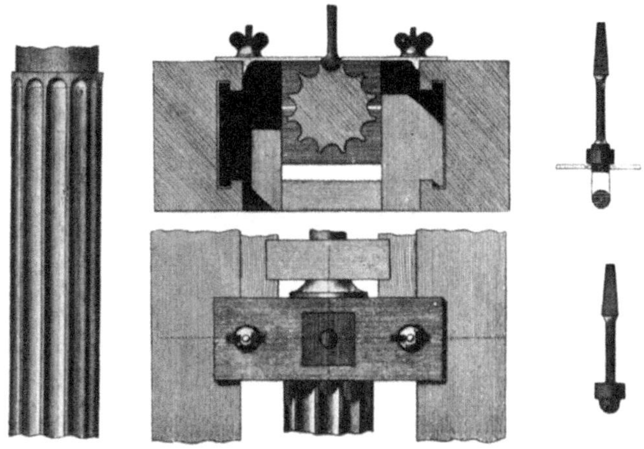

Abb. 89. Die Herstellung von Hohlkehlen in hölzernen Säulen mit gehauenen Fingerfräsern.

Robert Jasmund schreibt in seinem Werk „Das Buch der Fortschritte für Schlosser und Feilenhauer 1870", „daß im Jahre 1853 dem englischen Stahlfabrikanten J. B. Howell zu Sheffield und dem englischen Mechaniker W. Jamieson zu Ashton-under-Line am 25. Juli 1853 eine Maschine zur Fabrikation von Sägen patentiert wurde, bei welcher die Sägezähne ausgestanzt und hernach die Rauhigkeiten, womit die Oberfläche der Sägezähne behaftet war, durch kleine rotierende Feilen beseitigt wurden". Bis zu diesem Zeitpunkt scheinen Maschinensägfeilen noch nicht bekannt gewesen zu sein; diese sind jedenfalls erst später durch Verbesserungen an den Sägenfabrikationsmaschinen aufgekommen.

Auch Feilscheiben mit Haifischhautumspannung wurden vor nicht zu langer Zeit noch verwendet. In dem Werk „Der Handwerker und Künstler, Fortschritte und Muster, Weimar 1827" steht hierüber wörtlich geschrieben:

„Ein Parapluiemacher zu London, dem das Zuspitzen der Fischbeinenden zum Einsetzen derselben in die metallenen Stiefel, mittels der Hand endlich zu langweilig wurde, geriet auf den Einfall, eine Furche der Rolle seiner Drehbank mit einer Haifischhaut, die scharf wie eine Feile ist, auszukleiden. Er hält nun bloß das Ende der Fischbeine auf diese Haut an der Rolle, dreht seine Bank und hat seit mehreren Jahren in derselben Zeit weit mehr Fischbeine zugespitzt, als er sonst zu fertigen vermochte. (Gill's techn. Rep. April 1827.)"

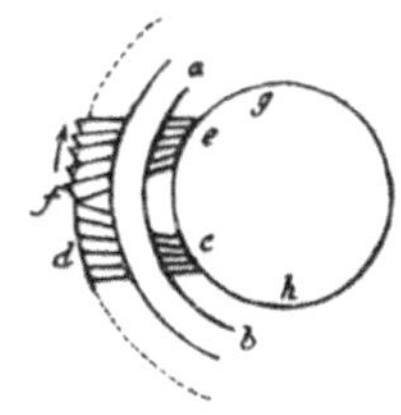

Abb. 90. Feilscheibe mit eingesetzten Zähnen von James White.

Die Schneidfeile. Auch die Schneidfeile ist ein Werkzeug, das schon viel länger, als allgemein angenommen wird, im Gebrauch ist.

Die Schneidfeile ist ein Werkzeug, welches besonders zum Schneiden der kleinen feinen Feilen dient, die von Hand mit Meißel und Hammer oder selbst mit den kleinsten Haumaschinen nicht mehr gehauen werden können. Sie wird aus schwertförmigem oder dreikantigem Stahl hergestellt und mit zwei Angeln versehen. Die Kanten der Schneidfeilen werden mit besonderen Einrichtungen zum Hauen vorbereitet und durch Spezialmaschinen mit Hieben versehen, deren Zahnspitzen und Zahntiefen äußerst scharf sein müssen. Die Abb. 91 zeigt drei Schneidfeilen, wie solche heute noch hergestellt werden. Die Kanten der unteren Schneidfeile sind nach dem Schweizer Patent

Nr. 58 033 von W. & H. Ufer jr., Duderstadt, durch Mittelrinnen geteilt, wodurch bei entsprechender Stellung des Werkzeuges zur Oberfläche des Werkstückes beim Gebrauch die eine Hälfte der Zahnreihe vorschneiden, die andere nachschneiden soll.

Abb. 91. Schneidfeilen.

Die ersten Schneidfeilen dürften, wenn vielleicht auch nur in wenigen Stücken, schon Ende des 11. Jahrhunderts vorhanden gewesen sein, denn Theophilus Presbyter schrieb in seinem früher erwähnten technischen Werk „Schedula diversarum artium" um das Jahr 1100:

„Wenn die Feilen nach Maßgabe der Größe geschlagen (geschmiedet) sind, welche ihnen der Arbeiter geben will, werden sie auf dem Hobel abgegleicht und mit einem Hammer, der an beiden Seiten scharf ist, mit Einschnitten versehen. Andere werden mit dem Schneideisen eingekerbt."

Abb. 92. Spiralförmig gehauene Rundfeile.

Es ist nicht ausgeschlossen, daß unter diesen Schneideisen eine Schneidfeile verstanden war, welche von einem besonders guten Feilenhauer selbstredend noch von Hand hergestellt wurde. Jedenfalls aber war die Schneidfeile Ende des 18. Jahrhunderts schon bekannt, denn Joh. Jos. Prechtl schreibt in seiner „Technologischen Enzyklopädie" im 5. Band 1834 wie folgt:

„Die feinsten Uhrmacherfeilen sind manchmal nicht mit dem Meißel gehauen, sondern mit einem scharfen Messer geschnitten oder vielmehr geritzt, wodurch sie vermögend werden, äußerst zarte Späne abzureiben."

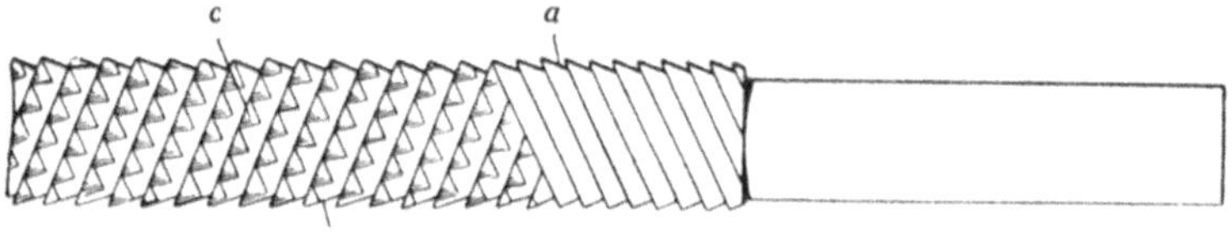

Abb. 93. Rundfeile mit gewindeartigen Zähnen.

In Frankreich wurden z. B. durch Raoul in Paris schon um das Jahr 1800 kleine und feine Uhrmacherfeilen hergestellt. Diese können, soweit sie nicht mit damals schon vorhanden gewesenen kleinen Feilenhaumaschinen gehauen werden konnten, nur mit der Schneidfeile geschnitten worden sein. — In Deutschland wurden Schneidfeilen zum ersten Male Ende der 1870er Jahre zum Schneiden von Nadelfeilen und kleinen Uhrmacherfeilen verwendet, und zwar von der Firma Friedr. Dick in Eßlingen a. N. Diese Schneidfeilen wurden damals noch aus Frankreich und der französischen Schweiz bezogen und vom Jahre 1880 ab in eigenen Werkstätten selbst hergestellt.

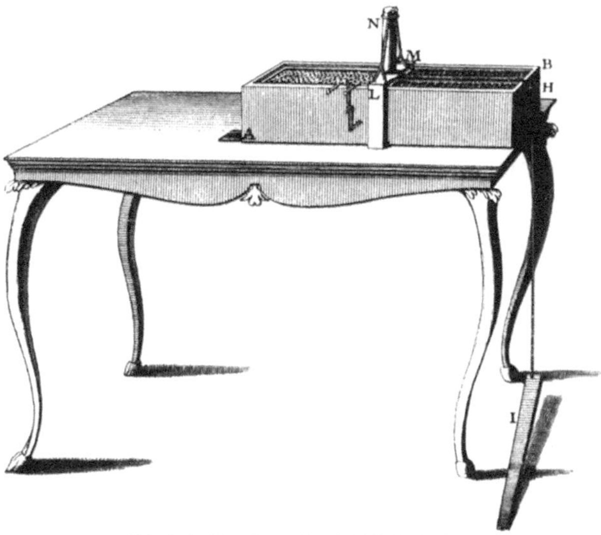

Abb. 94. Tabakraspel auf Rokokotisch.

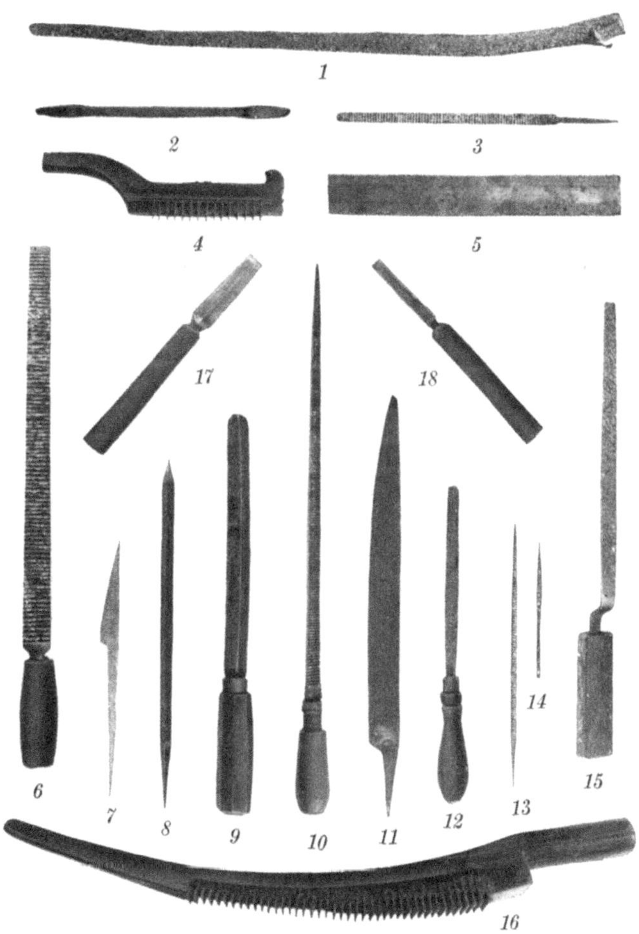

Abb. 95. Chinesische Feilen aus dem „Philadelphia Commercial Museum".

Runde Feilen. Die Rundfeilen haben im Laufe der Jahrhunderte verschiedene Wandlungen durchgemacht. Wie in der vorliegenden Geschichte der Feile schon angeführt ist, wurde eine bronzene Feile (Abb. 30) aus der Hallstattzeit ca. 600 v. Chr. gefunden, deren Ende einen langen sich verjüngenden Zapfen mit scharfen Rippen (Zähnen) versehen zeigte. Wie diese Zähne hergestellt wurden, ließ sich mit Sicherheit nicht mehr feststellen, und allerlei Vermutungen tauchten auf. So viel steht fest, daß die Zähne auch in runde Feilen lange Zeit nicht gehauen, sondern mit irgendwelchen Werkzeugen eingefeilt bzw. eingegraben wurden, bis das Hauen der Feilen aufkam.

Runde Feilen wurden wohl zunächst mit meißelartig zugeschliffenen Hämmern, dann mit ausgehöhlten und später mit schmalen, ebenen Meißeln reihenweise gehauen.

Im Mittelalter kam dann das doppelhiebige Hauen der Feilen auf, und auch heute noch werden runde Feilen reihenweise zuerst mit dem Unterhieb und dann mit dem Oberhieb (Kreuzhieb) versehen. — Als die Technik die Drehbank und später die Fräsmaschine erfand, wurden sägenförmige Zähne auf runden Feilen teilweise eingedreht, teilweise auf Fräsmaschinen mit entsprechenden Fräsen eingefräst. Hauptsächlich die runden Stoßfeilen waren es, welche auf diese Weise verfertigt wurden. Nachdem die Feilenhaumaschinen in schon ziemlich vollkommenen Ausführungen hergestellt werden konnten, gingen verschiedene Feilenfabrikanten vom Jahre 1896 ab daran, die runden Feilen spiralförmig zu hauen (Abb. 92), um schöne, gleichmäßige Rundungen zu erhalten. Aber immer wieder kam man auf die reihenweise gehauenen Rundfeilen zurück. In neuerer Zeit wurden sogar Versuche gemacht, runde Feilen gewindeartig auf der Drehbank herzustellen, und zwar Unterhieb wie Oberhieb.

Die Deutschen Waffen- und Munitionsfabriken in Berlin haben im August 1912 ein D. R. P. Nr. 279 656 erhalten auf eine Rundfeile (Abb. 93) mit gewindeartig geschnittenen Zähnen, dadurch gekennzeichnet, daß durch Einschneiden von Rechts- und Linksgewinde schuppenartige Zähne gebildet werden. Es hat sich aber bald herausgestellt, daß diese Zähne beim Feilen Riefen geben, und so ging die vorgenannte Firma daran, ein neueres Verfahren sich patentieren zu lassen, bei dem ein bestimmtes Verhältnis der Gangzahlen beider Gewinde und ein eben solches ihrer Steigungen hergestellt wurde. Dadurch stehen die Zähne vollkommen unregelmäßig hintereinander, so daß in dem zu bearbeitenden Werkstück keine Riefen mehr entstehen können.

Abb. 96. Alte Schleiferei mit Feilen aus Ramelli, 1588.

In das Gebiet der Raspeln gehört noch eine ganz besondere Art von Raspeln — die Tabakraspel. Eine Tabakraspel in dem französischen Werk „Recueil des Machines, approuvées par l'Academie Royale des Sciences" Band VI. Paris 1732—1734 beschrieben, ist auf einem Rokokotisch (Abb. 94) aufmontiert und wurde seinerzeit von reichen Privatleuten in ihren Wohnungen aufgestellt, damit diese vornehmen Schnupfer ihre von auswärts bezogenen Karotten — gepreßte Tabake — selbst unter der Tabakraspel zerreiben konnten. In dem auf dem Tisch aufmontierten Kasten sind Raspelbleche eingebaut, zwischen denen die Karotten mit einem Fußbrett hin und her bewegt wurden.

Die Abb. 95 zeigt eine Sammlung chinesischer Feilen, welche das „Philadelphia Commercial Museum" in Philadelphia ausgestellt hat. Diese Abbildung hat vorgenanntes Museum in dankenswerter Weise als Beitrag zu diesem Werk zur Verfügung gestellt. Besonders erwähnenswert sind die Feilen Nr. 1, 4, 6, 10 und 16, welche Anspruch auf ein hohes Alter haben und wie Nr. 4 und 16 auch wirklich chinesische Formen aufweisen. Nr. 1 zeigt eine runde Holzraspel aus dem Flossenstachel eines Rochen (Yucatan), Nr. 4 und 16 eine leichte und eine schwere Holzraspel mit 15

Abb. 97. Der Feilenhauer (aus Christoff Weigel).

und 42 eingesetzten Zähnen aus Stahlblech, Nr. 6 und 10 zwei einhiebige Raspeln (Stoßfeilen) 11 und 14 Zoll lang. Die übrigen Feilen sind in die Neuzeit zu rechnen.

In neuerer Zeit ist auch die Feile in das große Gebiet der Kinematik einbezogen worden. Professor Dr. F. Reuleaux schrieb in seinem Werk „Die praktischen Beziehungen der Kinematik zu Geometrie und Mechanik" im Jahre 1900 unter § 107:

„Starre schneidende Werkzeuge."

„Versieht man ein starres Werkzeug, das mit einem weniger festen, obwohl ebenfalls starren Werkstück zu einem „gestaltenden Paare" verbunden werden soll, mit einem oder mehreren schneidigen Vorsprüngen, so können mittels derselben Teilchen des Werkstückes beseitigt, weggeschnitten, abgetrennt werden. Die gestaltende Paarung bei diesem, am allermeisten verbreiteten Verfahren kann eine niedere oder höhere Paarung sein. Unter die niedere Paarung des Schneidwerkzeuges wird auch die Feile gerechnet. Ein angeführtes Beispiel lautet: „Zwei oder mehrere Schneiden hintereinander angreifen zu lassen, muß die Schnelle des Arbeitens wesentlich steigern. Diesen Grundsatz sehen wir angewendet in der Säge, auch der Feile, die ohne Zweifel die ältere von beiden ist, indem sie in einem rauhrandigen Stein ihr Vorbild hat."

Hierzu bemerkt Reuleaux noch:

„Ich schließe dies aus mehreren Umständen. Zunächst daraus, daß sich unter den uralten Feuersteinwerkzeugen rauhrandige, flachspitzige, am andern Ende gerundete Steine finden, mit denen man, das gerundete Ende in der Handhöhlung, ganz gut Holz abraspeln kann; die Steine haben Nasenform, weshalb ich verschiedenen Sammlungsvorstehern (auch Worsae) vorschlug, sie ‚Nasen' zu nennen. Griechisch heißt nämlich die Feile Rhinee (ῥίνη) und die Nase Rhis, Gen. Rhinos (ῥίνης), ein Zusammentreffen, das kaum zufällig sein kann."

Werkstätten aus alter Zeit. Ich hoffe, daß es mir gelungen ist, ein anschauliches Bild über die Geschichte der Feile gegeben zu haben, und ich möchte zum Schlusse dieses Teiles zunächst noch einige alte Feilenhauerwerkstätten, welche in den Rahmen dieser Geschichte gehören, kurz beschreiben und dann anschließend nahezu alle literarischen und technischen Berichte über Feilen aus den Jahren 1670—1894, die teilweise äußerst interessant und lehrreich sind, wörtlich zum Abdruck bringen.

Zunächst zeigt die Abb. 96 eine sehr nette alte Schleiferei, welche in dem berühmten technischen Werk von Ramelli „Schatzkammer mechanischer Künste" aus dem Jahre 1588 abgebildet ist. Auf dem Tische in der Werkstätte liegen zwei Feilen, welche — wie genau ersichtlich — mit Unter- und Oberhieb versehen sind.

Wie eine Feilenhauerwerkstatt um das Jahr 1698 ausgesehen hat, und wie nach dem Gebrauch der damaligen Zeit eine Nutzanwendung auf das menschliche Leben aus dem Feilenhauerhandwerk gezogen wurde, ist aus dem mehrfarbigen Kunstdruck Seite 53 ersichtlich. Um die Wende des 17. Jahrhunderts hat Christoff Weigel ein Kupferstichwerk, betitelt „Gemein-Nützliche Hauptstände von Regenten und ihren Künstlern und Handwerkern" — also die hauptsächlichsten Gewerke jener Zeit — herausgegeben, dem diese Abbildung (Nr. 97) entnommen ist, und es läßt sich nicht verkennen, daß die Darstellung der Feilenhauerwerkstätte außerordentlich gut und jedenfalls auch vollständig wahrheitsgetreu wiedergegeben ist. — Rechts auf dem Schmiedeamboß liegt ein Stück Roheisen oder Rohstahl, wie das Material damals von den Eisenwerken geliefert wurde, im Hintergrunde ist ein Schleifstein im Betrieb vorgeführt, kräftig schwingt der Meister den Hammer zum Hauen seiner Feilen und der Härteofen sowie das Härtefaß zeigen, daß er in der Ausübung aller zu seinem Handwerk gehörigen Künste wohl erfahren war.

In demselben Werk war ein weiteres Handwerk, das hier angeführt zu werden verdient, verzeichnet mit dem Titel „Der Windenmacher". Die Abb. 98 zeigt, wie dieser eben daran ist, die Zahnstange zu einer Winde auszufeilen. Im Hintergrunde sitzt ein Feilenhauer, der weit ausholt, um die vielen Feilen aufzuhauen, die sein Meister mit seinen Winden wahrscheinlich ihm allzu rasch wieder abnützt. Christoff Weigel, der große Künstler und Kupferstecher, der Verfertiger von mehr als 200 Kupferstichen von Handwerkern und Werkstätten, welcher 1725 starb, stellte unter andern auch die beiden vorgenannten Kupferstiche her, welche wie die übrigen nach dem Druck vierfarbig ausgemalt waren; die Verse unter und die Merksprüche über den Bildern wurden von dem bereits angeführten Wiener Kanzelredner Abraham a Santa Clara verfaßt.

P. N. Sprengel gibt in seinem Werk „Handwerke in Tabellen" aus dem Jahre 1770 eine genaue Beschreibung des damaligen Feilenhauerhandwerkes (siehe S. 62) mit einer Abbildung sämtlicher Geräte, welche damals zum Feilenhauen — wie auch heute noch — notwendig waren, wenn auch manchmal in etwas anderer Form. Die Abb. 99 zeigt eine Feilenhauerwerkstatteinrichtung in anschaulicher Weise, und es zeigen Fig. 1 den Schmiedeamboß zum Schmieden von Feilen nebst einer Einrichtung zum Abfeilen der geschmiedeten oder wieder aufzuhauenden Feilen. Fig. 2 die Zinngesenke zum Hauen von Kreuzhieb. Fig. 3 eine Abfeilraspel. Fig. 4 und 5 je einen Feilenhauermeißel für flache und gewölbte Feilen. Fig. 6 einen Feilenhauer meißel für Raspelhiebe. Fig. 7 den Schleifstein, um Meißel zu schleifen. Fig. 8 den Feilenhaueramboß. Fig. 9 Haueisen für dreieckige, halbrunde und runde Feilen. Fig. 10 einen gekrümmten Hauhammer. Fig. 11 einen Feilenhalter (Heft) und Fig. 12 und 13 Stampfe und Stampfer zum Zerstoßen von gerösteten Ochsenklauen.

Abb. 98. „Der Windenmacher" aus Christoff Weigel.

Eine letzte Feilenhauerwerkstatt aus dem 18. Jahrhundert zeigt die Abb. 100, welche einem sehr seltenen Originalkupferstich (Wiener Flugblatt) vom Jahre 1782 nachgebildet ist. Interessant ist die zugehörige Beschreibung mit dem Titel „Der Feilenhauer". Aus ihr ist die damalige Arbeitsweise nebst den hierzu notwendigen Einrichtungen ganz besonders gut erkenntlich (Beschreibung hierzu siehe S. 67).

Überliefertes aus der alten technischen Literatur. In der leider sehr spärlichen Literatur über Feilen und Raspeln aus dem Mittelalter und der Neuzeit schrieben außer den schon genannten Verfassern zu den verschiedenen Sorten, Formen und Hieben dieser Werkzeuge, sowie über die Qualitäten der deutschen, englischen und französischen Feilen namentlich aus älterer Zeit noch folgende Techniker und Schriftsteller: Mathurin Jousse de la Flêche um das Jahr 1670 in seinem berühmten Buch über die Schlosserei (l'art du serrurier), daß zu damaliger Zeit für die Schlosserei 155 verschiedene Werkzeuge vorhanden waren, darunter 28 verschiedene Feilensorten. Auf verschiedenen Tafeln zeigt Jousse die wichtigsten Schlossergeräte, unter denen auch die damals gebrauchten Feilen, Abb. 101, verzeichnet waren.

Die Schlosserkunst stand zu dieser Zeit in Frankreich unter der glänzenden Herrschaft eines Ludwigs XIV. auf hoher Stufe. Jousse war selbst Schlosser und hat diese Kunst mit Eifer und Fleiß viele Jahre lang betrieben. Er war mit der Feder ebenso gewandt, wie mit der Feile, und diesem seltenen glücklichen Zusammentreffen ist sein ausgezeichnetes Werk über die Schlosserkunst zu verdanken. Er war, wie später erwähnt wird, einer der ersten, die sich in die Konstruktion der Feilenhaumaschinen vertieften.

Dr. Heinrich Kelleter bringt in seiner „Geschichte der Familie J. A. Henckels 1924" folgenden Erlaß:

Düsseldorf, 7. 7. 1673.

Die Solinger Kreuz- und Kupferschmiede erhalten die Erlaubnis, die Schwertkreuze und -knöpfe nach Lütticher Art zu verzieren und mit der Feile auszuarbeiten.

Von gottes gnaden wir Wilhelm pfalzgraf bei Rhein, in Baiern, zu Gulich, Cleve und Berg herzog, graf zu Veldentz, Sponheim, der Mark, Ravensperg und Mörs, herr zu Ravenstein etc. füge hiemit zu wissen: demnach unsere bergische eingesessene, rathsleute und gemeine handwerksbrüdere der kreuzer- und kupferschmiedshandwerk uns unterthänigst gebeten, daß wir in gnaden bewilligen und zulassen wollten, daß die bemelte handwerks- einverleibte und -angehorige bruder zur beforderung ihrer negotien und besserer ausbringung ihrer waaren die von ihnen verfertigende kreuz und knöpfe gleich den Lütticher in zierath und ausarbeiten mit feilen gleich machen möchten, daß wir darauf in ansehung, das hiedurch obgemeltes handwerk destomehr verbessert, auch die commercien befördert, solchem unterthänigstem suchen stattgegeben und bewilligt haben, thun auch dasselb hiemit und kraft dieses dergestalt, daß obgemelte handwerksgenossen die von ihnen verfertigte kreuzer und köpfe (!) gleich den Lütticher in zierath mit feilen und sonsten ausarbeiten mögen. Urkund unseres handzeichens und angehängten kanzlei secretsiegels, Düsseldorff den 7 ten July 1673.

gez. Philipp Wilhelm m. pr.
gez. E. S. Wenigens.
Der Maire: Goebel.

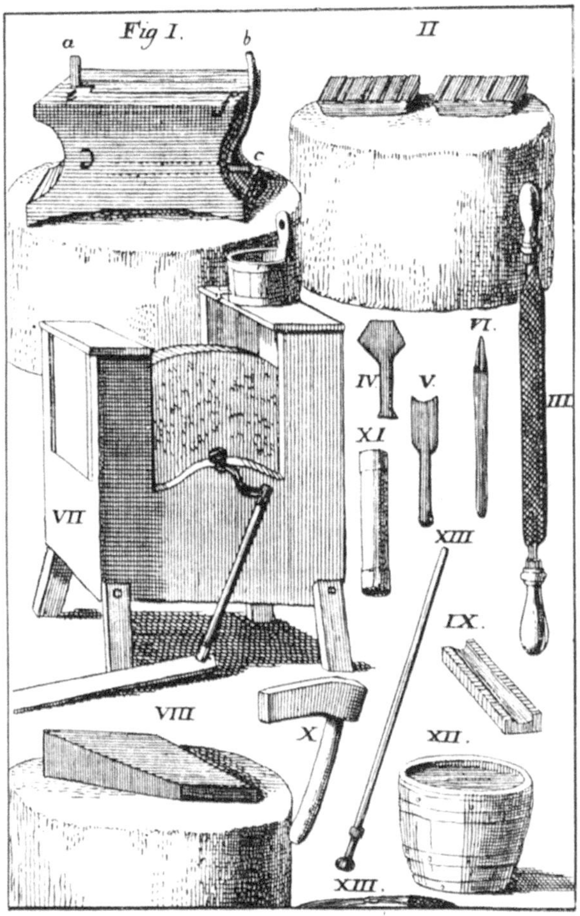

Abb. 99. Einrichtung einer Feilenhauerwerkstätte von P. N. Sprengel, 1770.

Der schon erwähnte Christoff Weigel 1698 in seinem Werk „Gemein-Nützliche Hauptstände":

„Die Meister-Stuecke bestehen theils Orten/ fuernemlich aber in Nuernberg und Zwickau / aus dreyen Stuecken / als erstlich einer großen viereckichten 24 biß 26 Pfund schwehren Feilen / so nachmal zu einer Raspel vor die Dratzieher gemachet wird. Zum andern einer fuenf Zoll breiten Schleiff-Feile deren sich die Goldschmiede bedienen; Und drittens / einer groben krummen Raspel / mit einem gekripfften Angel / wie solche vor Jahren die Sattler zu gebrauchen pflegten.

Der große Nutz / und die unumgaengliche Nothwendigkeit dieses Handwercks / wird aus folgender Erzaehlung der unterschiedlichen Arten und Sorten der Feilen klaerlich erhellen: Dann die Goldschmiede gebrauchen sich der groben / halb-linden und linden Feilen. Die Uhrmacher der Schnaupen- und Raeder-Feilen; Die Bildhauer und Schreiner der Holtz-Raspeln / samt unterschiedlichen Gattungen von Saegen-Feilen / die kleine Laub- und andere Saegen-Blätter damit zu schaerffen / Spitz-Feilen zu ebenmaeßiger Schaerffung der Hobel-Eisen / aufgeworffene Raspeln zu Bildern und runderhabener mancherley zierlichen Arbeit. Die Schlosser / Zirckelschmiede / Windenmacher / und fast alle andere / so von Stahl und Eisen / wie auch die Roth-Schmiede / und die / welche von Messing arbeiten / bedienen sich der so genannten Arm-Stiel-Hand- und Bogen-Feilen; Die Buechsenmacher der Schlicht- und Vor-Feilen; Die Kupfferschmiede unterschiedlicher / so groß als kleiner Feilen; Die Dratzieher der groben / und die

Huffschmiede der Horn-Raspeln; Die Messerschmiede der Horn-Baert- und Abricht-Feilen; Die Stecknadeln- und Haefftleinmacher aber nutzen eine gantz besondere Art der Feilen / welche wie ein Ring formiret / und außen her in der Runde herum wie eine Feile gehauen sind / auf welchen sie die Spitze an ihre Stecknadeln zu wetzen und zu machen pflegen. Und wer wollte die so viel- und mannigfaltigen Arten der Feilen und dero Nutzen genugsam erzaehlen?

Es koennen aber alle diese jetzt erzehlte Arten der Feilen / ihrer aeußerlichen Form nach / in sechserlei Gattungen gebracht und abgetheilet werden / nemlich in runde/ halb-runde / flache und dreyeckichte / viereckichte und so genannte Messer-Feilen / welche dann nach dem Unterschied der Kuenstler und Handwerker / als auch ihrem Nutzen und Gebrauch nach / unterschiedlich gebogen / gehauet / und benennet werden."

Abb. 100. „Der Feilenhauer", nach einem Originalkupferstich (Wiener Flugblatt), 1782. (Quellenforschungen-Feldhaus, Berlin-Friedenau.)

Im Jahre 1764

J. S. Halle in seinem Werk „Die Werkstätte der heutigen Künste":

Die Feilen haben ihre verschiedene Gattungen; es gibt grobe, für die Goldschmiede, Gelbgießer, und andere Professionen, Schlichtfeilen, welche fein und dicht gehauen sind, Armfeilen von 20 bis 30 Pfund schwer, Feilen von allerlei Mittelgattungen, bis zur Nadelfeile, wie sie zum Befeilen von Ecken, der geraden und krummen Flächen vor allerlei Handwerker nötig sind, viereckige, runde, halbrunde, Vogelzungen usf.

Die Raspeln reißen mit ihren Spitzen stärker als die Feilen. Ihre Verfertigung besteht in folgenden Stücken: Sie werden, ebenso wie die Feilen, aus Stahl zusammengeschweißt, geschmiedet, erweicht, aber nicht mit Meißeln, sondern mit spitzen Raspelmeißeln, deren Spitze aus flachen und dreiseitigen Rücken in eine feine Spitze zuläuft, durch den Hammer gehauen, und zwar Punkt vor Punkt, indem man zu jedem Punkte einen frischen Schlag tut. Indessen geht man damit ebenfalls schräge auf der Raspel fort, und so entsteht aus vielen Punkten eine punktierte Linie, voller scharfen Spitzen, welche die Rücken der Meißelspitze in dem Eindringen heraufgetrieben haben. Zuletzt gibt man ihnen die gehörige Härtung.

Wenn Feilen im Gebrauche stumpf geworden, werden sie vom Feilenhauer von neuem gehauen und gehärtet, sie sind alsdenn so gut, als neu, und mit dieser Auffrischung müssen die Feilenheuer deren in Berlin ganzer drei sind, größtenteils ihr Brot verdienen. Man ist gewohnt, alle großen Feilen nach Pfunden zu verhandeln, die kleinen laufen stückweise, oder in Dutzende im Handel herum. Die feingehauenen werden teurer bezahlt, als die groben.

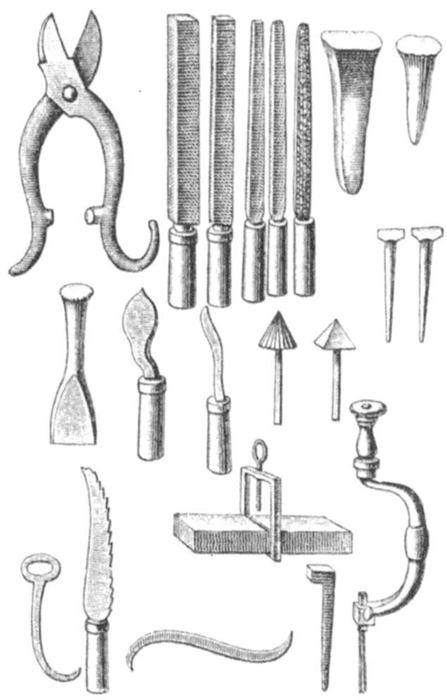

Abb. 101. Feilen und Werkzeuge nach Mathurin Jousse de la Flêche, 1670.

Die Eisenkrämer sind durch ihren Aufkauf der steiermärkschen, nürnbergschen, und anderer Feilen Schuld daran, daß unsere einheimischen Feilenhauer ohne Brot gelassen werden. Da nun aber alle Wege der Geldausflüsse aus einem Lande eben das, was die unnötigen Ausleerungen aus dem Körper, nämlich allmähliche aber desto gewissere Erschöpfungen sind: so kann man den Schaden auch schon von dieser Seite vor nicht geringe achten, den ein Land von der gleichen eingeführten Waren, die alle Haushaltungen und alle Professionen ohnmöglich entbehren können, leidet. Wenn man ferner den Betrug mit rechnet, den alle auswärts auf den Kauf gemachte Ware zum Stempel mit sich führen: so leidet man noch mehr. Wenn man ferner versichert sein kann, daß die berlinischen Meister nocheinmal so dauerhafte Feilen verfertigen und in der Tat nach den englischen, die allerdings den Vorzug behaupten, die besten zu liefern im Stande sind, weil sie den besten Stahl dazu aussuchen, und genau hauen; so muß man in Furcht stehen, daß Berlin in einigen Jahren gar keine,

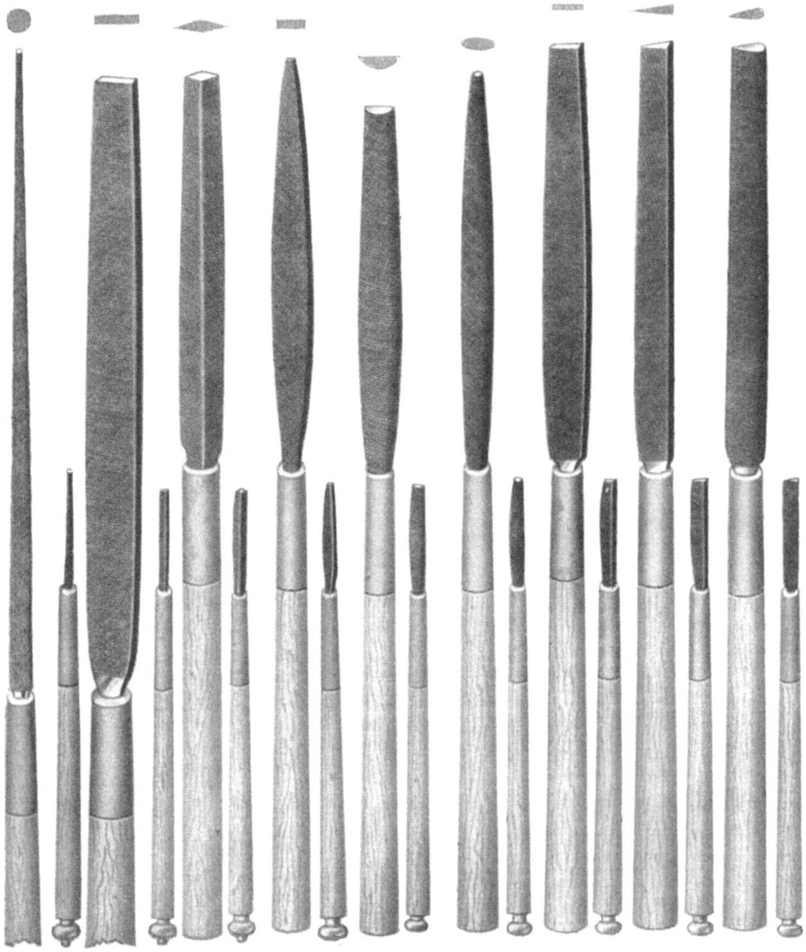

Abb. 102. Uhrmacherfeilen um das Jahr 1720 von Thiout l'aîné, Paris aus „Traité de l'Horlogerie, Méchanique et Pratique".

oder nur eben so liederliche machen können werde, als gemeiniglich die fremden sind, womit das Land überschwemmt worden. Man kann hier alle Professionen einmütig zu Zeugen auffordern. Die englischen Feilen haben freilich in der Härtung und dem feinen gleichförmigen Schlage vor den in Berlin gemachten einen großen Vorzug; allein die Härtung würde sich, nebst den feinen Meißeln auch von selbst wohl finden, wenn nicht diese Profession vor allen andern Professionen das Unglück hätte, bloß Altflicker, oder Nachhauer zu machen, da man das Land aus dem Eisenkrame mit einer schlechten, nicht genug gehärteten und brüchigen Ware verlegt, von der sonst Feilenhauer in Berlin leben könnten. Der Kredit aller englischen Waren hat auch hier beim Feilenhauen Maschinen nützlich gefunden; sie hauen ihre Feilen nicht wie wir aus freier Hand, sondern sie führen sie, wie den Block an den Sägemühlen, ihrem Instrumente zu, und vorher bedienen sie sich noch gewisser Schleifmühlen, die Flächen auf das Genaueste zu ebnen. Indessen bleiben uns unsere Feilen auf dem Halse, weil die Gesetze bei den Klagen dieser Handwerke über die Eisenkrämer, das bare Mehr oder Weniger aus einem unglücklichen Augenpunkte betrachten; ob gleich die schlechte Feile eine gute Allegorie und Satire zu sein, unter Gelehrten das Recht hat.

Wieder unsere Feilenhauer wäre, meines Erachtens, überhaupt nur dieses mit Grunde zu erinnern, daß sie ihre Kreuzhiebe nicht gleich weit, sondern bald weit, bald näher auseinanderschlagen, daß sie keinen gehörigen Unterschied unter Feilen machen, die zum Messinge, Eisen, Stahl, Kupfer, Gold oder Silber bestellt werden, sondern alles gleich nachdrücklich übermeißeln, daß sie im Kreuzhiebe den Grat, d. h. die Rautenspitze, zu schräge hauen, daß diese zu sehr überhängt, und wenn man daher ihre Feile einen ganzen Tag gebraucht: so stößt sich der Grat ab, und die Feile ist stumpf. Folglich greifen die andern Professionisten lieber nach einer Steiermärkerin, welche halb so wohlfeil, obwohl auch schlecht ist. Doch das

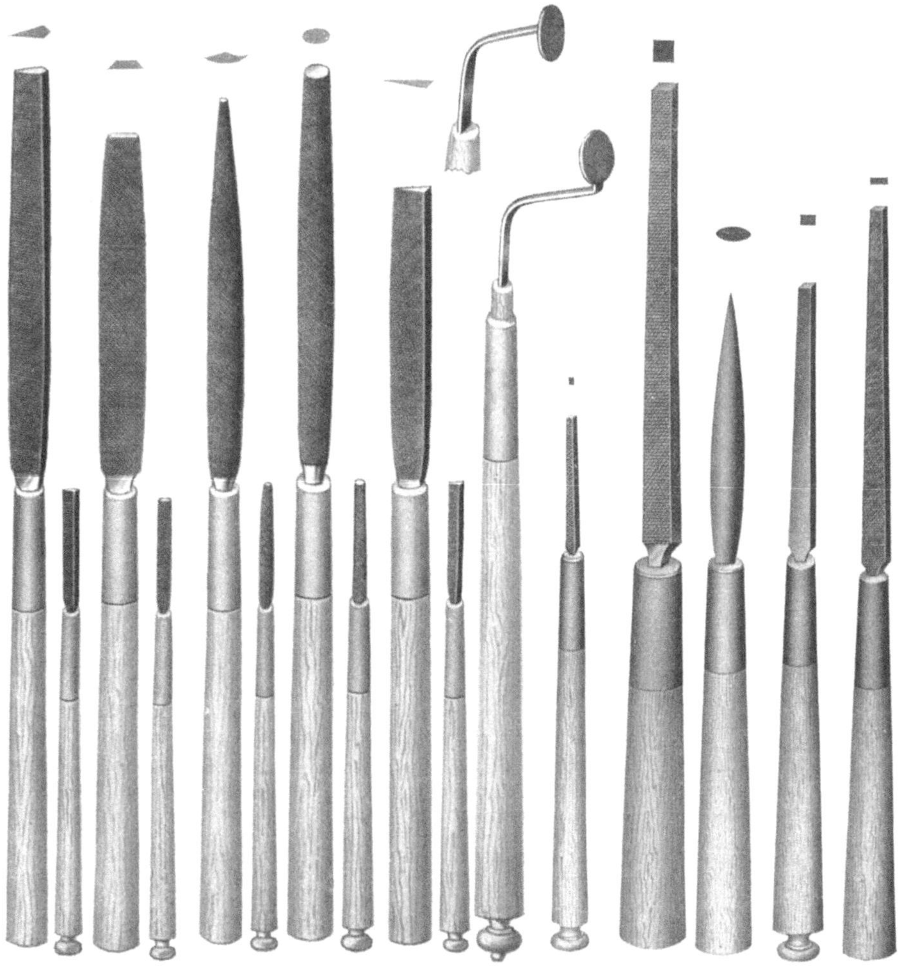

Abb. 103. Uhrmacher- und Uhrmacherpolierfeilen um das Jahr 1720 von Thiout l'aîné, Paris aus „Traité de l'Horlogerie, Méchanique et Pratique".

würde sich bald geben. An allen Feilen neigen sich die Grate nach der Spitze zu, weil man Feilen mit der rechten Hand vom Leibe wegführt. Indessen ist der hunderte Metallarbeiter nicht geübt, mit der Feile einen recht geraden Feilenstrich, z. B. auf der Schärfe eines Lineals von Messing, zu führen, so daß man an keiner Stelle zweier solcher Linealschärfen mit dem Auge durchsehen könnte. Hierbei muß die linke Hand der rechten zu einer wagerechten Führung der Feile allezeit mit Vorteil zu Hilfe kommen. Es bestehet vorderhand das berlinische Meisterstück in einer großen viereckigen Armfeile zu den gröbsten Eisenarbeiten, von 20 Pfunden schwer, und 2 Fuß lang; in einer breiten Schleiffeile vor die Goldarbeiter, die Fugen des zu lötenden Goldes darauf gerade zu reiben, einer Spanne lang, und 10 Pfunde schwer, mit gebogener Angel, um sie auf dem Tische festzunageln; in einem so genannten Schleifringe für die Nadler, welchem eine stählerne Schleifscheibe ins Kreuz gehauen ist. Zum Erlernen dieses Handwerks hat man 4 bis 6 Jahre angesetzt. Und zum letzteren Beweise, was verachtete Professionen zuwege bringen: so will ich nur noch sagen, daß Nürnberg mehr als 30 Feilenhauer ernährt.

In dem bekannten französischen Werk „Description des Arts et Métiers", welches die verschiedenen Handwerke behandelt, sind eine Reihe interessanter Feilen und Raspeln aus alten

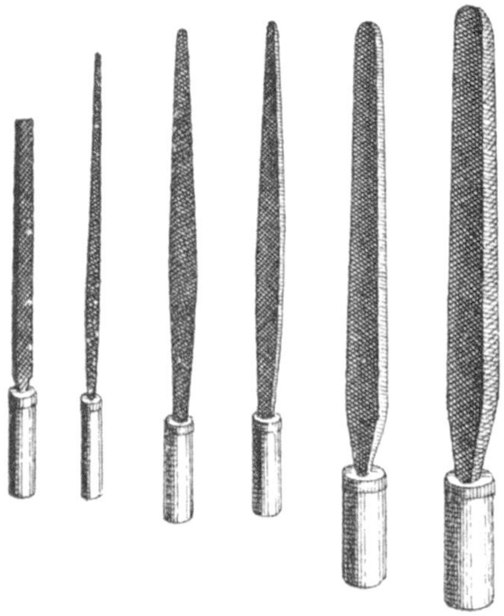

Abb. 104. Schlosserfeilen um das Jahr 1700.

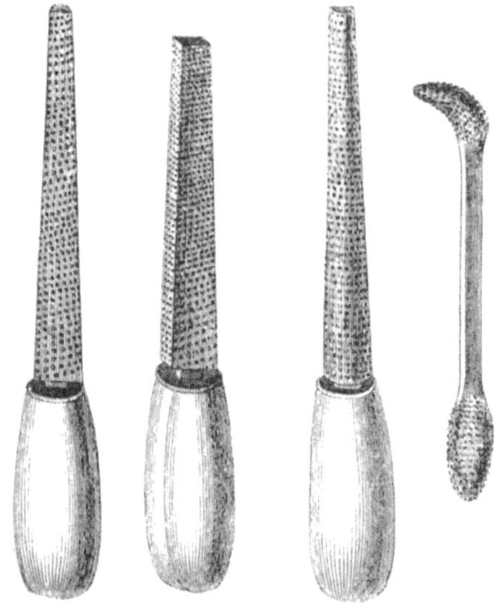

Abb. 105. Raspeln zu Anfang des 18. Jahrhunderts.

Zeiten aufgezeichnet und beschrieben und sollen noch einige hievon hier vermerkt werden. In dem Abschnitt „l'art du serrurier" von Duhamel du Monceau 1767 waren Feilen aus dem Anfang des 18. Jahrhunderts abgebildet, wozu der Text lautete:

„Die großen flachstumpfen Feilen sind weniger rauh gehauen als große Armfeilen, sie dienen zum Nachfeilen, nachdem die Arm- und Packfeilen das Gröbste weggenommen haben. Die spitzflachen Feilen sind noch etwas weniger rauh. Die nächst feineren Feilen, flache und vierkantige, sollen dazu dienen, Vierkantlöcher einzufeilen. Runde oder Rattenschwanz-Feilen, ovale und halbrunde werden verwendet, um Löcher in Profile einzufeilen und auch um Sägezähne zu schärfen. Die dreikantigen Feilen werden nicht nur zum Sägenschärfen, sondern auch zur Bearbeitung von Schraubengewinden und Schneidzeugen verwendet. Endlich gibt es noch Schlitzfeilen in verschiedenen Größen, um Schlüsselbärte damit ausfeilen zu können."

Abb. 106. Griffmacherraspel.

In dem Abschnitt „l'art du menuisier" von Roubo le fils 1769 waren 3 Raspeln und 1 Riffelraspel erwähnt. Der Text hierzu lautete:

„Die Holzraspel ist eine Art Feile, bei welcher die Zähne in Form eines Halbkreises eingehauen und außerdem viel hervorstehender sind wie diejenigen der Feilen, welche zur Bearbeitung von Metallen dienen.

Es gibt verschiedene Raspelarten. Die rauhen sind für grobe Stücke und um den feineren vorzuarbeiten bestimmt. Es gibt Raspeln, welche auf einer Seite flach, auf der anderen rund sind, auch solche, welche auf beiden Seiten rund sind, um Kanten, Schlitze usw. raspeln zu können. Auch gekröpfte Raspeln werden hergestellt, um Hohlkehlen auszufeilen und an sonstige schwierige Stellen zu kommen."

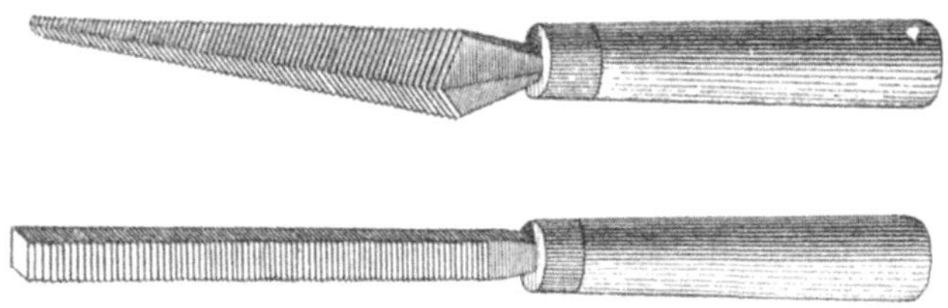

Abb. 107. Flach- und Dreieckkantraspel mit eingefeilten Zähnen.

In dem Abschnitt „l'art du coutelier" waren Werkzeuge von Jean Jacques Perret, Paris 1771 nach den Abb. 106 und 107 verzeichnet.

„Die Abb. 106 stellt eine Griffmacherraspel dar, welche von Messerschmieden zur Herstellung von eingelegten Griffen aus Perlmutter, Elfenbein oder Schildpatt verwendet wird. Zunächst wird der Griff eingeteilt, damit so viele

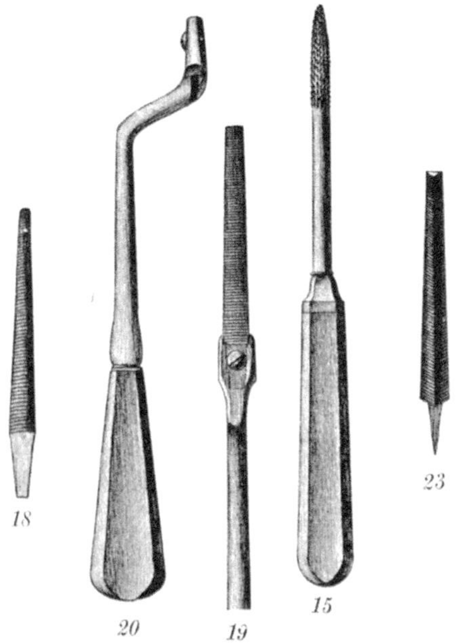

Abb. 108. Zahnarztfeilen und Wattestopfer um das Jahr 1750.

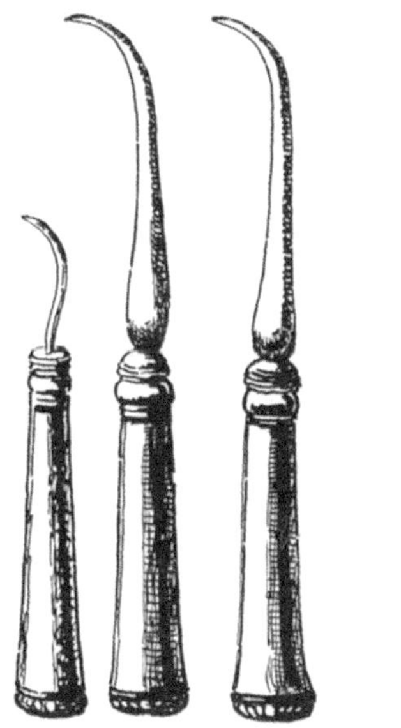

Abb. 109. Zahnraspeln aus dem Jahre 1728.

Nuten eingesägt werden können, als derselbe Gold- oder Silbereinlagen erhalten soll. Mit einer Säge, deren Blatt sehr dünn ist, wird zunächst je ein Sägeschnitt gemacht, alsdann das abgebildete Werkzeug zur Hand genommen. Dieses ist eine kurze, gekröpfte und dicke mit Zähnen versehene Raspel. In deren Mitte ist ein Schlitz, in welchem ein stärkeres Sägenblatt — das nach Bedarf hervorsteht — aufgenommen werden kann. Man setzt das Werkzeug auf den zuerst gemachten Sägenschnitt und fängt zu raspeln an. Sobald die breitere Raspel zu schneiden anfängt, macht sie gleichzeitig rechts und links eine entsprechende Einkerbung. Nachdem letztere die gewünschte Tiefe erhalten hat, werden die Gold- und Silberbänder, welche die genaue Breite und Tiefe der so erhaltenen Nute haben müssen, eingesetzt."

„Die Abb. 107 stellt zwei Raspeln dar, eine flache und eine dreikantige. Sie sind dazu bestimmt, Rillen in Elfenbein, Schildpatt und Holz einzufeilen. Die Zähne der Raspeln sind mit einer Feile gemacht gleich wie die Zähne einer Säge, aber sie müssen sehr regelmäßig sein und weder die eine noch die andere Raspel soll gehärtet sein."

Besonders interessant sind auch die auf Abb. 108 vermerkten zahnärztlichen Instrumente, welche man noch zu dieser Zeit in Ermanglung besserer Einrichtungen verwendete. Die Beschreibung zu diesen Instrumenten lautete:

„Die Fig. 15 stellt einen Wattestopfer dar. In seinem zugespitzten Teil wurden mit der Kante

Abb. 110. „Der Geschützfeiler." Aus „Des weisen Königs Maximilian Taten und Werke". J. Burgmaier. Wien 1750.

einer Dreikantfeile Zähne eingefeilt, welche verhüten, daß die Watte abrutscht. Fig. 18 zeigt eine Feile, welche in ein kleines Holzheft eingepaßt und zur Bearbeitung der Schneide- und Augenzähne, nicht aber der Backenzähne, gebraucht wird. Für die Backenzähne wird ein Halter nach Fig. 20 benützt, welcher nach Bedarf gebogen sein kann, und in welchen die zum Feilen nötige Feile eingesetzt wird. Die gebogenen Halter lassen mit Leichtigkeit die Feilen aufnehmen, um auch die hintersten Backenzähne, ohne den Mundwinkel oder den Kiefer zu verletzen, behandeln zu können.

Fig. 19 ist ein Feilenhalter, in welchen die vorgenannten Feilen ebenfalls eingesetzt werden können.

Fig. 23 stellt eine Feinhieb-Dreikantfeile dar, welche ebenfalls in den Feilenhalter paßt.

Die vorgenannten Werkzeuge werden am meisten zur Behandlung von Zähnen gebraucht, welche so spitz oder scharf sind, daß sie beim Sprechen oder Essen stören."

Die Abb. 109 zeigt drei weitere Zahnarztwerkzeuge aus dem Jahre 1728, welche der berühmte französische Zahnarzt Pierre Fauchard in seiner Schrift „Le chirurgien dentiste" beschrieben und abgebildet hat. Die XIV. Kupfertafel „Worauf vier Instrumente abgebildet, welche die cariem oder den Beinfresser an den Zähnen zu raspeln dienen", wird wie folgt erklärt: „Die linke Figur stellet die Zahnraspel wie eine Schusterahl vor, wie sie von der Seite aussiehet. Die mittlere Figur stellet die spitzige Zahnraspel wie ein Papagayen-Schnabel von der Seite vor und die rechte Figur stellet die stumpfe Zahnraspel wie ein Papagayen-Schnabel, auch von der Seite vor."

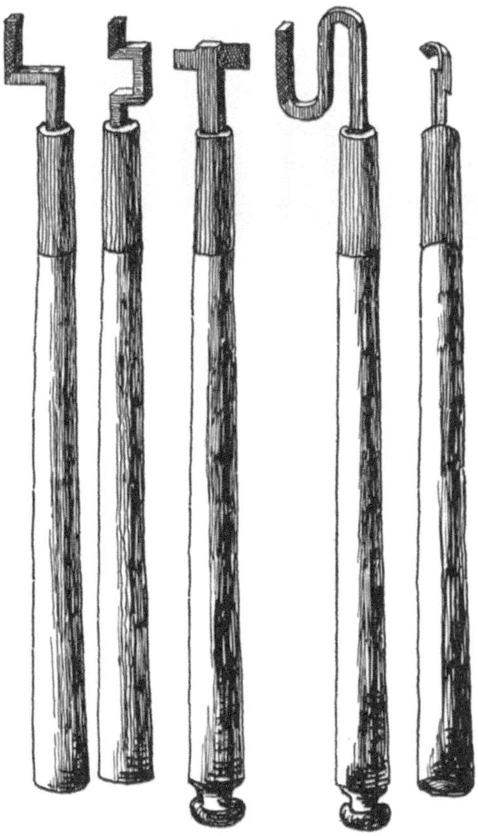

Abb. 111. 5 Glockenmacherfeilen, 1740. Aus Traité de l'Horlogerie, Méchanique et Pratique (Thiout l'ainé). Paris 1741.

In P. N. Sprengels Handwerke in Tabellen 1770 steht geschrieben:

„Ohnerachtet die Handgriffe der Feilenhauer sehr einfach sind, so findet man diesen Professionisten doch nur selten in den kleinen Städten Deutschlands. Die Ursache läßt sich leicht errathen, wenn man weiß, daß in unserm Vaterlande größtenteils englische Feilen gekauft werden. Die hiesigen Feilenhauer müssen daher größtenteils von dem Aufhauen alter Feilen leben. Doch haben sich neulich die hiesigen Feilenhauer den Befehl ausgewirkt, daß nur feine englische Feilen dürfen verkauft werden. Sie verfertigen blos Feilen und Raspeln von aller Art. Die erstern schmieden sie aus Stahl, die letzten aber auch aus Eisen, mit eben den Handgriffen, die bereits in den kurz vorhergehenden Abschnitten sind erzehlet worden. Jede Fläche der Feile erhält aus freyer Hand zwey Hiebe, die sich durchkreuzen, die Raspel bekommt aber nur einen Hieb. Die Feile sowohl, als die Raspel wird zuletzt aufs beste gehärtet.

Außer einigen Kleinigkeiten zum Härten, und den Schmiedekohlen in der Esse, erstehen sie weiter keine Materialien, als schwedisches Eisen und Stahl. In Absicht des letztern folgen sie der Gewohnheit aller hiesigen Eisenarbeiter, daß sie blos den cölnischen Stahl verarbeiten. Denn der englische ist zu kostbar, und der steiermärksche nimt nicht in allen Stellen eine gleiche Härte an. In andern Gegenden schmieden sie auch die Feilen mit Vortheil aus dem Solinger Stahl.

Gewöhnlich verfertigt der Feilenhauer weiter keine Waaren, als Feilen und Raspeln.

Die Handgriffe bey Verfertigung der Feilen bleiben sich bey allen Arten im Grunde betrachtet gleich. Es ist daher hinreichend, wenn eine Beschreibung von den verschiedenen Abänderungen der Feilen vorausgeschickt, und hernach die Verfertigung einer einzigen Feile erzehlet wird.

Die Feilen lassen sich auf eine doppelte Art eintheilen,nach dem Hieb, und nach der Gestalt.

Unter dem Hieb gedenkt sich der Feilenhauer die Einschnitte, die er dem Stahl mit dem Meißel giebt. Er sagt daher, die Feile habe einen groben Hieb, wenn die Einschnitte weit von einander abstehen, dem Metall tief eingeprägt, und also auch mit einem groben Meißel gehauen sind. Das Gegentheil läßt sich hieraus leicht abnehmen. Den größten Hieb erhält die viereckigte Armfeile, und auf diese folgen mit stuffenweise abnehmenden Hieben, die Handfeile, die Vorfeile, und endlich die Schlichtfeile, die unter allen den feinsten Hieb hat. Es will dis soviel sagen, daß z. B. eine Armfeile einen weit stärkeren Hieb hat, als eine Handfeile von eben der Größe, und eben dis gilt auch in gleichem Verhältnisse von den übrigen Feilen. Dieser Abstand läßt sich aber freylich nur durch den Augenschein unterscheiden. Doch sind hiebey zur Verständlichkeit noch einige Anmerkungen nöthig. Erstlich nimt freylich bey jeder Art der Feilen der Hieb schon mit der Größe und Schwere ab. Zweytens kann es sich fügen, daß ein Professionist von dem Feilenhauer zu einer einzeln Arbeit z. B. eine Handfeile verlangt, die einen so starken Hieb hat, als eine Armfeile von eben der Größe und Schwere, oder einen so feinen, als die Vorfeile unter eben der Bedingung. Drittens kommt bey allen Arten des Hiebes gar nicht die Gestalt in Betrachtung, die einzige Armfeile ausgenommen, die stets viereckig ist. Die übrigen können jede Figur erhalten. Viertens giebt es einige Feilen, die zwar nach diesen Hieben gehauen sind, aber doch einen besonderen Namen erhalten, der in dieser Abtheilung gegründet ist. Hiezu gehören vorzüglich die Justirfeilen, und die schattierten Feilen. Die ersten sind $1^1/_2$ Pfund schwere Handfeilen, die in der Münze zum Bestoßen des Randes, und auch von den Silberarbeitern gebraucht werden. Bey den schattierten Feilen wird der Meißel bey einem Hiebe gegen die Spitze, bey dem andern gegen die Angel geneigt, und wenn der Meister seine Kunst zeigen will, so legt er die Hiebe dergestalt, daß auf der Feile dreyeckigte, oder auch viereckigte Figuren entstehen. Die Goldschmide und andere Metallarbeiter, die weiches Metall bearbeiten, kaufen diese Feilen, um vorwärts und rückwärts zu feilen. Sie werden aber nur selten verfertigt, weil jede Feile bey weichen Metallen beynahe eben die Dienste thut. Übrigens können sie nach allen vorgedachten Hieben gehauen werden.

Abb. 112. Nagelschmied- und Schlosserfeilen aus dem 17. Jahrhundert.

Noch mannigfaltiger ist die Abänderung der Feilen nach ihrer Gestalt.

Die Armfeilen sind viereckigt, oder alle Seiten sind einander gleich, und sie laufen vorne etwas spitziger zusammen. Die größten wiegen 24 Pfund, und die übrigen nehmen stets um 1 Loth ab, daß endlich die kleinste 1 Loth wiegt.

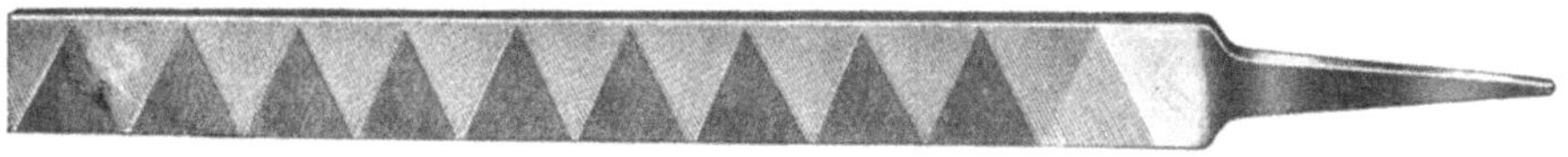

Abb. 113. Schattierte oder Spiegelfeile.

Die flachen Feilen fallen auf eben die Art von 16 Pfund bis auf 1 Loth ab, und die mehresten Hand-, Vor- und Schlichtfeilen erhalten diese Gestalt.

Die dreyeckigten Feilen steigen aber nur auf gleiche Art von 5 Pfund bis zu 1 Loth hinab.

Die halbrunden Feilen werden gleichfalls stets um 1 Loth von 10 Pfund bis auf 1 Loth kleiner, so wie auch

Die runden und die Vogelzungen, oder die ovalen Feilen. Zu den letzteren gehören auch die Riffelfeilen, womit die Metallarbeiter die vertieften Flächen einer erhabnen Arbeit, oder auch die Hohlkehlen ausfeilen. Gewöhnlich bestehen sie aus zwey kurzen Feilen, die entweder gerade, oder gebogen sind, und in der Mitte durch einen dünnen runden Griff von Stahl zusammenhängen. Die Goldschmide und Messingarbeiter übergeben insgemein dem Feilenhauer ein hölzernes Modell, das sich in die Fläche paßt, die sie ebnen wollen, und nach diesem muß ihnen der Feilenhauer eine Riffelfeile verfertigen.

Abb. 114. Vogelzunge mit Raspelhieb aus dem Jahre 1734. (Quellenforschung-Feldhaus, Berlin-Friedenau.)

Endlich geben auch die Feilenhauer den innern Flächen der Kneipen einer Zange, womit die Silberarbeiter Drath ziehen, starke Feilenhiebe, wie denn auch wohl bey einzeln Vorfällen andre Eisen mit Feilenhieben bedeckt werden."

Es ist bekannt, daß man den englischen Feilen einen großen Vorzug einräumet. Es frägt sich daher, was ist die Ursache dieser vorzüglichen Güte? Die wichtigste ist wohl diese, daß ein englischer Feilenhauer nur eine Art Feile verfertigt, worin er es leicht zur Vollkommenheit bringen kann. Es ist aber auch nicht zu leugnen, daß das englische Stahl weit besser ist, als das deutsche, und daß die Engländer die Kunst verstehen, es besser zu härten, als die Deutschen. Man läßt es aber dahin gestellet seyn, ob die erstern, wie einige behaupten wollen, die Feilen blos aus Eisen schmieden, und dieses nach dem Hauen durch das Härten in Stahl verwandeln. Gewisser ist, daß die deutschen Feilenhauer die eisernen Feilen oft nur durch reichliches Aufschütten des Härtepulvers gut härten, und sie alsdann für stählerne verkaufen. Zu den angeführten

Ursachen kommt noch, daß die englischen Feilenhauer ihre Feilen vor dem Hauen auf einer Schleifmühle aufs beste abschleifen. Es ist natürlich, daß der Meißel auf einer ebnen Fläche weit sicherer und feiner hauen kann, als auf einer rauhen. Endlich fangen die englischen Feilenhauer nicht, wie die hiesigen, hinten, sondern von der Spitze der Feile an zu hauen. Die hiesigen Feilenhauer gestehen ein, daß dis einen weit gleichern und feinern Hieb giebt, es fehlt ihnen aber die Übung. Wahrscheinlich kann die Hand mit mehrerer Festigkeit den Meißel führen, wenn man von der Spitze anfängt. Ob die Feilenhauermaschine der Engländer etwas zu diesem Vorzug beyträgt, läßt sich nicht beurtheilen, weil sie in Deutschland nicht hinlänglich bekannt ist, ohnerachtet man sie bereits in Dänemark eingeführet hat. Die Maschine soll durch das Wasser bewegt werden, und einen doppelten Mechanismus haben. Der eine treibt den Meißel, und der andre bewegt die Feile dem Meißel entgegen, wie die Sägemühlen den Baum gegen die Säge. Es wäre zu wünschen, daß der Staat die Feilenhauer in diesem Fall unterstützte, da der Werth dieser Maschine das Vermögen der hiesigen Feilenhauer übersteigen soll. Auch dies würde Geld ersparen. Vorzüglich würde eine Schleifmühle, die Berlin bis jetzt noch fehlet, nicht nur den Feilenhauer, sondern auch verschiedenen andern Metallarbeitern beträchtliche Dienste tun.

In Berlin haben sich nur 5 Feilenhauer gesetzt. Ihre Lehrbursche lernen 4 Jahre, wenn sie ein Lehrgeld erlegen können, ohnedem aber 5 bis 6 Jahre. Ihre Gesellen müssen, wie gewöhnlich, 3 Jahre wandern, und wenn sich ein wandernder Gesell einfindet, welches hier aber nur selten geschieht, so geben ihm seine Mitgesellen 2 Tage freye Zehrung, und überdem noch 4 Gr., wenn er keine Arbeit findet. Ein angehender Meister verfertigt zum Meisterstück eine 18 Pfund schwere Armfeile, eine Schattierfeile, und einen Spitzring der Nadler.

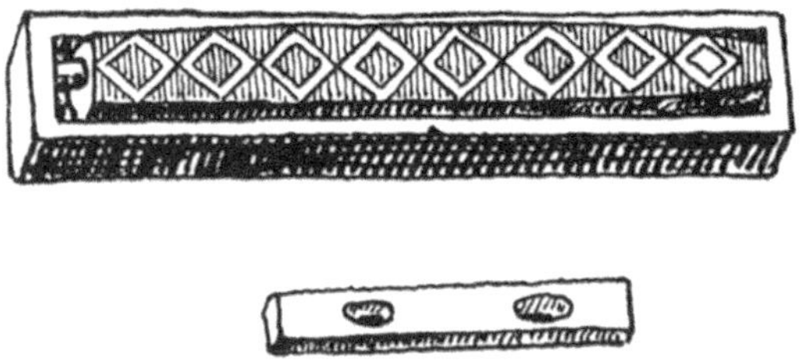

Abb. 115. Knaufmacherfeile.

Im 4. Abschnitt desselben Werkes ist bei der Beschreibung der Knaufmacher (Metallknopfmacher) „eine starke Feile beschrieben, die rautenförmig gehauen ist, und womit der Umfang der Unterboden abgefeilet wird. Man legt die Feile hiebey in einen starken hölzernen Kasten, doch muß sie etwas aus dem Kasten hervorragen. Beym Abfeilen legt man den zinnernen Unterboden in ein Loch eines kleinen Holzes, worin er sich genau passet".

Die Abb. 115 zeigt die nach obiger Beschreibung rekonstruierte Einrichtung zum Befeilen der Metallknöpfe. Das kleine Holzbrettchen hat zwei Löcher, damit zwei Knöpfe gleichzeitig abgefeilt werden können. Der hölzerne Kasten wurde vom Verfasser dazu gezeichnet.

D. Johann Georg Kruenitz schreibt im Jahre 1777 in seiner „Oeconomischen Encyclopaedie" über die Feile wie folgt:

Feile. Dieses Wort lautet in den monseeischen Glossen Fila, in den florentinischen Glossen Figila, in einigen gemeinen Mundarten noch jetzt Figil, im Nieders. Holländ. und Dän. Fiile, im Angels. Feol, im Engl. File, im Schwed. Fil, im Issländ. Thiel, im Wallis. Llief. L. Lima, Scobina, Fr. Lime, ein auf der Oberfläche mit Einschnitten versehenes Werkzeug von gehärtetem Stahl, um damit andere harte Materien, als: Metall, Stein, Holz, Bein oder Horn, durch Reiben zu bearbeiten, und von ihren Flächen oder Ecken etwas hinweg, oder aus ihrer Dicke etwas heraus, oder von ihrer Länge etwas herab, oder endlich aus einer Öffnung etwas heraus oder hinein zu reiben, und nach und nach hinweg zu nehmen. Es muß daher die Feile von mancherley Form zu diesen Absichten seyn. Das aber haben sie alle miteinander gemein, daß ihre Flächen und Seiten mit Lücken versehen, und also scharfhöckericht sind. Eine Feile besteht theils aus dem Speere oder Angel, theils aus der Stange und dem Stiele; viele aber haben auch keine Stiele.

Sie sind Waaren eigener Schmiede, die sich auf deren Verfertigung sonderlich legen, und sie allein verfertigen, wie sie denn daher Feilenhauer genennet werden; jedoch machen auch die Schlösser und Zeugschmiede Feilen, und bisweilen die Arbeiter in Eisen, Stahl, Messing, Kupfer, Silber, Gold und Holz, ihre Feilen selbst. Es gibt verschiedene Gattungen derselben, und sie werden, nach dem Unterschiede der Künstler und Handwerker sowohl, als auch ihrem Nutzen und Gebrauche nach, unterschiedlich benennet.

In den Zucht- und Arbeitshäusern gebraucht man die großen Feilen zum Raspeln der Farbhölzer, insonderheit des Brasilienholzes.

Nürnberg soll mehr als 30 Feilenhauer ernähren. Solingen liefert jährlich über 700 Schiffpfund Stahl zu Feilen.

Krünitz beklagt sich bitter über die schlechte Arbeit der deutschen Feilenhauer und verlangt, „daß die Landespolizei zum Besten des Staates sowohl als auch zur Unterstützung und Beförderung dieser Profession das Nötige tun solle. Die deutschen Feilenhauer müssen so gut arbeiten wie die englischen und dann könne die Einfuhr englischer Feilen verboten werden. Vor allem fehlt es dem deutschen Feilenhauer auch an der Wissenschaft Stahl richtig zu härten. Der englische Stahl ist allerdings weit besser als der deutsche und daher auch besser zu härten. Es ist immer noch besser den Engländern nur das Rohmaterial abzukaufen als die fertigen Feilen. Die deutschen

Feilenhauer härten oftmals die eisernen Feilen durch reichliches Aufschütten von Härtepulver und verkaufen sie dann für stählerne. Die englischen Feilenhauer schleifen ihre Feilen auf einer Schleifmühle aufs beste ab, weil der Meißel auf einer ebenen Fläche weit sicherer und feiner hauen kann als auf einer rauhen. Die deutschen Feilenhauer tun dies nicht. Die englischen Feilenhauer hauen von der Spitze nach dem Angel zu, die deutschen von dem Angel nach der Spitze. Im ersteren Falle kann ein weit gleicherer und feinerer Hieb gehauen werden.

Es ist gar nicht zu zweifeln, daß die deutschen Feilenhauer, wenn sie nur Mühe und Fleiß anwenden wollten, nicht eben die Geschicklichkeit erlangen sollten, die englischen Handgriffe und Verfahrungsarten nachzumachen; nur wäre zu wünschen, daß der Staat die Feilenhauer in diesem Falle unterstützte, und ihnen sowohl die gedachte Maschine, deren Wert ihr Vermögen wohl übersteigen dürfte, als auch eine Schleifmühle, welche zugleich auch verschiedenen andern Metallarbeitern beträchtliche Dienste tun würde, verschaffen wollte. Außer der Steyermark, Nürnberg und Solingen, bestehen die Innungen der Feilenhauer gemeiniglich nur aus sehr wenig Meistern, wie sich denn zu Berlin ihrer fünfe befinden. So wenige Meister sind freilich nicht im Stande, die Kosten herbeizubringen, die eine solche Maschine und Schleifmühle erfordern.

Die Eisenkrämer sind, durch ihren Aufkauf der steyermärkischen, nürnbergischen und anderer Feilen, auch Schuld daran, daß die Feilenhauer in andern deutschen Provinzen und Städten ohne Nahrung und Brot gelassen werden. Und dieses gereicht zugleich denen Professionisten, welche die Feilen nicht entbehren können, zu großem Schaden und Nachteil, indem dabei ein großer Betrug vorgehet, weil viele auswärts auf den Kauf gemachte Feilen zwar einen guten Stempel mit sich führen, aber schlechte und untaugliche Ware sind. Selbst die Engländer lassen nur den Ausschuß, den kein englischer Fabrikant brauchen kann, außer Landes. Nach dem englischen, hält man den Solinger Stahl, den auch die Engländer selbst dazu verbrauchen, wie auch den von Essen, und den cölnischen Stahl, zum Feilenhauen für die besten. Der steyermärkische wird dagegen für unreiner, brüchiger und für eisenadrig oder spießig angegeben, der sich nicht gerade härtet, und unbezwinglicher ist, als die vorhin gedachten Arten. Der von Schmalkalden taugt zu Feilen eben so wenig wegen seiner Sprödigkeit, und es springen gemeiniglich die zusammengeschweißten Ecken in Stücke. Alle aus solchem Stahl auf den Kauf verfertigte Feilen, können demnach als schlechte und untaugliche Ware, die nur bloß mit einem guten Stempel prangen, angesehen werden, womit aber mancher Professionist betrogen wird. Allein, solange sich die deutschen Feilenhauer nicht auf bessern Stahl, und Verfertigung besserer Waren, die bei den Schauanstalten für gut erkannt werden, legen, so lange wird auch den Eisenkrämern den Verkauf der Feilen nicht verhindern, noch den dabei unterlaufenden Betrug vermeiden können. Man hat zwar in den königl. preußischen Landen, vermöge der Rescripte vom 14. May und 19. Aug. 1754 und 17. Dec. 1765, alle auswärtigen Stahl- und Eisenwaren, mithin auch die Feilen verboten, und es dürfen nur die feinen englischen Feilen verkauft werden; allein, was wird dieses Verbot den Feilenhauern helfen, wenn sie sich durch die Güte und Tüchtigkeit ihrer Waren nicht den Absatz zu verschaffen bemühen.

Was die Zunftverfassung der Feilenhauer betrifft: so lernen ihre Lehrbursche in Berlin, wenn sie ein Lehrgeld erlegen können, 4, außerdem aber 5 bis 6 Jahre. Ihre Gesellen müssen, wie gewöhnlich, 3 Jahre wandern; und wenn sich ein wandernder Gesell einfindet, so geben ihm seine Mitgesellen 2 Tage freie Zehrung, und überdem noch 4 Gr., wenn er keine Arbeit findet. Ein angehender Meister in Nürnberg und Zwickau, verfertiget zum Meisterstück:

1) eine große viereckige, 24 bis 26 Pfund schwere, und 2 Fuß lange Armfeile, welche nachher zu einer Raspel der Drahtzieher gemacht, oder zu den gröbsten Eisenarbeiten gebraucht wird;

2) eine breite Schleiffeile für die Goldarbeiter, die Fugen des zu lötenden Goldes darauf gerade zu reiben, einer Spanne lang und 10 Pfund schwer, mit gebogener Angel, um sie auf dem Tische festzunageln, und 3) eine grobe krumme Raspel, mit einer gekröpften Angel, wie solche vor diesem die Sattler gebrauchten. In Berlin werden, zum Meisterstück, eine 18 Pfund schwere Armfeile, eine Schattierfeile, und ein Schleif- oder Spitzring für die Nadler, welche eine ins Kreutz gehauene stählerne Schleifscheibe ist, verfertiget.

In Berlin ist, besage der neuen revidierten und allergnädigst approbierten Taxen, v. 1 Febr. 1771, folgende Taxe für die Feilenhauerarbeit festgesetzt:

	Rthlr.	Gr.
Das Pfund von flachen und viereckigen Feilen von 1 bis 10 Pfund . .	—	8
Das Pfund von halbrunden und dreieckigen Vogelzungen	—	10
Das Bund so genannter Steyerscher Bundfeilen	—	10
Das Bund kleiner Papierfeilen	—	8

Johann Heinrich Ludwig Bergius schreibt im Jahre 1776 in seinem neuen Polizey- und Cameral-Magazin ungefähr dasselbe über die Feilenhauerei wie D. Joh. Krünitz, Berlin 1777, so daß eine nochmalige Abschrift nicht notwendig ist.

Hierzu kommen noch §§ 8 und 9, welche lauten:

§ 8.

Was die Zunftverfassung der Feilenhauer betrifft, so lernen ihre Lehrbursche in Berlin 4 Jahre, wenn sie ein Lehrgeld erlegen können, außerdem aber 5 bis 6 Jahre. Ihre Gesellen müssen, wie gewöhnlich, 3 Jahre wandern; und wenn sich ein wandernder Geselle einfindet, so geben ihm seine Mitgesellen 2 Tage freye Zehrung, und überdem noch 4 Gr. wenn er keine Arbeit findet. Ein angehender Meister verfertiget zum Meisterstück eine große viereckige Armfeile zu den gröbsten Eisenarbeiten, 20 Pfund schwer und 2 Fuß lang; sodann eine breite Schleiffeile vor die Goldarbeiter, um die Fugen des zu loethenden Goldes darauf gerade zu reiben, einer Spannen lang und 10 Pfund schwer, mit gebogener Angel, um sie auf dem Tische festzunageln; und endlich einen so genannten Schleif- oder Spitzring vor die Nadler.

§ 9.

In Dressden ist denen Feilenhauern Anno 1764 folgende Taxe vorgeschrieben worden*):

Feilenhauertaxe,

	Rthr.	Gr.	bis	Rthr.	Gr.
Eine Hufraspel	—	8	—	—	16
Eine dergleichen von Stahl	—	20	—	1	—
Eine Schuhmacherraspel	—	6	—	—	12
Eine Holzraspel	—	2	—	—	4
Eine Raspel mit Ringen vor die Tischler	—	1	—	—	6
Eine Flache Feile	—	8	—	2	—
Eine dreyeckige, auch halb runde, auch viereckige Feile	—	1	—	—	10

Teilweise mit denselben Worten, wie wir sie in P. N. Sprengels Handwerke in Tabellen finden schreibt Johann Carl Gottfried Jacobsson 1781, etwa 11 Jahre später in seinem „Technologischen Wörterbuch" über die Feilenhauerei:

„Die Feilen lassen sich auf eine dreyfache Art abtheilen, nämlich nach der Gestalt, nach dem Hieb und dem Gebrauch. Nach ihrem mannigfaltigen Gebrauch nimmt die Feile auch verschiedene Gestalten und Größen an und hiernach giebt es völlig vierkantige, flache, dreyeckige, halbrunde, runde, oder Vogelzungen und die Riffelfeilen. Unter dem Hieb gedenkt man sich diejenigen durchkreuzenden Einschnitte, so die Feile auf ihrer Oberfläche von dem Meißel erhält. Man sagt daher, die Feile habe einen groben Hieb, wenn die Einschnitte weit von einander abstehen, dem Metall tief eingeprägt, und also auch mit einem groben Meißel gehauen sind. Das Gegentheil läßt sich hieraus leicht abnehmen, den gröbsten Hieb erhält die Armfeile, und auf diese folgen mit stufenweise abnehmenden Hieben die Handfeile, die Vorfeile, und endlich die Schlichtfeile, die unter allen den feinsten Hieb hat. Dies heißt soviel gesagt, daß z. B. eine Armfeile einen weit stärkeren Hieb hat, als eine Handfeile von eben der Größe, und eben dieß gielt auch in gleichem Verhältniss von den übrigen Feilen. Man muß aber hiebey noch dieß bemerken, daß erstlich bey jeder Art von Feilen der Hieb schon mit der Größe und Schwere abnimmt; zweytens fügt es sich, daß öfters eine Handfeile zu einer Arbeit einen eben so starken Hieb hat, als eine Armfeile von eben der Größe und Schwere, oder einen eben so feinen als eine Vorfeile unter eben der Bedingung; drittens kommt bey allen Arten des Hiebes gar nicht die Gestalt in Betrachtung, die einzige Armfeile ausgenommen, die stets viereckig ist. Die übrigen können eine jede oben angezeigte Gestalt erhalten. Dem Gebrauch nach giebt es einige Feilen, die zwar nach den gedachten Hieben gehauen sind, aber doch nach ihrer Bestimmung einen besonderen Namen erhalten. Hierzu gehören vorzüglich die Justierfeilen und die schattierten Feilen. Endlich erhalten auch die inneren Flächen der Kneipen einer Zange, womit die Silberarbeiter Draht ziehen, gleichfalls starke Feilenhiebe, so wie auch die Zwickzangen der Schuhmacher."

„Man hat schon in Nürnberg 1419 diese Profession gehabt. Allda machen sie besonders die Nadelfeilen, welche allein dort gemacht werden."

Über die Knauf- (Knopfmacher-) Feilen, schattierte Feilen und über die Ausführung der Meisterstücke schreibt Jacobsson genau dasselbe wie Sprengel.

„Armfeile, ist eine große bis $1^1/_2$ Fuß lange Feile, welche so breit als dick ist, nur vorne läuft sie etwas schmäler zu und hat an dem einen Ende ein hölzernes Heft. Sie ist in den Werkstätten der Eisenarbeiter die erste Feile, womit alles Ungleiche und Überflüssige weggestoßen wird, dieserhalb hat sie die gröbsten Feilehiebe und wird deswegen die Armfeile genannt, weil sie der Arbeiter mit beiden Händen regiert, indem er mit der rechten Hand das Heft führet und mit der andern vorne auf die Spitze der Feile drucket, indem er sie fortzieht. Sie wiegt bis 20 Pfund.

Abziehfeile ist eine breite und dicke stählerne Feile (Feilplatte), welche sehr fein gehauen ist. Die Goldarbeiter bedienen sich ihrer, um zwei Theile, die zusammen gelöthet werden sollen, und daher aneinander passen müssen, abzuschärfen, gerade zu feilen, oder zu vergleichen."

Jacobsson schreibt noch in vorgenannten Werken 1781 über englische und deutsche Feilen.

„Englische Feilen haben einen sehr großen Vorzug vor den deutschen Feilen, und man ist bis jetzt noch in Deutschland nicht im Stande, sie eben so gut zu machen. Deswegen können alle vorzüglichen Eisen- und Metallarbeiter, als: Uhrmacher, Goldschmiede und dergl. keine andere, als englische Feilen gebrauchen. Es sind verschiedene Ursachen vorhanden,

*) S. Schmieders Chursächsische Polizeyverfassung S. 595. Aus dieser Taxordnung ist zu ersehen, daß auch zu Dresden und in Sachsen überhaupt, die Feilenhauer nur sehr wenige Arten von Feilen verfertigten.

weshalb die englischen Feilen vor den deutschen den Vorzug haben. Erstlich ist der englische Stahl weit besser, als der einheimische, oder vielmehr die Engländer verstehen die Kunst weit besser solchen zu härten, als die Deutschen. Denn sie sollen mehrenteils den steiermärkischen Stahl verarbeiten. Man behauptet sogar, daß die Feilen in England bloß aus Eisen geschmiedet und nach dem Hauen durch das Härten in Stahl verwandelt werden. Dieses ist einigermaßen wahrscheinlich, da selbst die deutschen Feilenhauer die eisernen Feilen oft nur durch reichliches Aufschütten des Härtepulvers gut härten, und sie für stählerne verkaufen. Daß die englischen Feilen von der bekannten Güte sind, scheint hauptsächlich daher zu rühren, weil erstlich ein englischer Feilenhauer nur eine einzige Art Feilen verfertiget, worin er es also leicht zur Vollkommenheit bringen kann; wozu denn noch der gute Stahl, oder das gute Härten des Eisens kommt. Zweitens wird eine jede englische Feile vor dem Hauen auf einer Schleifmühle aufs beste abgeschliffen, und es ist natürlich, daß der Meißel auf einer ebenen Fläche weit sicherer und feiner hauen kann, als auf einer rauhen, da die deutschen Feilen vor dem Hauen nur gut abgefeilet werden, wozu noch kommt, daß die englischen Feilenhauer nicht wie die Deutschen hinten, sondern von der Spitze der Feile anfangen zu hauen und deswegen einen weit gleichern und feinern Hieb den Feilen geben können. Die deutschen Feilenhauer gestehen dieses selbst ein, es fehlt ihnen aber an Übung. Wahrscheinlich kann die Hand mit mehrerer Festigkeit den Meißel führen, wenn man von der Spitze anfängt.

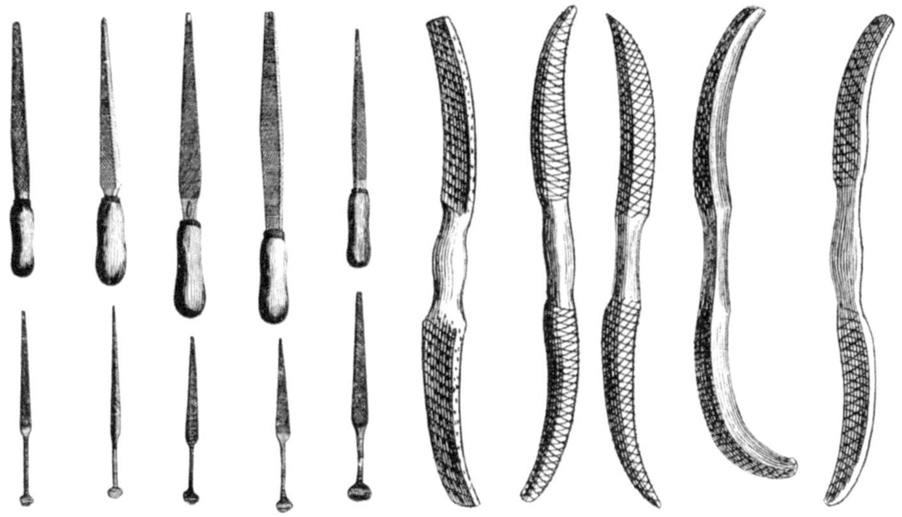

Abb. 116. Feilen, Nürnberger Raumfeilen und Riffelfeilen aus der Mitte des 18. Jahrhunderts. Aus „Recueil de Planches sur les Sciences, les Arts etc." Paris 1765.

Mögte doch ein sachverständiger und bereiseter Mann die Kunst zeigen, wie die englischen Feilen verfertiget werden, oder das Vorurteil widerlegen, daß die englischen Feilen so sehr den deutschen vorzuziehen sind, wie der Metallarbeiter insgemein glaubt. Ich glaube, es ist viel Vorurteil bei dieser Sache und ich habe doch viele Werkstätten gesehen. Für Feilen geht viel Geld aus Deutschland.

Wir lachen jetzt über die Schweden, daß sie ehedem ihr ganz unbearbeitetes Eisen nach den Hanseestädten schickten und in Stangen wieder kauften. Ohne Zweifel schicken wir Deutschen unsern guten steiermärkischen und kölnischen Stahl nach England, und kaufen ihn in Feilen und andern Eisengeräthen wieder."

Aus der zu Abb. 100, S. 56 gehörenden Beschreibung „Der Feilenhauer" (Wiener Flugblatt) vom Jahre 1782 geht hervor, daß alle Feilen, welche zu jener Zeit vom Feilenhauer gekauft werden konnten, in 6 Sorten eingeteilt wurden, und zwar in runde, halbrunde, flache, dreyeckigte, viereckigte und Messer- oder Schneide-Feilen. „Der Hieb, den der Feilenhauer seinen Feilen gibt, bestehet in den Einschnitten, die er dem Stahl mit dem Meisel gibt und daraus entstehet der Unterschied der groben und feinen Hiebe. Er kann den Feilen alle Gestalten geben und sie wiegen von 1 Lothe bis auf 24 Pfund. Wird eine Feile oder Raspel durch den Gebrauch zu sehr abgenützt, so hauet sie der Feilenhauer wieder auf von welcher Gattung Arbeiten er überhaupt die meiste Nahrung hat." Der Text lautete:

„Der Feilenhauer."

„Das Handwerk des Feilenhauers ist eine der nützlichsten, weil von seinen Arbeiten wieder viele andere Arbeiten anderer Handwerker und Künstler abhangen. Es ist indessen in Deutschland nicht gar zu häufig, und die Nahrlosigkeit der Feilenhauer in kleinen Städten wird hauptsächlich der Gewohnheit zugeschrieben, sich englische Feilen bringen zu lassen. Diese haben bisher auch den Vorzug vor allen andern in Europa verfertigten Feilen erhalten und behauptet; ihre vortreffliche Güte ist zwar sattsam bekannt, aber ihre Zubereitung noch zur Zeit ein Geheimniß. Alle Feilen, welche man vom Feilenhauer (1) erkauft, lassen sich in sechs Sorten theilen, nämlich in runde, halbrunde, flache, dreyeckigte, viereckigte, und Messer- oder Schneidefeilen. Der Stoff, woraus der Feilenhauer alle seine Arbeiten macht, ist Eisen und Stahl, und es versteht sich von selbst, daß sie gut oder schlecht ausfallen, je nachdem er guten oder schlechten Zeug dazu wählet. Viele Werkzeuge hat der Feilenhauer mit andern Eisenarbeitern gemein; man rechnet dahin die Feueresse (2), welche eben nicht gar zu groß seyn darf; den Schmiedeamboß (3), der die gewöhnliche Einrichtung eines kleinen Amboßes der Grobschmiede hat, überdas aber noch mit etlichen Werkzeugen, die seine Arbeit erleichtern, versehen ist; Raspeln, Meißeln, Hauamboße, Haueisen, Hammer, Zangen, einen hölzernen Mörser zur Zerstoßung des Glases und gebrannten Horns, eine Härttonne (4) zum Löschen der gehärteten Feilen und dergleichen. Der Hieb, den der Feilenhauer seinen Feilen gibt, bestehet in den Einschnitten, die er dem Stahl mit dem Meißel giebt, und daraus entstehet der Unterschied der groben und feinen Hiebe. Er kann den Feilen (5) alle Gestalten geben, und sie wiegen von einem Lothe bis auf 24 Pfund. Sie werden insgesamt zuerst glatt bearbeitet, und erhalten sodann die Grundhiebe und Kreuzhiebe nach besonderen Vortheilen. Zur Unterlage der Feilen bei ihrem Aushauen brauchet er ein Stück Zinn (6), und bei den feinsten Feilen ein Stück Bley. Um die Feilen und Raspeln (7) zu härten, als worinnen die größte Geschicklichkeit des Feilenhauers besteht, bereitet er nach eigenen Vorschriften etliche Pulver zu, die er für wichtige Geheimnisse ausgiebt. Das Hauptsächlichste dabei aber kömmt hierauf an: Er läßt Ochsenklauen in einem Backofen braun brennen, und zerstößt sie sodann zu Pulver; unter zwey Theile desselben mischet er einen Theil des gewöhnlichen Küchensalzes, und nach Gutdünken etwas zerstoßenes Glas. Dieses Pulver streuet er auf die heiße Feile, bis es durch dieselbe nicht mehr angezündet wird; Hierauf fährt er mit der Spitze der Feile zuerst in kaltes Wasser, taucht sie allmählig ein, und läßt sie endlich ganz ins Wasser fallen. Nach einigen Augenblicken nimmt er sie heraus, und beurtheilet nach dem Augenscheine, ob sie genugsam gehärtet sey; wo nicht, so muß er die vorige Art zu härten wieder brauchen, bis er endlich seinen Zweck erreicht. Nach genugsamer Härtung bestreicht er sie mit Baumöl, und verhütet dadurch das Rosten. Wird eine Feile oder Raspel durch den Gebrauch zu sehr abgenützt, so hauet sie der Feilenhauer wieder auf; von welcher Gattung Arbeiten er überhaupt die meiste Nahrung hat"*).

Im Jahre 1790 schreibt der auf S. 31 schon erwähnte Rentereyschreiber J. C. Quanz in seiner Abhandlung „Von der Verfertigung der Feilen in Schmalkalden" über Feilen wie folgt:

„Der hiesige Kaufmann pflegt unsere Feilen also zu ordnen: in ordinäre und Schlichtfeilen, und macht folgende Arten davon 1) viereckigte, wohin vorzüglich die Armfeile gehört, 2) dreieckigte, 3) runde, 4) halbrunde, 5) flache, 6) dickflache, 7) Messerrückenbreite, 8) Vogelzungen, 9) Raum- oder Nadelfeilen, welches die kleinste und feinste Gattung ist. Von 1. 2. 4. 5. und 9. werden nur Schlichtfeilen gemacht. Von den ordinären hat man 12 Nummern, von den Schlichtfeilen aber nur 10, doch geht man auch wohl bis zu 16 hinauf. Aber diese verfertiget der Handwerker nicht gerne, weil er hier nicht so, wie bey den gewöhnlichen, seine Rechnung findet. Uebrigens gehen die Feilen in den auswärtigen Handel Gebundweise, wo man 1. 2. 3. und mehrere Stücke auf ein Gebund rechnet.

Bis jetzt liefern England und Deutschland die meisten Feilen. Jenes behauptet vor diesem noch immer den Vorzug. Nach ihrer Feine stehen sie in folgender Ordnung: 1) die Englischen, 2) die hiesigen Schlichtfeilen, 3) die hiesigen ordinären, 4) die Steyrischen, sind sehr groß, 5) die Köllnischen Strohfeilen. Frankreich hat hierin noch wenig gethan, und nimmt seine Feilen größtentheils von England und Steyermark. Gleiche Bewandtniß hat es mit den übrigen europäischen Staaten.

Mit diesem Professionisten ist der Raspelmacher, der sich mit ihm zu einer Zunft rechnet, sehr nahe verwandt. Er verfertiget seine Waare gewöhnlich aus Eisen, selten aus Stahl, mit den nämlichen Handgriffen, nur daß er einen spitzen Meißel gebraucht und durch dessen Hülfe die Erhabenheiten auf der Raspel hervorbringt. Er fängt eben so wie jener bey der Angel an, produciert erst ein, dann zwey Häckchen u. s. w., bis er die ganze Seite der Raspel nach einer Diagonallinie in der Länge behauen hat. Nach diesem behandelt er seine Raspel ganz, wie der Feilenhauer seine Feile.

Folgende Gattungen, welche, wie die Feilen, ihre Nummern haben, und gebundweise verkauft werden, sind mir bekannt: 1) Halbrunde und flache Holzraspeln, 2) Zinnraspeln, 3) große, mittlere und kleine Schusterraspeln, 4) Bildhauerraspeln, 5) Hufraspeln, 6) Feine Holz- oder Lappenraspeln.

Der Verbrauch dieser Waare ist außerordentlich groß. Selbst der Feilenhauer kann sie nicht entbehren. Ich hatte Neubegierde genug, mich zu erkundigen, wie viel das Jahr von hier versendet würden; ich konnte aber nichts erfahren. Der großen Menge ungeachtet, die hier und in Steyermark, Kölln etc. gemacht werden, sendet Deutschland jährlich noch große Summen für die feinen Feilen nach England, das das Materiale dazu aus Deutschland und Schweden erst holen muß und uns dann ein vollkommenes Produkt für baares Geld wieder zurück gibt. Sollten wir nicht im Stande seyn, ebenso gute Feilen zu machen als England? Ich zweifle gar nicht daran, wenn wir nur die gehörigen Mittel wählen und die Summen, die wir zu Fabriken geben, wozu wir erst das Material mit vielen Kosten aus der Fremde herholen müssen, verwenden wollten. Allein jetzt will jeder kleine Deutsche Fürst in seinem Ländchen alle Manufacturen haben, Lage, Boden und Klima mögen es übrigens begünstigen oder nicht. Wäre es nicht ungleich vorteilhafter, diejenigen Fabriken und Manufacturen, wozu wir die rohen Produkte selbst haben, auf den möglichsten Grad der Vollkommenheit zu bringen? —

*) Diese Abhandlung war in deutscher, lateinischer, französischer und italienischer Sprache abgefaßt.

Ich komme auf die Feilen wieder zurück und frage, wie fängt es denn der Engländer an, daß er so gute Feilen liefert? Gemeiniglich erhält man diese Antwort: 1) hat er weit besseren Stahl. 2) Verfertiget der Engländer nur einzelne Stücke, worin er größere Fertigkeit und Geschicklichkeit erlangt; der Deutsche hingegen macht seine Ware ganz fertig und kann also in allen Arbeiten nicht gleich geübt werden. 3) Die vorzügliche Härte, die doch mit unter schlecht seyn soll. 4) Fängt er den Hieb bey der Spitze an, wo die Hand mehrere Festigkeit hat; der Deutsche bey der Angel oder am breiten Ende. 5) Endlich seine vortreffliche Maschinen, deren Existenz Jars in seinen metallurgischen Reisen S. 375 leugnet. Inzwischen müssen doch diese wirklich existieren, denn Herr Jakobson sagt in seinem Wörterbuche Seite 588, daß die Feilenhauermaschine in Dänemark schon eingeführt wäre. Auch hier hat man an ihrer Verfertigung im Kleinen gearbeitet; allein diese Versuche sind so unbedeutend, daß sie kaum einer Erwähnung verdienen. Kaum war man so weit gekommen, daß man auf Holz und Bleyplatten einen Hieb hervorbringen konnte. Diese Maschinen, wenn ich sie so nennen darf, sind auch nicht mehr vorhanden.

Aller dieser Vorzüge unbeschadet verfertiget der hiesige Feilenhauer Feilen, die den englischen den Rang streitig machen. Aber Vorurtheile, daß nur im Auslande Waren von vorzüglicher Güte gemacht werden können, und der Umstand, daß er seine feine Waaren nicht sogleich absetzen kann, welches er doch nothwendig thun muß, weil er zu arm ist, auf einen entfernten Absatz zu warten, sind große Hindernisse, die sich dem deutschen Professionisten in den Weg stellen. Oft hat er mit Zunftverfassungen und andern Einrichtungen zu kämpfen. So z. B. leiden viele von unsern Feuerarbeitern durch die Taxen, nach welchen ihre Waaren, auch ehe sie einmal fertig sind, schon ihren Werth haben. Ich weiß es wohl, daß man bey dieser guten Sache die heilsame Absicht hatte, den Fabrikanten vor den Bedrückungen des Kaufmanns zu sichern. Aber geschieht dieses? Die Erfahrung lehrt nur zu oft das Gegentheil. Und überhaupt kann eine Waare, die für den auswärtigen Handel bestimmt ist, taxiert werden? Dieses ist offenbar mit den guten Grundsätzen einer Handelspolitik nicht verträglich, und heißt das nicht eben so viel, als da noch Gesetze geben wollen, wo wir gar keine Macht haben, sie gelten zu machen? Selten wird dieser Fall möglich seyn, und immer ist es besser, dem Handel und Gewerben ihre natürliche Freiheit zu geben und Wetteifer zu veranlassen, welche weith mehr für sich thun werden, als viele andere Anstalten, die dem Kunstfleiße nur Fesseln anlegen und ihn in ewiger Kindheit lassen."

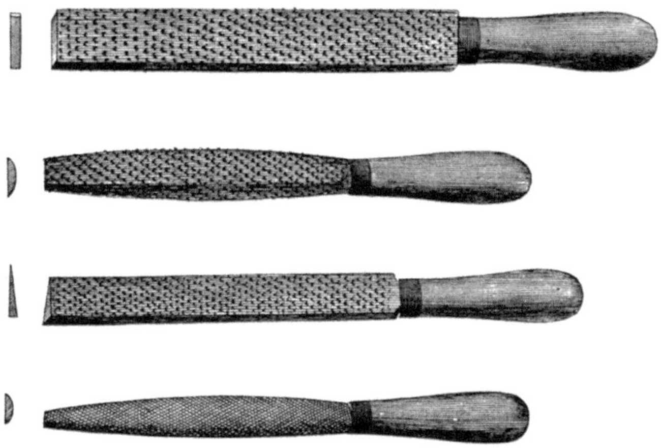

Abb. 117. Raspeln und halbrunde Feile um die Mitte des 18. Jahrhunderts. Aus „Recueil de Planches etc." Paris 1765.

In der „Beschreibung und Geschichte der neuesten und vorzüglichsten Instrumente und Kunstwerke" schreibt 1792 J. G. Geissler:

„Daß die gute Feile eines der wesentlichsten Hilfsinstrumente des Künstlers ist, habe ich wohl nicht nötig, erst zu erwähnen. Ihre Verschiedenheit ist beinahe unzählbar, weil jede Arbeit eine eigene Sorte derselben nötig macht, ohne diejenigen noch zu rechnen, die zu ganz eigenen Bearbeitungen erforderlich sind. Die vornehmsten Arten von Feilen richten sich nach ihrem verschieden abwechselnden Hiebe, welcher nach und nach von der größten Stärke in die möglichste Feinheit sich verliert, eine Abwechslung, die dem Künstler eben so nötig ist, immer vorrätig zu haben, als der Tischler Schrothobel und Glatthobel nötig hat. Eine andere Art von Feilen macht ihre verschieden abwechselnde Gestalt; es gibt daher flache, halbrunde, ganz runde, ovale, dreieckige, viereckige usf. Feilen, die wieder entweder von stärkerm oder feinerm Hiebe sind, je nachdem die Arbeit es erfordert. Ferner gehört zu den verschiedenen Arten der Feilen ihre abwechselnde Größe von der größten Armfeile an, die oft viele Pfunde am Gewicht hält und zu grobem Arbeiten häufig gebraucht wird bis zur Größe eines Zolls: auch hier, besonders unter der mittlern Größe, ist ihr stärkerer oder feinerer Hieb besonders zu merken; Armfeilen haben immer den stärksten Hieb, weil sie bloß zum Reißen gebraucht werden, die kleinsten Feilen haben kaum einen mittelmäßig starken Hieb nötig, insgemein sind sie von dem feinsten Hiebe, besonders die kleinen Uhrmacherfeilen. Die abwechselnde Stärke der Feilen, die der zu bearbeitenden Sache immer verhältnismäßig sein muß, kommt nicht weniger in Betracht. Ja nach ihren gehauenen Flächen gibt es Ansetzfeilen, wo eine der Seitenflächen ungehauen ist, Vogelzungen, eine Art Feilen, die mit den Schnäbeln der Vögel einigermaßen eine Ähnlichkeit haben usf. Ferner nach dem verschiedenen Gebrauch, zu dem sie hauptsächlich angewendet werden, hat man Triebfeilen, Ausstreichfeilen und Wälzfeilen usf. Auch sind gewissermaßen die verschiedenen Arten der Raspeln zu den Feilen zu rechnen, deren man sich eigentlich auf Holz, Blei, und andere weiche Metalle bedient, welche sich wegen ihrer Zähigkeit sonst in den Hieb der eigentlichen Feilen legen und ihn verstopfen würden.

Die besten Feilen liefert ohnstreitig England, wo man von den verschiedenen Arten derselben, sowohl nach ihrer Größe, als auch nach ihrem Gebrauche eigene Musterkarten hat, um diese verschiedenen Arten sogleich mit einem Blicke zu übersehen. Der überaus gute Stahl, den die Engländer zu ihren Feilen nehmen, macht, daß sie ungleich länger aushalten als jede ähnliche deutsche, da er eine ganz eigene Härte anzunehmen fähig ist; und wirklich läßt sich auch mit ihnen federharter Stahl gut feilen, wie dies bei Verfertigung der Sägen und bei ihrer Schärfung schlechterdings erforderlich ist, ja man findet oft unter solchen Feilen, besonders unter denen, vom feinen Hiebe, welche, die beinahe unverwüstbar sind: auch sind die Englischen Raspeln von Stahl, da die Deutschen insgemein nur von Eisen sind. — Der stärkste Hieb der Englischen Feilen sowohl als der feinste, ist durchaus gleichförmig — letzterer hat vielleicht noch von keinem Deutschen Feilhauer in diesem Grade nachgeahmt werden können."

Das „Journal für Fabrik Manufaktur, Handlung und Mode" 22. Band, Juni 1802 schreibt auf S. 437 über

„Suhl's Handel."

„Eine wichtige und neu errichtete zweite Anstalt verdient hier noch erwähnt zu werden. Die Feilenfabrik des Waffenschmieds Johann Wolfgang Kummers. Er liefert vielerlei Arten von Feilen, welche auf Maschinen gehauen sind, nach dem Urteile praktischer Kenner unter allen bekannten Feilen den englischen an Güte und Schönheit am nächsten kommen, und um billigere Preise als die englischen zu haben sind. Seine Fabrik ist schon so weit gediehen, daß er in Leipzig ein Lager bei dem Mechanikus Samuel in der Hainstraße hält."

Im Mai 1808 schrieb der Allgemeine Anzeiger der Deutschen in seiner Nr. 122 für Kauf- und Handelssachen wie folgt:

Deutsche Feilenfabrik zu Suhl
im Henneberg-Schleusingischen.

Unsere in Nummer 236, S. 2464, des Allgemeinen Anzeigers der Deutschen bereits angekündigte und seither mit vielen Aufträgen beehrte Feilen-Fabrik ist nun auf Maschinen nach englischer Art vollends eingerichtet, und wir können einstweilen folgenden, unter Lit. A. beigefügten Preis-Courant derselben bekannt machen, bis nächstens ein vollständigerer und in einzelnen Sorten vielleicht berichtigter erscheinen wird.

Auch alle übrige, darin nicht benannte feinen Feilensorten werden um verhältnismäßig billige Preise geliefert.

Zugleich hat die Expedition dieses Blattes die Güte gehabt, 20 Stück ihr zur Probe zugesendete Feilen unserer Fabrik durch den bekanntlich sehr geschickten Mechanikus und Kunstverständigen Herrn Dr. Plaubel zu Gotha prüfen und sein Gutachten darüber abgeben zu lassen, in welchem bezeuget wird, „daß unsere Feilen von vortrefflichem und egalem Hieb sind, und hierin den englischen nicht nachstehen, sondern sie vielmehr übertreffen."

Wir bitten den Herrn Legationsrat Dr. Hennicke als Redakteur dieses Blattes, obiges zu bezeugen*), enthalten uns aber jeder sonstigen Anpreisung dieses deutschen, obgleich nach den einmal gangbaren englischen Mustern gefertigten Fabrikats, um so mehr, da solches bei hiesiger Gewehrfabrik sowohl, als an vielen Orten Deutschlands schon in der Hand des fleißigen Arbeiters ist. Durch den wirklichen Gebrauch mögen sich unsere Feilen selbst empfehlen, und die englischen, denen sie an scharfem und egalem Hiebe gleich kommen, und letztere durch die längere Dauer ihrer Schärfe noch übertreffen, entbehrlich machen.

Bei allen Bestellungen bitten wir um eine deutliche Bezeichnung der sehr verschiedenen Sorten und um alsbaldige Bestimmung, ob die Übersendung durch die Post, oder durch die Fuhrleute geschehen, auch wie und wo die Zahlung erfolgen soll.

Berg- und Handelsstadt Suhl, im königl. sächsisch. Henneberg, den 30. April 1808.

Nachdem wir die vorige Firma zurückgenommen haben, unterzeichnen wir jetzt:

Wolfgang Kummer et Compagnie,

unser Siegel und unsere Fabrik und Fabrikate führen das Zeichen:

W. K. et C.

Im Jahre 1812 schrieb der Franzose J. H. Hassenfratz in seiner Sidérotechnie oder die Kunst Erze zu behandeln über die Feile, wie folgt:

Deutschland und England haben während langer Jahre den größten Teil der Feilen geliefert, welche in Europa gebraucht werden. Die größeren Feilen wurden hauptsächlich aus Deutschland bezogen, die kleinen Feilen aus England. Die Uhrmacher und alle Arbeiter, welche feine und feinste Feilen benötigen, bevorzugen vor allen andern diejenigen, welche im Innland fabriziert wurden. Indessen können die feinen Feilen, welche in Paris hergestellt wurden, die Konkurrenz mit allen europäischen Fabrikaten aufnehmen. Der bescheidene und anspruchslose Raoul und seine Familie hauen in diesem Augenblick (1812) in Paris Feilen, welche mit den besten englischen Fabrikaten verglichen werden können.

Dr. Johann Georg Ludolph Blumhof schreibt über die Feile in seiner Enzyklopädie der Eisenhüttenkunde im Jahre 1817, wie folgt:

*) Was geschah!

Litt. A.
Preis-Courant der Feilenfabrik bey Wolfgang Kummer et Comp.
in Suhl im Henneberg-Schleusing.

Figur	Zoll	Hieb	Rth.	gr.	Hieb	Rth.	gr.	Hieb	Rth.	gr.	Hieb	Rth.	gr.	
	3	ordin.	—	14	Mittel	—	15	Hallp.	—	16	Fein	—	17	pr. Dtz.
	4	—	—	16	—	—	18	—	—	20	—	—	21	—
—	5	—	—	18	—	—	20	—	—	22	—	1	—	—
—	6	—	—	20	—	—	22	—	1	—	—	1	2	—
—	7	—	1	6	—	1	9	—	1	12	—	1	15	—
—	8	—	1	18	—	2	—	—	2	3	—	2	6	—
—	9	—	2	6	—	2	9	—	2	12	—	2	16	—
—	10	—	2	16	—	2	18	—	3	—	—	3	6	—
—	11	—	3	3	—	3	6	—	3	12	—	3	18	—
—	12	—	3	12	—	3	15	—	3	20	—	4	—	—
	3	—	—	15	—	—	16	—	—	17	—	—	18	—
	4	—	—	17	—	—	18	—	—	20	—	—	22	—
—	5	—	—	21	—	—	23	—	1	—	—	1	3	—
—	6	—	—	22	—	1	—	—	1	2	—	1	6	—
—	7	—	1	8	—	1	10	—	1	15	—	1	18	—
—	8	—	1	20	—	2	—	—	2	4	—	2	9	—
—	9	—	2	8	—	2	10	—	2	14	—	2	18	—
—	10	—	2	18	—	2	21	—	3	2	—	3	8	—
—	11	—	3	6	—	3	9	—	3	14	—	3	20	—
—	12	—	3	18	—	3	20	—	3	22	—	4	2	—
	3	—	—	16	—	—	17	—	—	18	—	—	20	—
—	4	—	—	18	—	—	19	—	—	20	—	—	22	—
—	5	—	—	22	—	1	—	—	1	2	—	1	4	—
—	6	—	1	—	—	1	2	—	1	4	—	1	7	—
—	7	—	1	9	—	1	12	—	1	18	—	1	20	—
—	8	—	1	20	—	2	2	—	2	6	—	2	12	—
—	9	—	2	10	—	2	12	—	2	16	—	2	20	—
—	10	—	2	20	—	2	23	—	3	4	—	3	12	—
—	11	—	3	8	—	3	12	—	3	16	—	3	22	—
—	12	—	3	21	—	4	—	—	3	3	—	4	6	—

in Carolin à $6^1/_6$ Thlr. Arm-Feile pro Pfund 6 gr.

„Feile, lat. Lima, Scobina, fr. Lime, engl. File, schwed. und dän. Fil, span. und port. Lima. Was hierunter überhaupt für ein Werkzeug verstanden wird, ist allgemein bekannt, und ich begnüge mich daher, bloß etwas über die Gattungen der mancherley Feilen, so wie über die Verfertigung derselben mitzuteilen, besonders da die am Ende dieses Artikels befindliche Literatur einem Jeden weitere Auskunft geben kann.

Fast jede Art der Professionisten hat besondere Feilen im Gebrauch. Die Gold- und Silberarbeiter z. B. brauchen grobe, halblinde und linde Feilen, Bestoß- oder Abziehfeilen, Hohlfeilen, Nadelfeilen, Riffeleisen, schattierte Feilen, Rattenschwänze etc.; die Uhrmacher Schraupen und Räderfeilen, Schlichtfeilen, Ansatzfeilen, Triebfeilen, Messerfeilen, Rattenschwänze, Vogelzungen, Zapfenfeilen, Wölb- oder Walzfeilen, Ausschweiffeilen, Handfeilen, Vorfeilen, Justierfeilen, Polierfeilen etc. etc.: Bildhauer und Schreiner Holzraspeln, auch verschiedene Arten von Sägefeilen, um kleine Laub- und andere Sägeblätter damit zu schärfen, Spitzfeilen, ebenfalls zum Schärfen der Eisen, aufgeworfene Raspeln zu Bildern und erhabner Arbeit; die Schlosser, Zeugschmiede, sowie fast alle Handwerker, welche in Stahl, Messing und Eisen arbeiten, haben mancherley Feilen. So bedienen sich die Büchsenmacher der Schlicht-, Vor- und Riffelfeilen; Der Kammacher hat eine Bestoßfeile, eine Größerfeile, eine dreykantige Zahnspitzfeile und eine Handfeile; die Messerschmiede Abrichtfeilen, Börtfeilen und Hornfeilen. Die meisten Arten von Feilen findet man bei den Grobschmieden und Schlossern, z. B. Armfeilen, Vorfeilen, runde und ovale Feilen oder Vogelzungen, dreieckige oder messerscharfe Feilen, Stoßfeilen, Bogenfeilen, oder Feilbogen, Schlichtfeilen, Plattenfeilen, Rattenschwänze, Nadelfeilen, Raumfeilen etc.; bei den Schwertfegern gibt es Riffelfeilen, bei den Rotgießern Bestoßfeilen; bei den Nähnadelmachern Fitzfeilen; bei den Zinngießern Krugfeilen; bei den Bildhauern Raspelfeilen usf.

Alle diese Feilen werden durch besondere Schmiede oder Professionisten verfertigt, welche man Feilenhauer, und das Geschäft der Verfertigung selbst Feilenhauen nennt. Man kann die Feilen auf eine doppelte Art, nämlich nach dem

Hiebe, und nach der äußeren Form einteilen. Unter Hieb versteht der Feilenhauer die Einschnitte, welche der Stahl mittelst des Meißels oder des Hammers erhält; stehen diese weit voneinander ab, so sagt man, die Feile habe einen groben Hieb und umgekehrt. Die viereckige Armfeile erhält den gröbsten Hieb, und auf diese folgen die Handfeile, die Vorfeile und endlich die Schlichtfeile, welche den feinsten Hieb hat. Auch verstehen die Feilenhauer die Kunst, die Hiebe auf einer Feile so zu legen, das dadurch drei- auch viereckige Figuren entstehen; dies nennt man schattierte Feilen, sie werden aber nur selten und auf Bestellung verfertigt.

Was die Gestalt der Feilen betrifft, so ist diese viereckig, flach, dreieckig, halbrund, rund oder oval, wohin auch die sog. Raspeln gehören.

Das Material, woraus die Feilen geschmiedet werden, ist Stahl. Die Erfahrung hat gelehrt, daß die Feilen weit dauerhafter sind, wenn sie aus mehreren Stücken zusammengeschweißt werden, als wenn sie aus einem Stück geschmiedet sind; auch ist es vorteilhaft, wenn das Stück Stahl, woraus eine Feile geschmiedet werden soll, einigemal umgeschlagen und wieder zusammengeschweißt wird. Deshalb schmiedet der Feilenhauer die starken Armfeilen aus neun Stücken, welche in drei Schichten nach der Länge übereinander liegen, zusammen, und in diesem einzigen Falle pflegt das mittelste Stück in der mittelsten Lage ganz von Eisen zu sein. Nur die kleinen Feilen werden aus einem Stück geschmiedet, wozu blos Stahl genommen wird, die viereckigen, flachen und runden Feilen bekommen ihre Gestalt unter dem Hammer, wogegen die dreikantigen, halbrunden und ovalen noch weißglühend in den Einschnitten eines Gesenkes geebnet werden. Die geschmiedete Feile wird nunmehr bei der Esse rotwarm abgefeilt, und nachher geglüht, worauf die zweite Operation, das Hauen der Feile, erfolgt.

Man hält, außer dem englischen, den Solinger-Stahl, so wie auch den von Essen, und den Cölnischen Stahl, am besten zum Feilenhauen. Mancher steiermärkische soll dazu nicht brauchbar sein, weil er sich wegen seiner Unreinigkeit und Sprödigkeit nicht gleichmäßig härten läßt, mithin widerspenstiger ist, als die vorher gedachten Stahlarten. Auch ist mancher Schmalkalder-Stahl wegen seiner Sprödigkeit eben so wenig zu Feilen brauchbar.

Man hat indeß die Bemerkung gemacht, daß die steiermärkischen Feilen neunmal wiedergehauen werden konnten, ohne jedesmal merklich etwas von ihrer Güte zu verlieren, daß dagegen die besten unter den schwedischen solches nur fünfmal, und andere Sorten nur ein paarmal aushielten. Hildt's Handl. Z. 1795, Seite 358.

Die besten Feilen sind unstreitig die englischen, welches daher kommt, daß jeder englische Feilenhauer nur eine Art Feilen verfertigt, folglich es darin leicht zur Vollkommenheit bringen kann. Der deutsche Feilenhauer verfertigt sehr viele Sorten zugleich. Jars, welcher diese Arbeit zu Winlington-Miller, 4 Meilen von New-Castle, sah, bemerkt, daß man dazu dort bloß den gemeinen Stahl (Common Steel) nimmt, und daß man sogar Knaben von 10—12 Jahren beim Feilenhauen anstellt, ein Beweis, daß diese Arbeit wohl eben nicht schwer ist. Daß die Engländer die gehauenen Feilen besonders gut zu härten wissen, ist bekannt.

Folgende Sorten Feilen stehen im Handel in Hinsicht ihrer Güte nacheinander: 1) die englischen, 2) die schmalkaldischen Schlicht- und ordinären Feilen, 3) die großen steierschen, 4) die cölnischen Strohfeilen. Man zieht unter den deutschen Feilen die Nürnberger, wegen ihrer Güte, vor. Es gibt deren von allerlei Gattung und Form, indeß lassen sie sich wohl füglich in 6 Arten abteilen, nämlich in runde oder Vogelzungen, halbrunde, flache, dreieckigte, viereckigte, sog. Messerfeilen oder Riffelfeilen. — Zu Schmalkalden pflegen die Kaufleute die dortigen Feilen folgender Gestalt zu ordnen: 1) in viereckigte, wohin vorzüglich die Armfeilen gehören; 2) in dreieckigten; 3) in runde; 4) in halbrunde; 5) in flache; 6) in dickflache; 7) eines Messerrückensbreite; 8) Vogelzungen; 9) Raum- und Nadelfeilen; welches die feinste Gattung ist.

Von No. 1, 2, 3, 4, 5 und 9 werden nur Schlichtfeilen gemacht. Von den ordinären gibt es 12 Nummern, von den Schlichtfeilen aber nur 10, doch geht man auch wohl bis 16 hinauf. Der Handwerksmann verfertigt aber diese nicht gern, weil er seine Rechnung nicht so gut dabei findet, als bei den gewöhnlichen. Jeder Meister schlägt sein besonderes Zeichen an die Angeln der von ihm verfertigten Feilen, wornach die auswärtigen Abnehmer ihre Bestellungen machen.

In Frankreich nennt man gros-carreaux und gros-demi-carreaux dicke und schwache Feilen mit tiefem Hiebe, welche zum Raspeln und Vorfeilen gebraucht werden; auch gibt es dort linde viereckigte carreaux und demi-carreaux. Die, welche schlechtweg carlettes heißen, sind linde Feilen. — Die deutschen für Frankreich bestimmten Feilen, die gemeiniglich bei große carlette anfangen, sind in Bunden von 1, 3, 6 bis 12 Stück, je nachdem sie stark sind. Im französischen Quincaillerie-handel kommen außerdem noch vor: Limes à lunettes, Brillenfeilen; Limes pour orfévre, marque du coq, Goldschmiedsfeilen mit dem Zeichen des Hahns; Limes à paillette, dergleichen mit flachem Stiel, eine Art Strohfeilen; Cuirs à rasoirs noirs et rouges, pour affiler, Lederfeilen; Limes à couteaux, Messerfeilen; Limes à aiguilles, Nadelfeilen, eine Art Goldschmiedsfeilen; Limes pour Serrurier, fintaillées, feingehauene Schlosserfeilen; Limes à queue, Schwanzfeilen; Limes fendantes, Spaltfeilen etc. etc.

Die Kärtner Feilen haben allerhand Zeichen, durch welche man die Güte der einen Sorte von der andern unterscheidet, z. B. ein +, welches die Mittelsorte, ferner ächte doppelt Schlüssel, die beste und ordinäre +, etc. etc. Die von Steinbach bei Steier haben zum Zeichen einen Baum und den Buchstaben P. Man handelt sie nach Bunden oder Packen jedes von 3, 6 und 12 Stücken.

Die Nürnbergischen Feilenfabrikanten liefern Feilen für Schlosser, sortierte Feilen für Uhrmacher, Goldschmiede, sortierte Weißfeilen, Lappenfeilen etc.; dergleichen feine große und kleine Nadelfeilen; dergleichen ordinäre große, mittlere und kleine; dergleichen feine von $2^1/_2$, 3 bis 8 Zoll; Nadelfeilen von No. 4—12."

Mit der Überschrift „Traurige Aussicht für deutsche Feilenhauer" veröffentlicht das Dinglersche polytechnische Journal 1823 nachstehenden Artikel:

„Zu Folge eines Berichtes des Berathungs-Ausschusses (Comité consultatif des Arts et Manufactures) in Bulletin de la Societé d'Encouragement pour l'Industrie nationale N. CCXVIII, Seite 245, sind die Stahlsorten der HHn. Bernadac in den östlichen Pyrenäen, und die daraus verfertigten Feilen ebenso gut, als die besten bisher aus Deutschland eingeführten, und können in jedem Falle, statt derselben dienen."

Prechtl veröffentlicht in seiner „Technologischen Enzyklopädie" 1834 über Feilen folgendes:

„Da Personen, welche links arbeiten (und folglich die Feile mit der linken Hand am Hefte fassen) es bequemer finden, den erwähnten Druck nach der linken Seite auszuüben, so werden für solche zuweilen linke Feilen verfertigt, bei welchen der Grundhieb die Richtung a c hat, und a b der Kreuzhieb ist (Fig. 2 Tafel 98)."

„Ferner sind zu erwähnen die Feilen, welche beim Gebrauche nicht mit der Hand bewegt werden, sondern ruhig liegenbleiben, während man die Arbeit über dieselben hinführt. Man findet bei den Gold- u. Silber-Arbeitern dergleichen von bedeutender Größe (10 Zoll Länge, 2—3 Zoll Breite), welche auf der einen Seite mit gröberem, auf der anderen mit feinerem Hiebe versehen sind. Bei der Anwendung derselben ist es nötig, das Arbeitsstück mit fester Hand in der Richtung der Achse der Feile zu führen, damit dasselbe nicht dem Kreuzhieb nachlaufe, und wider den Willen des Feilers schräg

Abb. 118. Linkshänderfeile.

geht, wobei die Zähne der Feile verhindert sein würden, mit ihren Spitzen gehörig anzugreifen. Durch seine eigene Art des Hiebes kann diesem Zufalle vorgebeugt werden.

Feilen dieser Art, welche man indessen selten findet, werden Spiegelfeilen genannt, weil ihre Oberfläche wie aus dreieckigen Feldern (Spiegeln) zusammengesetzt erscheint. Diese Feile entspricht der von Jacobsson erwähnten Schattierfeile."

Prechtl schreibt ferner in seiner Enzyklopädie, in welcher er sich weiter eingehend mit der Feile beschäftigt:

„Daß unter allen Werkzeugen zur Bearbeitung der Metalle kein einziges so ausgedehnte, ja allgemeine Anwendung findet, als die Feile. Dieselbe ist im allgemeinen ein Stück Stahl, dessen durch Kunst rauh gemachte Oberfläche mehr oder weniger feine Späne (Feilspäne, Feilicht) abreibt oder abstoßt, wenn man sie mit angemessenem Druck über das zu bearbeitende Material hinführt. Die Eigenschaften, welche von einer guten Feile gefordert werden, sind folgende: gehörige Härte, richtige Form, Reinheit des Stahles, hinreichende Tiefe sowie Regelmäßigkeit und Gleichheit des Hiebes und eine hellgraube Farbe. Es wurde die praktische Regel aufgestellt, welche eine Feile für desto besser erklärt, je heller von Farbe dieselbe ist.

Die größten Feilen haben eine Länge von 18—24 Zoll, die kleinsten — welche zu manchen feinen Arbeiten der Uhrmacher dienen — sind kaum 1 Zoll lang. Bei Angabe der Länge der Feile berücksichtigt man nur den gehauenen Teil und nicht das zwischen Angel und Feilenhieb ganz ungehauene Stück. Man unterscheidet 3 Arten von Hieben: den groben Hieb, den Mittelhieb und den feinen Hieb. Grobe Hiebe haben Arm- & Strohfeilen, Mittelhiebe für gewöhnliche Bastard- und auch Vorfeilen, feine Hiebe werden Schlichtfeilen genannt. Bei den Uhrmacherfeilen kommt noch eine vierte Sorte hinzu, welche den Namen Feinschlicht erhält. Auch eine weitere Sorte mit der Bezeichnung Halbschlicht kommt vor. Die Feinheit des Hiebes nimmt mit abnehmender Größe der Feilen zu, aber die Namen der Sorten bleiben.

Die verschiedenartigsten Feilen wurden wie folgt genannt: viereckige, flache, spitzflache Feilen, Ansatzfeilen, Platinenfeilen (12 Zoll lang, 2 Zoll breit, Ansatz zum Abfeilen großer Flächen vorzüglich der Uhrböden oder Platinen), Zinnfeilen, Messerfeilen, Gabelfeilen, Einstreichfeilen, dreieckige Feilen, Sägfeilen, halbrunde Feilen, halbrunde Zinnfeilen, Vogelzungen, runde Feilen (kleine runde Feilen führen den Namen Rattenschwanz) und dann die große Klasse der Uhrmacherfeilen wie Ausstreichfeilen, Zapfenansatzfeilen, Flankierfeilen, Triebgrundfeilen, Schwalbenschwanzfeilen, Steigradfeilen, Scharnier- oder Scharnierplatzfeilen, Zifferblattfeilen, Wälz- oder Arrondierfeilen, Zapfenfeilen, Unruh- oder Hellebardfeilen, Barettfeilen, Kreuzschenkelfeilen, Einstreichfeilen, Zapfenpolierfeilen, Nadel- oder Federfeilen und Schweiffeilen.

Für andere Arbeiten kommen noch vor: Drechslerfeilen, Stoßfeilen, Schuhmacherfeilen, Perlfeilen, Backenfeilen, Spiegelfeilen und eine große Anzahl Riffelfeilen. Außerdem gibt es auch verschiedene andere feilenähnliche Werkzeuge, wozu vor allem die Spitzringe, welche bei der Verfertigung der Drahtstifte und Stecknadeln gebraucht werden, gehören. Weiter die meisten Arten der sog. Versenker oder Senkkloben.

Schließlich erwähnt Prechtl auch noch das Aufhauen alter abgenützter Feilen, welches oft wiewohl mit geringem Gewinne vorgenommen wird und höchstens bei ganz großen Feilen Vorteil bringt, wo das Gewicht des Stahles bedeutenden Einfluß auf den Preis hat."

Prechtls Urteil über die Schweizer Zapfenfeilen lautete:

„Die Schweizer Zapfenfeilen im allgemeinen zeichnen sich durch die bewunderungswürdige Schönheit ihres Hiebes aus, der so fein ist, daß er fast nur durch das Mikroskop deutlich gesehen werden kann und dennoch die größte Regelmäßigkeit besitzt."

Compte-Rendu sur l'Exposition des Produits de L'Industrie Nationale, Paris 1839 schreibt:

„Die Feilenfabrikation, so sehr in Frankreich vernachlässigt, beginnt sich wieder zu beleben und Erzeugnisse zu liefern, welche mit den besten englischen in Konkurrenz treten können. Wir erwähnen besonders die Feilen und Raspeln der Firmen:

MM. Montmougeau frères, d'Orleans (Medailles d'or en 1823, 1827 et 1834);
Talabot, de Toulouse;
Marque frères, de Lahutte (Vosges);
Raoul, de Paris; et Bouland idem."

In dem Konversationslexikon für Künstler und Handwerker, Fabrikanten und Maschinisten, Weimar 1841, wurden so ziemlich dieselben Formen und Sorten von Feilen angegeben, wie sie

Abb. 119. Zweispannige Abziehfeile.

Prechtl in seiner Enzyklopädie beschrieb. Das Konversationslexikon unterscheidet auch 5 Arten von Hieben, und zwar den groben Hieb, den Mittelhieb, den feinen Hieb, den Halbschlichthieb und den Schlichthieb und führt noch eine Liege - Feile der Goldarbeiter an, welche nichts anderes als — wie auch bei Prechtl erwähnt — eine Feilplatte, auf welcher kleine Arbeitsstücke abgefeilt werden, darstellt. — Außerdem werden noch Schneidräder oder Fräsen, auf der Stirn feilenartig gehauene oder eingekerbte Rädchen, aufgeführt, welche auf der Drehbank oder auf besonderen Maschinen in drehende Bewegung gesetzt werden, um Einschnitte, Spalten und Durchbrechungen verschiedener Art in metallene Platten usw. zu erzeugen.

Auch werden in den beiden letztgenannten Werken einspannige und zweispannige Abziehfeilen erwähnt. Erstere sind, ohne die Hefte, 20—24 Zoll lang, letztere $2^1/_2$ Fuß. Diese Feilen wurden zum Überfeilen der geschmiedeten Feilen vor dem Hauen verwendet.

G. Altmüller, Professor der Technologie am k. k. polytechnischen Institut in Wien, beschreibt 1847 eine in Wien vorhandene Werkzeugsammlung, in welcher er im großen und ganzen dieselben Feilen erwähnt wie Prechtl in seiner Enzyklopädie und das Konversationslexikon für Künstler und Handwerker, Fabrikanten und Maschinisten. Außer Feilen für Schlosser, Schmiede und andere Feuerarbeiter erwähnt er in einer besonderen Klasse die Uhrmacherfeilen unter denen sich überhaupt die kleinsten und die abweichendsten Formen befinden, weil beides in der Natur der damit-vorzunehmenden Arbeiten liegt.

Außer diesen Feilen gibt es noch Rumpelfeilen, d. h. Feilen mit recht tiefen und weiten Hieben, welche man fast nur zu Horn braucht.

Altmüller führt noch zwei besondere Sorten von Feilen an und schreibt hierüber: „Sehr vorteilhaft sind auch noch die auf Abb. 120 Fig. 1 und 2 abgebildeten englischen Feilen. Wenn nämlich schmale und tiefe Einschnitte zu machen sind, so geschieht es sehr oft, daß die Feile, wenn sie nicht vollkommen gerade ist oder wenn sie nicht mit der äußersten Vorsicht geführt wird, abbricht und verloren geht. Fig. 1 ist eine solche sehr dünne Einstreichfeile, in Messing oder Zinnblech gefaßt, so daß sie dadurch einen Rücken bekommt, der ein zu leichtes Nachgeben verhindert und dem Zerbrechen der dünnen Feile vorbeugt. Fig. 2 stellt eine ähnliche aber viel breitere Feile vor, welche die messingene Fassung in der Mitte hat und daher auf zwei Seiten gebraucht werden kann." — Altmüller beschreibt auch die schon erwähnten Nadlerspitzringe und weiter auf der Kante mit Feilenhieb versehene Schneidrädchen, welche man bei den Maschinen zum Einschneiden der Räderzähne findet. Es sind dies gehärtete, genau runde stählerne Scheiben, welche das Einschneiden verrichten, wenn sie in schnelle Bewegung gesetzt werden.

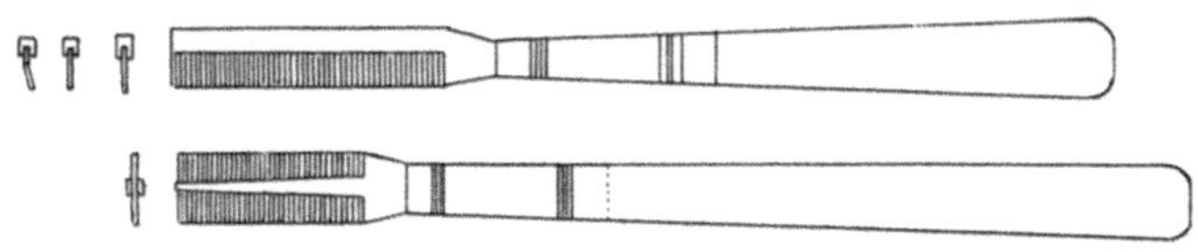

Abb. 120. In Zinn- oder Messingblech gefaßte Einstreichfeilen.

Auf der „großen Industrieausstellung aller Nationen in London 1851" waren schon die verschiedenartigsten Feilen ausgestellt. Es sollen aber nur einige Aussteller mit ihren Arbeiten erwähnt werden:

Johnson, Cammell & Co. Sheffield.

... Muster von Feilen und Raspeln für den Gebrauch von Schlossern, Mechanikern, Schmieden & Sägefabrikanten; Cabinet- und Uhrmacher, Silberschmiede, Juweliere usw. alle möglichen Formen, Hiebarten, Dimensionen von 1—46 Zoll Länge; eingeschlossen konkave und konvexe Feilen mit einer Zahnreihe, d. h. Meißelbreite und eine Silberschmiedeplatte 6 Zoll breit, die breiteste Fläche, welche bisher gehauen worden ist.

Cocker, Samuel & Son, Sheffield.

... Gußstahlfeilen von guter Qualität von 1—40 Zoll Länge für Mechaniker, Uhrmacher, Dentisten usw. Eine größere achteckige Feile, welche auf ihrer Oberfläche 16 verschiedene Hiebarten, die im allgemeinen Gebrauch sind, darstellt. Weiter einen Stahlstab, welcher zeigt die verschiedenen Stadien der Feilenfabrikation vom Anbeginn bis zur Fertigfeile. Rotierende Maschinenfeilen für das Zähneschärfen. Geschützte rotierende Feilen und Fräser zum Erzielen flacher Bahnen und zum Betrieb mit Kraft, passend für das Feilen von Messing, Stahl, Eisen, Elfenbein usw.

Journeymen File-Makers of Sheffield.

„Feilen und Raspeln verschiedener Art und Größe, geeignet für Mechaniker, Schlösser usw. Große Feilen 54 Zoll Länge gehauen nach den Formen und der Art und Weise um verschiedene Arten zu zeigen. Entwürfe ausgeführt durch Hiram Younge of Sheffield."

In dem Ausstellungsbericht über die Pariser Ausstellung 1855 steht kurz vermerkt, „daß die beiden Firmen Mannesmann und Corts aus Remscheid eine ausgezeichnete Qualität von Feilen ausgestellt haben."

Alphons Thun schreibt über die Industrie des bergischen Landes im Jahre 1879, daß es in den 1830er Jahren war, als es einem in Rußland reisenden Kaufmann, dem Chef der ersten und größten Fabrikanlage, Mannesmann, auffiel, daß dort den englischen Feilen gegenüber den bergischen der Vorzug gegeben wurde. Er fand bald den Grund in deren gleichmäßiger Güte und legte nach seiner Rückkehr in Remscheid die erste Feilenmanufaktur an, indem er in seinen Werkstätten nach und nach Feilenschmiede und -hauer, Schleifer und Härter vereinigte.

In seinem Handbuch der „Mechanischen Technologie" Band II schreibt Karmarsch 1891 noch über die „Notwendigen Eigenschaften einer guten Feile". Diese sind:

Gehörige Härte. Abgesehen von den größten Armfeilen, welche oft aus einem Kerne von geschmiedetem Eisen, mit aufgeschweißtem Stahle überzogen, bestehen, sind alle Feilen ganz aus Stahl gefertigt und glashart. Die gußeisernen Putzfeilen der Eisengießereien sind eine Ausnahme. Die Angel muß man, wenn sie an den neuen Feilen etwa noch hart ist, vor dem Einstecken in das Heft durch Anfassen mit einer glühend gemachten Schmiedezange weich machen, um deren Abbrechen zu verhindern.

Reinheit des Stahles, der ohne Sprünge, schwarze Flecken und Streifen sein muß. Die Anwesenheit von erheblichen unganzen Stellen und von Härterissen erforscht man — sofern sie das Auge nicht wahrnehmen kann — durch Anschlagen auf einen Stahlklotz, wobei die fehlerfreie Feile einen reinen Klang gibt.

Gehörige Tiefe, Regelmäßigkeit und Gleichheit des Hiebes.

Hellgraue Farbe, weil eine schwarze oder schwarzgraue die Gegenwart von Glühspan (Zunder) anzeigt, wobei die Schärfe des Hiebes sich schnell abnutzt.

Meyers Konversationslexikon definiert in seiner 5. Auflage 1894 die Feile wie folgt:

„Werkzeug von Stahl, dessen mit zahlreichen kleinen Zähnchen versehene Oberfläche feine Späne von dem mit ihm bearbeiteten Arbeitsstück abnimmt.“

Einiges über die Gestalt und Hiebart der Feilen. Ehe nun auf die Entwicklung der Maschinen für die moderne Feilenindustrie näher eingegangen wird, soll noch geschildert werden, in welchen Formen, Größen und Hiebarten Feilen und Raspeln bis zur Hauptentwicklungszeit der Feilenhaumaschine, also etwa bis zum Jahre 1890 hergestellt wurden.

Verschiedene Formen der Feilen und Raspeln haben sich, wie schon erwähnt, aus Steinvorlagen allmählich herausgebildet, und zwar in dem Maße, wie das Handwerk sich immer weiter entwickelte.

Wie aus den Abbildungen S. 15—19 hervorgeht, kannte man schon in der spätesten Bronze- und der älteren Eisenzeit flache, spitzflache, halbrunde und runde Feilen. Zu diesen Grundformen werden in der späteren Hallstattzeit und in der La-Tènezeit bald auch vierkantige und dreikantige Feilen gekommen sein, denn diese waren unbedingt erforderlich, um u. a. die Sägenblätter nachzuschärfen, welche damals schon allgemein im Gebrauch waren.

Schon im Mittelalter bedurfte man einer wesentlich größeren Auswahl von Feilen verschiedener Querschnitte, denn wenn man die metallenen Kunstgegenstände, die Schmiede- und Schlosserarbeiten aus jener Zeitperiode betrachtet, so sieht man wohl, daß zum Ausarbeiten der feinen Verzierungen an ihnen auch entsprechend geformte Werkzeuge vorhanden gewesen sein müssen.

Daß die Holz- und Steinbildhauer schon um das Jahr 1400 gebogene und verschiedenartig geformte Raspeln — welche man heute zum Teil Riffelraspeln nennt — besaßen, geht aus der Abb. 44, S. 23, ohne weiteres hervor, ebenso müssen in Italien und Griechenland zur Herstellung der hervorragenden Werke der Bildhauerkunst solche Werkzeuge von ziemlich hoher Vollkommenheit im Gebrauch gewesen sein, leider aber fanden sich nur in wenigen Sammlungen derartige Feilen und Raspeln aufbewahrt oder beschrieben vor.

Die oft seltsam anmutenden Bezeichnungen für gewisse Feilensorten wurden häufig dem Tier- und Vogelreich entnommen. So nannte man z. B. schon sehr frühzeitig dünne, schlanke Rundfeilen, vielfach Rattenschwanzfeilen (der französische Ausdruck hierfür „queue de rat“ kommt auch schon im 17. Jahrhundert vor) und ovale Feilen mit einer stärkeren und einer schwächeren Wölbung und mit scharfen, oder auch etwas abgerundeten Ecken Vogelzungen.

Als anfangs des 19. Jahrhunderts nach und nach mechanische Werkstätten, Maschinen- und Metallwarenfabriken entstanden, vervollkommneten und vermehrten sich auch die Feilenformen; vorbildlich waren zu jener Zeit die englischen Feilen geworden, aus dem einfachen Grunde, weil in England auch zuerst die Maschinenindustrie aufblühte.

Aber schon auf der „Großen Industrie-Ausstellung aller Nationen in London 1851“ waren größere Feilen zweier Remscheider Firmen zu erblicken, welche in Bezug auf praktische Form den englischen Erzeugnissen mindestens gleichkamen, und die Engländer waren unparteiisch genug, dies zuzugestehen und den betreffenden Fabrikanten eine höchste Auszeichnung „für ausgezeichnete Qualität von Feilen“ zu verleihen.

Auch in Süddeutschland und in der Schweiz regte es sich. — Die Uhrenindustrie im württembergischen und badischen Schwarzwald, die Herstellung von Metall-, Bijouterie- und Silberwaren rang sich aus handwerksmäßiger und aus Haus-Industrie zu größeren Unternehmungen empor;

in der Schweiz war die Fabrikation von Taschenuhren und Musikwerken gewachsen und alle diese Industrien bedurften mehr noch als heute der verschiedenartigsten Feilensorten in Formen, Längen und Hiebarten, weil die maschinelle Erzeugung der einzelnen Bestandteile noch nicht so weit vorgeschritten war und daher viel mehr als heute noch von Hand gefeilt werden mußte.

Und so wurden die Feilenfabrikanten, welche in Eßlingen, Genf und Vallorbe hauptsächlich für diese Kundschaft arbeiteten, gezwungen, mit den Bedürfnissen der Industrie mindestens gleichen Schritt zu halten; es entstanden nach und nach die hunderterlei und jetzt tausenderlei Arten von Uhrmacher- und Goldschmied- und Feinmechanikerfeilen.

Während es noch im 18. Jahrhundert genügt hatte, einige wenige Arten von Armfeilen, Handfeilen und Packfeilen, von Zinnfeilen, Sägfeilen und Raspeln, sowie von einer Anzahl Uhrmacherfeilen etwa zehnerlei Längen in flachen, spitzflachen, halbrunden, dreieckigen, viereckigen und runden Feilen herzustellen, werden jetzt Feilen von 1 Zoll = 25 mm Länge bis zu 20 Zoll = 500 mm Länge verlangt in Abständen von $^1/_2$—1 Zoll (12—25 mm).

Daß deren fabrikmäßige Erzeugung nicht von heute auf morgen geschehen konnte, ist einleuchtend und so befaßten sich viele Fabriken nur mit der Herstellung größerer, andere wenige wieder mit der schwierigen Fabrikation kleinerer Feilen und nur einige wenige Werke waren es, welche, wie z. B. die Fabrik von Friedr. Dick in Eßlingen a. N., sich als Ziel gesetzt hatten, alle, sowohl die kleinsten als die größten, sowohl die feinsten als die gröbsten Feilen- und Raspelsorten in eigenen Werkstätten mit selbst gebauten Maschinen herzustellen.

Was sodann die verschiedenen Hiebarten der Feilen anbetrifft, so kann wohl angenommen werden, daß in der Bronze- und Eisenzeit nur Feilen mit grobem Hieb gemacht worden sind und daß die Zähne noch nicht kreuzhiebig, sondern nur einhiebig und zunächst nur senkrecht zur Feilenachse hergestellt wurden. Die alten Römer werden wohl die ersten gewesen sein, welche teilweise schon schräge Hiebe kannten. Feiner und auch kreuzhiebig gehauene Feilen waren aber bereits im Mittelalter im Gebrauch. So findet man wieder in dem schon erwähnten Buche des Klosterbruders Theophilus bei einer Darstellung, wie man durchbrochene Silber- und Kupferarbeiten zu Bücher- und Möbelbeschlägen herstellt, daß man diese Verzierungen vorher mit einem Meißel ausschlagen und sodann mit feinen Feilen nacharbeiten soll.

Auch die Herstellung des Raspelhiebes war im 15. Jahrhundert schon längst bekannt.

Bei der Hiebebezeichnung der Feilen und Raspeln hat sich die deutsche Industrie an die englische angelehnt. In England verfertigt man heute noch wie vor hundert Jahren alle Feilen und Raspeln laut der „Sheffield Standard List" nur in folgenden 5 Hiebarten:

rough oder coarse	= ganz grob,
middle cut	= grob,
bastard-cut	= Bastard,
second-cut	= halbschlicht,
smooth	= schlicht,
dead smooth oder superfine	= doppelschlicht.

Der „bastard"-cut wurde wohl erst nachträglich eingeschaltet, als sich die Notwendigkeit herausstellte, zwischen der ganz groben und halbschlichten Hiebart noch eine Mittelstufe zu haben, die weder „rough" noch „second" war und deshalb „bastard" genannt wurde. — Amerika und auch einige wenige englische Firmen haben dann noch einen „middle cut" eingeführt, der zwischen „rough und bastard" liegt. Die englische Bezeichnung „bastard" wurde allgemein übernommen und in Deutschland versteht man unter einer Bastardfeile eine Feile mit gewöhnlichem Vorfeilenhieb, also zum Vorarbeiten, während mit den feineren Hiebarten der Gegenstand fertig geschlichtet wird. Diese letzteren Feilen wurden lange Zeit, ab und zu auch heute noch, „Finirfeilen" genannt.

In Schlossereien, Maschinenfabriken und mechanischen Werkstätten kommt man mit den erwähnten 5 Hiebarten vollständig aus; diejenigen Industrien jedoch, welche Präzisionsgegenstände herstellen, wie Uhren, feine Gold- und Silberwaren, Waffen, feinmechanische, elektrische Apparate und dergleichen bedürfen noch weit feiner gehauene Feilen als die gewöhnlichen Doppelschlichtfeilen. Wenn schon eine sehr große Übung dazugehört, um diese Hiebart von Hand schön gleichmäßig und ohne Fehlhieb einzuschlagen, so war mit Erzielung eines dreifachen Schlichthiebes durch Handarbeit der menschlichen Geschicklichkeit eine Grenze gesetzt und wenige besonders geübte Arbeiter und teils auch Arbeiterinnen waren imstande, solche feine Hiebe auszuführen. Hier mußte, wie wir später sehen werden, die Maschinenarbeit eingreifen.

Leider gab es aber bis in die neuere Zeit keine einheitlichen Hiebbenennungen und Hiebabstufungen. Der eine Fabrikant versah seine Vorfeilen mit einem gröberen, der andere mit einem etwas feineren Hieb, je nachdem es die Kundschaft wünschte; feste Normen gab es lange Zeit nicht und Streitigkeiten darüber mit Arbeitern und mit Abnehmern waren an der Tagesordnung. Es ist das Verdienst der Firma Friedr. Dick in Eßlingen a. N., daß sie hierin Wandel und Ordnung geschaffen hat.

Dies war nicht so leicht, denn es ist zu berücksichtigen, daß die Feinheit der Hiebe mit der abnehmenden Länge der Feilen steigt, während die Bezeichnungen dieselben bleiben. — Eine 6zöllige Bastardfeile hat z. B. auf eine Länge von 10 mm an der Kante der Feile, d. h. parallel zur Feilenachse gemessen 16 Hiebe, eine 14zöllige Bastardfeile dagegen nur 9 Hiebe, eine 4zöllige Schlichtfeile hat auf eine Länge von 10 mm 32 Hiebe, eine 12zöllige Schlichtfeile aber nur 19 Hiebe, während die Hiebebenennung die gleiche ist.

Bei der beginnenden maschinellen Umwälzung mußte vorher die genaue Abstufung der Hiebe festgestellt werden und die Lösung dieser Aufgabe gelang der Firma Dick in bester Weise, indem sie im Jahre 1900 genaue Hiebetabellen schuf und in diesen die Feilen

von 1—4½ Zoll (25—120 mm) Hieblänge unter der Benennung Hiebeskala „B 1900"
„ 5— 8 „ (130—210 mm) „ „ „ „ „ „A 1900"
„ 9—12 „ (230—310 mm) „ „ „ „ „ „C 1900"
„ 13—16 „ (330—410 mm) „ „ „ „ „ „E 1900"

die Zinnfeilen

von 9—12 Zoll (230—310 mm) „ „ „ „ „ „H 1900"
Hand-, Arm- und B.-Maschinenfeilen „ „ „ „ „G 1900"

und die Raspeln

von 9—12 Zoll (230—310 mm) Hieblänge „ „ „ „ „F 1900"

zusammen gruppierte, so daß also beispielsweise alle Feilen von 5 bis einschließlich 8 Zoll Länge jeweils bei der gleichen Hiebbezeichnung die gleiche Anzahl von Hieben auf einen Zentimeter aufwiesen.

Diese Hiebeskalen sind nach und nach von vielen staatlichen und privaten Betrieben des In- und Auslandes anerkannt und eingeführt worden.

Mit der fortschreitenden Entwicklung der Technik — besonders der gesamten Feinmechanik — hat sich aber in den letzten Jahren gezeigt, daß die von Friedr. Dick aufgestellten „Hiebeskalen 1900" ihren Anforderungen nicht mehr genügen, und daß eine Neueinteilung der Feilenlängen und damit

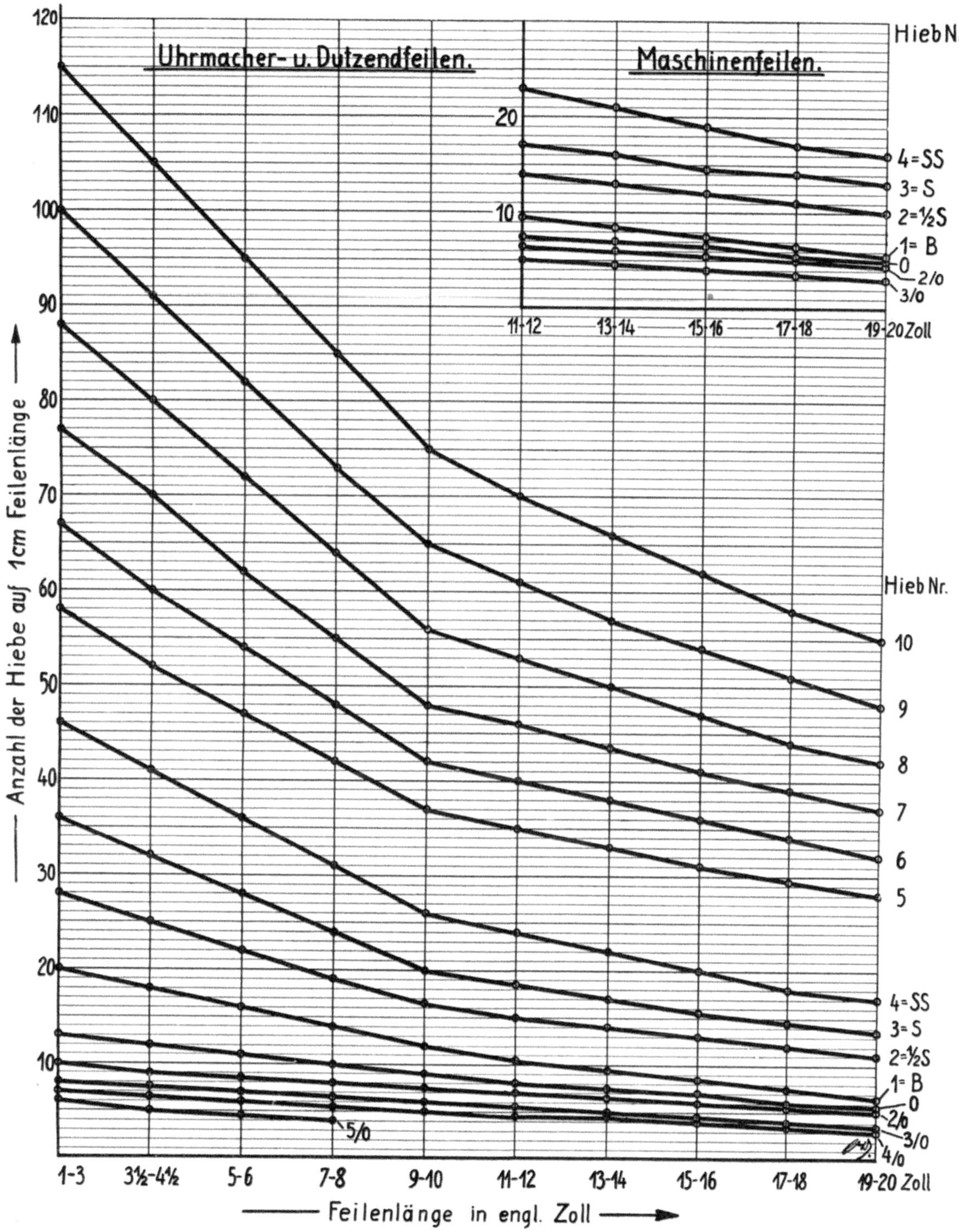

Abb. 121. Dick's Hiebe-Skala, 1925.

auch der Anzahl der Feilenhiebe auf 1 Zentimeter Hieblänge vorgenommen werden muß. Nach langem, eingehendem Studium in- und ausländischer Feilen ist es gelungen, für sämtliche Feilen eine neue Hiebetabelle aufzustellen und zu veröffentlichen unter dem Namen: Dicks Hiebe-Skala 1925, welche so durchgearbeitet ist, daß sie heute den Anforderungen aller Feilenverbraucher vollauf genügen dürfte.

Abb. 122.
Nürnberger Feilenhauerwappen aus dem 18. Jahrhundert.

Zweiter Teil.

Die Entwicklung der Feilenhaumaschinen.

Erläuterungen. Um die geschichtliche Entwicklung der Feilenhaumaschinen und deren aufeinanderfolgende Konstruktionen auch Nichtfachleuten leichter verständlich zu machen, soll zunächst einiges Allgemeine über Feilenhaumaschinen mitgeteilt und anschließend daran eine genauere Beschreibung einer solchen gegeben werden.

Wohl in keinem Gewerbe hat sich die Handarbeit so lange erhalten wie bei den Feilenhauern. Das Handhauen von Feilen wird wie heute sehr wahrscheinlich auch noch in aller Zukunft ausgeübt werden müssen, da immer wieder Spezialfeilen mit allen nur erdenklichen Querschnitten und Krümmungen vorkommen, die nur von Hand anzufertigen sind, da entweder nur einzelne Stücke solcher Feilen bestellt werden, so daß es sich in unserer heutigen Zeit nicht lohnt, die Maschinen vollständig darauf umzustellen oder es überhaupt unmöglich ist, derart komplizierte Formen unter Maschinen zu hauen. In diesen Fällen bleibt das Handhauen tatsächlich auch heute noch unerreicht und unentbehrlich.

Zunächst galt es große Vorurteile zu beseitigen. Schon zu Anfang des 18. Jahrhunderts, als die Zahl der Erfinder von Feilenhaumaschinen zu wachsen begann, machte sich eine starke Spannung zwischen den Erzeugern der Feile, den Händlern und den Verbrauchern bemerkbar, weil letztere damals schon — wie teilweise sogar heute noch — die handgehauenen Feilen den maschinengehauenen Feilen vorzogen. Es mag schon eine gewisse Berechtigung hierzu vorgelegen haben, denn wie später noch eingehender an Hand von Berichten aus alten Zeiten gezeigt wird, wurden namentlich auch in England die Feilen von Hand schon so einwandfrei — im Gegensatz zu Deutschland von der Spitze nach dem Angel — gehauen, daß es manchmal schwer fiel, einen Unterschied zwischen einer guten handgehauenen und einer auf den damaligen primitiven Maschinen gehauenen Feile festzustellen. Heute ist die Kunst des Feilenhauens so weit vorgeschritten, daß eine auf einer modernen Haumaschine gut gehauene Feile es bestimmt mit jeder handgehauenen Feile aufnehmen kann.

Warum in langen Jahren die Haumaschinen sich nur ganz allmählich durchsetzten, lag darin, daß die Handhauereien durch die Einführung der Maschinen eine Verschlechterung ihrer Lage befürchteten. Bestärkt wurde diese Befürchtung durch die Hersteller und Verkäufer der Haumaschinen selbst, welche in ihren Anpreisungen erklärten, daß das Maschinenhauen so einfach und leicht sei, daß gelernte Arbeiter nicht mehr nötig seien, sondern sogar 14jährige Jungen diese Maschinen leicht bedienen könnten. Die Handhauer befürchteten fortan überflüssig zu sein und arbeiteten so gegen die Einführung der Maschine. Ein weiterer Grund lag darin, daß eben die ersten Haumaschinen noch sehr unvollkommen waren und es viele Jahrzehnte dauerte, bis dieselben so gebaut waren, daß sie einen einwandfreien Feilenhieb aufwerfen konnten. Man kannte noch nicht den richtigen Hiebwinkel, d. h. den Winkel, welchen die Feile mit der Achse des Hammerbärs einnehmen muß, ferner nicht das richtige Zuschleifen der Meißelschneiden (gleichseitige oder einseitige Ballen), das Gratnehmen an den Meißeln nach dem Schleifen und den richtigen Bau des Ambosses, auf welchem ein tadelloser Hieb hervorgebracht werden kann.

Gegenüber der modernen Werkzeugmaschine, welche heute bis in die kleinsten Einzelheiten wohl durchdacht und durchkonstruiert ist, scheint die Feilenhaumaschine immer noch nicht auf der Höhe zu sein, auf der man sie zu haben wünscht, trotzdem der erste Entwurf zu einer solchen Maschine schon in den Anfang des 16. Jahrhunderts fällt. Mit der raschen Entwicklung der Werkzeugmaschine hielt trotz aller technischen Hilfsmittel die der Feilenhaumaschine nicht Schritt und es wird noch manche Mühe und viel Arbeit kosten, bis diese allen Anforderungen entspricht, einmal in bezug auf Vereinfachung ihrer Konstruktion, sodann in bezug auf ihre Leistungsfähigkeit, was beides eng zusammenhängt mit der Verringerung der großen Anzahl von Handgriffen, die während des Einspannens, des Hauens, des Ausspannens und des Einlegens der nächsten Feile gemacht werden müssen. Es kann zwar niemals verlangt werden, daß hunderte von Feilen ohne jede Bedienung sich automatisch nacheinander in die Haumaschine legen und fertig gehauen herausfallen, wie eine Schraube aus dem Schraubenautomaten, aber es sollte doch nicht unmöglich sein, manchen Handgriff zu vermeiden und durch Erhöhung der Geschwindigkeiten beim Hauen der Feile selbst und beim Rücktransport des Schlittens die Leistung zu steigern. Eine weitere Schwierigkeit bei der Erhöhung der Leistungsfähigkeit der Haumaschine liegt noch darin, daß je nach der Länge der Feile, der Härte des Stahles und der gewünschten Hiebart selbst die besten Meißel im Durchschnitt oft schon nach jeder 8. bis 12. Seite nachgeschliffen und abgezogen werden müssen, was jedesmal zu Zeitverlusten führt, auch wenn schon Ersatzmeißel bereit gelegt sind. Aus obigen Gründen wird es für immer ausgeschlossen sein, Feilen automatisch hintereinander weghauen zu können.

Seit Leonardo da Vinci, welcher etwa 1503 den ersten Entwurf zu einer wohl durchdachten Feilenhaumaschine ausarbeitete, sind nach und nach unzählige Konstruktionen auf dem Papier durchdacht und in der Praxis versucht worden, aber erst vom Jahre 1890 ab gelang es allmählich, den Bau dieser so wichtigen Maschinen auf die heutige Höhe zu bringen. Die besten Konstrukteure von Feilenhaumaschinen kamen zu keinen günstigen Ergebnissen, vor allem aus dem Grunde, weil sie sich mit dem Wesen der Feile und ganz besonders des Feilenhiebes nicht genügend vertraut machten. Jeder Erbauer von Haumaschinen muß unbedingt alle Punkte, die hier in Betracht kommen und die sorgfältig berücksichtigt werden müssen, beachten, will er sich eine brauchbare Maschine herstellen. Schon zu Anfang des 19. Jahrhunderts hat man versucht, Richtlinien für den Bau von Haumaschinen aufzustellen und Konstrukteure auf die zu beachtenden Punkte aufmerksam zu machen. So schreibt z. B. Prechtl im 5. Band seiner „Technologischen Encyklopädie" im Jahre 1834 wie folgt:

„Es sind viele Versuche gemacht worden, die Feilen mittels Maschinen zu hauen. Diese Arbeit ist im Grunde so einfach, daß es nicht schwer fällt, eine Maschine dafür zu erdenken, welche die Hauptbedingungen erfüllt. Wenn die Feile auf einer zweckmäßigen Unterlage befestigt und der Meißel über derselben in der gehörigen Stellung angebracht ist, so wird mittels eines Hammers, welcher von bestimmter Höhe herabfällt, der Schlag gegeben; dann rückt sogleich — während der Hammer von neuem gehoben und auch der Meißel durch eine Feder ein wenig in die Höhe gedrückt wird — die Feile um so viel fort, als die beabsichtigte Entfernung zwischen den einzelnen Einschnitten erfordert. Alle diese Bewegungen in regelmäßiger Aufeinanderfolge hervorzubringen, ist eine leichte Aufgabe. Bei den Einzelheiten der Ausführung werden aber größere Schwierigkeiten angetroffen:

1. Die Maschine kann wegen der mannigfaltigen Bewegungen, welche dabei vorkommen, nicht ganz einfach sein; dieser Umstand macht sie wenig geeignet, die von den Schlägen des Hammers verursachten unaufhörlichen Erschütterungen ohne Nachteil für die Genauigkeit ihrer Wirkung auszuhalten.

2. Beim Anschleifen eines stumpf- oder schartiggewordenen Meißels geschieht es leicht, daß die Schneide eine etwas veränderte Stellung erhält. Wird nun das Schleifen mitten im Hauen einer Feile nötig, so kann es nicht fehlen, daß die Stelle, wo das Hauen von neuem angefangen wird, kenntlich bleibt.

3. Die stets gleichbleibende Stärke der Hammerschläge, welche man bei oberflächlicher Betrachtung für einen Vorzug der Maschine ansehen könnte, ist weit entfernt, dies zu sein. Stellen von verschiedener Härte kommen im Stahl sehr häufig vor und veranlassen ein ungleichmäßiges Eindringen des Meißels, also Hiebe von ungleicher Tiefe. Die Flächen der Feilen sind nicht immer vollkommen eben hergestellt, und die Schneide des Meißels, welchem eine bestimmte Lage gegen jene Flächen gegeben ist, dringt also an den mehr hervorragenden Stellen tiefer ein. Endlich verlangen spitzige Feilen an dem schmalen Ende schwächere Hammerschläge, wenn nicht hier der Meißel tiefere Einschnitte als auf dem breiten Teile machen soll. Diese und vielleicht noch andere Umstände erschweren sehr die gelungene Ausführung einer Feilenhaumaschine; es liegen aber darin keine unüberwindlichen Hindernisse, vielmehr ist es außer allem Zweifel, daß gute Feilen auf Maschinen gehauen werden können. Die besten der bisherigen Versuche scheinen aber an dem Mangel ökonomischen Vorteils gescheitert zu sein. Ein Arbeiter, der zur Bedienung der Maschine erfordert wird, könnte in den meisten Fällen ebenso schnell das Hauen einer Feile aus freier Hand verrichten; mehrere Feilen gleichzeitig auf einer Maschine zu verfertigen, dürfte aber kaum ausführbar gefunden werden. — So erklärt sich, warum Feilenhaumaschinen gegenwärtig nirgends bei einem großen Betriebe in Gebrauch sind, wenn nicht etwa bei der Verfertigung der feinsten Uhrmacherfeilen in England und der Schweiz. Der Hieb jener Feilen ist so fein, und zugleich so regelmäßig, daß es Überwindung kostet, ihn für das Erzeugnis der Handarbeit anzusehen. Bei kleinen und feinen Feilen ist übrigens mehr als bei den andern ein ökonomischer Nutzen von der Anwendung der Maschinen zu erwarten."

Aber nicht nur diese Punkte, noch weit mehr müssen in Betracht gezogen werden. So verlangt man von den Haumaschinen, daß sie einfach und übersichtlich gebaut sind, möglichst schnell arbeiten, selbst auf der bauchigsten und spitzigsten Feile durchaus schöne und gut aufgeworfene Hiebe geben, mit anderen Worten, daß Schlagstärke und Hiebwinkel je nach der Form der Feile sich selbsttätig einstellen, daß ferner die verschiedenen Handgriffe zur Bedienung der Maschine bequem liegen und die Maschinen selbst durch soliden Bau keiner zu starken Abnützung unterworfen sind. Glücklicherweise ist man heute in den Stahlwerken so weit vorgeschritten, daß man einen sehr gleichmäßigen Feilenstahl erhält und die von Prechtl erwähnten, für die Meißel so schädlichen harten Stellen selten mehr vorkommen.

Sämtliche bis heute gebauten Haumaschinen lassen sich in zwei große Gruppen einteilen.

Die erste Gruppe umfaßt alle Haumaschinen, welche mehr oder weniger den Handhauer nachahmen und Meißel und Hammer in einem Stück oder getrennt führen. Hiezu gehört als erste Maschine die von Leonardo da Vinci um das Jahr 1503 entworfene Feilenhaumaschine. Leonardo verwendete den Meißelhammer, bei welchem der Hammer an seinem unteren Ende zum Meißel ausgearbeitet ist (siehe Abb. 129). Vor allem waren es die Franzosen, die bei diesem System jahrhundertelang blieben, welches später dann die Amerikaner und Engländer, zum Teil auch die Deutschen nachahmten. Die letzte Vertreterin dieser Gruppe ist — soweit bis heute festgestellt werden konnte — eine amerikanische Maschine (Abb. 190), die noch im Jahre 1891 in Amerika patentiert wurde.

Die zweite Gruppe arbeitet nicht mit Meißel und Hammer nach Art der Handhauer, sondern mit Fallgewichten (Hammerbären), an deren Ende der Meißelhalter mit dem Meißel befestigt ist

6*

und die durch ein- oder mehrfache Daumenscheiben direkt gehoben werden. Wohl die ältesten Vertreterinnen dieser Gruppe sind die Maschinen von J. Crum, Ramapo 1851 (Abb. 160) und von Etienne Bernot, Paris 1854 (Abb. 161). Die Maschinen mit Hammerbären (Fallgewichten) haben sich infolge der Möglichkeit, schneller mit ihnen hauen zu können, immer mehr eingebürgert und heute wird wohl nur noch diese Gruppe von Maschinen in allen Industriestaaten der ganzen Welt gebaut werden. — Die Feilenhaumaschinen der zweiten Gruppe geben also die Mittel an die Hand, um eine Anzahl Schläge mit großer Schnelligkeit durch einen entsprechend geformten Meißel auszuführen und die zu hauende Feile mit einer solchen Schnelligkeit unter dem Meißel wegzuführen, daß man die gewünschte Hiebteilung erhält. Die Maschinen werden heute ausschließlich durch Transmission angetrieben.

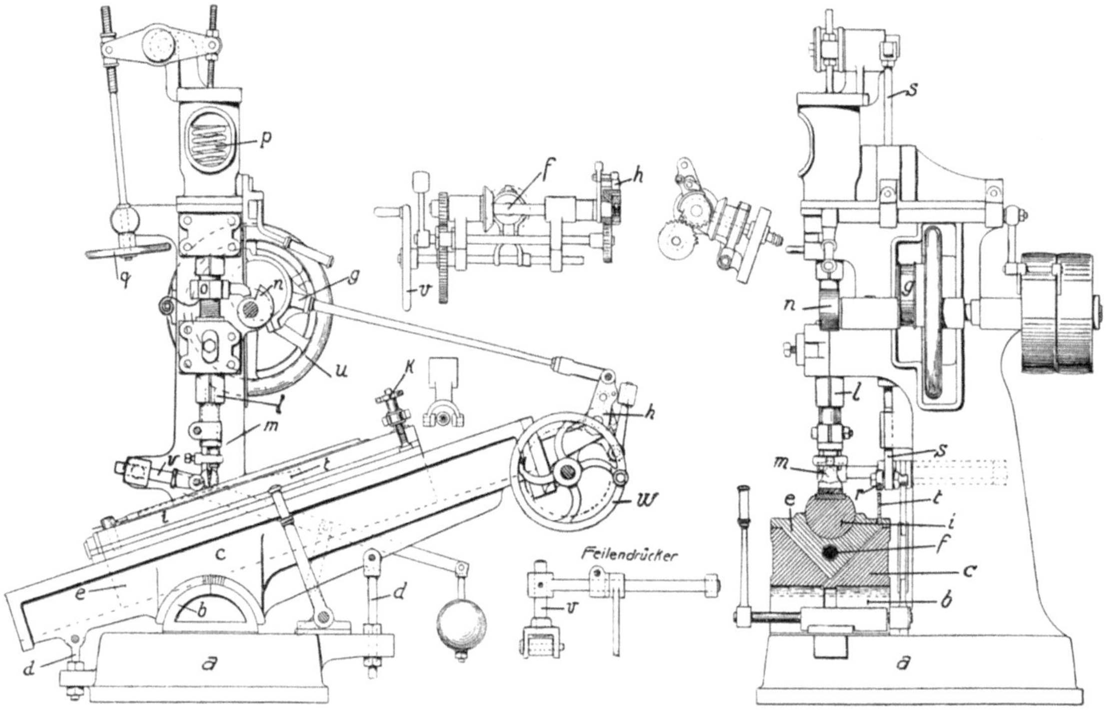

Abb. 123. Feilenhaumaschine System Bêché 1893.

Die Abb. 123 zeigt nun eine noch sehr weitverbreitete Feilenhaumaschine, welche eine der ersten Haumaschinen neuerer Zeit (1893) ist und die in die Gruppe 2 mit aufrechtgeführten Hammerbären gehört.

a zeigt die Grundplatte der Feilenhaumaschine, welche in ein schlank gebautes Gestell zur Aufnahme der übrigen Maschinenteile übergeht. Auf dieser Grundplatte sitzt ein halbkreisförmiger Amboß *b*, auf welchem das Schlittenbett *c* derart gelagert ist, daß es je nach dem gewünschten Hiebwinkel eingestellt und mit den Schrauben *d* festgestellt werden kann. In dem Schlittenbett wird ein Schlitten *e* durch eine Gewindespindel *f* hin und her bewegt, welch letztere ihren Antrieb von dem Exzenter *g* über ein Schaltwerk *h* erhält. In dem Schlitten *e* wiederum liegt ein halbrundes Untergesenk (Patrone) *i* zur Aufnahme der Feilen, welches durch ein Handrad *k* nach der Meißelschneide eingestellt werden kann. *l* ist ein Hammerbär, welcher in zwei prismatischen, leicht nachstellbaren Führungen gelagert ist und an seinem unteren Ende den drehbaren Meißelhalter mit

Meißel *m* aufnimmt. Ein Daumen *n*, welcher auf der Antriebswelle der Maschine sitzt, hebt den Hammerbär durch eine verstellbare Nase *o* in die Höhe, derart, daß in demselben Augenblick, wo der steilabfallende Teil des Daumens die Nase verläßt, der Hammerbär durch sein durch eine Stahl- oder Gummifeder *p* noch verstärktes Eigengewicht herabfällt. *q* ist ein Handrad, mit welchem die Feder *p* je nach Bedarf gespannt werden kann. Auf dieselbe Feder wirkt aber noch ein Druck, der von einer Schablone *t* ausgeht, welche der Form der Feile angepaßt ist. Je stärker die Feile wird, je mehr erhöht sich die Schablone und die Folge ist, daß durch die auf der Schablone laufende Rolle *r* mit dem zugehörigen Gestänge *s* die Feder *p* ebenfalls gespannt wird. Da es vorkommt, daß die Schablone *t* mit der Feilenform nicht genau übereinstimmt, so kann immer noch während des Hauens der Druck der Feder mit dem Handrad *q* nachreguliert werden. Ein kräftiges Schwungrad *u* gewährleistet den gleichmäßigen Gang der Maschine. Zum Festpressen der Feile auf ihre Unterlage während des Vorschubes dient ein Feilendrücker *v*, welcher auch als Rolle ausgebildet sein kann. Der Druck auf die Feile wird durch ein je nach Bedarf schwereres oder leichteres Gewicht bewerkstelligt. Sobald eine Seite der Feile gehauen ist, wird das Schaltwerk ausgerückt und der Schlitten durch das Handrad *w* wieder in seine Anfangsstellung zurückgebracht.

Die einzelnen Neuerungen, die zu den Feilenhaumaschinen im Laufe langer Jahre erfunden und in sie eingebaut wurden, sind:

1. die Patrone, ein halbrundes drehbares Untergesenk (Abb. 137 u. 160);
2. der schwingende Amboß (Abb. 127, 154 u. 192);
3. das einstellbar als Amboß ausgebildete Schlittenbett (Abb. 123 u. 179);
4. das schwenkbar als Amboß ausgebildete Schlittenbett (Abb. 172).
5. das einstellbare und schwenkbare Schlittenbett (Abb. 161);
6. der einstellbare Hammerkopf (Abb. 178 u. 180);
7. Einrichtung zum Spitzen enger und leichter hauen (Abb. 125 u. 126);
8. das Hauen von runden Feilen in Spirallinien (Abb. 163 u. 208);
9. das Wellenförmighauen (Abb. 128);
10. das Hauen von rotierenden Feilen (Abb. 189).

Lehrreich ist, wie sich die vorgenannten Einrichtungen und Verbesserungen, welche nach und nach an den Feilenhaumaschinen angebracht wurden, entwickelt haben. Schon erwähnt ist, daß zwei Hauptgruppen von Feilenhaumaschinen heute zu unterscheiden sind. Die erste Hauptgruppe — Nachahmung der Handarbeit durch Meißelhämmer (Leonardo da Vinci 1503) und getrennte Anordnung von Meißel und Hammer (Jousse de la Flêche 1627) — wurde bis zur Mitte des 19. Jahrhunderts, also fast 350 Jahre lang durchgeführt. Im Jahre 1851 war es der Amerikaner J. Crum in Ramapo, der vermutlich der erste war, welcher zum rascheren Feilenhauen einen Hammerbären (Fallgewicht) zur Anwendung brachte und damit den Grund zur zweiten Hauptgruppe legte. Schon wenige Jahre später folgte ihm der Franzose Bernot auf diesem Wege nach.

Die ältesten Haumaschinen bis in die Mitte des 18. Jahrhunderts hatten überhaupt keine Regulierbarkeit, es sei denn, daß während des Hauens der Spitzen der Hammerschlag auf den Meißel mit einem Finger der Hand leicht abgeschwächt wurde. Ungefähr um das Jahr 1741 wurde von dem Franzosen Thiout l'aîné schon die erste Patrone — drehbares Feilenbett — (Abb. 137) in eine Haumaschine eingebaut. Fast ein Jahrhundert später, um das Jahr 1833, war es der Engländer Shilton, welcher wohl den ersten schwenkbaren Amboß zur selbsttätigen Hiebwinkeleinstellung in seine Feilenhaumaschine (Abb. 154) einbaute. Wenige Jahre später (1838) folgte mit einer ähnlichen Konstruktion der Franzose Bocquet. Diese schwenkbaren Ambosse gerieten aber vollständig in Vergessenheit und kamen erst nach dem Jahre 1888 erneut wieder zur Anwendung, und zwar 1889 von Shardlow, 1893 von Zenses und 1905 von Bêché. Während die Spitzen von Feilen — wie bereits angedeutet — im 18. Jahrhundert noch mit Hilfe der Hand leichter gehauen wurden, gelang es etwa 1833 dem Engländer Shilton, 1838 dem Franzosen Bocquet und im Jahre 1850 dem Amerikaner Crum die Schlagstärke auf den Meißel durch Federn automatisch zu regulieren. Die Einrichtung an Feilenhaumaschinen zum Enger- und dem dadurch bedingten Leichterhauen der Spitzen ergibt sich aus der selbsttätigen Hiebwinkeleinstellung durch Einbau des schwenkbaren Ambosses und der Anordnung eines selbsttätig sich einstellenden Federdruckes auf den Hammerbären. Die erste wirklich brauchbare Feilenhaumaschine dieser Art dürfte etwa um das Jahr 1890 ausgeführt worden sein. — Die Sonderhiebe, welche bei der maschinellen Feilenfabrikation noch vorkommen, nämlich das Hauen von runden Feilen in Spirallinien und das Wellenförmighauen von flachen Seiten kamen in Amerika, das erstere im Jahre 1856 (Whipple), das letztere im Jahre 1878 (Mudge and Whittaker) wohl zum erstenmal zur Anwendung. Mudge and Whittaker waren zudem die ersten, welche 1878 das Schaltwerk zur schrittweisen Fortbewegung des Feilenschlittens verließen und den stetigen Vorschub einführten.

Die ersten Versuchshaumaschinen zum Hauen der Kanten und Umfänge von Feilscheiben sind vermutlich von dem Amerikaner Hess um das Jahr 1890 und dem Schweden Fleron 1893 gebaut worden.

Die mitgeteilten Jahreszahlen sind jeweils die ältesten Zahlen, welche ich in den vielen hunderten von Patentschriften und technischen Berichten über Feilenhaumaschinen in Büchern und Zeitschriften gefunden habe und sie werden wohl in den allermeisten Fällen den Zeitpunkt, wann die betreffende Konstruktion usw. zum ersten Male ausgeführt wurde, richtig angeben. Die Zeitpunkte absolut genau anzugeben, wird oft unmöglich sein. — Was nun noch die Patente selbst anbetrifft, so ist hierüber kurz zu sagen, daß die ersten Patente auf Feilenhaumaschinen in den verschiedenen Industriestaaten wie folgt erteilt wurden: In England an Timothy Lightoler, Warwick, am 9. April 1752; in Frankreich gegen Ende des 18. Jahrhunderts; in Amerika im Jahre 1812; in Deutschland am 5. Mai 1878 an Lenz & Schmidt in Berlin auf eine amerikanische Haumaschine von Mudge and Whittaker, Brooklyn, und in der Schweiz an Julius Erlenwein, Edenkoben, am 15. August 1890. Die ersten Haumaschinen wurden teils auf dem Papier durchdacht, teils ausgeführt: In Italien etwa 1503 — Entwurf von Leonardo da Vinci; in Frankreich 1627 — Ausführung von Jousse de la Flêche; in Deutschland 1788 — Haumaschine Klingert, Breslau; in England vermutlich schon um 1752 — jedenfalls 1770 Haumaschine B. O.; in Amerika vermutlich gleich zu Anfang des 19. Jahrhunderts.

Die vorgenannten Neuerungen, welche etwa vom Jahre 1890 ab nach und nach an Haumaschinen angebracht wurden, sollen zur Vervollständigung des Bildes über Haumaschinen noch etwas eingehender betrachtet werden.

Die Abb. 124 (S. 87) zeigt die verschiedenen Vorrichtungen, welche zur Einstellung der Hubhöhe des Meißels dienen. Die Hubhöhe, d. h. die höchste Erhebung der Meißelschneide über die Feilenoberfläche während des Hauens schwankt je nach der Stärke der Feile und Hiebart im allgemeinen zwischen 6 und 15 mm. Ist die Feile schwach oder gar nicht gewölbt, so ist die Sache sehr einfach. Ist aber an ein und derselben Feile die Differenz zwischen ihrer Stärke an der Spitze und in der Mitte groß, dann wird bei größeren Maschinen die notwendige Hubhöhe in der Mitte zwischen Spitze und stärkstem Querschnitt eingestellt (siehe Fig. 2). Hierbei hat sich aber gezeigt, daß die Maschinen infolge des daraus sich ergebenden niederen Hubs während des Hauens der stärksten Stelle der Feile durch ein allzu strammes Anspannen der Feder außerordentlich stark beansprucht werden, und so kam man darauf, neue Maschinen zu bauen, bei welchen durch besondere Vorrichtungen die Hubhöhe während des Hauens der Feile sich selbsttätig so einstellt, daß sie annähernd fast immer gleichbleibt. Die Fig. 1—7 zeigen nun wie die verschiedenen Hubhöhen leicht eingestellt werden können. Fig. 1 stellt die einfachste Art dar. Der Meißelhalter ist in dem Hammerbären *a* festgeschraubt, der Meißel selbst kann eine Zeitlang durch Einlegen oder Herausnehmen von Unterlagplättchen auf Hubhöhe eingestellt werden. Dabei ist zu beachten, daß für Fig. 1 und 2 die Hammernasen *b* und Schlagwellen mit der Daumenscheibe *d* nicht verstellbar sind. Fig. 2 stellt einen Meißelhalter dar, welcher in dem Hammerbären *a* durch Gewinde höher und niederer geschraubt und mit Gegenmutter festgestellt werden kann. Fig. 3 zeigt eine zweiteilige Schlagnase *b*, welche auf dem Hammerbären einstellbar ist. Das Gewinde dient dazu, daß diese Nase, ist sie einmal eingestellt und festgeschraubt, während des Hauens von Feilen sich nicht verschieben kann. Eine andere Art dieser Anordnung zeigt Fig. 4. Die zweiteilige Nase *b* ist in dem Hammerbären so eingelassen und befestigt, daß sie nicht verschoben werden kann. Die gewünschte Hubhöhe wird mit der Nasenschraube *c* eingestellt. Die Fig. 5, 6 und 7 dagegen zeigen nun, wie die

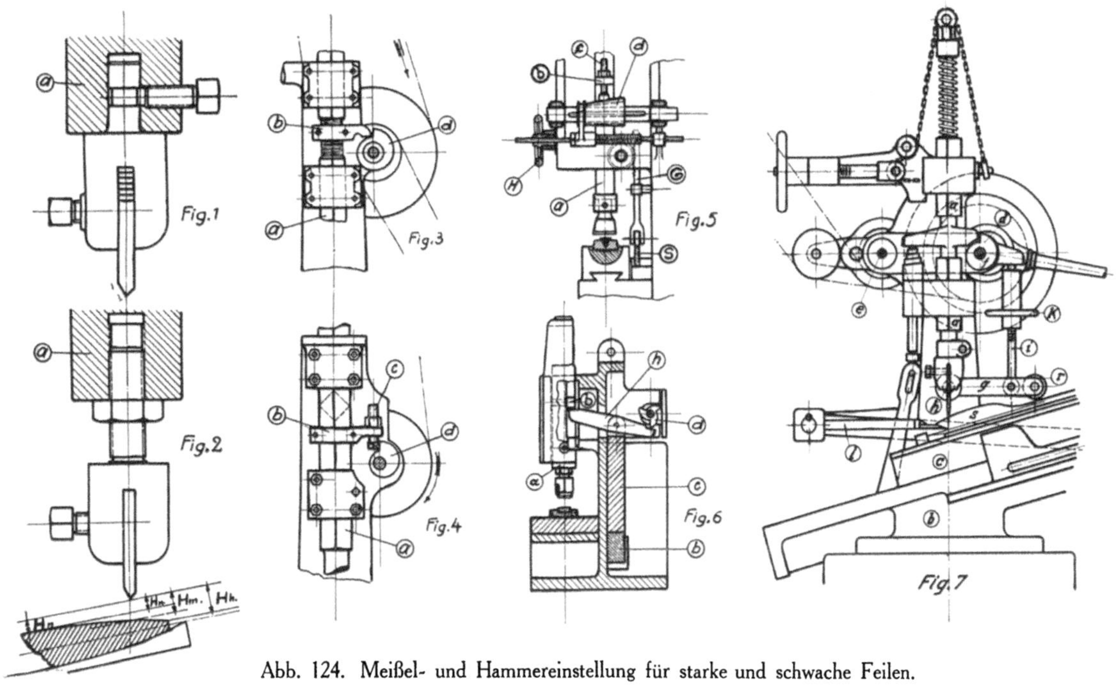

Abb. 124. Meißel- und Hammereinstellung für starke und schwache Feilen.

starken Unterschiede während des Hauens einer Feile selbsttätig ausgeglichen werden können. Die konische Daumenscheibe *d* in Fig. 5 kann durch das Handrad *H* und durch eine Schablone *S*, welche der Feile angepaßt ist, und ein zugehöriges Gestänge *G* verschoben werden. Je stärker die Feile von der Spitze aus wird, je höher wird der Hammerbär *a* durch das Verschieben der konischen Daumenscheibe *d* nach links gehoben. Fig. 6 zeigt eine amerikanische Konstruktion, welche genau dieselbe Wirkung hat. Eine Platte *c* trägt einen zwischen Hammerbär *a* und Daumenscheibe *d* eingeschalteten Verbindungshebel *h*. Die auf der Antriebswelle sitzende Daumenscheibe *d* ist in ihrer Lage nicht verstellbar. Wird nun durch einen Hebel *b* von Hand oder durch eine Schablone die Platte *c* gehoben, so hebt sich dadurch auch der Hammerbär *a* mit Meißelhalter und Meißel. Gehen nun bei den Ausführungen Fig. 5 und 6 die Hammerbären während des Hauens von starkbauchigen Feilen immer mehr in die Höhe, so werden ganz von selbst die über den Hammerbären befindlichen Stahl- oder Gummifedern straffer gespannt und dadurch die erforderlichen stärkeren Schläge erzielt. Fig. 7 zeigt noch eine neuere Konstruktion mit einer um eine feste Achse *e* schwingenden

Schlagwelle *f*, auf welcher die Daumenscheibe *d* aufgekeilt ist. Sobald die Rolle *r* auf der Schablone *s* aufläuft, hebt sich der Arm *g* um einen Zapfen *h* und drückt mit einer Gewindeschraube *i* und der als Handrad ausgebildeten Mutter *k* die Schlagwelle je nach der Form der Schablone in die Höhe, wodurch auch der Hammerbär *a* höhergehoben wird. Wird die Feile nach ihrer Mitte wieder schwächer, so muß auch die Schablone wieder abfallen und die Schlagwelle senkt sich entsprechend, so daß die Hubhöhe des Hammers immer dieselbe bleibt. Was die Spannung der Feder betrifft, so gilt dasselbe wie zuvor gesagt.

Die Abb. 125 und 126 zeigen Vorrichtungen zum Engerhauen von Spitzen und zur selbsttätigen Regulierung der Schlagstärken. Die einfachste Art, auf welche Spitzen von Feilen wohl

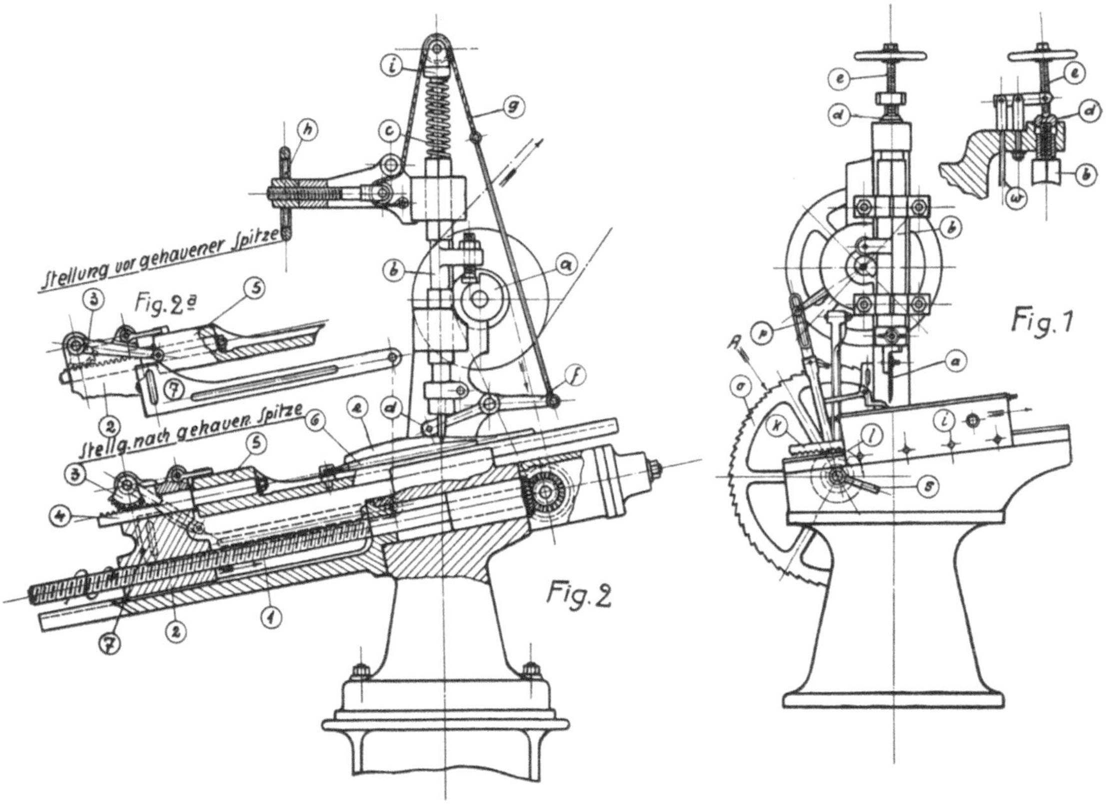

Abb. 125. Vorrichtungen zum Engerhauen der Spitzen und zur Regulierung der Schlagstärken.

zum erstenmal enger gehauen wurden, zeigt Fig. 1, Abb. 125. Der Vorschub des Schlittens *i* geschieht durch Zahnrad *l* und Zahnstange *k*. Auf der Achse des kleinen Zahnrades sitzt noch ein weiteres großes Rad *o*, das auswechselbar angeordnet ist. Die Anfangsstellung *A* zum Hauen der Spitze ist mit einem Pfeil angedeutet. Die Zähne werden auf einem Bruchteil des Radumfanges von *A* aus langsam immer weiter, bis sie dann in eine vollständig gleichmäßige Teilung übergehen. Die Fortbewegung dieses Rades erfolgt durch ein Schaltwerk *p*, und so wird auf diese einfachste Weise bewirkt, daß die Hiebe von der Spitze aus gesehen eine gewisse kleine Strecke immer weiter werden, bis sie dann in eine gleichmäßige Teilung übergehen. Die Regulierung der Schlagstärke erfolgt durch eine Schablone, welche über das Gestänge *w*, die Druckschraube *e* und die Druckplatte *d* die Feder, welche auf dem Hammerbär *b* sitzt, straffer anspannt und dadurch stärkere Schläge hervorbringt.

Die Abb. 125 (Fig. 2 und 2a) zeigt eine hiervon vollständig abweichende, wesentlich bessere Konstruktion, die Fig. 2a zeigt eine Patrone *5* an einer Haumaschine in ihrer Anfangsstellung und Fig. *2* nach gehauener Spitze. Die Schablone *7*, welche der Form der Spitze angepaßt ist, wird je nach der Lage der Feilenspitze an dem Maschinengestell festgeschraubt. Auf der Schablone läuft eine Rolle, die an einem Hebel befestigt ist, der wieder mit einem Zahnsegment *3* fest in Verbindung steht. Wenn nun begonnen wird, die Spitze der Feile zu hauen (s. Fig. 2a), geht durch die Spindel *1* (Fig. 2)

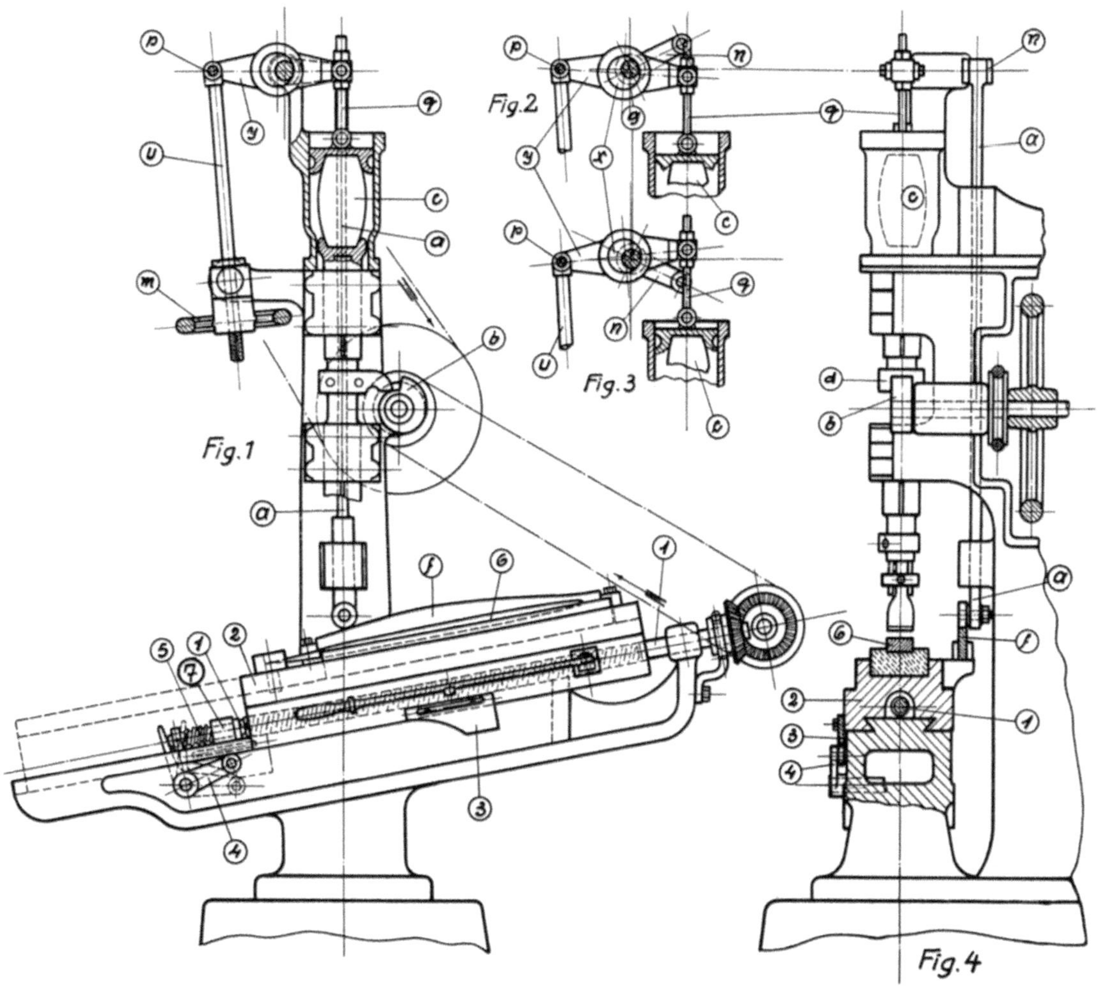

Abb. 126. Vorrichtungen zum Engerhauen der Spitzen und zur Regulierung der Schlagstärken.

und das Mutterstück *2* die Patrone *5* vorwärts. In dem Maße wie die Rolle auf der Schablone abläuft, macht die Patrone mit der Feile eine Rückwärtsbewegung nach links, d. h. eine relative Bewegung. Dadurch wird — wie gewünscht — die Spitze enger gehauen. Sobald die Patrone *5* an dem Mutterstück *2* anstößt, geht ein gleichmäßiges weiteres Hauen der Hiebe vor sich. Die Regulierung der Schlagstärke erfolgt auf doppelte Weise. Eine Schablone *c* steht mit der Patrone *5* in fester Verbindung. Sie hat die Form der Feile. Je stärker die Feile wird, desto mehr wird durch die Rolle *d* — über einen Hebel *f* — die Feder *c* gespannt, und desto kräftigere Schläge werden erzeugt. Da nun niemals Feilen und Schablone genau übereinstimmend gemacht werden können, ist die Anordnung so getroffen, daß durch das Handrad *h* während des Hauens der Feile die Feder *c* noch nachgestellt werden kann.

Eine ungefähr auf demselben Grundsatz aufgebaute Anordnung zeigt die Fig. 1, Abb. 126. Die Schablone *3* ist, da bei dieser Konstruktion der Schlitten *2* mit der Feile *6* vorgeschoben wird, an diesem selbst angebracht. Wird der Schlitten in seine Anfangsstellung zurückgeschoben, so wird durch eine Rolle, die auf dieser Schablone aufläuft, der Winkelhebel *4* herabgedrückt und dadurch die Spindel *1* nach rechts um einige Zentimeter geschoben. Wenn nun zu hauen begonnen wird, so läuft die Rolle des Winkelhebels *4* an der mit dem Schlitten fortlaufenden Schablone *3* langsam ab, die Spindel *1* macht dementsprechend eine kurze Verschiebung nach links, wodurch wieder eine relative Bewegung erzielt wird, welche bewirkt, daß die Spitzen enger gehauen werden. Die Feder *5* hält, nachdem die Schablone *3* den Winkelhebel verlassen hat, die abgesetzte Spindel an ihrem linken Lager *7* fest und die weiteren Hiebe erhalten gleiche Teilung. Die Schlagstärkeregulierung erfolgt ebenfalls durch eine der Feile angepaßte Schablone *f*, welche über eine Rolle mit dem Gestänge *a* verbunden einen verstärkten Druck auf die Stahl- oder Gummifeder c ausübt. Dieses Gestänge ist durch einen Hebel *n* mit einem Bolzen *g*, der an seinem entgegengesetzten Ende einen Exzenter hat, verbunden. Über diesen kommt dann noch ein weiterer Druck auf die Feder *c*, der von einem Handrad *m* ausgeht und über die Stange *u* und den Hebel *y* übertragen wird. Dadurch wird, wie aus Fig. 1 und Fig. 2 ersichtlich ist, ermöglicht, daß der Federdruck auch noch von Hand nachreguliert werden kann. Fig. 4 zeigt die Maschine von der rechten Seite aus gesehen.

Ganz besonderer Wert wird heute darauf gelegt, daß die Spitzen von Feilen möglichst unter genau demselben Hiebwinkel gehauen werden wie der übrige Teil der Feile. Durch diese Forderung kam man nach und nach auch auf den Bau des schwingenden Ambosses, und die Abb. 127 zeigt die beiden gebräuchlichsten Anordnungen.

In Fig. 1 und 2 ist *c* ein kleiner schwingender Amboß, in welchem eine Patrone *b* mit ihrer Feile während des Hauens fortbewegt werden kann. Diese Patrone steht durch ein Kugelgelenk in Verbindung mit einem Keilstück *f*, welches in einer durch ein Schneckengetriebe bewegten Keilrolle liegt und so die Patrone *b* mit vorwärts zieht (s. auch Abb. 203). *a* ist eine nach der Form (Wölbung) der Feile gebildete Schablone, auf welcher eine in dem Keilstück befestigte Rolle abläuft. Fig. 1 zeigt nun die Lage der Feile während des Hauens ihrer Spitze, Fig. 2 dagegen die Lage nach gehauener Spitze. Wenn man sich jeweils an dem zuletzt gehauenen Hieb eine Tangente an die Wölbung der Feile gezogen denkt, so soll diese Tangente mit der Achse des Hammerbärs *g* immer denselben Hiebwinkel — in diesem Falle — von 80° bilden. Um die Spitzen der Feilen enger und damit auch feiner hauen zu können, ist, ähnlich wie Fig. 2 auf Abb. 125 zeigt, zwischen Kugelgelenk und Keilstück *f* eine zwangsläufig bewegliche Einrichtung zu einer kurzen Hin- und Herbewegung der Patrone eingebaut, um dadurch eine relative Bewegung derselben während des Hauens der Spitzen zu erhalten. Die selbsttätige Schlagregulierung auf den Hammerbären ist dieselbe wie bei den vorher beschriebenen Maschinen.

Fig. 3 auf Abb. 127 zeigt die Querschnitte einer anderen Haumaschine. Ein halbkreisförmig ausgebildeter Amboß c schwingt in einem Amboßbett *d*, welches durch eine Gewindespindel in dem Maschinengestelle hin und her geschoben werden kann. Der Amboß c hat in seiner Mitte eine mit einem Gewicht belastete Stange *b*, welche mit einer Rolle in Verbindung steht, die auf der Schablone *a* abläuft. Wird nun eine bauchige Feile von der Spitze aus gehauen, so senkt sich der rechte Teil des Ambosses c infolge der ansteigenden Form der Schablone *a* entsprechend langsam abwärts. Dadurch wird bewirkt, daß der Hiebwinkel, den die Feile mit dem Hammerbär *g* einnimmt, der ganzen Feile entlang annähernd derselbe bleibt. Es ist dies insofern sehr wesentlich, als dadurch ein durchaus gleichmäßig schneidender Hieb erzielt wird. Die Schablone *a* soll möglichst mit der bauchigen Form der Feile übereinstimmen. Auch in dieser Maschine ist eine Vorrichtung eingebaut, welche wie bei der zuvor beschriebenen Maschine eine relative Bewegung des Schlittens mit der Feile während des Hauens der Spitze gestattet, damit die Hiebe über die Spitze ebenfalls enger und dadurch auch feiner gehauen werden. Die selbsttätige Schlagstärkeregulierung durch eine Schablone ist dieselbe wie bei den Maschinen auf Abb. 125 und 126.

Die Abb. 128 zeigt zwei Einrichtungen, welche es ermöglichen, wellenförmige Hiebe zu hauen. Diese Hiebe entstehen dadurch, daß — wie aus Fig. 6 ersichtlich ist — die Unterhiebteilungen in ganz periodisch bestimmten Zwischenräumen enger und weiter gehauen werden.

Durch den auf den Unterhieb gleichmäßig gehauenen Oberhieb entstehen wellenförmige Schnüre, wobei die rautenförmigen Zahnspitzen der Feile so versetzt sind, daß keine der Spur der anderen folgen und damit die Feile nie nach rechts ausweichen kann*). Wellenförmig gehauene Feilen er-

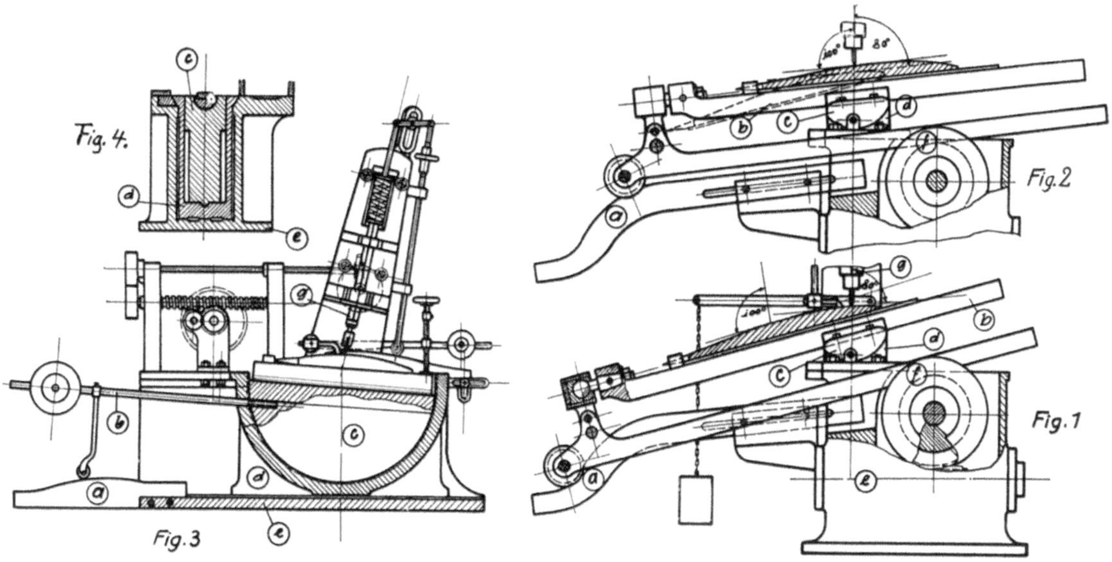

Abb. 127. 2 Haumaschinen mit schwingendem Amboß.

geben beim Feilen — weil sie nie Riefen bilden können — etwas glattere Feilflächen, als die gewöhnlich gehauenen Feilen, wobei aber nicht gesagt ist, daß die gleich glatten Flächen nicht auch von geübten Feilern mit den üblichen Feilen erreicht werden können. Anfänger des Feilens arbeiten mit einer wellenförmig gehauenen Feile leichter, weil von vornherein eine Riefenbildung ausgeschlossen ist. Ein geübter Feiler jedoch arbeitet mit gewöhnlich gehauenen Feilen mindestens ebenso gut, wenn nicht besser. Dabei ist noch zu beachten, daß Flächen der Länge nach mit der gewöhnlichen Feile weit besser abgezogen werden können, als mit der wellenförmig gehauenen Feile. (Siehe auch Teil III, Abb. 245 mit Text.)

Fig. 1 zeigt schematisch eine Haumaschine, an welcher diese Vorrichtung angebracht ist. Die Einzelteile hierzu zeigen in vergrößertem Maßstabe die Fig. 2 und 3. In dem Schlittenbett *11* bewegt sich durch die Spindel *1* ein Schlitten 10, welcher durch eine Mutter *2* aus- und eingeschaltet werden kann. Die Mutter hat in dem Schlitten einen Spielraum *12*. Mit dem Schlitten *10* steht ein Gehäuse *5* in fester Verbindung, in welchem sich eine Ovalscheibe *4* drehen kann. Diese

*) Es können auch umgekehrt die Unterhiebe gleich und die Oberhiebe ungleich gehauen werden, darunter wird aber das Aussehen der Feilen leiden.

Scheibe steht weiter in fester Verbindung mit dem Zahnrad *6*, welches in der Zahnstange *7* läuft, die mit dem Schlittenbett *11* zusammengeschraubt ist. Ein Gleitstück *3* stellt die Verbindung zwischen der Ovalscheibe 4 und der Mutter *2* dar.

Fig. 2 zeigt nun eine Stellung, während welcher eine gewisse Hiebteilung gehauen wird. Die Mutter *2* wird durch die Spindel *1* stets gleichmäßig fortbewegt, zwischen Mutter und Gleitstück *3* ist ein gewisser Spielraum *12*, der sich aus der Stärkedifferenz der Ovalscheibe ergibt. Dreht sich nun die Ovalscheibe langsam weiter ihrer Schmalseite zu, so macht der Schlitten selbst eine entsprechende Rückwärtsbewegung, d. h. zur Spindel eine relative Bewegung, welche bewirkt, daß

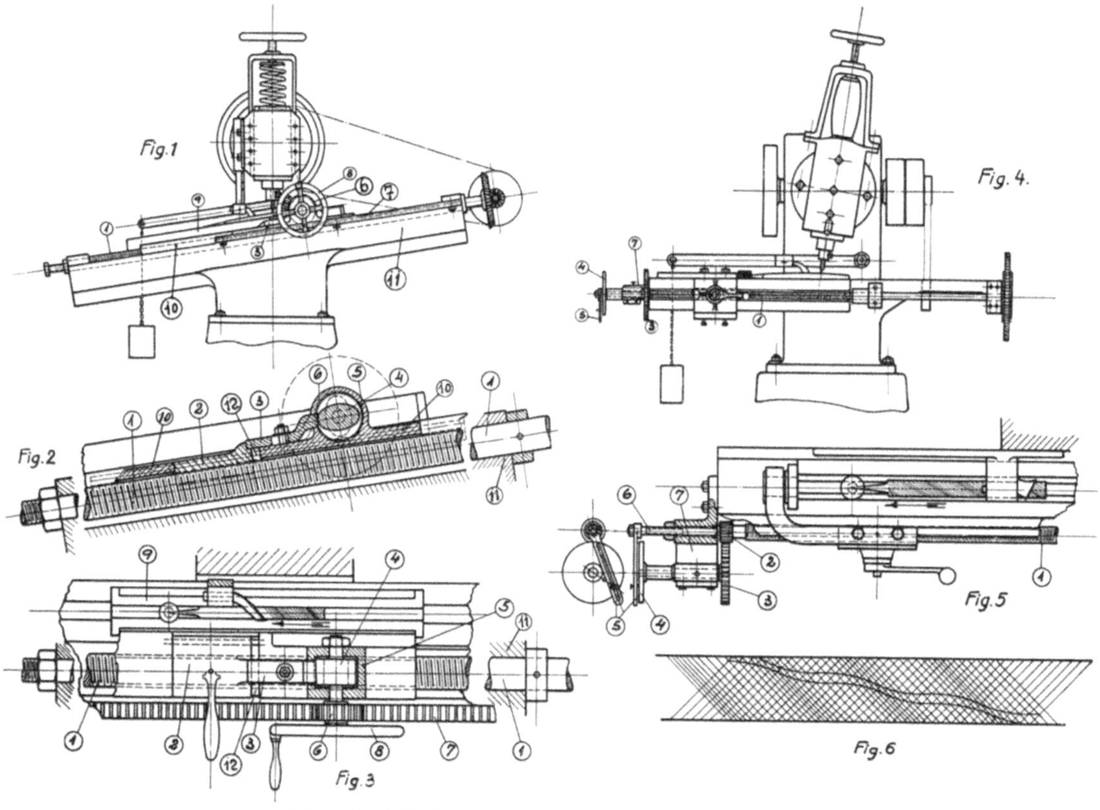

Abb. 128. 2 Einrichtungen zum Hauen wellenförmiger Hiebe.

die Hiebe enger werden, der Spielraum *12* ist verschwunden. Kommt dann die breite Seite der Ovalscheibe nach und nach wieder an das Gleitstück *3*, so schiebt der Schlitten sich rascher vor, es entsteht erneut der Spielraum *12* und die Hiebteilung wird weiter. Dieses Spiel wechselt nach jeder Viertelsumdrehung der Ovalscheibe. Je größer nun die Ovalscheibe *4* und der Spielraum *12* gemacht werden, je größer wird die Unregelmäßigkeit während des Unterhiebhauens. Diese Vorrichtung ist im Grunde genommen dieselbe wie die vorhergegangenen Vorrichtungen, um die Spitzen enger zu hauen, nur daß sich auf der ganzen Länge der Feilen der Vorgang immer wiederholt.

Eine weitere Anordnung zum Hauen wellenförmiger Hiebe zeigen die Fig. 4 und 5 noch anschaulicher. Auf der Spindel *1* sitzt ein breiteres Zahnrad *2*, welches in ein schmäleres Zahnrad *3* eingreift. Auf der Achse des letzteren sitzt eine kleine Kurbelscheibe *4*, welche durch einen Hebel *5* die Schraube *6* vor- und rückwärts bewegt, welche ihrerseits wieder während des Hauens die

Spindel *1* in bestimmten Zwischenräumen langsam nach links und rechts bewegt. Auf diese Weise erhält man eine periodische, relative Bewegung des Schlittens, welche eine ungleichmäßige Hiebteilung hervorbringt. Bemerkt soll noch werden, daß die amerikanischen Feilenfabriken heute keine wellenförmigen Hiebe mehr hauen, da sie der Ansicht sind, daß der wellenförmige Hieb keinerlei Vorteile bietet, sondern daß es entschieden besser ist, die Feile von der Spitze bis zum Angel gleichmäßig durchzuhauen.

Zum Schlusse noch einige kurze Bemerkungen zum Hauen von Rundfeilen mit Spiralhieb. Dieser Hieb, der nichts anderes ist als ein Einhieb, der sich gewindeartig um die Feile schlängelt, kann selbstverständlich nur bei runden Feilen in Betracht kommen, bei welchen bisher im allgemeinen Unterhieb und Oberhieb in Längsreihen gehauen wurden.

Wenn man eine Feile während ihrer Vorwärtsbewegung sich gleichzeitig auch mit einer bestimmten Geschwindigkeit drehen läßt, die je nach der Gröbe der Hiebe eingestellt werden kann, so ergeben sich dadurch spiralförmig gewundene Reihen. Obwohl mit derartigen Feilen eine Zeitlang große Reklame gemacht wurde, so ist man doch wieder davon abgekommen, und zwar in erster Linie deshalb, weil der Meißel zu lange in Anspruch genommen wird, und immer, wenn er ausbrach oder neu geschliffen werden mußte, die Feile unbrauchbar war — da sich der Anfang das Weiterhauens jedesmal deutlich zeigt.

Die Feilenhaumaschinen. Um nun das Bild über die Entwicklung der verschiedenen Haumaschinensysteme möglichst übersichtlich zu machen, habe ich es vorgezogen, die Haumaschinen chronologisch nacheinander zu beschreiben, und jeweils dazu die Berichte angeführt, welche zu verschiedenen Zeiten in verschiedenen Werken über den Stand der Feilenhaumaschinen Aufschluß geben.

1503 — In Italien muß Ende des 15. Jahrhunderts die Herstellung von Feilen und Raspeln in größerem Maßstab betrieben worden sein. Mailänder und Florenzer Feilenhauer haben wohl ihre Not über die einförmige Beschäftigung des Feilenhauens ihrem damaligen italienischen Universalgenie geklagt, und es war der berühmte und geniale italienische Maler, Architekt, Bildhauer und Ingenieur Leonardo da Vinci (1452—1519) in Florenz, welcher um das Jahr 1503 die erste Feilenhaumaschine (cod. atl. Mailand), welche die menschliche Handarbeit nachahmen sollte, entwarf. Die Zeichnungen und Beschreibungen zu dieser Maschine sind noch vorhanden. Der Erfinder hat sich ihre Handhabung wie folgt gedacht:

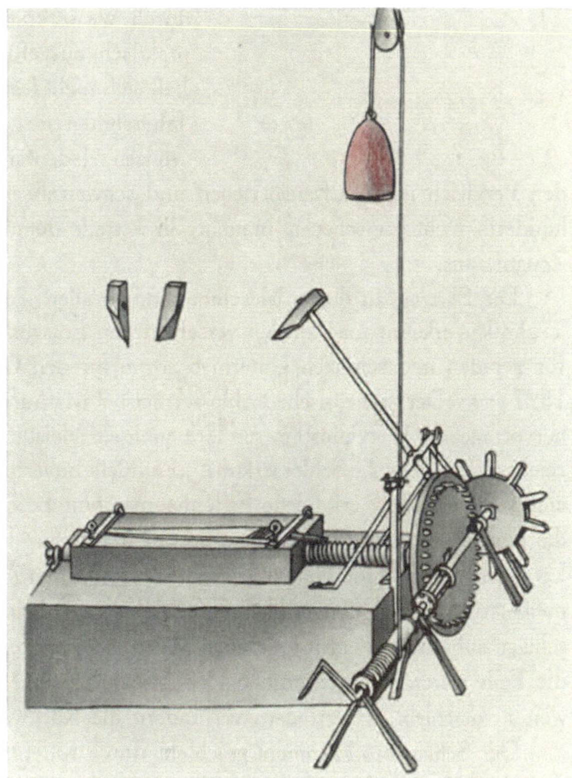

Abb. 129.
Italienische Haumaschine Leonardo da Vinci um das Jahr 1503.

„Der Feilenkörper wird auf einem Schlitten, der als Amboß dient, mit zwei Spannvorrichtungen festgehalten. Durch diesen Schlitten hindurch geht eine denselben gleichmäßig fortbewegende Schraubenspindel, an deren Ende ein größeres Zahnrad befestigt ist. Dieses Zahnrad wird durch ein Ritzel auf der Antriebswelle in Bewegung gesetzt, welch letztere ihren Antrieb durch ein schweres Gewicht erhält, das an einem Seil befestigt über eine Rolle an der Decke geführt ist. Dieses Gewicht wird, wenn es abgelaufen ist, durch eine Kurbel wieder hochgezogen.

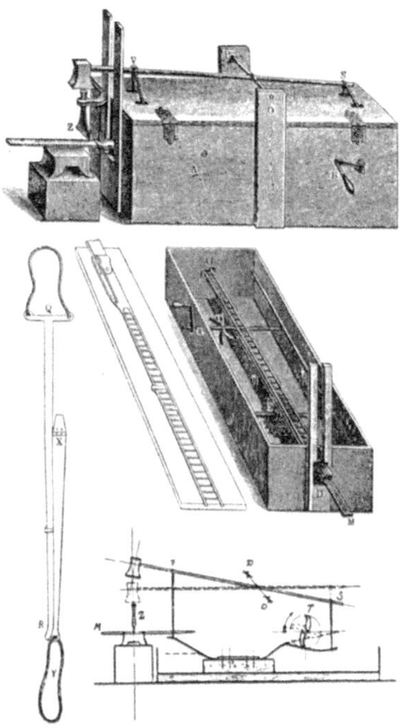

Abb. 130. Französische Haumaschine Jousse de la Flêche, 1627.

Am Ende der Antriebswelle sitzt ein zehnteiliges kleines Daumenrad, welches bei jeder Ein-Zehntel-Umdrehung einen langstieligen, meißelartig zugeschliffenen und gehärteten Stahlhammer auf die Feile fallen läßt, der dann die Feilenhiebe hervorbringt. Gleichzeitig wird bei weiterer Drehung der Antriebswelle der Schlitten, auf den die Feile gespannt ist, langsam fortbewegt, so daß ein Hieb gleichmäßig nach dem andern eingeschlagen wird."

Leonardo da Vinci hatte also die Absicht, die Maschine von vornherein durch Kraft in Bewegung zu setzen; in seinem Entwurf sind sogar Vorrichtungen zur Inbetriebsetzung durch Wasserkraft angedeutet. — Ob die Maschine jemals praktisch ausgeführt und in Gebrauch genommen wurde, ließ sich nicht feststellen; wohl kaum, denn in den folgenden Jahrzehnten ist von deren Verwendung nichts bekannt geworden. Jedenfalls ist die Konstruktion sehr lehrreich, die den Vergleich mit den französischen und schweizerischen Haumaschinen zu Anfang des 19. Jahrhunderts nicht zu scheuen braucht, und stellt dem Erfindungsgeist Leonardos ein glänzendes Zeugnis aus.

Die Skizzen zu dieser Maschine sind in allen Teilen sorgsam ausgeführt. Den grübelnden Techniker erkennt man an den verschiedenen Entwürfen der meißelartig zugeschärften Hämmer für geraden und schrägen Unterhieb sowie für den Oberhieb (Kreuzhieb).

1627 — Der französische Schlossermeister Mathurin Jousse de la Flêche, der nicht nur ein hervorragender Werkkünstler, sondern auch ein Meister der Feder war, veröffentlichte ein umfangreiches Werk über die Schlosserkunst „La fidelle ouverture de l'Art du serrurier 1627", in welchem er eine von ihm selbst erfundene Feilenhaumaschine beschreibt. Die obenstehende Abbildung zeigt die Konstruktion und Wirkungsweise der Maschine. Jousse de la Flêche führt im Gegensatz zu Leonardo da Vinci die Feile über einen feststehenden Amboß und verwendet schon an Stelle eines meißelartig zugeschliffenen Hammers Meißel und Hammer getrennt, d. h. er läßt die Hammerschläge auf einen in einen federnden Halter eingesetzten Meißel fallen, während nach jedem Hieb die Feile durch einen federnden Hebel, Zahnrad und Zahnstange um eine Hiebentfernung sich weiter vorschiebt. Sperrfedern verhindern die Rückwärtsbewegung der Feile.

Der Schlag des Hammers geschieht durch rotierende Daumen *T*, welche auf ein am Boden des Kastens befestigtes federndes Band drücken, an dessen Ende eine Schlinge eingehakt ist, welche ihrerseits das Ende des Hammerstieles bei *S* faßt und niederzieht. Dadurch wird der Hammer, der in den Lagern *op* schwebend gehalten wird, hochgehoben und fällt, sobald ein

Daumen von der Feder sich entfernt, durch sein Gewicht herunter. Dieser Schlag ist aber zu einem Feilenhieb noch nicht stark genug und so wird er durch ein zweites federndes Band, welches über eine weitere Schlinge bei *V* auf den Hammer wirkt, verstärkt, so daß er mit größerer Kraft auf den Meißel *Z*, welcher den Hieb auf der Feile hervorbringen soll, auffällt. Der ganze Mechanismus wird durch die Kurbel *B* an der Seite des Kastens angetrieben.

Diese Maschine hat wohl keine praktische Ausführung oder gar Verwendung gefunden, sie is im Entwurf steckengeblieben.

1683 — Im Jahre 1683 wurde das Modell der unter Abb. 131 abgebildeten Haumaschine, wohl französischer Bauart, ausgestellt, und zwar in der Ersten Maschinen-Ausstellung zu Paris in der „Rue de la Harpe vis-à-vis Saint Cosme".

Aus diesem Bild ist vor allem ersichtlich, daß der Konstrukteur der Maschine sich damals schon, also vor mehr als 240 Jahren, mit dem Gedanken befaßte, mehrere Feilen gleichzeitig zu hauen — eine Aufgabe, die bis zum heutigen Tage noch nicht vollkommen gelöst ist. Es braucht — wie schon die Abbildung zeigt — kaum erwähnt zu werden, daß diese Maschine niemals in Betrieb gesetzt wurde. Es soll jedoch ihre Beschreibung, da sie in dem offiziellen Ausstellungskatalog (Tafel II) der Ersten Maschinen-Ausstellung zu Paris 1683, von welchem noch ein Exemplar die Münchener Staatsbibliothek besitzt, erwähnt wurde, nicht vorenthalten werden. Sie ist veröffentlicht in dem Werke „Explication des Modèles des Machines et Forces Mouvantes, que l'on expose à Paris dans la Rue de la Harpe vis-à-vis Saint Cosme, Paris 1683". Sie lautet in deutscher Übersetzung abgekürzt wie folgt:

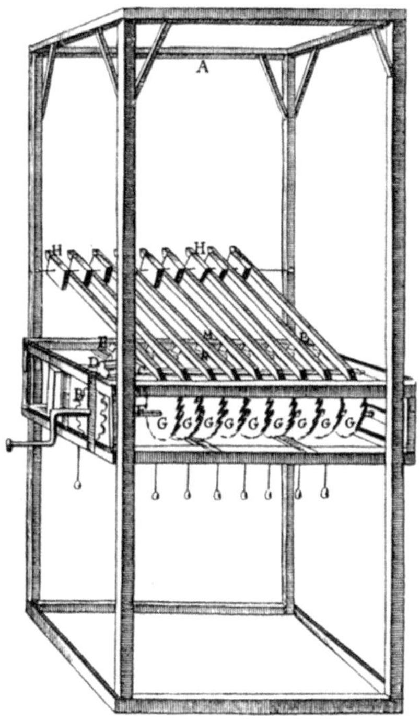

Abb. 131. Modell einer Haumaschine auf der Ersten Pariser Maschinen-Ausstellung 1683.

„Modell 2: eine Maschine zum Hauen einer größeren Anzahl Feilen zu gleicher Zeit und mit verschiedenen Hieben durch eine Mühle (Hauwerk). Es ist leicht die Nützlichkeit dieser Maschine zu beurteilen infolge der großen Leistung, die sie bei Feilen erzielt, man kann nicht genug die Schönheit (vorzügliche Konstruktion) dieser neuen Erfindung beachten.

A ist ein viereckiger Holzrahmen, welcher den viereckigen Aufbau einer Mühle in sich faßt, der aber selbst keinen Bestand der Maschine bildet.

B ist ein gezahntes Rad, welches in das Rad *D* des Hauwerkes eingreift. Es sitzt auf der Kurbelwelle, welche zum Antrieb der Maschine dient.

C ist die Welle, auf welcher das Zahnrad *D* sitzt, das mit dem Rad *B* im Eingriff steht. Auf dieser Welle sind in gleichen Abständen 8 besonders geformte Holzdaumen eingesetzt, jedoch nicht in einer geraden Reihe, sondern spiralförmig um die Welle herum.

EE... sind 8 Hammerstiele, deren Drehpunkte in einem Drittel ihrer Länge liegen. Am äußeren Ende des längeren Teiles tragen sie je einen Hammer, welche durch die Daumen auf der Welle *C* gehoben werden.

F ist eine feststehende Achse, auf welcher sich 8 drehbare Räder befinden, deren Zähne denen gleichen, welche die Uhrmacher „Rochers" nennen. Bei jedem dieser Räder befindet sich eine kleine Scheibe (Poule), welche sich mit dem zugehörigen Rad dreht und welche dazu dient, die Feile in dem Maßstab fortzubewegen, in dem sie gehauen werden soll. Diese Scheiben regeln die Hiebentfernung, denn je größer ihre Durchmesser sind, desto mehr Weg machen die Feilen, d. h. der Hieb wird weiter und dadurch auch gröber. Kleinere Scheiben geben engere Hiebe, weil sich die Feilen langsamer vorwärts bewegen. Gegenüber der Achse *F* ist eine andere ebenso unbewegliche befestigt, auf welcher 8 Sperrklinken *H* spielen, welche in die Räder *G* eingreifen und deren Zurückdrehen verhindern.

M sind 8 Meißelarme, die je einen Meißel an ihrem äußeren Ende tragen. Am entgegengesetzten Ende sind Bleigewichte angebracht, die etwas schwerer als die Meißel sind, damit letztere nach jedem Hammerschlag sich von selbst wieder von der Feile wegheben.

N sind die Ambosse, die unter jedem Hammer sich befinden, und auf welchen die Feilen gehauen werden.

Wenn die Maschine mit ihrer Arbeit einsetzen soll, dreht man mit der Kurbel das Rad *B*, welches gleichzeitig das Zahnrad *D* mit der Welle *C* in Bewegung setzt. Dadurch erfolgt das Heben der Hämmer der Reihe nach, welche, sobald der entsprechende Daumen seinen Hebel freigibt, niederfallen, auf die Meißel schlagen und den Hieb auf der Feile verursachen. Es ist zu beachten, daß durch den Umstand, daß die Daumen in Spiralen auf der Welle *C* angebracht sind, immer nur ein Daumen in Tätigkeit ist, welcher dann gleichzeitig das Vorlaufen des Rades *G* um einen Zahn bewerkstelligt. Weiter ist zu beachten, daß die Welle *C* eine ganze Umdrehung machen muß, bis alle 8 Hämmer gehauen haben, so daß das ganze Rad nicht mehr Widerstand findet, als das Gewicht eines Hammers.

Jedermann, der sich die Mühe geben wollte, die Maschine zu prüfen, wird viele Einzelheiten finden, die sehr eigentümlich und gut erfunden sind, und selbst beim Prüfen der Nützlichkeit ihres Gebrauchs darauf stoßen, wie man diese Maschine weiter ausbauen kann für sehr notwendige Erzeugnisse für die Öffentlichkeit. Der Maßstab ist, was den Rahmen *A* anbetrifft 1 : 4, d. h. er ist in Wirklichkeit 4 mal größer als das Modell. Die Hämmer wiegen je 30 Pfund und die Meißel sind der Größe der Feile angepaßt. Man muß gut beobachten, daß die Hämmer immer 30 Pfund wiegen und daß sie stets auf die gleiche Höhe gebracht werden. Die Schläge können, wenn die Hiebe feiner werden sollen, reguliert werden, indem die Gegengewichte auf den Meißelarmen größer genommen werden. Dadurch werden die Widerstände beim Schlagen auf die Meißel größer, der Schlag wird gebrochen und der Hieb abgeschwächt."

1699 — In dem berühmten französischen Werk „Recueil des Machines approuvées par l'Académie royale des sciences Tome I 1699" hat ein weiterer französischer Erfinder namens Duverger in Paris eine Maschine veröffentlicht, mit welcher es ebenfalls möglich sein sollte, mehrere Feilen gleichzeitig mit Hieben zu versehen.

Die Abb. 132 zeigt diese Maschine, welche durch ein Wasserrad angetrieben gedacht wurde. Der in dem obengenannten Werk hierzu mitgeteilte französische Text lautet in seinem wichtigsten Teil wie folgt:

„Man stelle sich eine Werkstatt vor, die an dem Ufer eines Flusses errichtet wurde. Auf dem linken Ufer werden 2 feste Säulen *C* und *D* — als Pfannenlager ausgebildet — errichtet, auf welche ein Wellbaum gelegt wird, der auf seinem Umfang 4 Reihen mit je 3 Hebedaumen *I* hat. Diese Hebedaumen wirken über die Stiele *N* auf die Hämmer *M*. An dem rechten Ende des Wellbaums ist das Wasserrad *FG* aufgesetzt, dessen Schaufeln dem Strom entgegenstehen.

An dem linken Ende *O* befinden sich 4 Vorschubdaumen über Kreuz montiert, derart, daß, wenn eine Reihe Hebedaumen ihre zugehörigen Hämmer hat schlagen lassen, einer der Vorschubdaumen in einen Zahn des Sperrades *R* greift und dieses ein Stück weiterdreht. Das Sperrad *R*, welches gegen Rücklauf von einer Sperrklinke *S* gehalten wird, befindet sich auf einer Welle, um welche ein Seil gewunden ist, das über die Welle *TV* in umgekehrter Wendung läuft. In der Mitte letzterer Welle ist noch ein zweites Seil bei *x* aufgelegt, das mit dem Schlitten *yz* — auf welchem die Feilen liegen — verbunden ist. Dieser Schlitten läuft frei auf einem Tisch. Über der Mitte des Tisches ist ein Brett *W* quer über die Feilen gelegt, welches die Führung der Meißel bildet, welch letztere wieder mit einer Feder *a* etwas von den Feilen weggehalten werden. Sobald die Hämmer einen Schlag gemacht haben, werden sie wieder gehoben, gleichzeitig aber auch die Meißel durch ihre Federn, so daß die Feilen zum weiteren Vorschub frei werden. Die Stärke der Walzen, über welche das Seil gewunden ist, werden je nach der Gröbe des Hiebes gewählt. Die obere Figur zeigt den Vorgang des Hauens noch etwas anschaulicher."

In der Theorie mag die Möglichkeit, mit einer solchen Maschine Feilen zu hauen, gegeben sein, in der Praxis aber wird sie wohl niemals gearbeitet haben, denn der Schlag auf einen in einem Holzbrett lose geführten Meißel ist weder regulierbar noch einstellbar und auch viel zu schwach und zu unsicher, um einen richtigen Hieb hervorzubringen. Außerdem ist die Art des Schlittenvorschubes mehr als primitiv. Es konnten mit der Maschine höchstens Vertiefungen, aber keine Hiebe in die Feilen gehauen werden, da ein Amboß vollständig fehlt. Duverger selbst soll diese Fehler bald eingesehen und im Jahre 1735 eine Maschine an die Öffentlichkeit gebracht haben, die in Fachkreisen schon mehr Aufmerksamkeit und Interesse erweckte.

Abb. 132. Französische Haumaschine „Duverger" 1699.

Aus der Beschreibung der vorangegangenen beiden Maschinen geht hervor, daß der Erfinder des Pariser Ausstellungsmodelles und Duverger sich schon vor einigen Jahrhunderten die schwierigsten Aufgaben in der Feilenfabrikation gestellt haben. Es ist, trotzdem auch in neuerer Zeit viele Versuche mit dem gleichzeitigen Hauen von mehreren Feilen gemacht wurden, noch nicht gelungen, dieses Problem endgültig zu lösen. Nur einige Punkte, über welche man bis heute noch nicht hinwegkam, seien hierzu kurz angeführt:

1. Dem Schmied gelingt es niemals, alle Angeln und Spitzen genau gleich zu schmieden, dadurch entstehen schon Schwierigkeiten beim Anfang und Aufhören des Hauens der Feilen.

2. Je feiner die Hiebe gehauen werden sollen, je größer werden die Schwierigkeiten beim Hauen. Aus der Praxis weiß jeder Fachmann, wie schwer und kostspielig es ist, eine ganze Anzahl Feilen im Querschnitt und in der Form genau gleich herzustellen, was eine Grundbedingung für das gleichzeitige Hauen mehrerer Feilen ist.

3. Ein Walzwerk liefert niemals genau gleiche Querschnitte, weil dies technisch kaum möglich ist.

4. Die Feilen können noch so gut ausgeglüht sein, immer wieder werden sich solche mit harten Stellen zeigen, an welchen beim Hauen ein Meißel ausbricht. Die Maschine muß dann abgestellt werden und dadurch entsteht sofort eine Reihe Ausschußfeilen.

Abb. 133. Schwedische Haumaschine „Polhem" 1715.

5. Wollte man die Feilen auf der Haumaschine vor dem Hauen übereinstimmend einstellen, so würde zu viel Zeit verloren gehen. Auch die Patronen (halbrunde Schlittenbette), auf denen die Feilen aufliegen, können sich niemals so leicht und rasch drehen, wie dies beim schnellen Hauen der Feilen erforderlich ist. Werden zu ihrer leichten Beweglichkeit Rollen oder Kugeln als Unterlagen verwendet, so leidet darunter der beim Hauen der Feilen so nötige satte Schlag, der erst das richtige Aufwerfen der Hiebe (Zähne) bewirkt.

1715 — Abb. 133 zeigt eine Original-Feilenhaumaschine, welche um das Jahr 1715 von dem bekannten schwedischen Ingenieur Christopher Polhem gebaut wurde*). Eine Beschreibung dieser Maschine, welche heute in der Kgl. Technischen Hochschule zu Stockholm steht, ist in dem Werk „Christopher Polhem, Minnesskrift, utgiven av Svenska Teknologföreningen", 1911 S. 121—169 abgedruckt. Die Originalzeichnungen zu dieser Maschine wurden erst in den letzten Jahren in der Bibliothek Fullerö — ein Fideikommiß des Grafen Cronstedt, der Polhems Assistent war, vorgefunden.

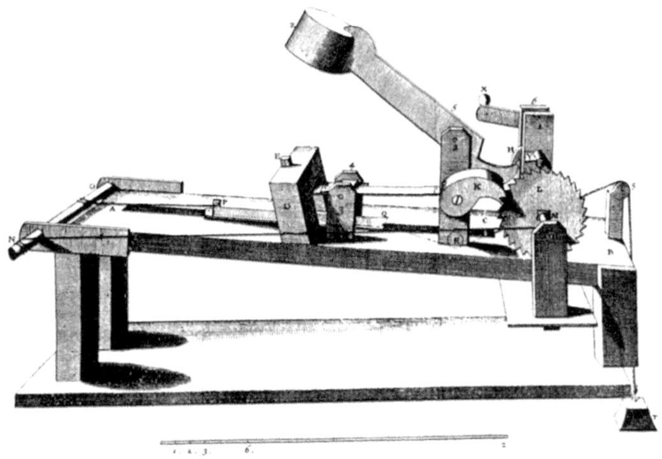

Abb. 134. Französische Haumaschine „Fardoüel" für mittlere Feilen (Seitenansicht) 1725.

Auch diese Maschine zeigt, daß zu Anfang des 18. Jahrhunderts der Gedanke, mehrere Feilen gleichzeitig zu hauen, viel weiter verbreitet war, als dies heute der Fall ist. Man hoffte immer wieder, eine Reihe von Feilen gleichzeitig hauen zu können, da man sich damals den großen im Wege stehenden Schwierigkeiten noch nicht bewußt war.

*) (Abbildung von Quellenforschungen-Feldhaus, Berlin-Friedenau.)

1725 — In dem schon erwähnten Werk „Recueil des Machines approuvées par l'Academie royale des sciences, Tome IV" veröffentlichte Fardoüel im Jahre 1725 zwei weitere französische Feilenhaumaschinen. Die erstere ist durch die Abb. 134 (Seitenansicht) und 135 (Schnitt und Draufsicht) dargestellt und wird von Hand durch eine Kurbel *X* in Bewegung gesetzt.

Diese Maschine ist, wie diejenige von Duverger (Abb. 132) ebenfalls noch äußerst primitiv ausgeführt worden. Der größere Teil besteht aus einer Holzkonstruktion, und der Schlitten, auf welchem die Feile liegt, findet in dem Maschinentisch seine Führung. Der Vorschub wird wie bei Duverger durch Zahnrad, Holzwellen und dünne Seile betätigt und der Meißel *E* in einem Holzrahmen *D* geführt. Hochgehalten wird dieser während des Vorschubs der Feile nicht etwa durch eine Feder, sondern zwangsläufig durch einen auf der Daumenwelle angebrachten Backen *G* und eine Lamelle *C* (Abb. 135).

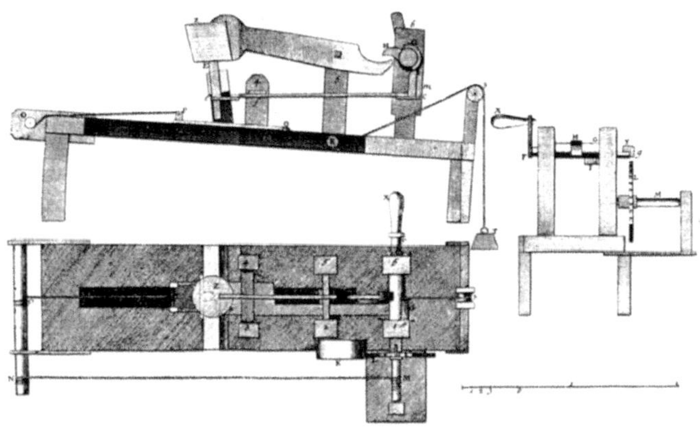

Abb. 135. Französische Haumaschine „Fardoüel" 1725 (Schnitt und Draufsicht).

Die zweite Maschine, Abb. 136, welche in demselben Jahr veröffentlicht wurde, zeigt gegenüber der ersten einen schon ganz wesentlichen Fortschritt. Der Schlitten *W* mit der Feile wird durch Zahnrad und Zahnstange fortbewegt, und der Meißel *Q* ist in einer Feder schon solider befestigt.

Dagegen werden zur Bedienung der Maschine beide Hände in Anspruch genommen. Mit der Kurbel *Y* in der rechten Hand wird der Hammer bewegt, während die linke Hand nach jedem Hammerschlag den Feilenschlitten *W* mit der Kurbel *Z* und der Teilscheibe *P* um Hiebabstand weiterschiebt. Die Teilscheibe hat drei Reihen Stiftlöcher, so daß jede gewünschte Hiebteilung einstellbar ist. Die Hämmer *R* und *Z* müssen je nach Hiebgröbe auswechselbar sein.

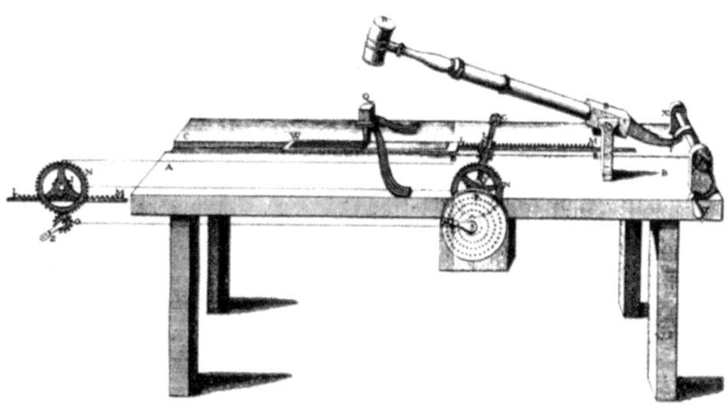

Abb. 136. Französische Haumaschine „Fardoüel" 1725 für kleine Feilen.

Hierzu soll noch bemerkt werden, daß das Hauen mit diesen Maschinen so umständlich und so langwierig gewesen sein muß, daß man selbst wenn sie im Betrieb waren, bald wieder nach besseren Maschinen Umschau halten mußte. Die erste Maschine war zum Hauen großer Feilen, die andere zum Hauen kleiner Uhrmacherfeilen bestimmt.

1725 — In demselben Jahre wurde eine weitere Feilenhaumaschine von einem Franzosen, namens Fardonet, erfunden.

Die schon im Anfang des 18. Jahrhunderts in Frankreich immer mehr aufkommende Uhrenindustrie verlangte sehr frühzeitig sorgfältig hergestellte Präzisionsfeilen, und da bis zu diesem

Zeitpunkt immer noch keine geeigneten Haumaschinen vorhanden waren, gingen die Uhrmacher selbst daran, sich kleine Maschinen zu bauen, auf welchen alle damals vorkommenden Formen teilweise schon mit sehr feinen Hieben gehauen werden konnten.

1741 — Im Jahre 1741 beschrieb Thiout l'aîné im Band I eines ebenfalls bekannten Werkes „Traité de l'Horlogerie Méchanique et Pratique, approuvé par l'Academie Royale des Sciences, Paris"

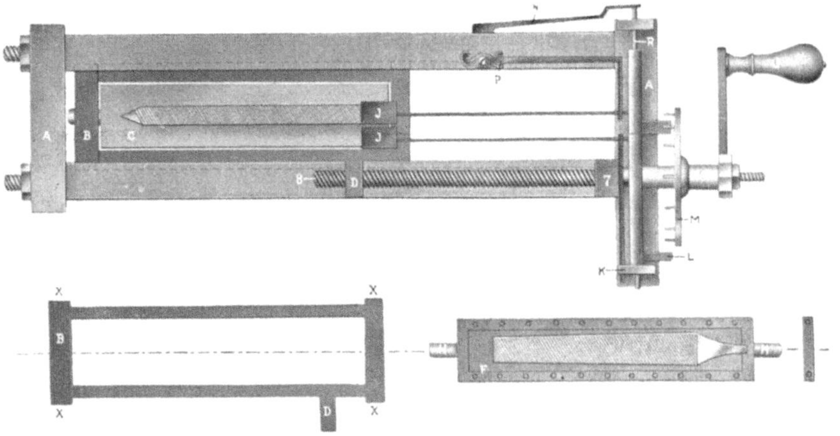

Abb. 137. Französische Haumaschine Thiout l'aîné 1741. (Draufsicht).

eine französische Haumaschine, welche gegenüber den vorhergegangenen Maschinen weitere Verbesserungen zeigte. Es war zu jenen Zeiten in der Feilenbranche unerfahrenen Leuten nicht ganz leicht, Haumaschinenverbesserungen hervorzubringen, und wohl erst nach vielen Versuchen wird es Thiout gelungen sein, die im folgenden beschriebene Maschine, Abb. 137 und 138, herzustellen.

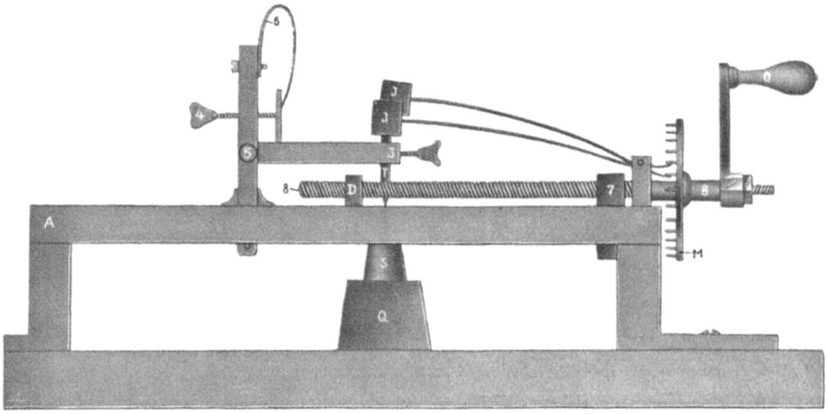

Abb. 138. Französische Haumaschine Thiout l'aîné 1741. (Seitenansicht).

„*AA* ist ein starkes mit 4 Schrauben zusammengehaltenes Rahmengestell auf einer Werkbank oder auf dem Boden befestigt.

B ist ein Schlitten, welcher mit seinen 4 Zapfen *X* in dem Rahmengestell seine Führung hat. In diesem Schlitten ist das Feilenbett *C* so gelagert, daß es sich frei um seine Zapfen *HH* drehen kann. Auf letzterem ist eine Unterlage *F* aus Zinn aufgeschraubt, damit der auf einer Seite fertiggehauene Feilenhieb beim Hauen der anderen Seite nicht beschädigt wird.

8. 8. ist eine Gewindespindel, welche in einem Lager *7* ihre Führung hat und den Schlitten *B* durch den Mitnehmer *D* hin- und herbewegt. Am Ende dieser Spindel ist ein Daumenrad *M* aufgekeilt, welches auswechselbar ist und je nach der verlangten Hiebteilung die Anzahl der Daumen zum Heben der Hämmer aufnimmt. *RK* ist eine Schlagwelle, welche nach einer Seite hin verschoben werden kann.

J J sind die Hämmer, welche auf den verstellbaren Meißel *T* ihre Schläge abgeben. Wenn eine Seite der Feile mit dem Unterhieb versehen ist, so wird der Meißel *T* auf Oberhiebstellung gedreht, die Schlagwelle *RK* gegen die Feder *N* zurückgeschoben, und in dieser Stellung festgehalten. Die Folge ist, daß der zweite Hammer mit der Nase *L* durch Linksdrehen der Kurbel *O* in Tätigkeit tritt und im Rückwärtsgang des Schlittens der Oberhieb gehauen wird. Die Maschine arbeitet also im Vorwärts- und im Rückwärtsgang und erspart dadurch Zeit. So viele Daumen im Rad *M* eingesetzt werden, so viele Schläge macht der Hammer auf die Feile während einer Umdrehung. Werden 2 Daumen eingesetzt, so kommen auf eine Umdrehung der Spindel, d. h. auf eine Gewindesteigung 2 Schläge, werden 10 und mehr Daumen eingesetzt, so erhält man 10 und mehr Schläge bei einer Umdrehung, d. h. die Hiebgröbe wird durch die Daumenzahl im Rad *M* bestimmt. Damit gute und satte Hiebe erzeugt werden, wurde unter das Feilenbett *C* ein auf einem Quader stehender Amboß *S* gestellt, welcher die Schläge aufzufangen hat. Sobald ein Hammer den Meißel verläßt, schnellt dieser durch die Feder *6* aus dem Hieb heraus, damit die Feile unbehindert bis zum nächsten Schlag (Hieb) sich weiterschieben kann. Die Hämmer können je nach Bedarf bzw. Hiebgröbe ausgewechselt werden und der erfahrene Künstler wird sich die Maschine so einrichten, daß gute Feilen unter ihnen gehauen werden können."

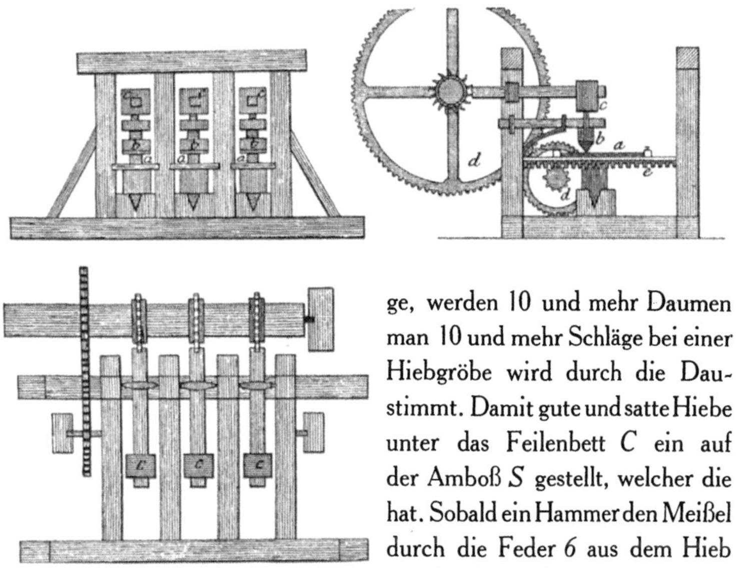

Abb. 139. Alte Haumaschine um etwa 1750.

Aus vorstehender Beschreibung ist ersichtlich, daß diese Maschine schon mehrere Verbesserungen aufweist. Vor allem erhielt sie, wie dies Leonardo auch schon vorgeschlagen hat, eine Spindel, welche einen regelmäßigen Vorschub gewährleistet. Sie wird auch die erste Maschine gewesen sein, welche ein bewegliches Feilenbett erhielt. Allerdings wurde dieser Vorteil durch einen unter das Bett gestellten Amboß wieder aufgehoben. Außerdem legt Thiout schon einen Zinnstreifen unter die Feilen, um die bereits gehauenen Hiebe möglichst zu schonen. Trotz dieser Verbesserungen, welche Thiout sich ausgedacht hat, gelang es immer noch nicht, eine gute Feile zu hauen, denn es mangelte, wie bei allen vorangegangenen und mancher noch kommenden Maschine, an der nötigen Regulierbarkeit der Schläge, der richtigen Einstellung der Meißel und an den richtigen satten Unterlagen, welche für das Aufwerfen der Hiebe (Zähne) unerläßlich sind.

1750 — In dem bekannten Werk „La Sidérotechnie par J. H. Hassenfratz, Paris 1812, Tome IV" steht eine allgemeine Beschreibung von Feilenhaumaschinen, welcher die obenstehende Abb. 139 beigefügt ist. Diese Maschine dürfte meines Erachtens aus der Mitte des 18. Jahrhunderts stammen.

Sie ist eingerichtet zum Antrieb durch ein Wasserrad oder eine Windmühle und soll 3 Feilen gleichzeitig hauen. Die Maschine kann, da der Vorschub des Schlittens schon mit Zahnrad und Zahnstange bewirkt wird, als eine verbesserte Duverger-Maschine (Abb. 132) angesehen werden.

1750 — In einem zusammenfassenden französischen Werke „Histoire de l'Academie Royale des Sciences" 1750, S. 169 ist leider ohne Abbildung eine Feilenhaumaschine beschrieben, welche von einem Schlossermeister M. Chopitel in Paris entworfen wurde. Die Beschreibung lautet wie folgt:

„Alle Bewegungen dieser Maschine werden verursacht durch eine Schraube ohne Ende und mit gezahnten Rädern. Diese Maschinenteile und die zur Maschine verwendeten Feilenhauermeißel sind dauerhaft hergestellt und geben gute Resultate. Außerdem haut die Maschine Feilen im Vorwärts- und im Rückgang des Schlittens."

Diese von Chopitel erfundene Maschine soll eine der ersten Maschinen sein, welche wirklich in Betrieb gekommen ist und Feilen gehauen hat. Dazu berichtet noch Poncelet in einer Beschreibung der Londoner Ausstellung 1851, in welcher Chopitels neue Feilenhaumaschine ausgestellt war, S. 14, „daß die Essonnes-Werke 2 hydraulische Räder (Wasserräder) ausgestellt hatten, von welchen eines verschiedene Hämmer, das andere eine Feilenhaumaschine antrieb, die von der Academie Royale des Sciences geprüft und bestätigt war". Es war dies die Maschine von Chopitel, welcher im Jahre 1751 auch das Walzen von Profileisen erfand.

1752 — Das älteste englische Patent auf eine Feilenhaumaschine erhielt am 9. April 1752 Timothy Lightoler aus Warwick. Aus der kurzen Patentschrift, welcher leider keine Abbildung der Maschine beigefügt ist, geht hervor, daß es sich um eine Haumaschine handelte, welche durch einen Riemen mit Wasser- oder Pferdekraft oder von Hand angetrieben werden sollte. Auf der Antriebswelle war ein Daumenrad aufgesetzt, welches durch seine Daumen den Schwanz eines Hammerstieles, der zwischen Spitzen gelagert ist, in Tätigkeit setzte.

Unter dem Feilenschlitten der Maschine war ein Kettenrad angebracht, dessen Kette mit den beiden Enden des Schlittens verbunden war und den Schlitten je nach der Länge der Feile unter dem Meißel hin- und herbewegen konnte. Während des Vorschubes schlug der Hammer seine Schläge auf den Kopf des Meißels zur Erzeugung der Hiebe. Wenn die Feile bis zum Angel gehauen war, bewirkte ein am Schlitten angebrachter Anschlag das Hochhalten des Hammers, damit der Schlitten in seine Anfangslage zurückkehren, der Arbeiter die gehauene Feile herausnehmen und eine neue einsetzen konnte.

1756 — In dem schon genannten Werk „Histoire de l'Academie Royale des Sciences" vom Jahre 1756 ist noch eine weitere Feilenhaumaschine — leider auch wieder ohne Abbildung — verzeichnet, deren Beschreibung, wie folgt, lautet:

„Eine Feilenhaumaschine wurde gezeigt von Herrn Brachet, Uhrmacher in Versailles. Es findet sich bereits eine Maschine dieser Art vor, welche von der Akademie für einen Herrn Fardoüel geprüft wurde und welche viel ähnliches mit dieser hat. Man hat jedoch gefunden, daß die Bewegung der Feile in der Maschine des Herrn Brachet eine andere ist, eine vollkommenere, denn man kann sie ganz nach Willkür ändern. Der Erfinder hat verschiedene sehr sinnreiche Methoden angewandt, um das Ziel und die gewünschte Präzision zu erreichen. Obgleich das Modell, das der Akademie vorgeführt worden ist, nicht als absolut vollkommen anzusprechen ist, so haben die Kommissare, die mit der Prüfung betraut wurden, doch Feilen damit gehauen. Sie haben die Feilenhaumaschine sehr gut befunden und Herr Brachet hat mehrere Zeugnisse von Kaufleuten und Arbeitern gezeigt, welche sich sehr befriedigt aussprachen über das, was er geliefert hat. Man glaubt, daß diese Erfindung nicht nur eine Vereinfachung der Konstruktion der Maschinen bringt, sondern daß sie ebenso nützlich für die Feilen ist."

1762 — In der Encyclopédie Méthodique von Panckoucke, Paris 1791 sind in dem Abschnitt „L'Art de la taillanderie" (Kleinschmiede- und Eisenwaren) 4 Typen von Feilenhaumaschinen beschrieben, leider aber den Beschreibungen wieder keine Abbildungen beigegeben. Der lange Text kurz zusammengefaßt gibt ein Bild, wie Feilenhaumaschinen im großen ganzen beschaffen sein sollen und welche Konstruktionen bisher ausgeführt wurden. Eingehender hat sich Panckoucke dann mit einer Feilenhaumaschine beschäftigt, welche der Pariser Schlossermeister Durand im Jahre 1762 erfunden hat. Die Beschreibung dieser Maschine soll hier wiedergegeben werden, weil sie jedem Fachmann zeigt, daß es schon damals immer wieder Erfinder gab, welche leider viel Zeit und Geld vergeudeten, um nahezu unlösbaren Problemen unnötigerweise nachzujagen. Wie schon erwähnt, ist es bis heute trotz vieler Versuche noch nicht einmal gelungen 2 kleine Feilen einwandfrei gleichzeitig zu hauen, geschweige denn 3 und mehr Feilen.

Auf Durands Maschine sollten, wie er sich einbildete, alle Sorten Hiebe von dem gröbsten bis zum feinsten gehauen werden können, und zwar durch eine einfache Auswechslung von „Daumenscheiben (étoiles) bzw. Eisenstücken mit mehreren Strahlen (morceaux de fer à plusieurs rayons)". Durch den von ihm erfundenen Mechanismus, durch welchen man einen Handhauer vollständig ersparen könnte, sollte es möglich sein, zum mindesten 8 Armfeilen oder sonstige große Feilen auf einmal, und zwar durch die Tätigkeit eines einzigen Mannes an der Kurbel der Maschine zu hauen. Die Maschine soll außerdem die Eigenschaft haben, alle deutschen und englischen Formfeilen, sowie auch Aufhaufeilen zu hauen. Durand ging mit voller Überzeugung noch weiter, es sollen sogar bis zu 25 Feilen auf einmal gehauen werden können. Der Hauptteil der Maschine ist ein geeigneter Schlitten, auf welchem die Feilen aufgespannt werden. Dieser wird fortbewegt durch einen Trieb mit Zahnrad und Zahnstange. Meißel und Hammer sind je auf einem besonderen Stiel aufmontiert, der Meißel wird kurz vor dem Hammerschlag selbsttätig auf die Feile aufgesetzt. Beide Teile müssen jederzeit nach Bedarf rasch und leicht ausgewechselt werden können. Der Entwurf dieser „ingeniösen" Maschine wurde von der Akademie der Wissenschaften in Paris am 20. August 1762 anerkannt, da festgestellt wurde, daß mit jeder gewünschten Regelmäßigkeit bzw. Genauigkeit gehauen werden kann, und daß die Feile einen Hieb erhält, welcher diese äußerst dauerhaft macht.

1770 — Bis zur Mitte des 18. Jahrhunderts war nicht festzustellen, wie weit inzwischen die Fabrikation von Haumaschinen in Deutschland, England und der französischen Schweiz gediehen war. Englische Haumaschinen wurden um diese Zeit sicher schon gebaut und waren vielleicht auch schon im Betrieb, während man von deutschen Konstruktionen noch nichts zu hören und sehen bekam.

Es wurden nicht nur in Frankreich und England, sondern auch in Deutschland wiederholt und zum Teil hohe Preise für eine brauchbare Feilenhaumaschine ausgesetzt, da das Verlangen nach guten Feilen immer dringender wurde. Im Jahr 1770 hat die Landwirtschaftliche Gesellschaft zu Zelle dem Commissair Schrader zu Lauenstein einen Preis von 100 Rthlr. ausgesetzt für eine Maschine, welche grobe und feine Feilen einzeln oder mehrere zugleich zu hauen imstande sei. Dr. J. G. L. Blumhof, welcher diese Mitteilung in seiner „Encyklopädie für Eisenhüttenkunde" brachte, teilte kurz mit, daß ihm von dieser zum Preise ausgeschriebenen Maschine nichts weiter bekannt geworden sei, da offenbar sich niemand fand, der sich mit dem Bau einer solchen Maschine beschäftigen wollte.

1777 — D. Johann Georg Kruenitz schreibt in seiner „Oeconomischen Encyclopädie oder allgemeines System der Staats-, Stadt-, Haus- und Landwirthschaft" im Jahre 1777:

„Die Engländer haben eine Haumaschine, welche durch Wasser bewegt werden soll und einen doppelten Mechanismus hat, doch sind aus freier Hand gehauene Feilen besser, aber auch teurer. Man hat öfters, jedoch allemal fruchtlos den Versuch gemacht, Feilen mit Maschinen zu hauen und dieses ist unweit Newcastle durch ein neues Beispiel erwiesen worden. Es ist falsch, die Güte und Wohlfeilheit der englischen Feilen den Haumaschinen zuzuschreiben. Jedoch ist an der Möglichkeit und Nutzbarkeit von solchen Maschinen nicht zu zweifeln."

Interessant ist noch eine nachfolgende Abhandlung über Feilen im allgemeinen. Kruenitz beklagt sich u. a. bitter darüber, daß die deutschen Feilenhauer eine so schlechte Arbeit liefern und verlangt, daß die Landespolizei zum Besten des Staates sowohl, als auch zur Unterstützung und Beförderung dieser Profession das Nötige tun solle. Die deutschen Feilenhauer müssen so gut arbeiten wie die englischen, und dann könne die Einfuhr englischer Feilen verboten werden.

1777 — Der Mechanikus Klinkwort in Göttingen erfand eine Maschine zum Feilenhauen, welche Professor Beckmann laut seiner Versicherung im 1. Stück des 7. Bandes seiner lehrreichen Phys. ökon. Bibliothek, S. 69 gesehen hat und bei welcher die Hand den Hammer führen muß. Leider war keine weitere Beschreibung nebst Zeichnung mehr zu finden.

1778 — Gamain brachte eine neue Feilenhaumaschine heraus, von welcher bis heute keine Veröffentlichung gefunden werden konnte.

Im 1. Teil von „Johann Gottfried Jacobssons Technologischem Wörterbuch, Berlin und Stettin 1781" ist folgendes über Haumaschinen zu lesen:

1781 — „Ob die Feilenhauermaschine der Engländer etwas zur Verbesserung der Feilen beiträgt, läßt sich nicht beurteilen, weil sie in Deutschland nicht genügend bekannt ist. Die Maschine soll durch das Wasser bewegt werden und einen doppelten Mechanismus haben. Der eine treibt den Meißel und der andere bewegt die Feile dem Meißel entgegen, wie die Sägemühle den Baum der Säge entgegenführet. Es wäre zu wünschen, daß diese Maschine, da sie in Dänemark schon eingeführt ist, auch in Deutschland bekannt und eingeführt würde, weil man dadurch sehr vieles Geld im Lande erhalten könnte, welches für unentbehrliche englische Feilen herausgeschickt werden muß."

Jacobsson bemerkt noch dazu: „daß die englischen Feilen einen sehr großen Vorzug vor den deutschen Feilen haben und man bis jetzt in Deutschland noch nicht imstande ist, diese ebenso gut zu machen. Deswegen können alle vorzüglichen Eisen- und Metallarbeiter wie Uhrmacher, Goldschmiede usw. keine anderen als englische Feilen gebrauchen. Diese werden vor dem Hauen auf einer Schleifmühle abgeschliffen und dadurch kann der Meißel auf der ebenen Fläche weit sicherer und feiner hauen als auf einer rauhen. Die deutschen Feilen werden vor dem Hauen nur gut abgefeilt und außerdem hauen die englischen Feilenhauer ihre Feilen nicht vom Angel, sondern von der Spitze aus und erhalten dadurch einen gleicheren und feineren Hieb. Die deutschen Feilenhauer geben dies zu, aber es fehlt ihnen an der nötigen Übung."

Als Jacobsson diese Zeilen veröffentlichte, scheint er u. a. vielleicht schon an den Straßburger Großuhrmacher Joh. Ph. Maybaum gedacht zu haben, welcher sich längere Zeit mit dem Gedanken beschäftigte, eine Haumaschine herauszubringen, aber im Entwurf immer wieder stecken blieb. Die „Göttingischen Anzeigen von Gelehrten Sachen unter der Aufsicht der Königl. Gesellschaft der Wissenschaften", 56. Stück, S. 489, schrieben am 10. Mai 1770 hierüber wie folgt:

„Bei der Versammlung der Kgl. Societät der Wissenschaften den 5. Mai teilte Herr Hofrat Kästner eine Nachricht von einer Maschine Feilen zu hauen mit, die ein Großuhrmacher in Straßburg Joh. Phil. Maybaum erfunden, und davon einen Aufsatz übersandt. Ein Wendelbaum, wie es der Verfertiger nennt (eine liegende Welle), so mit einer Handhabe versehen ist, treibt vermittelst zweier Hebarme 2 große Hämmer, die auf 2 kleinere (Meißelhämmer) fallen, und den Stahl beschlagen, welcher nach und nach über 2 Ambosse gezogen wird. Das eine Stück Stahl wird in halb so viel Zeit fertig wie das andere und es können so mehrerlei Arten von Feilen gehauen werden, die in der Feine unterschieden sind, der Hieb in die Feilen kann nach Gefallen feiner oder gröber gemacht werden, auch könnte eben der Wendelbaum mehr Hämmer treiben. Wenn ein Stück Stahl völlig ausgeschlagen ist, wird solches durch den Klang eines Glöckchens angezeigt und durch eben dieselbe Bewegung der große Hammer durch einen Vorfall eingehalten. Den Stahl nach und nach über den Amboß zu treiben, bewegt der Hauptwendelbaum Räder und andere Wendelbäume, die endlich durch Hebärme den Stahl forttreiben. Ein Schwungrad gibt der Maschine eine gleichförmige Bewegung und sie ließe sich leicht mit einem Luftrade an einem Fenster bewegen. Die Beschreibung setzt zwar nicht in Stand die Maschine gründlich zu beurteilen, zeigt aber doch so viel gute Einsichten, daß man des Verfertigers Geschicklichkeit und Fleiße Aufmunterung zu wünschen hat."

Wenn diese Maschine zur Ausführung gekommen wäre, so wäre sie sicher in kürzester Zeit entweder auf einem Maschinenfriedhof gelandet oder auf Grund nach und nach gesammelter Erfahrungen umgebaut worden.

1788 — Wenige Jahre später wurde die Konstruktion einer deutschen Feilenhaumaschine veröffentlicht, welche der Mechanikus Klingert aus Breslau im Jahre 1788 gebaut hat. Da diese Maschine vermutlich die erste in Deutschland zur Ausführung gebrachte Maschine ist, mit welcher auch Feilen gehauen worden sein sollen, so will ich deren Beschreibung nicht vorenthalten. Sie lautet:

„Berlinisches Journal für Aufklärung.
Herausgegeben von S. N. Fischer und A. Riem
Zweyten Bandes, erstes Stück
Januar 1789
IV.
Neue Erfindung.

Beschreibung einer Feilhauermaschine nach beiliegender Zeichnung. (Abb. 140.)

a. Amboß; *b.* Feile; *c.* Meißel; *d.* die Hülse mit ihrem Arm, worin der Meißel steckt, der durch eine Schraube an der vorderen Seite festgeschraubt wird. (Diese ist in der Zeichnung nicht zu sehen.) *ee* zwei Arme, um dem Meißel die Richtung, vermöge der Schraube *x* und eines Gewichtes, so an den Haken angehängt wird, zu geben. *f* die Schraubenmutter mit dem Feilkloben, so aus zwei Hälften bestehet, und mit einem Keile aber zusammengehalten werden, welcher in der Zeichnung von dem Seitenarm verdecket wird. Daß diese Schraubenmutter aus zwei Teilen bestehet, dient erstlich dazu, daß solche vermittelst des Keiles immer gedrange auf der Schraube *g*, worauf solche gehet, ist, und die Feile, so im Feilkolben befestiget worden, unter dem Meißel wegzieht; zweitens dienet solches dazu, wenn die Schraubenmutter mit dem Feilkloben wieder vorwärts gebracht werden soll, so kann dieses gleich geschehen, ohne solche wieder bis vorne zu schrauben, welches sonst verweilen würde. *h* das Stoßrad, so an der Schraube *g* befestiget ist, *i* der Stoßarm. *k* die Feder, so den Stoßarm in die Zähne drückt. *l l l* drei Schuber, welche dienen, um den Hebel *m*, vermöge des darauf gehenden Schubers *l*, zu verlängern oder zu verkürzen, dadurch dann mehr oder weniger Zähne vom Rade herumzustoßen sind, wodurch also grobe oder feine Feilen auf dieser Maschine verfertiget werden können. *n* der Hammer. *o* die Krumkurbel mit zwei Tangenten und dem Schwunge *p*. *q* der Tritt, durch welchen die Maschine sitzend leicht in Bewegung erhalten wird; *r r r* sind Löcher, um dem Meißel die gehörige Neigung gegen die Feile zu geben, indem die Welle *s* höher oder niedriger geschraubt wird.

N.B. Zur Schräge des Hiebes müssen die Meißel bei dem Schmieden nach Belieben gedrehet werden, auch gehet die Feile, welche gehauen werden soll, zwischen zwei Schrauben, so an dem Amboß befestiget sind, damit solche dem Meißel nicht ausweichen kann, und um die Meißelschneide in der Zeichnung nicht zu verdecken, sind solche weggelassen worden.

Ferner wird bei dem Einspannen einer Feile der Hammer von dem Meißelarm in der Höhe gehalten, weil letzterer untergestützt werden kann, um solches bequem zu verrichten.

Breslau. Klingert,
Mechanikus.

Ich glaubte, diese nützliche Erfindung mitteilen zu müssen, weil die Proben, die ich von der Güte dieser Maschine habe, ohne Tadel sind und bei mir nachgesehen werden können. Auf Verlangen erbiete ich mich, ein Modell dieser Maschine zu verschaffen. Riem."

Die Feilenhaumaschine des Herrn Klingert besteht also aus einem auf 3 Füßen stehenden Block, dessen Oberfläche ein Rechteck bildet, worauf sich die Maschine nach obiger Beschreibung aufbaut. Zwischen den beiden linken Säulen, auf welchen die Kurbelwelle und der Antrieb aufmontiert sind, befindet sich wohl zum erstenmal ein kräftiger Amboß. Die beiden rechten Säulen tragen den Hammer mit einem Stiel, welcher sich der Länge nach je nach Bedarf verschieben und feststellen läßt. Von der Hammerstielachse aus wird der Vorschub der Feile auf dem Amboß bewirkt. Zwischen den Säulen ist der ebenfalls verstellbare Meißelhalter eingebaut.

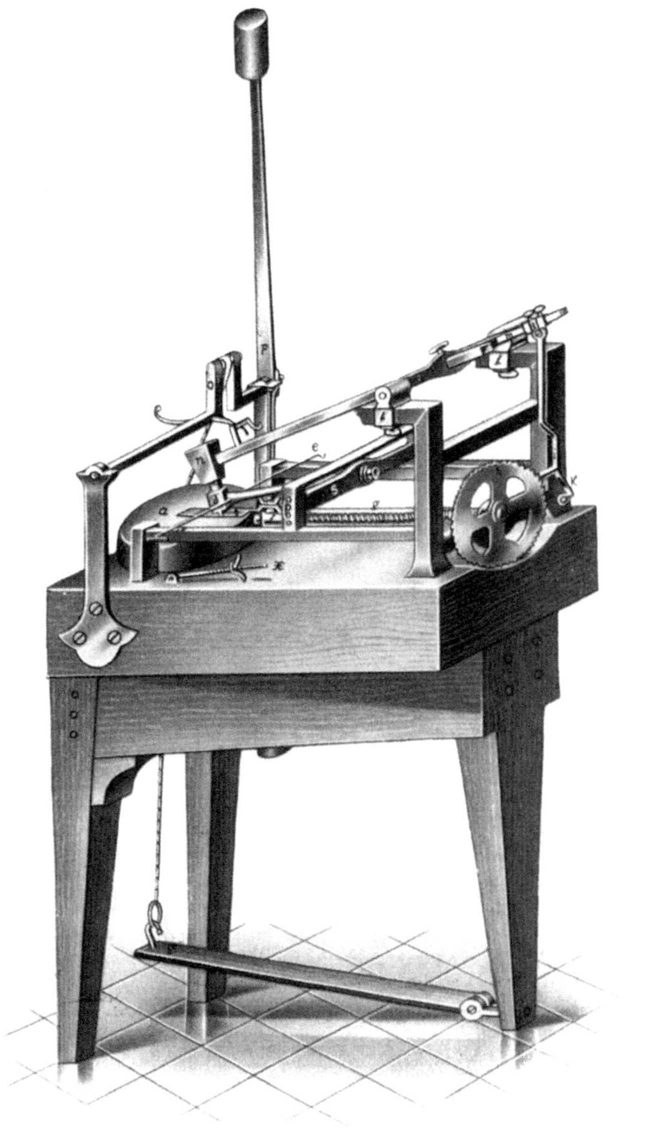

Abb. 140. Haumaschine „Klingert" 1788. (Berlinisches Journal f. Aufklärung 1789.)

Ob und wie weit diese erste deutsche Feilenhaumaschine sich bewährt hat, darüber ist nichts bekannt geworden, doch der Beschreibung und der Konstruktion nach wird es möglich gewesen sein, daß flache Feilen, wenn auch nur versuchsweise, unter ihr gehauen wurden.

1789 — In dem 1. Band der „Transactions of the American Philosophical Society, held at Philadelphia 1789" steht die Beschreibung einer englischen Feilenhaumaschine, deren Modell vorgenannter Gesellschaft durch B. O. vorgeführt wurde. Die Abb. 141 zeigt diese Maschine in perspektivischer und Abb. 142 in technischer Darstellung. Leider konnte ihr Erfinder nicht festgestellt werden, da er wünschte, seinen Namen geheimzuhalten. Eine kurze Beschreibung dieser Maschine soll hier gegeben werden.

„*AA* ist eine aus gutem trockenen Eichenholz angefertigte Bank, mit geglätteter Oberfläche und mit 6 starken eingezapften Füßen *BB*; *CC* ist ein hölzerner Wagen, auf welchem die zu hauenden Feilen festgespannt werden. Die Bewegung dieses Wagens geschieht durch eine Vorrichtung, die einige Ähnlichkeit mit dem Schiebewerke in Schneidemühlen hat, das den Holzblock der Säge entgegentreibt. 3 eiserne Stangen *DDD* sichern den geraden Lauf des Wagens. *G* ist ein Hebel, welcher den Meißel *H* trägt, der sich in 2 Flügelschrauben *KK*, welche in 2 aufrechtstehende Säulen *FF* eingeschraubt sind, bewegt. *L* ist eine Stellschraube, durch die man den Feilenhieb

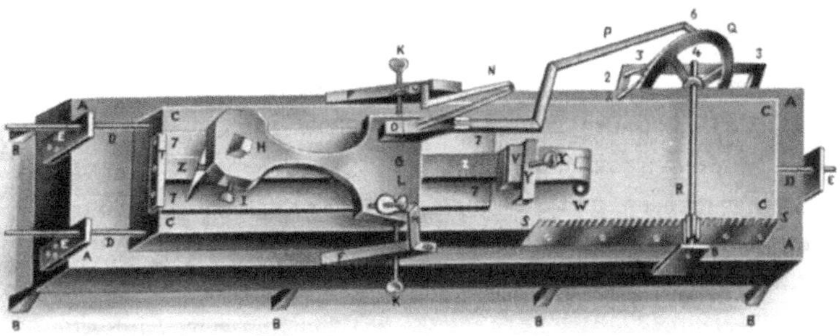

Abb. 141. Englische Haumaschine „B. O." etwa 1770. (Perspektivische Darstellung von oben.)

feiner oder gröber einstellen kann. Durch die stählerne Feder *N* wird der Meißelhalter *G* immer so hoch gehalten, daß er an der Stellschraube *L* anstößt. *P* ist eine Schiebeklinke, welche über das Sperrad *Q* und das Getriebe *R—S* den Wagen *C* mit der Feile fortbewegt. *7—7* ist ein bleiernes Lager, welches in eine in dem Körper des Wagens befindliche Höhlung eingesetzt wird, und das etwas breiter und länger ist als die größte Sorte von Feilen. *2—2* sind zwei Sperrklinken, welche eine rückgängige Bewegung des Wagens verhindern."

Dieselbe Maschine ist 1797 in dem „Journal für Fabrik, Manufaktur, Handlung und Mode von Buschendorf" und 1804 in J. H. M. Poppes „Encyclopädie des gesamten Maschinenwesens" beschrieben worden, ferner von Dr. J. G. L. Blumhof 1817 in seinem Werk „Versuche einer Encyclopädie der Eisenhüttenkunde und der davon abhängenden Künste und Handwerke".

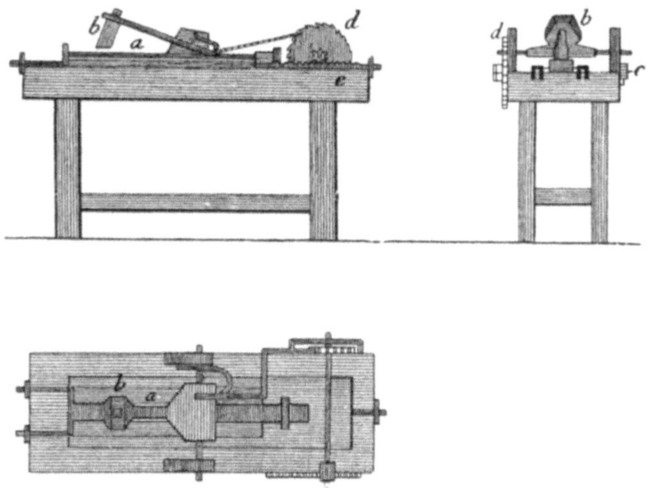

Abb. 142. Englische Haumaschine „B. O." etwa 1770 (technische Darstellung).

John Nicholsons Esq. beschreibt in seinem Werk von 1826 „Der praktische Mechaniker und Manufakturist oder gemeinnützige Erläuterung der mechanischen Künste und Handwerke in England" die gleiche Maschine, und seine Kritik über das Arbeiten mit derselben lautet folgendermaßen:

„Wenn eine oder mehrere Feilen auf das bleierne Lager gebracht sind, muß die Maschine durch die Schraube *L* so gestellt werden, daß sie den gehörig feinen Grat erhalten. Wird die Schraube weiter hinuntergedreht, so wird der Grat feiner und umgekehrt gröber, wenn sie aufgeschraubt wird; denn alsdann hat der Arm *G* mehr Spielraum, und der Karren rückt also zwischen jedem Hieb weiter vor. Wenn die Maschine auf diese Weise gestellt ist, so kann ein Blinder damit bessere Feilen hauen, als der geschickteste Feilenhauermeister ohne Maschine. Man schlägt mit einem Hammer auf den Kopf des Meißels *H*, und setzt dadurch das ganze Werk in Bewegung. Die Feile wird allmählich auf der ganzen einen Seite gehauen, und muß dann gewandt werden, damit sich die Prozedur auf der anderen Seite wiederholt. Die zweckmäßige Einrichtung dieser Maschine ist einleuchtend genug; sie läßt sich leicht so vorrichten, daß sie durch Wind oder Wasser getrieben, die größten und kleinsten Feilen, und so viel man will, auf einmal haut, und dürfte sich zumal zur Fabrikation der feinen Uhrmacherfeilen eignen, welche auf diese Weise äußerst egal und nett angefertigt werden können.

Die Wahl der Materialien, und der Größe der verschiedenen Teile überlassen wir dem Urteil und der Geschicklichkeit des Künstlers, der eine solche Maschine aufzustellen unternimmt, und bemerken nur, daß sie im Ganzen sehr stark angefertigt werden müsse."

Eine weitere technische Darstellung dieser Maschine, welche Abb. 142 zeigt, war in den „Annales des Arts et Manufactures" 1800, Bd. II, S. 94 zu finden.

1792 — Bald darauf folgte ein Entwurf zu einer weiteren deutschen Feilenhaumaschine, und zwar ausgeführt von dem Ratsuhrmacher J. G. Prasse, Zittau. J. G. Geissler, Mitglied der naturforschenden Gesellschaft in Halle, gibt in seiner „Beschreibung und Geschichte der neuesten und vorzüglichsten Instrumente und Kunstwerke für Liebhaber und Künstler in Rücksicht ihrer mechanischen Anwendung nebst denen dahin einschlagenden Hilfswissenschaften" Zittau 1792 folgende interessante Beschreibung der Maschine, welcher eine Einleitung über die verschiedenen Feilensorten und Feilenhiebe und über die englische Feilenfabrikation vorangeht, die in der vorliegenden „Geschichte der Feile" auf Seite 69 bereits erwähnt wurde. Der Schlußsatz Geisslers zu dieser Beschreibung lautete: „Der stärkste Hieb der englischen Feilen sowohl als der feinste, ist durchaus gleichförmig — letzterer hat vielleicht noch von keinem deutschen Feilhauer in diesem Grade nachgeahmt werden können; eben dieser letztern Bedingung wegen nehme ich hier nachfolgende Maschine auf, die zu einer Zeit, als sehr feine englische Feilen in hiesiger Gegend von Deutschland gar nicht zu haben waren, von meinem Freunde, Herrn Prasse, erfunden und verfertiget wurde, da sie für den Gebrauch deutscher Feilhauer, die notwendig immer von einer Sorte zur andern übergehen müssen, und nie so wie die Engländer in ihren Fabriken bei einerlei Hiebe bleiben können, welches jenen eben diese so große Gleichförmigkeit gewährt, vielleicht zum Muster dienen könnte."

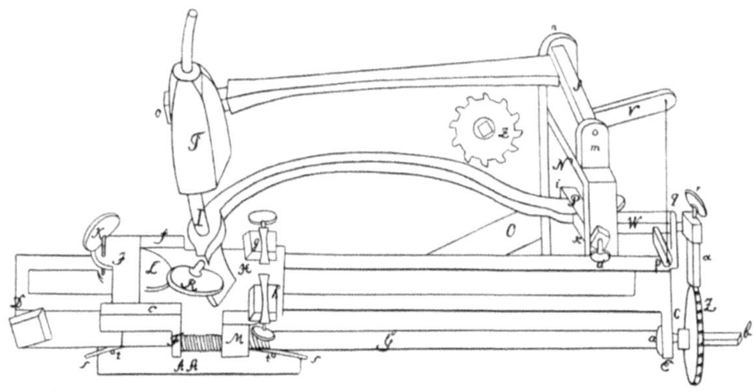

Abb. 143. Haumaschine „Prasse", 1792.

Es folgt nun eine lange Beschreibung der Maschine selbst, auf deren vollständige Wiedergabe aber verzichtet werden soll, da aus der Abb. 143 Bau und Arbeitsweise der Maschine im wesentlichen gut erkennbar sind.

Die Maschine „Instrument", wie Geißler sie nennt, besteht aus dem Rahmen *ABCD*, in welchem der Schlitten *H* läuft. Auf diesem Schlitten wird die zu hauende Feile aufgespannt. Die

Welle G an ihrem linken Ende mit Schraubengewinde versehen, wird durch eine Kurbel auf dem viereckigen Zapfen b aufgesteckt, angetrieben. Auf demselben Zapfen sitzt noch ein gezahntes Rad Z. Das Querstück S, welches den Hammer T trägt, hat in Winkelform einen Arm V, von welchem eine Verbindung nach dem Arm p geht, welch letzterer mit der kleinen Achse W, die in N und q gelagert ist, in fester Verbindung steht. Am viereckigen Ende der Achse W ist ein Zahn a mit einer Schraube r befestigt. Während der Umdrehung der Welle G und damit auch des Rades Z hebt und senkt sich der Zahn a und damit auch über W, p, V, S der Hammer T, welcher aber wegen der Zwischenräume der Zähne des Rades Z (siehe besondere Skizze), sogleich wieder niederfällt und einen Schlag auf den Meißel ausführt, welcher seinerseits einen Hieb auf der Feile hervorbringt. Das ganze Instrument soll bei AA in einen Schraubstock eingespannt werden. Die Feile bleibt dabei samt dem Schlitten H an ihrem Platze liegen, während der ganze Mechanismus sich so lange fortschiebt, bis diese gehauen ist. Der flache Teil H, auf welchem die Feile aufgespannt wird, bildet mit AA ein Stück.

Geißler schreibt nun wörtlich weiter:

„Dieser gewiß einfache Mechanismus ist keineswegs, wie ich schon erwähnet, das Werk einer bloßen Spekulation, sondern er ist in der Tat mit vielen Vorteilen angewandt worden. So wie die Maschine hier verzeichnet ist, ist sie bloß zum Hieb flacher Feilen eingerichtet: dreieckige und andere Feilen, runde, halbrunde und dgl., werden also bloß eine andere Unterlage oder andere Meißel, je nachdem der Endzweck es nötig macht, und was jeder Künstler leicht einsehen und abändern kann, erfordern. Auch sieht man, daß der Hieb vermittels des Zuges von der Schraube notwendig gleichförmig werden muß. Der Erfinder hat sich dieselbe bloß zu kleinen Feilen von 1—2 Zoll Länge eingerichtet: allein eine Vergrößerung des Verhältnisses würden diese Vorrichtungen leicht zum Hiebe größerer Feilen anwendbar machen. Je nach der größern oder geringern Menge von Zähnen in den Rädern Z, die man nach Befinden der Umstände nötig zu haben glaubt, läßt sich, wie man leicht einsehen wird, der Hieb der vorgelegten Feile feiner oder gröber machen: ein Rad von 12 Zähnen macht einen außerordentlich feinen Hieb. Überhaupt arbeitet diese Maschine so sicher, daß sie von unsern deutschen Feilenhauern vielleicht mit vielem Nutzen gebraucht werden könnte, wenigstens beim feinen Hiebe, da, indem diese genötiget sind, allerlei Gattungen von Hieb zu hauen, folglich sich immer aus einem Zuge des Meißels in den andern werfen müssen, es aus eben dieser Ursache vielleicht nur sehr wenige sein dürften, die eine feine gleichförmige Schlichtfeile, so wie die Engländer uns liefern, zu hauen imstande sind."

Diese Maschine kann, wenn sie je gearbeitet hat, wie Geißler richtig bemerkt, nur für ganz kleine flache Feilen, vielleicht von 1—3 Zoll Länge verwendet worden sein. Prasse hat jedenfalls bald eingesehen, daß seine Maschine sehr verbesserungsbedürftig war, denn Geißler schreibt in dem 10. Teil des obengenannten Werkes im Jahre 1798, daß die früher beschriebene „Maschine zum Feilhauen" während der inzwischen verflossenen Zeit durch den Erfinder Prasse so verbessert worden sei, daß sie nunmehr eine ungleich größere Vollkommenheit erreicht habe. Vor allem wurden Hammer und Meißel und dann noch einige weitere Vorrichtungen der Umänderung unterworfen. Zur leichteren Bedienung der Maschine wurde an der Kurbelwelle noch ein Zahnräderpaar mit einer Übersetzung 1 : 5 angebracht. Es folgt in dem 2. Bericht Geißlers eine genaue Beschreibung der Verbesserungen der Maschine, deren Bekanntgabe aber zu weit führen würde, und zudem nichts wesentlich Neues mehr darin berichtet wird.

Was weiter mit den beiden Entwürfen J. G. Prasses und des „unbekannten Engländers" bzw. deren Maschinen geschehen ist, ließ sich leider nicht mehr feststellen. Geißler schrieb sein Werk „meinem englischen Freunde gewidmet", der sich mit dem Bau von Maschinen befaßte.

Ob dieser Freund die Entwürfe weiter ausarbeitete oder gar auf Grund dieser zu neuen Konstruktionen schritt, ist sehr fraglich, da mit diesen Maschinen trotz ihrer Verbesserungen noch keine Feilen richtig gehauen werden konnten. Der volle Name des englischen Freundes war auch nicht angegeben und deshalb keine weitere Nachforschung mehr möglich. Eher ist anzunehmen, daß diese beiden Entwürfe samt dem Entwurf von Klingert von französischen oder schweizerischen Erfindern oder Fabrikanten aufgenommen und weiter ausgebaut wurden, da in diesen beiden Ländern, namentlich in Frankreich, zuerst die kleine feine Feile in größerer Vollkommenheit gehauen werden konnte.

Daß in England bis gegen das Ende des 18. Jahrhunderts mit Feilenhaumaschinen auch noch keine praktischen Ergebnisse erzielt wurden, bestätigt Jars 1765 in seinem Werk „Voyages métallurgiques" Bd. 1, S. 229. Er beschreibt zunächst die Feilenfabrikation in Newcastle und stellt hierauf fest, „daß mehrere Versuche gemacht wurden, um Maschinen oder Mühlen zum Hauen

Abb. 144
Abb. 144—149. 6 französische Haumaschinen aus dem Conservatoire des Arts et Metiers, Paris.

von Feilen herzustellen, aber ohne jeden Erfolg und um dieses zu bestätigen, bemerke ich noch, daß ein ganz neuer Versuch vergeblich in einem Werk in der Nähe von Newcastle in Winlington-Miller durchgeführt wurde". Dasselbe bestätigt Jars noch einmal im Jahre 1774.

1793 — Der Kaiserl. privilegierte Reichsanzeiger von 1793 berichtete in Nr. 8 seines Blattes auf S. 60 über eine Erfindung des „Hofmechanikus Gropp" und wies bei dieser Gelegenheit darauf hin, daß Gropp auch auf dem Gebiet der Feilenfabrikation neue Erfindungen gemacht habe. Leider konnte bisher eine Beschreibung und Abbildung seiner Haumaschine nicht gefunden werden.

1798 — Eine weitere Zeitschrift, der „Allgemeine literarische Anzeiger oder Annalen der gesamten Literatur für die geschwinde Bekanntmachung verschiedener Nachrichten aus dem Gebiet der Gelehrsamkeit und Kunst" vom 31. Dezember 1798 schreibt auf S. 2114, daß der kurfürstlich sächsische Maschinendirektor Johann Friedrich Mende, geb. am 3. Oktober 1743 zu Lebusa in der Niederlausitz sich in Dresden zum Ingenieurdienst meldete, daß er aber durch eine verbesserte englische Feilenhaumaschine dem erhabenen Stifter der Bergakademie zu Freyberg bekannt wurde und 1768 dessen Rufe zu einem Lehrfach an dieser Akademie folgte.

Es geht hieraus hervor, daß um diese Zeit schon irgendeine englische Feilenhaumaschine nach Deutschland gekommen sein muß, welche Mende kennenlernte und nach seinen Ideen verbesserte. Leider ist Näheres hierüber nicht mehr festzustellen. Sehr wahrscheinlich ist aber, daß es sich auch hier um die Maschine des „unbekannten Engländers" (Abb. 141), welche in England hergestellt wurde, handelt.

1799 — Das meines Wissens heute noch erscheinende „Bulletin de la Société d'encouragement pour l'industrie nationale" schrieb 1802 S. 55—57 eine interessante Abhandlung über die Fabrikation von Feilen von C. Raval 1799. Über Feilenhaumaschinen ist darin folgende wichtige Bemerkung enthalten:

Abb. 145.

„Mit Ausnahme von einigen Feilenhaumaschinen, mehr oder weniger vollkommen, deren man sich nicht bedient — von Grobmechanikern in Deutschland verwendet, um ihre großen Feilen und Raspeln zu hauen —, kennen wir in der Tat nicht eine Feilenhaumaschine, welche mit Vorteil die Arbeit der Arme bei dieser Operation ersetzt, auch ist uns eine Fabrik nicht bekannt, bei welcher sich durch ihre Erzeugnisse auf deren Anwendung schließen läßt. Übrigens bietet der Handel auch heute noch keine Feile, welche durch ihre Gleichmäßigkeit und Genauigkeit ihrer Zähne vermuten läßt, daß sie mechanisch gehauen ist. Die Operation hängt vollständig von der Gewandtheit der Arbeiter ab. Mit größtem Interesse hat man bei der französischen Industrie-Ausstellung im Jahre 1798/99 in Reims durch C. Perceval gehauene Feilen, hergestellt durch eine Maschine seiner Erfindung, gesehen.

Bis in die letzten Jahre bezog Frankreich alle seine Feilen von Deutschland und England und heute ist es noch gezwungen, den größten Teil von dieser Seite hereinzubringen. Verschiedene

Feilenfabriken haben versucht, sich festzusetzen, aber die meisten konnten nicht die ausländische Konkurrenz aushalten, teils wegen der Unvollkommenheit ihrer Erzeugnisse, teils wegen der hohen Fabrikationskosten."

Abb. 146.

Abb. 147.

Abb. 148.

Ehe mit der Weiterentwicklung der Feilenhaumaschinen im 19. Jahrhundert fortgefahren wird, soll hier noch einmal vermerkt werden, daß zu Ende des 18. und zu Anfang des 19. Jahrhunderts manche französische Uhrenmacher, welche sich selbst mit der Herstellung von Uhren befaßten, ihre Maschinen zum Hauen von kleinen Uhrmacherfeilen selbst anfertigten, da damals noch keine Werkstätten vorhanden waren, die brauchbare Haumaschinen für ihre Spezialfeilen herstellten. Eine Sammlung solch kleiner und sehr wenig bekannter Maschinen, welche im „Conservatoire des Arts et Métiers in Paris" zusammengestellt sind, wurden mir zur Verfügung gestellt und sollen hier die wichtigsten durch die Abb. 144, 145, 146, 147, 148 und 149 wiedergegeben werden. Bemerkenswert ist, daß die Maschinen teilweise in ihrem Aufbau den typischen Uhrmachereimaschinen ähnlich sind, daß die beiden Maschinen Abb. 144 und 146 zum Hauen mehrerer Feilen eingerichtet wurden und daß die Maschine Abb. 147 offenbar zum Hauen kleiner Feilscheiben für die Uhrräderfabrikation bestimmt war.

Während alle zuvor erwähnten Maschinen sich immer noch nicht für die regelmäßige Feilenfabrikation eigneten, da bald da, bald dort die Grundbedingungen zum Hauen einer guten Feile noch nicht genügend berücksichtigt wurden, so zeigten doch schon die verschiedensten Systeme, mit welchen bisher Versuche angestellt wurden, den zukünftigen Erfindern immer mehr den Weg, den sie zur Vervollkommnung der Feilenhaumaschinen zu beschreiten hatten.

1800 — Einer der ersten dieser späteren Erfinder konstruierte um die Wende des 18. Jahrhunderts eine Spezialmaschine zum Hauen kleiner Uhrmacherfeilen. Es war dies der auch heutigen Generationen noch bekannte Pariser Mechaniker und Feilenhauer Raoul, welcher im Jahre 1800 nach verschiedenen übereinstimmenden Berichten eine Haumaschine baute, welche zur Herstellung kleiner Feilen wirklich zweckentsprechend zu sein schien. Ich will, weil Raoul der Pionier und Schrittmacher in der Fabrikation von französischen Uhrmacherfeilen war, und mit all seinen Einrichtungen und seiner Haumaschine bahnbrechend voranging, etwas näher mich mit ihm beschäftigen.

Abb. 149.

C. Raoul richtete im Jahre 1792 in Paris, zunächst am Place Thionville und später in der Rue Popincourt, Feilenhauereien ein, in denen er sich ganz besonders mit der Fabrikation der Uhrmacherfeilen beschäftigte, welche er für die damaligen Verhältnisse zu hoher Blüte brachte. Wie das „Bulletin de la Société d'encouragement pour l'industrie nationale" schon unter der Mitteilung über Perceval berichtete, wurden bisher fast alle Feilen von England und Deutschland geliefert. Raoul hatte sehr große Schwierigkeiten zu überwinden und viele Vorurteile gegen französische Feilen mußten beseitigt werden, ehe er sich durchsetzte, namentlich auch gegen die kleinen englischen Feilen, die schon damals wohl von Hand gehauen, aber dennoch vorzüglich geliefert wurden. Zur Kennzeichnung der Arbeiten Raouls dient am besten der nachstehende Bericht, welcher im Bulletin de la Société d'encouragement pour l'industrie nationale 1802, S. 55—57 erschien:

„C. Raoul scheint alle Hindernisse überwunden zu haben. Die Feilenfabrik, welche er in Paris eingerichtet hat, prosperiert und die Arbeiten, welche daraus hervorgehen, halten sehr gut einen Vergleich aus mit allen anderen Erzeugnissen dieser Art und wenn seine Fabrik sich ausdehnt, so wird ihm der Ruhm zufallen, Frankreich befreit zu haben von den Nationen, von welchen es bis jetzt abhängt. Die Vorurteile und das mangelnde Interesse, welche so oft Hindernisse waren für den Fortschritt der Künste in Frankreich, haben lange Zeit auch den Erfolg von C. Raoul aufgehalten. Trotz mehreren vergleichenden Versuchen zwischen den Feilen dieses Künstlers und den besten aus dem Handel, die immer Vorzüge der ersten zeigten, hatte die Mehrzahl der führenden Geister gegen die französischen Feilen Stellung genommen. Das Lycée des Arts dachte an ein Mittel, sich die Hindernisse aus dem Wege zu schaffen durch eine öffentliche Prüfung der Feilen von Raoul und der besten, welche man ihnen gegenüberstellen konnte. Zu diesem Zweck wurden alle Künstler (Handwerker), die Amateure und die Leiter großer Fabriken eingeladen, sich zu diesem Zweck zu versammeln und englische Feilen, so vollkommen sie zu haben waren, dabei mitzubringen. Diese Versammlung fand im l'Oratoire statt am 12. September 1801 und darin hatten den Vorsitz C. Frochot und C. Gillet-Laumont, von denen dieser sich dort in der Eigenschaft des Regierungskommissars befand.

Die vergleichenden Prüfungen wurden mit der größten Sorgfalt ausgeführt; mehrere Künstler hatten englische Feilen mitgebracht, die sie sorgsam behüteten wegen ihrer Güte, aber alle Versuche fielen zugunsten der Feilen von Raoul aus. Es wurde eine Urkunde ausgestellt, worin alle Versuche, die gemacht worden sind, eingetragen wurden; das Prüfungsergebnis wurde alsdann durch alle anwesenden Handwerker unterzeichnet. Sie spricht sich in klarer Weise darüber aus, daß die Feilen von C. Raoul nicht nur so gut wie die englischen Feilen, sondern daß sie weit besser sind, und daß man lediglich aus Vorurteil, Eifersucht oder aus schlechtem Willen die fremden Erzeugnisse dieser Art den einheimischen vorzieht."

Abb. 150. Alte Haumaschine aus dem Germanischen Museum Nürnberg, etwa 1800.

Leider war es bis jetzt nicht möglich, noch Abbildungen der Haumaschinen Perceval und Raoul zu erhalten.

1800 — Um dieselbe Zeit hat der geistvolle schottische Erfinder und Verbesserer der Dampfmaschine James Watt (1736—1819), welcher im Oktober 1759 einen gewissen John Craig als Teilhaber aufnahm, um noch weitere Maschinen bauen zu können, den Versuch gemacht, neben seinen Drehbänken, Plättmaschinen usw. auch eine Feilenhaumaschine herzustellen. Diese Maschine konnte aber offenbar nicht in Betrieb genommen werden, weil sie keinen Feilendrücker hatte und infolgedessen die Feile auch nicht zu hauen war. Der Feilendrücker ist der Teil der Maschine, der während des Hauens die Feile auf ihrer Unterlage festzuhalten hat.

1800 — Das Germanische Nationalmuseum in Nürnberg enthält eine gut durchdachte Feilenhaumaschine, welche durchweg aus Eisen hergestellt ist. Das Alter und die Herkunft der Maschine konnten leider nicht mehr bestimmt werden, sie wird aber wohl um das Jahr 1800 herum in Deutschland gebaut worden sein (s. Abb. 150).

Von einer höheren Säule aus wird der Hammer durch 2 Schienen parallel geführt, damit er immer genau senkrecht auf dem Meißel auffällt.

Der Antrieb des Hammers erfolgt durch eine Welle, auf welcher einerseits ein Daumen angebracht ist, welcher den Hammer hebt, und andererseits ein Zahnrad, welches in ein auf der Antriebskurbel der Maschine befestigtes zweites Zahnrad eingreift. Um den Schlag des Hammers noch zu verstärken, wurde eine Prellfeder in die erwähnte Säule eingebaut. Der Meißel wird von einer Bügelfeder getragen und gleichzeitig auch geführt. Die Feile liegt zum Hauen auf einem Amboß auf und wird in einen Halter eingespannt, welcher auf einem Schlitten befestigt ist, der durch Zahnrad und Zahnstange hin und her bewegt werden kann. Der Vorschub nach jedem Hammerschlag geschieht durch ein gezahntes Triebrad, das gegen Rückwärtsbewegung durch eine Gegenfeder gesichert ist.

Ob diese Maschine jemals im Gebrauch war, kann auch nicht mehr festgestellt werden; daraus, daß der Meißel heute in der in Nürnberg ausgestellten Maschine falsch steht, kann kein Schluß gezogen werden. Wenn sie je in Betrieb war, so wird dies wie bei allen vorangegangenen Maschinen nur kurz der Fall gewesen sein, denn brauchbare Feilen konnten nicht unter ihr gehauen werden.

1800 — Ein Stück einer alten Feilenhaumaschine aus jener Zeit beherbergt das Deutsche Museum zu München. Die Abb. 151 zeigt die heute noch vorhandenen Teile. Die Maschine ist auf ein schweres Holzgestell aufmontiert und wird durch eine Kurbel angetrieben, welche auf der Rückseite

Abb. 151. Bruchstück einer Haumaschine etwa 1800 (Deutsches Museum, München).

des Schwungrades, das aus Holz mit Bleikranz hergestellt wurde, befestigt ist. Der Schlitten, auf welchem die Feile doppelt befestigt wurde, wird durch eine Zahnstange bewegt, welche über ein kleines Zahnrad mit dem gut sichtbaren Sperrad, das mit einem Griff versehen ist, in Verbindung steht. Der Meißel ist in einem besonderen verstellbaren Halter, der um einen festen Punkt sich bewegen kann, eingespannt. Von dem Halter aus gehen 2 Bügel am Schlitten vorbei nach unten auf 2 feststehende Flachfedern, welche den Zweck haben, den Meißel von der Feile nach jedem Hammerschlag so weit zu heben, daß der Schlitten vom Meißel ungehindert sich weiterbewegen kann. Ein auf einem hölzernen Bock aufmontiertes Zahnrad hat in seinem Kranz 9 Anschlagstifte, welche wie Daumen auf den Hammerstiel mit seinem Hammer am Ende wirken. Der Drehpunkt des Hammerstieles dürfte in der rechts noch sichtbaren Öse gelegen haben. Die Verbindung zwischen Daumenzahnrad und Zahnstange zur Fortbewegung des Schlittens ist leider nicht mehr zu erkennen und weiteres Material über diese Maschine war nicht zu finden.

1802 — Auf der 3. Ausstellung von Erzeugnissen der französischen Industrie im Jahre 1802 war ein kleines Modell einer Feilenhaumaschine ausgestellt zum Hauen von Uhrmacherfeilen, welches von Dubois sr. aus Dijon eingesandt worden war.

1804 — Die nachfolgende Beschreibung gilt der englischen Feilenhaumaschine B. O. Abb. 141 und 142 (S. 106). Johann Heinrich Moritz Poppe schreibt in seiner „Encyclopädie des gesamten Maschinenwesens 1804" über sie wie folgt:

„Feilenhaumaschine. Unter diesem Namen kennt man eine Maschine, welche zur Verfertigung der Feilen dient. Sie ist eine Erfindung der Engländer. Sonst hieb man die Feilen aus freier Hand auf dem Knie, ein Verfahren, welches etwas langwierig war, selten ganz akkurate Arbeit lieferte, und bei sehr feinen nicht einmal anzuwenden stand. Die Erfinder verdienten daher allen Dank für ihre Maschinen, wodurch die Arbeit viel leichter, geschwinder, sicherer und egaler vonstatten ging. Anfangs war der Mechanismus der Feilenhauermaschinen den deutschen Künstlern ein Geheimnis; aber jetzt kennt man ihn schon hinlänglich.

Es gibt verschiedene Arten von Feilenhaumaschinen, die aber eben nicht sehr voneinander abweichen. Eine der vorzüglichsten davon werde ich beschreiben und mit einer Zeichnung erläutern". (Diese Beschreibung siehe S. 106 und 107.)

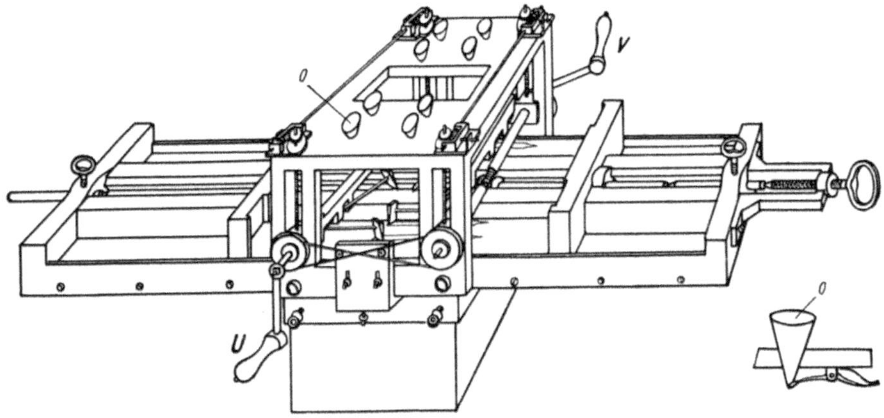

Abb. 152. H. C. W. Breithaupt's Haumaschine, 1809.

1804 — Die „Annales des Arts et manufactures" Band 16, S. 154 vom Februar 1804 geben die Beschreibung einer weiteren Feilenhaumaschine bekannt, für welche Nicholson ein Patent im August 1802 erhielt. Nicholson war der Herausgeber eines in England weitverbreiteten „Journal of Physics".

1808 — Im „Allgemeinen Anzeiger der Deutschen, Nr. 122 vom 7. Mai 1808" steht zu lesen:

„Unsere in Nr. 236, S. 2464 des Allgemeinen Anzeigers der Deutschen bereits angekündigte und seither mit vielen Aufträgen beehrte Feilenfabrik ist nun auf Maschinen nach englischer Art vollends eingerichtet und wir können einstweilen folgenden, unter Litt. A beigefügten Preis-Courant derselben bekanntmachen."

Es handelt sich hier um die „deutsche Feilenfabrik zu Suhl im Henneberg-Schleusingischen von Wolfgang Kummer & Co." (Weiteres hierüber S. 70 und 71.)

1809 — H. C. W. Breithaupt, Lehrer der Mathematik und Physik, gleichzeitig Hofmechanikus und beeidigter Landmesser, beschrieb im Jahre 1809 eine „Feilenhauer-Maschine, womit ein Kind die feinsten Feilen aller Arten in einer sehr kurzen Zeit verfertigen kann, welche England den Deutschen nicht zukommen läßt".

Die Abb. 152 zeigt diese Maschine in einer perspektivischen Ansicht. Wie sofort ersichtlich ist, wird sie wechselweise mit 2 Kurbeln *U* und *V* angetrieben und ist so eingerichtet, daß sie nicht nur beim Vorwärtsgang, d. h. von der Spitze nach dem Angel, sondern auch beim Rückwärtsgang von dem Angel nach der Spitze haut. 8 meißelförmig zugeschliffene Hämmer sind derart eingebaut, daß rechts und links je 2 einander gegenüberliegen, und es sollen nur kleine Feilen bis 5 Zoll von Bastard bis Schlicht gehauen werden können. Die Hämmer sind auswechselbar eingerichtet. Werden flache Feilen gehauen, so ist der Mechanismus der Maschine sehr einfach. Sollen spitzzulaufende, d. h. spitzflache Feilen mit dieser Maschine von der Spitze aus gehauen werden, so muß jeder Hammer bei jedem folgenden Hieb etwas schwerer werden, weil dieser sich über eine etwas breitere Fläche ausdehnt. Breithaupt kam nun auf den Gedanken, über den Hämmern eine Platte anzubringen, in welcher über jedem Hammer ein Trichter eingesetzt ist, welcher an seinem unteren Teil — wie die umstehende Abbildung zeigt — mit einer „Flötenklappe" geschlossen werden kann. Die Trichter werden mit kleinen Bleikugeln aufgefüllt. Nach jedem Hammerschlag wird die Klappe des zugehörigen Trichters durch den Hammerstiel geöffnet und jedesmal fällt eine weitere Bleikugel in die Hämmer, welche an ihrem oberen Teil trichterförmig ausgebildet sind. Ist eine Seite gehauen, so müssen allerdings zum Hauen der nächsten spitzflachen Seite die Kugeln aus dem Hammer herausgenommen und wieder in den Trichter gelegt werden. Mit dieser Maschine werden wohl Versuche angestellt, aber sehr bald wieder aufgegeben worden sein. Der Erfinder selbst schreibt, „daß die Einrichtung dieser Maschine etwas verzwickt ist, denn die Vorrichtung dieser Maschine erfordert einen sehr geschickten Künstler, der nicht nur sehr viel praktische Erfahrung, sondern auch genügend theoretische Kenntnisse besitzen muß". Die Beschreibung der Maschine nahm den Raum von 54 Oktavseiten ein und war seinerzeit in allen Buchhandlungen für 9 Groschen zu haben.

1812 — In Amerika wurden wohl zu Ende des 18. und zu Beginn des 19. Jahrhunderts die ersten Versuche mit Feilenhaumaschinen angestellt und es war Moris B. Belknapp von Greenfield, welcher am 16. Januar 1812 sich eine Feilenhaumaschine patentieren ließ. Soweit festgestellt werden konnte, muß dies wohl die erste Haumaschine sein, welche in Amerika öffentlich aufgetaucht ist, sie brachte aber die gewünschten Leistungen nicht auf.

In demselben Jahre hat sich noch der Amerikaner William T. James eine Feilenhaumaschine patentieren lassen, von welcher aber auch nichts weiter bekannt geworden ist.

1812 — Ein französischer Erfinder namens Petitpierre hat nach den Aufzeichnungen der „Société d'encouragement pour l'industrie nationale" 1814 S. 51 eine Mitteilung herausgegeben, nach welcher er eine Feilenhaumaschine erfand, welche im März 1812 dem französischen Minister für Handel und Industrie vorgelegt wurde. Aus der Beschreibung, welche zu der Maschine gegeben wurde, geht hervor, daß 12 Feilen auf einmal gehauen werden sollten. Die Maschine war auf einem hölzernen Block, der gleichzeitig als Unterlage für den Amboß dienen sollte, aufgebaut. Die 12 Feilen sollten in 12 Haltern nebeneinander auf eine starke Eisenplatte, welche den Schlitten bildete, aufgeschraubt werden. Der Schlitten wurde durch eine Spindel bewegt, welche von einem Rad mit 34 Zoll Durchmesser durch ein Schneckengetriebe angetrieben wurde. Auf 12 eisernen Armen waren die Meißel befestigt, deren Achsen zwischen 2 eisernen Säulen festgehalten wurden. Die Meißel konnten für Unter- und Oberhieb eingestellt werden. Die 12 Hämmer waren wieder auf 12 Armen befestigt, deren Drehpunkt über demjenigen der Meißelarme lag. Gehoben wurden die Hämmer durch Daumenscheiben. — Es kann als sicher angenommen werden, daß diese Maschine, welche der Beschreibung nach ganz primitiv ausgeführt wurde, kaum eine Feile geschweige denn 12 Feilen gleichzeitig hauen konnte.

1812 — Der Franzose J. H. Hassenfratz schreibt über Feilen und Feilenhaumaschinen in seinem Werk „La Sidérotechnie ou l'art de traiter les Minerals de fer, 1812" wie folgt:

„Deutschland und England haben während langen Jahren den größten Teil der Feilen geliefert, welche in Europa gebraucht wurden. Die großen Feilen wurden hauptsächlich aus Deutschland, die feinen Feilen mehr aus England bezogen. Die Uhrmacher und alle Arbeiter, welche feine Feilen gebrauchten, zogen allen anderen Fabrikaten die englischen vor, jedoch wurden die feinsten Feilen in Paris fabriziert mit einer Überlegenheit, welche die Konkurrenz mit allen Feilen Europas nicht zu scheuen brauchen.

Mehrere Mechaniker haben eingesehen, daß das Feilenhauen eine schwere Arbeit ist und daß diese Arbeit auf mechanischem Wege hergestellt werden sollte. Sie haben es unternommen, Feilenhaumaschinen zu konstruieren, welche ganz beträchtlich die Handarbeit vermindern, und außerdem viel billigere Feilen erzeugen würden. Viele haben schon versucht Feilenhaumaschinen zu entwerfen oder gar herzustellen, aber nach jedem Versuch hat man den Weiterbau von Maschinen wieder aufgegeben.

Die mit den Maschinen (nach Abb. 139 und 142 S. 101 und 107) erhaltenen Feilen haben sehr gute und gleichmäßig gehauene Hiebe; mit ihnen ist angenehmer arbeiten als mit handgehauenen Feilen."

1817 — Dr. Johann Georg Ludolph Blumhof schreibt in seinem Werk „Versuche einer Encyclopädie der Eisenhüttenkunde 1817":

„Feilenhauermaschine. Wie das Hauen mit der Hand geschieht, ist bereits unter dem Worte Feilenhauer gezeigt worden; weil aber dieses etwas langwierig ist, viele Übung erfordert, und doch, wie schon oben bemerkt worden, mit weniger Genauigkeit verbunden ist, so kam man auf die Idee, dieser schwerfälligen Procedur durch Maschinen zu Hilfe zu kommen. Lange waren die Engländer im Besitz des Mechanismus solcher Maschinen, indes sind ihre Einrichtungen dabei jetzt hinlänglich bekannt und in mehreren Büchern genau beschrieben. Doch haben auch Franzosen und Deutsche dergleichen Maschinen erfunden und beschrieben, von denen ich nur die des Uhrmachers Maybaum zu Strassburg, des Klingert's, Prasse's und Breithaupt's erwähnen will. Die vom Mechanikus Klinkwort in Göttingen erfundene Maschine zum Feilenhauen, welche Professor Beckmann gesehen hat, und wobei die Hand den Hammer führen muß, ist meines Wissens nicht beschrieben. Unter den Franzosen haben Brachet, Fardoüel und Duverger dergleichen Maschinen angegeben. Besondere Vorzüge haben indes die englischen, wovon einer der vorteilhaftesten durch die folgende Beschreibung deutlicher gemacht wird, und für praktische Arbeiter empfohlen werden kann. Sie ist von Buschendorf im Journal für Fabrik, Manufaktur etc. Juny 1797, S. 424 aus dem Englischen übersetzt geliefert, und da dieses weitläufige Werk wohl nur in den Händen weniger Leser dieser Encyclopädie sein dürfte, so erlaube ich mir, selbige hier wörtlich einzurücken." (Es folgt die Beschreibung der Haumaschine Abb. 141 S. 107.)

1820 — Poncelet erwähnt in seinem Bericht über die Londoner Ausstellung 1851 eine Feilenhaumaschine, welche er schon vor dem Jahre 1820 in den Werken der Erfinder Clavet Frères, Maschinisten in Metz, sah.

1826 — Aus einem technischen Bericht „Übersicht der seit dem Erscheinen der gesetzlichen Grundbestimmungen für das Gewerbewesen vom 11. September 1825 im Königreich Bayern erteilten Gewerbsprivilegien" zusammengestellt von Dr. Wilh. Michaelis im July 1843 war zu ersehen, daß am 23. September 1826 ein Priester Luigi Simone Morandini in München ein Gewerbsprivileg auf eine Feilenhaumaschine nahm. Dieses dauerte bis 23. September 1836, wurde aber wegen Mängel in der Beschreibung nicht öffentlich bekannt gemacht.

1826 — John Nicholson schreibt in seinem Werk „Der praktische Mechaniker und Manufakturist, 1826" über eine englische Haumaschine nachstehende Bemerkung:

„Es gibt mehrere Maschinen dieser Art, allein die beste, die wir kennen, ist in den Verhandlungen der Amerikanischen Gesellschaft der Naturwissenschaften (Transactions of the Americal Philosophical Society) beschrieben" (siehe S. 107, Haumasch. B. O.).

1827 — Renette & Co. stellten auf der Pariser Ausstellung im Jahre 1827 Feilen aus, welche in ihrer eigenen Werkstätte auf Maschinen gehauen waren.

1833 — Die Fabrikation von Feilenhaumaschinen, welche bisher immer noch sehr weit zurück war, machte im Jahre 1833 einen ersten größeren Fortschritt durch die Erfindung einer neuen Haumaschine, welche William Shilton am 3. Oktober dieses Jahres unter der Nr. 6405 auf dem englischen Patentamt zu London anmelden ließ.

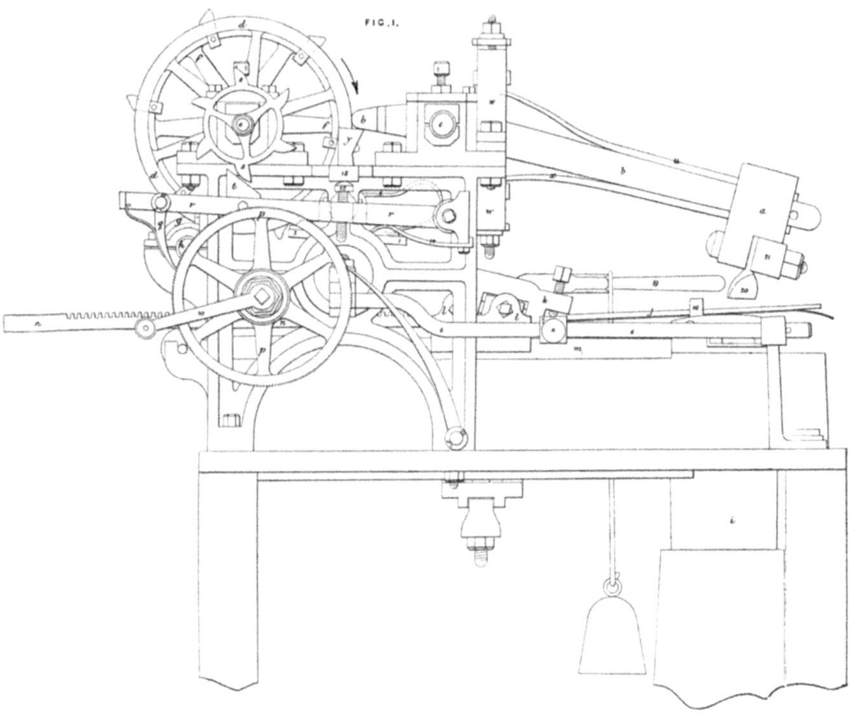

Abb. 153. Englische Haumaschine „Shilton" 1833 (Seitenansicht).

Die beiden Abb. 153 und 154 zeigen diese Maschine in der Ansicht und im Schnitt; es ist zum Voraus schon darauf hinzuweisen, daß diese Maschine wohl die erste ist, welche mit einem schwingenden Amboß ausgestattet wurde. Dieser dient dazu, die Feile stets so zu legen, daß der Hiebwinkel von der Spitze bis zur Mitte der Feile und von dieser wieder bis zu deren Ende immer gleich bleibt. Diese Neuerung wird bei den heutigen modernen Feilenhaumaschinen wiederholt mit Vorteil angewandt. Die Hauptantriebswelle *h* trägt an ihrem hinteren Ende eine Antriebsscheibe in Verbindung mit einem Schwungrad und einer Klauenkupplung, welche es ermöglicht, daß die Maschine, wenn die Feile gehauen ist, durch eine Stange *6* und den Zapfen *11* sich selbsttätig abstellt. Das kleine Zahnrad *g* greift in ein großes Gegenrad *f* ein und bewegt die Daumenscheibe *d* im Sinne des Uhrzeigers. Die Daumen arbeiten auf den in *c* drehbaren Hebel *b*, an dessen rechtem Ende der Meißelkopf *a* mit dem Meißel *20* verstellbar gelagert ist. Mit dem Hebel *b* in Verbindung sind 2 Federn *u* und *x*. Die erste dient zur Verstärkung des Schlages auf die Feile, die andere zum raschen Wegheben des Meißels von der Feile nach dem Schlage und weiter zur Verhinderung von Prellschlägen. Der Schlitten, auf welchem die Feile mit einem nach allen Seiten drehbaren Halter *k* festgeschraubt ist, steht in Verbindung mit der Zahnstange *n*, welche durch das kleine Zahnrad *o* vor- und rückwärtsbewegt werden kann. Auf der Achse dieses Rades sitzt ganz vorn die Teilscheibe *p*, welche durch die Nocken *s* einer kleinen Daumenscheibe auf der Welle *e* über einen verstellbaren Hebel *r* und die Zahnklinke *q* je nach Hiebentfernung fortbewegt wird. Damit diese Teilscheibe sich nicht rückwärts bewegen kann, ist eine Gegenfeder verwendet worden.

Wenn die Feile gehauen ist, so wird der Schlitten mit der Kurbel *10*, welche mit der Teilscheibe und dem kleinen Zahnstangenritzel in Verbindung steht, wieder zum Hauen einer neuen Seite in seine Ausgangsstellung gebracht. Der Meißel *20* kann durch eine Stellschraube *21* nach

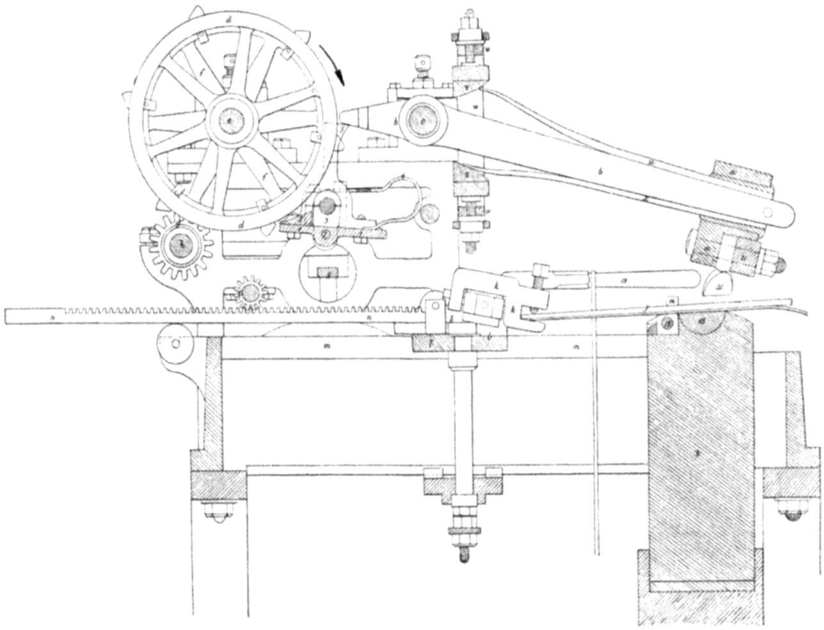

Abb. 154. Englische Haumaschine „Shilton" 1833 (Längsschnitt).

Belieben eingestellt werden, so daß es ein Leichtes ist, mit derselben Maschine jede gewünschte Unter- und Oberhiebstellung zu hauen.

Wie die Maschine in Wirklichkeit gearbeitet hat, ließ sich, da keine Aufschriebe mehr vorhanden sind, nicht feststellen, aber wenn sie einigermaßen gut durchgearbeitet war, so war es sicher möglich, brauchbare Feilen unter derselben zu hauen.

Shilton erwähnt in seiner Patentschrift noch, daß die Feilenhaumaschine nicht nur für große, sondern auch für kleine, feine Feilen verwendet werden kann. Es war aber hierzu nötig, die Zahnstange *n* mit dem Ritzel *o* auszuwechseln und an Stelle dieser eine Schraubenspindel einzubauen und mit dem Schlitten in Verbindung zu bringen, weil eine Spindel, namentlich für feine Feilen, einen genaueren Vorschub gibt als die Zahnstange. Unter die zuerst gehauene Seite der Feile oder Raspel *i* wird — wie aus der Abbildung ersichtlich ist — ein Bleiblech gelegt, damit die gehauenen Hiebe nicht verdorben werden. Die Stütze *y*, welche durch die Daumen der großen Daumenscheibe *d* betätigt wird, hat den Zweck, den Hebel *b* ruhig zu halten. Ehe der nächste Daumen den Hebel *b* berührt, stößt der vorangegangene Daumen die Stütze *y* zurück und gibt damit den

Hebel *b* für einen weiteren Hieb frei. Die Federn *u* und *x* können mit den Regulierschrauben *w* je nach Bedarf eingestellt werden.

Mit einigen wenigen Abänderungen wurde diese Maschine auch zum Hauen von Raspeln verwendet und wird wohl eine der ersten Raspelhaumaschinen, die gebaut wurden, gewesen sein. (Siehe unter Raspelhaumaschinen 1833 — Shilton.)

1834 — Im Jahre 1834 schrieb Prechtl im 5. Band seiner „Technologischen Encyclopädie":

„Die besten der bisherigen Versuche mit Haumaschinen scheinen aber an dem Mangel ökonomischen Vorteils gescheitert zu sein. Ein Arbeiter, der zur Bedienung der Maschine erfordert wird, könnte in den meisten Fällen ebenso schnell das Hauen einer Feile aus freier Hand verrichten; mehrere Feilen gleichzeitig auf einer Maschine zu verfertigen, dürfte aber kaum ausführbar gefunden werden. So erklärt sich, warum Feilenhaumaschinen gegenwärtig nirgends bei einem großen Betriebe im Gebrauche sind, wenn nicht etwa bei der Verfertigung der feinsten Uhrmacherfeilen in England und in der Schweiz. Der Hieb jener Feilen ist so sehr fein, und zugleich so regelmäßig, daß es Überwindung kostet, ihn für das Erzeugnis der Handarbeit anzusehen. Bei kleinen und feinen Feilen ist übrigens auch mehr als bei anderen ein ökonomischer Nutzen von der Anwendung der Maschinen zu erwarten."

Abb. 155. Schweizerische Haumaschine „Grobet", 1836.

1836 — François Louis Grobet in Vallorbe (franz. Schweiz) konstruierte im Jahre 1836 eine Feilenhaumaschine, welche sich besonders zum Hauen von kleinen und kleinsten Uhrmacherfeilen eignen sollte. Sein Sohn, Herr Direktor A. Grobet, heutiger Leiter der „Usines métallurgiques Vallorbe" in Vallorbe stellte mir das Bild dieser Maschine in dankenswerter Weise zur Verfügung. — Wie aus der Abb. 155 ersichtlich ist, ist diese Maschine überaus kräftig und solide gebaut und es konnte unter ihr jede Hiebart bis zu der feinsten in schon einwandfreier Weise gehauen werden. Die Maschine wird durch die links sichtbare Kurbel in Betrieb gesetzt und ist eine getreue Nachahmung der Handarbeit. Der Meißelhalter, welcher in dem Bilde fast gerade steht, kann nach Belieben für Unter- und Oberhieb eingestellt werden. Der Hammer ist je nach der verlangten Hiebart der Feilengröße auswechselbar. Der Vorschub des Schlittens arbeitet intermittierend und wird durch Zahnrad und Schaltwerk bewirkt. Ganz ähnliche Maschinen auf einem schweren Holztisch montiert sind bis heutigen Tages noch im Betrieb.

1836 — Eine weitere englische Haumaschine, jedoch ganz anderer Bauart, zeigt die Abb. 156. Diese Maschine wurde im Jahre 1836 von Alexander Stocker, Birmingham gebaut. Auch sie zeigt in ihrem ganzen Aufbau die Fortschritte, welche inzwischen der allgemeine Maschinenbau gemacht hat. Die Anordnungen der Getriebe sind schon ziemlich einwandfrei durchgeführt. Das erste, was an dieser Maschine auffällt, ist, daß eine spitzflache Maschinenfeile, am Angel und an der Spitze auf einem Schlitten *B* festgeschraubt, durch 2 gleichlaufende Schraubenspindeln *C* in genau gleicher Richtung fortbewegt wird. Das weitere ist die Anordnung der Meißelhämmer Q, welche mit ihren gebogenen Stielen in gußeisernen Lagerböcken A_1 gelagert sind. Mit dem rechten Meißelhammer wird der Unterhieb, mit dem linken der Oberhieb gehauen. Die Meißel selbst stehen in diesem Falle senkrecht zu den Achsen der Hammerstiele. Der Antrieb der Maschine erfolgt durch Voll- und Leerscheibe G. Die Betätigung der Meißelhämmer geschieht durch eine unter der Mitte des Maschinentisches A durchgeführte Welle F, auf welcher an ihrem hinteren Teil die Daumenscheiben H aufgekeilt sind, die ihrerseits wieder über ein Hebelwerk R, L, P, W die Meißelhämmer in Tätigkeit setzen. Die Maschine stellt sich selbst ab, wenn die Feile gehauen ist. Es geschieht dies durch die Anschläge *15* an dem Schlitten und *16* und *19* auf der Stange *17*, welche über den

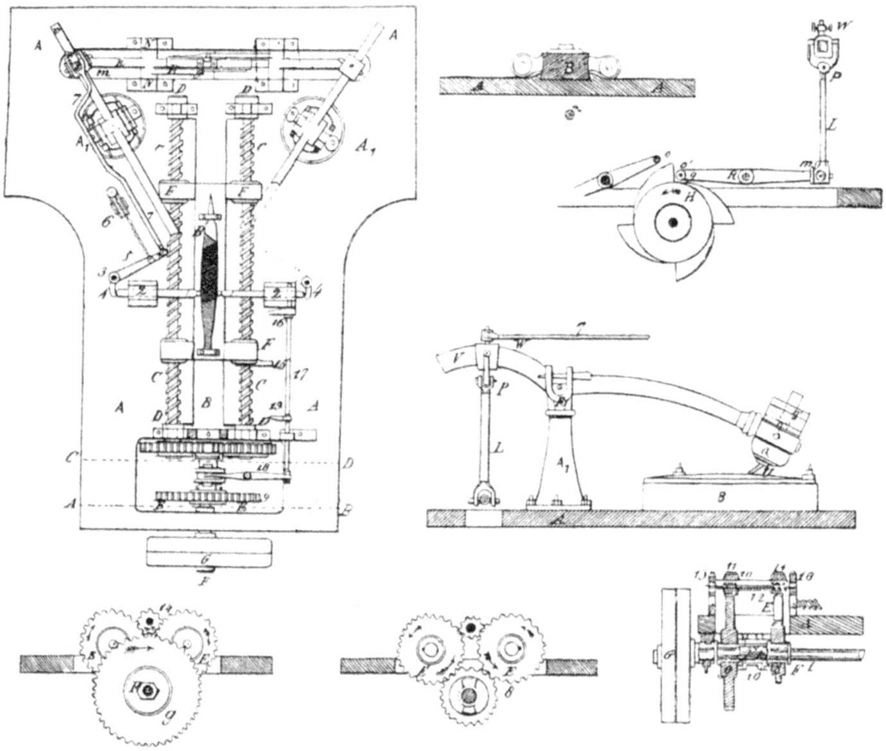

Abb. 156. Englische Haumaschine „Stocker", 1836.

Hebel *18* die Klauenkupplung zwischen den beiden Zahnradgetrieben ausrücken. Die durch die Lager *2* gehenden Stifte dienen zum Halten der Feile während des Hauens. Selbstredend konnte nicht mit beiden Meißelköpfen zusammen, sondern nur mit dem einen oder anderen gehauen werden.

Auch über diese Maschine war keine weitere Literatur zu finden. Daß mit ihr Feilen gehauen wurden, ist wohl möglich, jedenfalls aber bin ich der Meinung, daß die Maschine von Shilton zum Hauen von Feilen sich besser eignete als diese, welcher es insbesondere auch an der notwendigen Regulierfähigkeit des Schlages fehlte.

1836 — Im Jahre 1836 ließ sich der Kapitän John Ericsson in England eine Feilenhaumaschine patentieren, welche in dem Werk von Holzapffel „Mechanical Manipulation" genauer beschrieben ist. Diese Maschine sollte die Arbeit von mindestens 10 Feilenhauern verrichten — etwas viel für die damaligen Einrichtungen.

1838 — Im November des Jahres 1838 erhielt Guillaume Bocquet, Hirson (Aisne) ein Patent auf eine Feilenhaumaschine. Émile Eude beschrieb in seiner „Histoire documentaire de la mécanique française“ 1902 diese Maschine (Abb. 157), welche gegenüber den bisher vorhandenen Maschinen schon ziemliche Vorteile aufgewiesen haben soll, so u. a. eine Höher- und Tieferstellung des Ambosses je nach der Stärke der Feilen, Regulierung der Hammerschläge auf den Meißel je nach der Größe, Hiebart und Form der Feile, welche letztere gleichzeitig als Schablone diente, Festhalten der Feilen auf dem Amboß durch starke Federn und nach der Patentschrift soll selbst der Amboß noch schwenkbar gewesen sein.

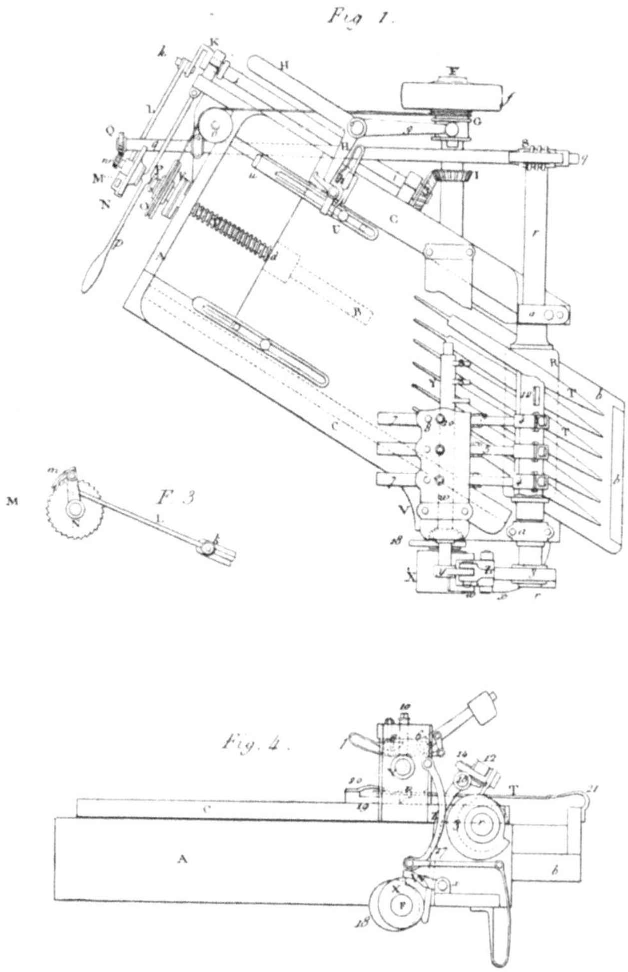

Abb. 157. Französische Haumaschine „Bocquet“, 1838.

1840 — An Ascher Wappenstein in Wien wurde am 6. Oktober 1840 ein einjähriges Privilegium gewährt auf die Erfindung einer Feilenhaumaschine, auf welcher gleichzeitig mehrere Feilen sollten gehauen werden können. In der „Beschreibung der Erfindungen und Verbesserungen, für welche in den kaiserlich-königlichen österreichischen Staaten Patente erteilt wurden, Wien 1845“, 3. Band, S. 88 und 89 ist die Maschine kurz, wie folgt, erwähnt:

„Die sämtlichen Teile dieser Maschine ruhen auf einem Amboß. Nach der Länge derselben ist eine horizontale Spindel, die mit 2 gezahnten Rädern versehen ist, durch welche sie ruckweise gedreht wird, aufgestellt. Durch diese Spindel wird der Hammer nach jedem Hiebe um die Entfernung zweier Feilenhiebe verschoben, indem er sich auf einem Supporte befindet, an welchem eine entsprechende Mutter, die auf die Spindel gesteckt ist, durch eine Zahl kleiner Schrauben befestiget ist. Die an 2 Platten durch Schrauben befestigten Meißel haben, wie die Hämmer, eine ruckweise Bewegung, die jener der Spindel, wie sich von selbst versteht, parallel ist und auch durch eine ähnliche Vorrichtung bewerkstelligt wird. Die zu hauenden Feilen werden in eine kleinere Form gelegt, in welcher sie unbeweglich befestiget werden. Das abwechselnde Heben des einen und des anderen Hammers wird durch eine rotierende Welle hervorgebracht, an welcher elliptische Scheiben aufgesteckt sind.“

Eine Abbildung dieser Maschine scheint nicht vorhanden zu sein.

1841 — Im „Conversations-Lexikon für Künstler und Handwerker, Fabrikanten und Maschinisten 1841“ steht:

„Feilenhaumaschinen sind mehrfach entworfen und versucht, aber ihrer unvollkommenen oder kostspieligen Leistungen wegen immer wieder aufgegeben worden.“

1842 — Rudolph Wappenstein, Medailleur und Heinrich Elbogen erhielten im Oktober 1842 ein 5jähriges Privilegium auf eine Erfindung, Feilen von jeder Form und Feinheit mit Maschinen zu hauen. Hierüber steht in „Beschreibungen der Erfindungen und Verbesserungen, für welche in den kaiserlich-königlichen österreichischen Staaten Patente erteilt wurden, Wien 1846, 4. Band S. 256“:

„Aus der oberflächlich verfaßten Beschreibung ist kein wesentlich neuer Teil mit Deutlichkeit wahrzunehmen ...“ Eine Abbildung lag nicht bei.

1843 — Am 9. Januar 1843 erhielt laut „Beschreibung der Erfindungen und Verbesserungen, für welche in den kaiserlich-königlichen österreichischen Staaten Patente erteilt wurden,“ Wien 1846, 4. Band, S. 218, der Bürger Franz Guth zu Leitomischl in Böhmen ein Patent auf eine nachstehende Feilenhaumaschine, von welcher die Abb. 158 die Seitenansicht zeigt. Franz Guth hat offenbar in Böhmen noch nichts von den verschiedenen Haumaschinenerfindungen und -verbesserungen gehört, welche schon infolge des Fortschrittes im allgemeinen Maschinenbau in Deutschland, England und Frankreich gemacht worden waren. Er konstruierte sich eine Haumaschine, auf welcher wohl 6 Feilen gleichzeitig mit 6 nebeneinanderliegenden Meißeln und Hämmern gehauen werden sollten, aber es muß bemerkt werden, daß die Konstruktionen von Prasse und Klingert, welche etwa 50 Jahre älter waren, mehr Fachkenntnis aufwiesen.

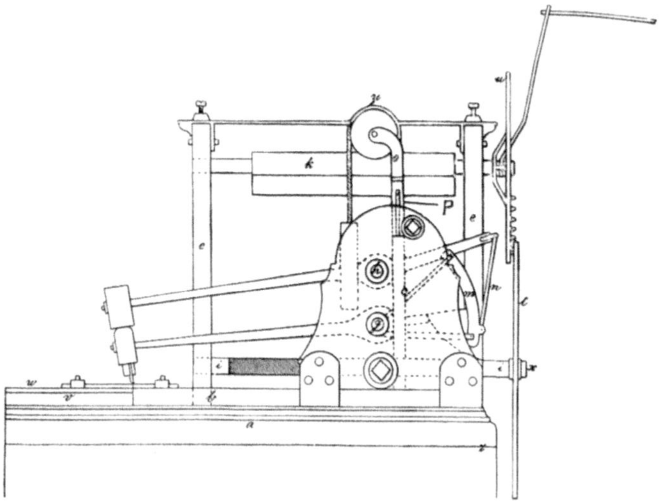

Abb. 158. Österreichische Haumaschine „Guth“, 1843.

Auf den beiden Wellen *g* und *h* sind hintereinander 6 Meißel- und Hammerarme aufgekeilt, welche je unter sich durch die Verbindungsstücke *m* und *n* zwangsläufig miteinander verbunden sind, wobei das Verbindungsstück *n* nach Belieben verstellt werden kann. *k* ist eine Daumenwelle, an deren rechtem Ende die Maschine mit einer Kurbel in Bewegung gesetzt wird, und deren langer Daumen, wenn spitzige Feilen gehauen werden sollen, nach einer Seite konisch gemacht werden kann, um die zu den Spitzen nötigen leichteren Hiebe zu erzielen. Durch eine Säule *o* ist ein Flacheisen *p* geschoben, welches sich über 2 Rollen parallel heben und senken läßt. Mit dem besagten Flacheisen sind durch verstellbare Zwischenstücke die Arme der Hämmer verbunden. Wird nun das Flacheisen *p* so hoch gehoben, daß es mit der Daumenwelle *k* in Berührung kommt, so werden die Hammerarme und damit auch die Meißelarme in Tätigkeit gesetzt und die Hiebe auf der auf einem feststehenden Amboß *v* aufgespannten Feile erzeugt. Die Abb. 158 zeigt die Maschine in dem Augenblick, wo der Hammer auf den Meißel aufgeschlagen hat. Beim Weiterdrehen der Kurbel heben sich nun durch das Herabdrücken des Flacheisens durch die Daumenrolle die Hammer- und Meißelarme, damit der Schlitten zum Weiterfortbewegen freigegeben wird. Die Hammerarme machen einen größeren Weg als die Meißelarme, für welch letztere ein

Heben von wenigen Millimetern genügt. Der Amboß v mit den Feilen sowie die Säulen $e\,e$, die mit dem Maschinentisch a verbunden sind, bleiben stehen, während durch die Spindel i der innere Teil der Maschine $c\,c$ einschließlich der Meißel- und Hammerarme sich fortbewegt. Aus diesem Grunde ist auch die lange Daumenrolle nötig. Das obere Zahnrad u, welches höchstens bis zur Hälfte seines Umfangs Zähne hat, ist ein Drittel kleiner als das untere Zahnrad t. Je gröber der Hieb sein soll, desto mehr Zähne muß das obere Rad haben, und je feiner, desto weniger. Den gröbsten Hieb erhält man dann, wenn der volle halbe Umfang des oberen Rades mit Zähnen besetzt ist, weil dann der Vorschub der Spindel i am größten wird. Je höher der Daumen der Daumenrolle ist, desto größer ist die Hubhöhe der Hämmer und desto stärker werden die Hiebe. Die langen Daumenrollen sind je nach der Größe und Gröbe der Feilen auswechselbar anzufertigen. Es können also auf der Maschine ebenso grobe als auch feine Feilen, ebenso flache als auch spitzflache Feilen gehauen werden.

1846 — Der Amerikaner Major H. Fisher, Auborn (Cayuga), nahm im August 1846 ein amerikanisches Patent Nr. 4728 auf eine Feilenhaumaschine (Abb. 159), welche wie die bisherigen Maschinen die Handarbeit mit Meißel und Hammer nachahmt. Eigenartig an dieser Maschine ist, daß Fisher nicht die Feile mit dem Feilenbett, sondern den ganzen Amboß A vorwärts bewegte. Dann ist noch bemerkenswert die Konstruktion des Meißelhalters mit seinem zurückfedernden Meißel M und die Einrichtung zur Verstärkung des Hammerschlages mittels einer einstellbaren Feder F. Der Antrieb erfolgte durch Kraft.

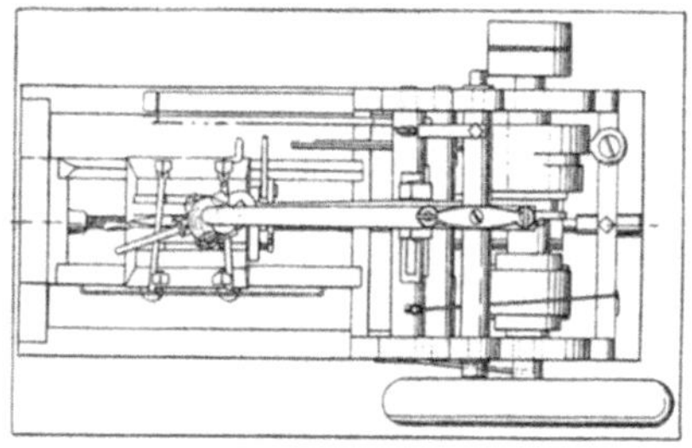

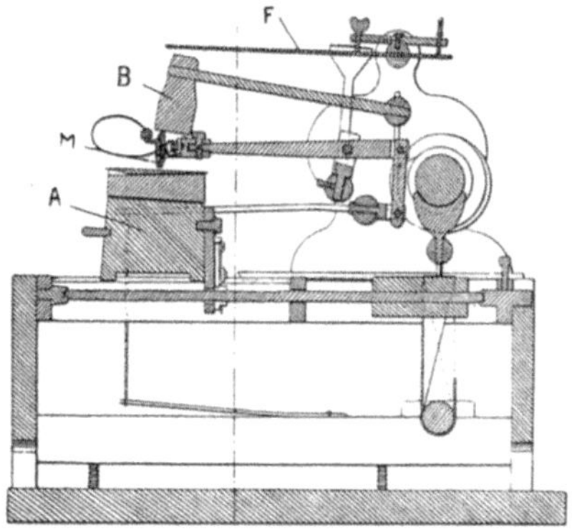

Abb. 159. Amerikanische Haumaschine „M. H. Fisher", 1846.

1847 — „Eine ingenieuse Maschine wurde im Jahre 1847 von George Winslow in Boston erfunden".

1851 — Der „Illustrierte Katalog der großen Industrieausstellung aller Nationen in London 1851" beschreibt u. a. auch die damals dort ausgestellten Feilen und Feilenhaumaschinen. Es ist lesenswert, was ein Engländer über Haumaschinen zu jener Zeit noch schreibt:

„Die Herstellung von Feilen ist ein Fabrikationszweig, welchen Sheffield beinahe ganz in Händen hat. Es ist eigentümlich, daß bisher keine Maschine konstruiert wurde, die imstande ist, Feilen in gleicher Güte herzustellen, wie die von Hand erzeugten. Maschinengehauene Feilen haben nicht die Schnittfähigkeit von handgehauenen Feilen. Dies kommt von der Eigenartigkeit des menschlichen Handgelenkes her, welches sich dem richtigen Winkel, um einen sauberen Hieb zu erhalten, rasch anpaßt."

Es sollte aber nicht mehr lange dauern, bis England daran ging, sich ganz energisch mit der Fabrikation von Feilenhaumaschinen zu beschäftigen, denn ich habe nachgeforscht und gefunden, daß in den Jahren 1855—1900 allein 94 Patente auf englische Feilenhaumaschinen eingeschrieben wurden. Hierzu kommen ja sicher noch eine ganze Anzahl von Versuchsmaschinen, die zum Patent gar nicht angemeldet worden sind. Die ersten wirklich brauchbaren Feilenhaumaschinen wurden durch den Engländer A. Shardlow, Sheffield, im Jahre 1883 herausgebracht, nachdem

James Dodge in Manchester schon im Jahre 1867 eine Feilenhaumaschine gebaut hatte, auf die noch zurückzukommen sein wird.

1851 — Ein Amerikaner, J. Crum, Ramapo (Rockland county) nahm im Juli 1851 in Washington ein Patent Nr. 8199 auf eine Feilenhaumaschine, bei welcher zunächst der eigenartige Bau des Maschinengestelles auffällt (Abb. 160). Die wichtigste und einschneidendste Neuerung ist, daß Crum wohl als erster die Nachahmung der Handarbeit verließ und einen Hammerbär *B* zur Anwendung brachte, welcher in 2 Lagern geführt ist. Allem Anschein nach ist somit Crum der erste Feilenhaumaschinenkonstrukteur, welcher den Hammerbär, der heute ausschließlich im Gebrauch ist, erfunden hat. Die Maschine war auch schon mit einer beweglichen Patrone *V*, auf welcher die Feile auflag, versehen und zudem mit einer Schablone ausgerüstet, durch welche die Regulierung der Schlagstärke an der Spitze der Feile selbsttätig vorgenommen wurde.

1853 — 350 Jahre sind verflossen, seit Leonardo da Vinci seine erste Haumaschine entworfen hat. Eine stattliche Anzahl Feilenhaumaschinen wurden während dieser langen Zeit teils nur entworfen, teils aber auch ausgeführt und nur einen Teil all dieser verschiedenen Maschinen konnte ich in diesem Werke anführen.

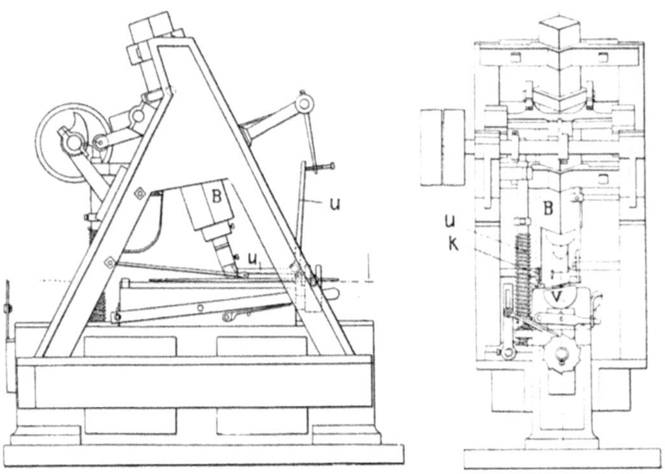

Abb. 160. Amerikanische Haumaschine „Crum", 1851.

All die in Wort und Bild gezeigten Maschinen kranken jede wieder für sich an irgendeinem grundlegenden Fehler und keine dieser Maschinen konnte zu einer laufenden Feilenfabrikation verwendet werden. Wie weit in Frankreich der Bau von kleinen Feilenhaumaschinen zur Fabrikation von Uhrmacherfeilen bis zu dieser Zeit vorgeschritten war, konnte nicht mit Sicherheit festgestellt werden, da die Franzosen über ihre kleinen Spezialmaschinen sehr wenig an die Öffentlichkeit kommen ließen, und daher auch so gut wie nichts über dieselben gefunden werden konnte.

Ich glaube aber mit Sicherheit annehmen zu dürfen, daß um das Jahr 1850 herum die Franzosen und weiterhin auch die Schweizer es waren, die zur Kleinfeilenfabrikation gut geeignete Maschinen für Handbetrieb hatten. Für große und mittlere Feilen wurden in England zu dieser Zeit wohl die Haumaschinen von Shilton und Stocker, für kleinere Feilen vielleicht eine verbesserte Konstruktion des „unbekannten Engländers" verwendet. In Deutschland lag der Feilenhaumaschinenbau noch sehr im argen, denn eine brauchbare Maschine dieser Art ist zu jener Zeit noch nicht vorhanden gewesen. Erst zu Anfang der 1890er Jahre nahm Deutschland langsam den Bau solcher Maschinen auf, nicht ohne zuvor gründliche Versuche gemacht zu haben, und infolge seiner rastlosen, erfinderischen Tätigkeit kam es bald so weit, daß Deutschland das ganze übrige Ausland einholte, wenn nicht gar überholte. In Amerika wurde nach dem ersten Jahrzehnt des 19. Jahrhunderts mit dem Bau von Haumaschinen begonnen und verhältnismäßig rasche Fortschritte wurden in den ersten 40 Jahren gemacht. Die Mitte des 19. Jahrhunderts brachte eine weitere wesentliche Verbesserung in dem Bau der Feilenhaumaschinen und E. Bernot war es, der im Jahre 1854 die erste wirklich brauchbare Feilenhaumaschine auf den Markt brachte, mit der mittlere und große Feilen gehauen werden konnten. Diese wurde am 31. August 1854 ihrem Erfinder Etienne Bernot, Paris, unter der Nr. 20681 patentiert. Während Bernot in demselben Jahre auch noch das englische Patent erteilt wurde, gelang es erst im Jahre 1862 einem amerikanischen Ingenieur, namens Whipple, der sich viel mit Haumaschinen beschäftigte, eine kapitalkräftige Gesellschaft zu gründen, die Patente des Franzosen Bernot zu erwerben und mit einigen Verbesserungen sofort 9 dieser Maschinen in den Vereinigten Staaten zu bauen. Diese wurden in Pawtucket, N. Y. aufgestellt und mit Erfolg in Betrieb gesetzt.

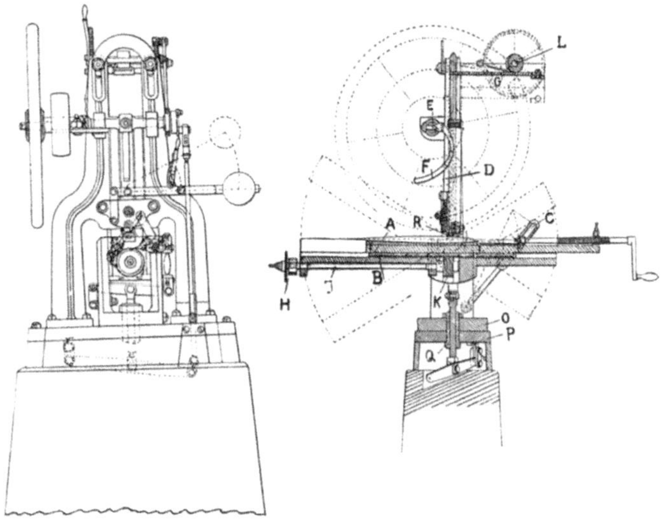

Abb. 161. Französische Haumaschine „Bernot", 1854.

Um dieselbe Zeit hat in England eine damals bekannte Firma Greenwood & Batley in Leeds die Fabrikation dieser Bernot-Maschine ebenfalls aufgenommen und im Jahre 1862 in London auf der Internationalen Ausstellung mit angeblich großem Erfolg ausgestellt.

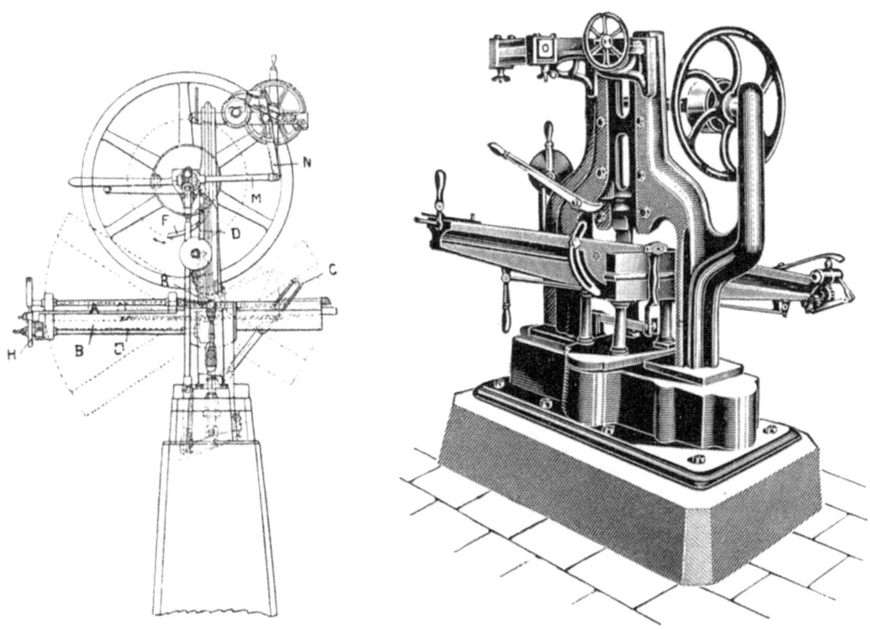

Abb. 162. Französische Haumaschine „Bernot", 1862.

1854 — Die zeichnerische Darstellung der Maschine auf den Abb. 161 und 162 zeigt die Maschine nach der Patentausführung 1854, die Photographie Abb. 162 zeigt bereits die verbesserte Ausführung, wie sie in London im Jahre 1862 ausgestellt wurde. Da diese Maschine die erste wirklich brauchbare Maschine für große und mittlere Feilen war, so will ich sie kurz beschreiben.

„Die zu hauende Feile wird auf einer halbrunden Unterlage (Patrone) durch Klauen festgehalten. Diese Unterlage liegt in einem Schlitten *A*, welcher seine Führung in einem schweren als Amboß ausgebildeten Schlittenbett *B* hat. Dieses ist verstellbar und kann je nach Wunsch, d. h. je nach dem vorgeschriebenen Hiebwinkel durch das Gabelstück *C* mit zugehöriger Stellschraube in jeder Lage festgestellt werden. Der Meißel ist in einem vertikal geführten Fallgewicht *D* (Hammerbär) festgeschraubt. Durch die von der Transmission direkt angetriebene Welle *E* wird durch einen noch sichelförmigen Hebedaumen *F* der Hammerbär *D* gehoben und mit diesem auch die aus mehreren Blättern bestehende Feder *G*. Läßt der Daumen *F* den Hammerbär *D* frei, so wird vermöge seines Fallgewichtes und dessen Beschleunigung durch die Feder *G* ein kräftiger Schlag erfolgen, wobei durch das Zusammenwirken von Fallgewicht und Feder ein Prellschlag verhindert wird. Am Ende der Welle *E* sitzt eine exzentrische Scheibe, welche nach jeder Umdrehung über ein ganzes Hebelsystem das Schaltrad *H* in Bewegung setzt, was eine intermittierende Drehung der Welle *J* und der darauf befestigten Schnecke *K* zur Folge hat. Diese greift in eine Zahnstange ein, die mit dem Schlitten *A* auf Schiebung verbunden ist, und bewirkt dadurch den Vorschub des Bettes und damit auch der Feile um je eine Hiebteilung. Letztere ist durch Änderung des Hebelverhältnisses oder durch Auswechseln des Schaltrades *H* jederzeit leicht einzustellen.

Um die Schläge des Hammers je nach der Größe der zu hauenden Feilen regulieren zu können, ist die Anordnung so getroffen, daß eine drehbar exzentrische Scheibe *L* sich in der Mitte der Feder gegen diese stützt. Durch ein Hebelwerk *MN*, welches mit einem Exzenter auf der Antriebswelle verbunden ist, kann die exzentrische Scheibe *L* während des Hauens der Feile gedreht und dadurch die Schlagstärke von der Spitze der Feile aus zunehmend eingestellt werden. Um ein Zurückspringen des exzentrischen Daumens zu verhüten, ist eine Gegenfeder angebracht. Ein Handhebel, der auf der Achse der exzentrischen Scheibe sitzt, ermöglicht gleichzeitig auch noch eine Nachregulierung von Hand, was namentlich dann notwendig ist, wenn die Exzenterscheibe, durch die Maschine angetrieben, die Feder zu stark spannt.

Um den Winkel, unter welchem der Hieb die Feilenachse kreuzt, nach Bedarf einstellen zu können, besteht das Untergestell der Maschine aus 2 Teilen *O* und *P*, die durch eine als Drehzapfen ausgebildete Büchse *Q* verbunden sind. Für das richtige Einstellen der Patrone sorgt der federnde Taster (Feilendrücker) *R*, der die jeweilig zu hauende Stelle der Feile in eine mit der Meißelschneide genau parallelen Lage bringt. Ist eine Feilenseite gehauen, so wird die Schnecke *K* ausgerückt und der Schlitten in seine Anfangsstellung zurückgekurbelt, um eine neue Feile aufzunehmen. Bernot gab dieser Haumaschine, welche für Feilen von 12—18 Zoll Länge gebaut war, eine für damalige Zeiten sehr hohe Tourenzahl von 800—1000 in der Minute.

Der wesentlichste Unterschied zwischen allen bisher erwähnten Haumaschinen der Gruppe I (Nachahmung der Handarbeit) und der nun beginnenden Gruppe II, zu welcher schon die Haumaschinen Crum (Abb. 160) und Bernot gehören, besteht darin, daß der Meißelhalter in Verbindung mit einem Fallgewicht (Hammerbär) gebracht wurde, welches beim Herabfallen einen Hieb auf dem Feilenkörper erzeugt, der je nach der gewünschten Gröbe durch einen Federdruck noch erhöht werden kann und daß außerdem Bernot ein nach jeder Seite hin bewegliches und feststellbares schweres Schlittenbett mit Schlitten und Patrone als Feilenauflage eingeführt hat. Mit dieser Maschine wurden lange Zeit hindurch Feilen gehauen, aber es zeigte sich immer mehr, daß noch bessere und leistungsfähigere Feilenhaumaschinen notwendig waren, um auch in der Feilenindustrie das Höchste zu erreichen.

1856 — Der Amerikaner Milton D. Whipple von Charlestown nahm im Oktober 1856 das amerikanische Patent Nr. 15 876 (Abb. 163) auf eine Spezialmaschine zum Hauen von runden Feilen, und zwar ist dies wohl der einzige Fall, in welchem die Feile in einer Haumaschine nicht horizontal, sondern vertikal eingespannt ist. Die 2 Meißel *T*, welche von den Daumenscheiben *G* in Bewegung gesetzt werden, erzeugen die Hiebe, und zwar wie dies ganz deutlich aus der Abbildung hervorgeht, in Spiralen. Whipple ist somit der erste Haumaschinenbauer, welcher es fertig brachte, runde Feilen spiralhiebig, wenn auch nicht in der heutigen verlangten Ausführung, zu hauen.

Zu erwähnen ist noch einmal, daß Whipple, welcher eine ganze Anzahl Haumaschinen in Amerika konstruierte, im Jahre 1862 die Haumaschine des Franzosen Bernot in Amerika einführte (siehe S. 127).

1858 — Der Amerikaner G. W. Fogg von South Dedham erhielt im Dezember 1858 ein amerikanisches Patent Nr. 22 329 auf eine Feilenhaumaschine (Abb. 164), deren Druckfeder er sich durch ein Luftkissen ersetzt dachte. Der Hammerbär besteht aus einer runden Stange *F*, auf welcher ein Kolben *E*, der in einem Zylinder *C* sich bewegt, angebracht ist. Diese Kolbenstange, welche den Hammerbär ersetzt, hat eine Nase *J*, welche durch den Daumen *O*, der auf der Welle *L* sitzt, gehoben wird. So oft der Daumen *O* die Nase *J* verläßt, schlägt die Kolbenstange *F* mit einem durch komprimierte Luft verstärkten Druck auf den Meißelhalter *K*, dessen Meißel *H* einen Hieb hervorbringt. Die Luft in dem Zylinder soll je nach Schlagstärke komprimiert werden können. Ob diese Maschine praktisch im Gebrauch war, ist nicht mehr festzustellen. Möglich ist dies schon, denn die Maschine ist so gebaut, daß Feilen mit ihr gehauen werden konnten.

Auf eine Feilenhaumaschine mit Druckluftbetrieb hat meines Wissens bisher nur noch die Firma Groh & Rath in Plettenberg ein D.R.P. Nr. 19 270 im Januar 1882 genommen. Nach diesem Patent konnte aber niemals eine Feile gehauen werden.

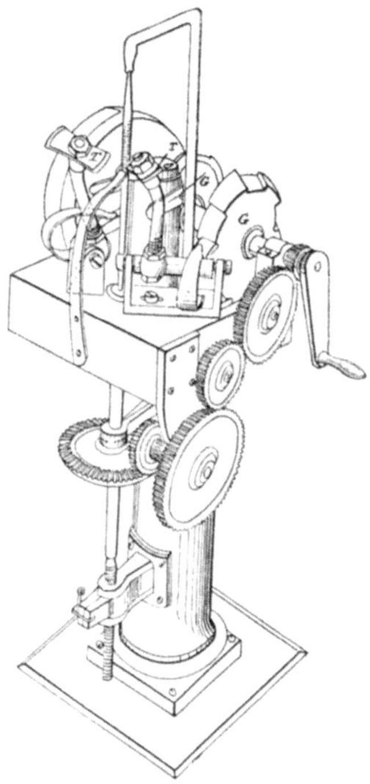
Abb. 163. Amerikanische Haumaschine „Whipple", 1856.

1860 — Ein englischer Ingenieur A. Brandon ist auf den Gedanken verfallen, an Stelle des Hammerbärs die Arbeitsweise des Handfeilenhauers auf andere Art noch einmal maschinell nachzuahmen. Da dessen Idee nicht schlecht war, versuchten in den nächsten 15 Jahren 3 weitere Erfinder Brandons Prinzip noch besser auszubauen, bis sie sich endlich überzeugen mußten, daß sie auf diesem Wege nicht weiterkamen.

A. Brandon, London, versuchte das Handhauen mit seiner von ihm erfundenen Maschine noch einmal genau nachzuahmen und der Grundgedanke seiner Konstruktion ist der, die Verschiebung der Feile durch den Meißel selbst erfolgen zu lassen, und zwar abhängig von der Beschaffenheit des Hiebes. Fig. I, Abb. 165, stellt die Meißelstellung nach vollführtem Hiebe dar. Es folgt, ganz wie beim Handhauen, ein Heben des Meißels, Aufsetzen in Stellung II und Vorschieben in Stellung III. Weil dabei der Meißel in seine Anfangslage zurückkehren muß, so ergibt sich notwendigerweise eine Verschiebung der Feile. Die Konstruktion ist nun in der Weise durchgeführt, daß der Meißel *M* an einem Stiele *A* befestigt ist, der durch eine Muffe *m* geht, in welcher der Stiel mit Friktion durch 2 seitliche Scheiben gehalten ist. Die Muffe *m* hat 2 Zapfen, die in einem besonderen Lager sich bewegen. Einer der Zapfen trägt den Hebel *b*, der durch den Bolzen *d* in der auf der Welle *D* sitzenden Scheibe *e* betätigt wird. Neben dem Hebel *b* ist noch eine Rolle *r* auf der Achse der Muffe *m* angebracht und diese drückt, da die kräftige Feder *v* auf das die Zapfen

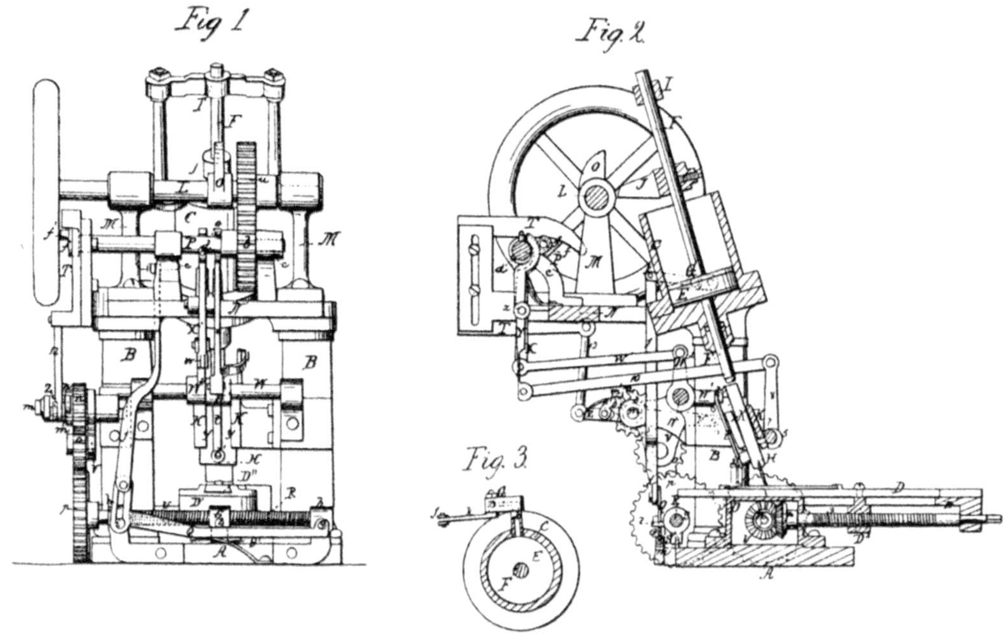

Abb. 164. Amerikanische Haumaschine „Fogg", 1858.

tragende Lager einwirkt, kontinuierlich gegen den Umfang der Scheibe *e*. In dem Augenblick, wo der Hebel *b* durch den Stift *d* gehoben wird, kommt eine Ausbauchung am Umfang der Scheibe *e* an die Rolle *r* und drückt diese samt dem etwas gehobenen Meißel zurück. Der Stift *d* läßt den Hebel *b* sinken, bevor die Ausbauchung die Rolle gänzlich passiert hat, und der Meißel muß in die Stellung II kommen. Hat sich die Scheibe *e* weitergedreht, so kommt die starke Feder *v* wieder zur Geltung, schiebt den durch die Feder *t* auf die Oberfläche der Feile gehaltenen Meißel *M* so lange vor, bis wiederum die Rolle *r* an der Scheibe *e* anlangt. In der letzten Periode dieses Vorschiebens kommt der Meißel an den beim vorhergehenden Schlag gebildeten Zahn und schiebt, sich fest an diesen anlegend, die Feile samt dem Schlitten eine Zahnstärke (Zahnteilung) vor. Das Verschieben des Schlittens geht ziemlich leicht vonstatten, da eine der seitlichen Führungsschienen durch eine mit einer Schraube zu spannende Federlamelle *f* ersetzt ist. Hat das

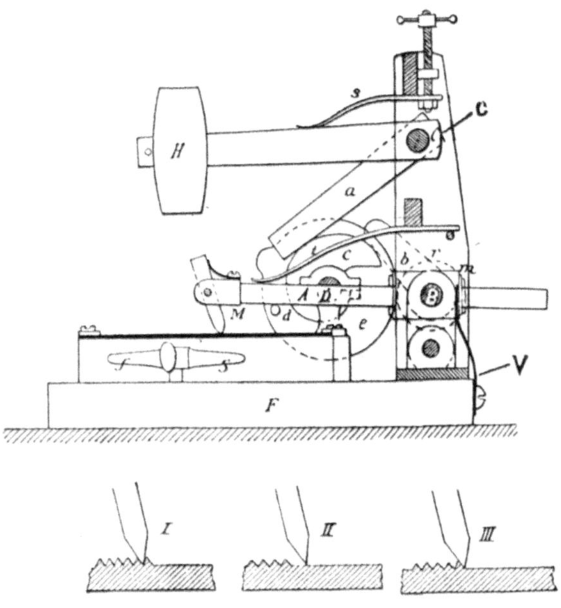

Abb. 165. Englische Haumaschine „Brandon", 1860.

Verschieben stattgefunden, so steht der Meißel in der zum Hieb bereiten Stellung III. Der Schlag des durch eine Feder *s* beschleunigten Hammers *H* wird gleichfalls von der Welle *D* durch den Hebedaumen *c* erzeugt. Auf der Achse *C* sind Hammerstiel und ein danebenliegender Hebel *a* aufgekeilt, der die Wirkung des Hebedaumens auf den Hammer übermittelt. Eine selbsttätige Regulierung der Schlagstärke während des Hauens ist nicht vorgesehen, jedoch kann der Arbeiter durch Nachspannung der Feder *s* die Schlagstärke nach Belieben etwas nachregulieren.

Diese Maschine konnte nur zum Hauen von flachen Feilen verwendet werden. Ihre Arbeit kann nicht unbefriedigend gewesen sein, denn englische Konstrukteure von Feilenhaumaschinen

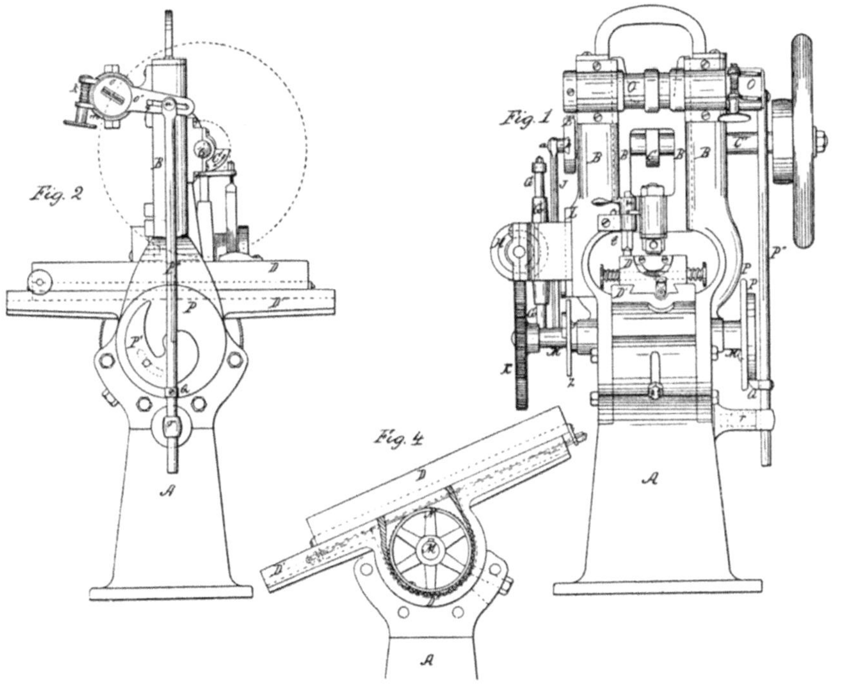

Abb. 166. Amerikanische Haumaschine „Nicholson", 1864.

haben neben Brandon selbst, der im Jahre 1872 noch ein englisches Patent Nr. 628 auf seine Maschine erhielt, in den nachfolgenden 15 Jahren auf diesem System weiter aufgebaut, wie James Dodge 1865 und 1867, William Morgan Brown 1873 und Alfred Weed 1873. (Hierzu s. Abb. 167 und 170.)

1864 — Im Januar und Juni 1864 erhielt Moris B. Belknapp, Greenfield Mass., Patente auf eine neue Feilenhaumaschine, auf welcher nicht nur Feilen, sondern auch Sicheln gehauen werden sollten. Diese Maschine brachte eine tägliche Leistung von 5—6 Dutzend 12zölliger Flachfeilen hervor.

Weitere Patente auf Haumaschinen wurden in diesem Jahre erteilt an Charles Hesser und Amos Paxson, Philadelphia, William T. James, Greenwich, N. J. und W. T. Nicholson, Providence, der im April 1864 das amerikanische Patent Nr. 42 216 auf eine Feilenhaumaschine (Abb. 166) erhielt, welche — wie ohne weiteres ersichtlich ist — mit einem Hammerbär ausgestattet war. Neu ist die Bewegung des Schlittens durch Kettenrad und Kette anstatt durch Zahnstange und Zahnrad oder Gewindspindel. Die Maschine soll so durchkonstruiert worden sein, daß sie heute noch mit einigen Abänderungen in Providence in Betrieb ist. Ein weiteres Patent auf diese Maschine erhielt Nicholson im Jahre 1865.

1865 — James Dodge in Manchester nahm ein englisches Patent auf eine Feilenhaumaschine nach dem schon angeführten System Brandon aus dem Jahre 1860 und verbesserte diese so, daß er am 24. Oktober 1867 ein neues englisches Patent (Nr. 2990) hierauf erhielt.

Da Feilenhaumaschinen nach letzterem Patent im Jahre 1873 zum erstenmal in Deutschland, und zwar in Remscheid eingeführt wurden, so soll diese Maschine, welche die Abb. 167 zeigt, etwas näher beschrieben werden.

Ihr eigenartigster Teil ist die Kombination des Feilendrückers mit der Meißelführung, die in den Feilendrücker eingebaut wurde. Der Meißel befindet sich in einem besonderen Rahmen, welcher in dem vorderen Teil des Feilendrückers sich mit ihm auf- und abbewegen kann, und wird, so lange der Feilendrücker auf der Feile aufliegt, durch 2 Gummistücke auf diese so heruntergedrückt, daß er auf seiner ganzen Breite eben aufliegt.

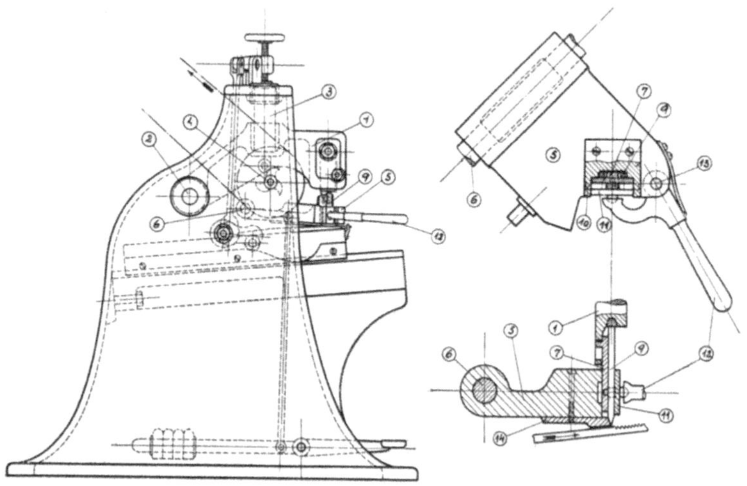

Abb. 167. Englische Haumaschine „Dodge", 1867.

Der Hammerkopf ist mit dem besagten Rahmen und dadurch auch mit dem Meißel durch die Lasche 7 mit Spielraum nach oben und unten lose gekoppelt, so daß der Meißel erst nach dem Hammerkopf sich hebt und auf die Feile sich wieder aufsetzen kann, ehe der Hammerschlag erfolgt. Wenn nun der nächste Daumen den Hammer anhebt, so folgt der Meißel nach kurzer Zeit wenige Millimeter nach, und gibt der Daumen den Hammer wieder frei, so kommt der Meißel erst auf die Feile, setzt sich durch den Druck der Gummistücke eben auf ihr fest und lehnt sich an den unteren Teil des Feilendrückers satt an. Auf den nun folgenden Hammerschlag gleitet er an dem Feilendrücker so ab, daß er seine Ruhelagerichtung verläßt und dadurch beim Eindringen in die Feile dieser und damit auch dem mit ihr verbundenen Schlitten einen kleinen Ruck gibt, der genügt, die Feile für den nächsten Hieb bereitzuhalten. Je nach der Schlagstärke wird der Vorschub naturgemäß größer oder kleiner ausfallen. (Der Verfasser hat diesen Versuch mit einer einfachen Einrichtung nach obiger Beschreibung selbst gemacht und erhielt wirklich einen ziemlich gleichmäßigen Vorschub der Feile, die Hiebbildung aber ließ viel zu wünschen übrig, wie dies bei dieser Konstruktion auch nicht anders möglich ist; denn während des Eindringens des Hiebes in die Feile schiebt diese sich gleichzeitig etwas vorwärts, so daß von einem satten Schlag, der zur richtigen Zahnbildung nötig ist, nicht die Rede sein kann.)

Wie schon eingangs erwähnt, kamen die ersten englischen Feilenhaumaschinen nach vorbeschriebenem System Dodge im Jahre 1873 nach Remscheid, und zwar anläßlich eines großen und langandauernden Streikes der Handhauer. Um sich nun von diesen unabhängig zu machen, bildete sich in Remscheid eine „Feilenindustrie-Gesellschaft", der 12 Firmen angehörten, u. a. A. Mannesmann, Kotthaus & Busch, Carl Offermann und Gebrüder Honsberg. Diese Gesellschaft sollte das Hauen der Feilen im Lohn übernehmen, während die der Gesellschaft verpflichteten Firmen für genügend Arbeit zu sorgen hatten. Im Sommer dieses Jahres fuhren die Herren Carl Offermann und David Honsberg im Auftrag dieser Gesellschaft nach Sheffield und kauften dort 10 Haumaschinen System Dodge nach dem englischen Patent Nr. 2990 vom Jahre 1867. Diese Maschinen kamen dann in Remscheid zur Aufstellung, doch hat die Gesellschaft, deren Betriebsleiter der spätere Inhaber der Firma Gottl. Wellershaus war, während als Meister ein früherer Meister der Firma Kotthaus & Busch, namens Rüpping, eingestellt wurde, nur kurze Zeit bestanden.

Von den vorhandenen Maschinen übernahm die Firma A. Mannesmann 5, die Firma Kotthaus & Busch 2, der Rest wurde nach Belgien verkauft. Bei der Firma Mannesmann sind 3 Maschinen (eine wurde während des Transports zerbrochen und nicht wieder ausgebessert) noch Ende der 1880er Jahre in Betrieb gewesen.

Auf diesen Dodge-Maschinen konnten notdürftig die Unterhiebe von Arm-, Hand- und Maschinenfeilen und vielleicht auch von großen Schlichtfeilen gehauen werden, nicht aber Oberhiebe, weil eben durch den vom Meißel selbst bewirkten Vorschub ein einwandfreier Hieb sich nicht erzeugen ließ. Die vierte Maschine wurde zum Abschneiden von Stahl umgebaut und soll in dieser Form noch in den 1890er Jahren verwendet worden sein.

Von sämtlichen Dodge-Maschinen, welche die ersten in Deutschland eingeführten Feilenhaumaschinen waren, ist leider heute keine mehr vorhanden, damit man sie zur Erinnerung an diese Zeiten etwa dem Deutschen Museum in Münschen übergeben könnte.

Die St. Egyder Eisen- und Stahlindustrie A.-G., Wien, hat in ihrem Werk Furthof im Jahre 1870 ebenfalls einen Versuch mit Dodge-Maschinen gemacht.

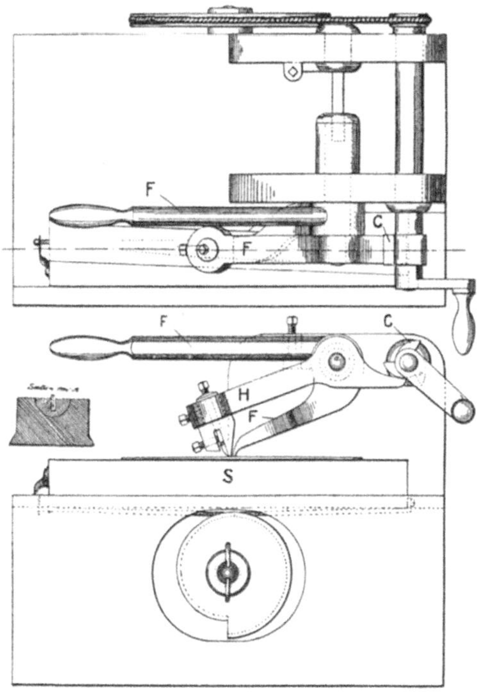

Abb. 168. Amerikanische Haumaschine „Nicholson", 1868.

1868 — W. T. Nicholson, Providence U.S.A., verlegte sich inzwischen auch auf die Fabrikation kleiner Feilen und erfand zum Hauen dieser eine neue Maschine, welche ihm im Juni 1868 patentiert wurde (amerikanische Patentschrift Nr. 78 681). Die Maschine wird, wie aus der Abb. 168 hervorgeht, durch eine Kurbel und den dreinasigen Daumen *C* mit der rechten Hand angetrieben und gleichzeitig der Feilendrücker *F* mit der linken Hand auf die Feile aufgedrückt. Die Fortbewegung des Schlittens erfolgt auf einfachste Weise durch Seil und Seilrad. Die vorstehende Maschine wurde gebaut als Spezialmaschine zum Hauen von Kanten an kleinen flachen Feilen und zum Hauen von Rücken an halbrunden Feilen. Sie soll den Vorzug gehabt haben, daß sie mit den besten Resultaten in kürzester Zeit ihre Feilen hauen konnte.

1870 — Das „London Journal of arts" veröffentlichte eine ganz neue Art von Haumaschinen, welche William Davis in Leeds gebaut hat, und zwar sollten auf dieser Maschine die beiden gegenüberliegenden Seiten einer flachen Feile gleichzeitig gehauen werden können. Die Abb. 169 zeigt diese Maschine, unter welcher aber die Hiebe weder gehauen noch geschnitten, sondern mehr eingepreßt wurden. Die Feile *g* wurde in den Halter *f* eingespannt und von dem Angel nach der Spitze zu gehauen. Durch das Drehen des Zahnrades *x* durch eine Kurbel bewegt sich die Feile *g* durch die Spindel *e* in der Pfeilrichtung nach abwärts. Durch diese Bewegung und durch gleichzeitiges Andrücken der in die Meißelhalter *i* eingespannten Meißel durch den Exzenter *s* über die Backen *c* entstehen die Hiebe in der Feile. Wenn zwei einander gegenüberliegende Hiebe eingepreßt sind, so gibt ein Exzenter die beiden Meißel frei, die Feile bewegt sich ein kleines Stückchen nach abwärts, die Meißel pressen sich wieder in die Feile ein usw.

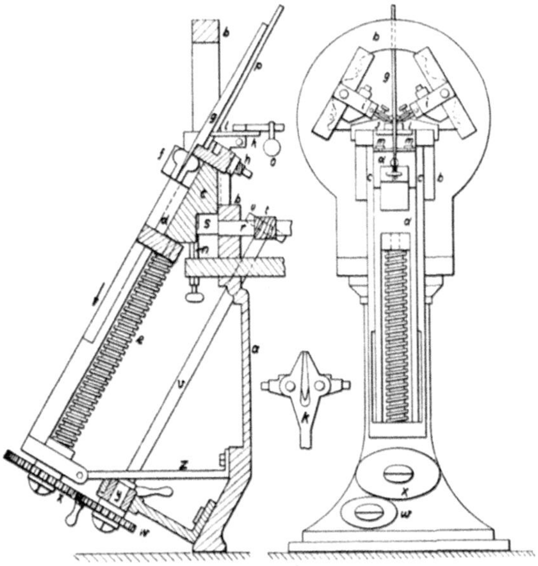
Abb. 169. Englische Haumaschine „Davis", 1870.

Wenn diese Maschine jemals im Betriebe war, so ist es sicher, daß mit einer auf solche Art gehauenen Feile nicht gearbeitet werden konnte. Es sei denn, die Vertiefungen wurden als Unterhiebe angesehen und von Hand oder der Maschine der Oberhieb darauf gehauen. Immerhin zeigt diese Maschine, daß man alles mögliche zur Hervorbringung von Feilenhieben versucht hat. Im übrigen hat der Amerikaner Richard Walker, Portmouth (Rockingham) schon im Juni 1847 eine ganz ähnliche Maschine, jedoch in liegender Konstruktion unter der Nr. 5149 beim amerikanischen Patent angemeldet.

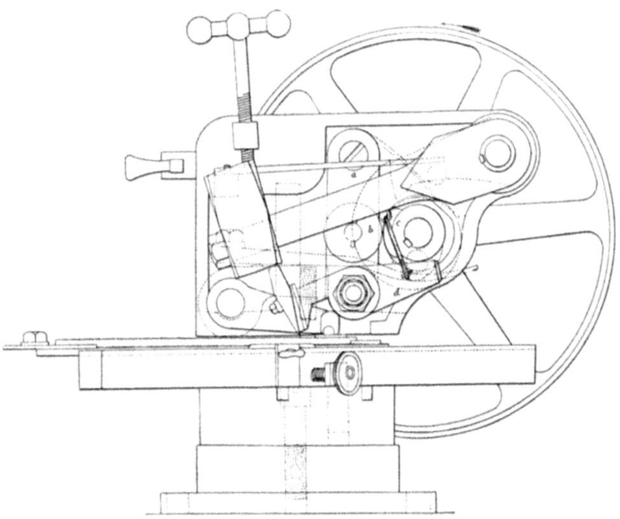
Abb. 170. Amerikanische Haumaschine „Weed", 1873.

1873 — Nach der Firma James Dodge, Manchester, haben W i l l i a m Morgan Brown in der Firma Brandon and Morgan Brown in London und Paris unter der Nr. 1218 vom 2. April 1873 und der Amerikaner Alfred Weed unter der Nr. 3680 vom 12. November 1873 in London sich ganz ähnliche Maschinen patentieren lassen. Die zuletzt genannte Maschine zeigt die Abb. 170 und es ist hier die Anordnung ebenfalls so getroffen, daß der Meißel selbst nach jedem Hieb die Feile und damit auch den Schlitten um Hiebstärke vorwärtsschiebt. Sie weist gegenüber den Maschinen von James Dodge die schon wesentliche Verbesserung auf, daß das Vorschieben der Feile etwas zwangläufiger geschieht. Der Meißelhalter *d* ist mit einem flachen Stück *a* verbunden, das um einen Schraubenbolzen sich schwingen kann. Auf dem Stück *a* ist eine lose Rolle *b* angebracht, die auf einer kleinen Daumenscheibe *c* abrollt. Nach jedem gehauenen Hieb schiebt der kurze Daumen *c* das flache Stück *a* etwas vorwärts und damit auch die Feile samt dem Schlitten. Zwischen dem Hammerstiel und dem Meißelhalter *d* ist eine starke Feder eingeschaltet, damit schon während des Hochhebens des Hammers der Feilenschieber mit dem Meißel satt auf der Feile sich aufsetzt.

Alle diese vorerwähnten Maschinen können von Hand und von der Transmission angetrieben werden. Es hat sich aber im Laufe der Jahre gezeigt, daß solche Sonderkonstruktionen sich nicht auf die Dauer bewährten. Es ist dies auch nicht denkhar, denn der richtige Vorschub des Schlittens hängt von zu viel Zufälligkeiten ab. Ein sicherer, gleichmäßiger Vorschub kann nur durch Zahnrad und Zahnstange oder durch Gewindespindel erreicht werden, und deshalb sind diese Maschinen in den 1870er Jahren ganz außer Betrieb gekommen.

1874 — Die Abb. 140 und 143 zeigen von Klingert und Prasse aus den Jahren 1788 und 1792 Haumaschinen, bei welchen Meißel und Hammer je an besonderen Armen befestigt waren. Hinter deren Drehpunkten wurde auch eine Verbindung zwischen Hammer- und Meißelstiel hergestellt, so daß diese teilweise zwangsläufig miteinander bewegt werden konnten.

Dieses System hat Maurice Mondon, Paris, wieder aufgenommen. Er baute sich eine neue Maschine, auf welche er im Oktober 1847 das englische Patent Nr. 3426 erhielt. Mondon hat in dieser Maschine nahezu sämtliche Einrichtungen, die heute noch bei den modernsten Feilenhaumaschinen angewandt werden, wenn auch in ganz anderer Art, vereinigt. Die Konstruktion der Maschine geht aus der Abb. 171 so deutlich hervor, daß eine eingehende Beschreibung nicht nötig ist; es soll nur darauf hingewiesen werden, daß erstens die Bewegung der Meißel- und Hammerstiele mit Meißel und Hammer vollständig zwangsläufig erfolgt, zweitens auf der Maschine auch die bauchigsten Feilen gehauen werden können, weil das Feilenbett (Patrone) nach jeder Richtung gedreht und geschwenkt werden kann, drittens Trieb- und Sperrwerk für den Vorschub des Schlittens zwangsläufig arbeiten und viertens in einem auf dem Rahmengestell der Maschine aufgeschraubten Ständer Hammer und Meißel samt ihren Armen und dem zugehörigen Antriebsmechanismus je nach der Stärke der Feile auf- oder abwärts bewegt werden können. Mondon erwähnt noch hierzu, daß es möglich ist, auf ein und demselben Maschinengestell mehrere Meißel und Hämmer mit ihren Antrieben aufzubauen, so daß je nach Anordnung 2, 3 und mehrere Feilen gleichzeitig gehauen werden können. — Die Maschine hat gute Ideen in sich, aber sie ist so verzwickt ausgeführt, daß sie wohl nicht allzulange in Betrieb gewesen sein wird. Anzuerkennen ist, daß Mondon Bewegungen von Feile und Amboß, welche heute an den modernsten Maschinen angebracht werden, schon sehr frühzeitig erkannt hatte. Die Daumenscheiben *B* und *C* für den Hammer und den Vorschub des Schlittens sind, wie aus der Abbildung ersichtlich ist, mit 5 Nocken ausgestattet. Die Maschine kann von Hand und auch mit Riemen angetrieben und die Schlagstärke des Hammers auf den Meißel durch eine Gabelfeder einreguliert werden. Um Prellschläge zu vermeiden, hat Mondon auf den Hammer ein Gewicht *r* zwischen 2 Gummiplatten *g* und *h* aufgesetzt.

1877 — Die Disston-Werke in Philadelphia bauten sich 1877 ihre erste Feilenhaumaschine, die in ihrem Betriebe eingeführt wurde, um nach und nach die Handarbeit einzuschränken. Die Maschine wurde im Laufe der Jahre verbessert und heute noch sollen mehrere dieser älteren Feilenhaumaschinen in Tätigkeit sein.

1878 — In dem „Technischen Wörterbuch" von Karmarsch und Heeren 1878 ist über den damaligen Stand des Feilenhaumaschinenbaues folgendes zu lesen:

„Es scheint für den ersten Blick, daß keine Fabrikation so auf maschinelle Arbeit hinweisen würde wie das Feilenhauen. Demzufolge haben auch viele Konstrukteure sich bestrebt, solche Maschinen zu erfinden, aber die wenigsten kamen zu guten Resultaten, und selbst gegenwärtig können sich diese Maschinen nicht allgemeine Verbreitung verschaffen. Die Schwierigkeiten, mit denen man hier zu kämpfen hat, sind sehr verschiedener Natur. Besonders zu beachten sind folgende Umstände. Regelmäßigkeit des Hiebes, Meißelführung (Vermeidung des Prellens und jeder Vibration), Änderung der Schlagintensität je nach Feilbreite. Unregelmäßigkeit des Feilquerschnittes, ungleiche Härte im Material, Vermeiden jeder Beschädigung beim Aufheben des Meißels aus dem gebildeten Hieb. Rücksicht auf den konstant sein sollenden Winkel, den der Meißel mit der konvexen Feilenoberfläche einschließt und noch andere mehr. Alle diese Umstände berücksichtigt der Arbeiter und eliminiert sie durch seine Übung. Außerdem verlangt man von den Maschinen, daß sie einfach, schnell arbeiten und keiner starken Abnützung unterworfen sind. Die hierher

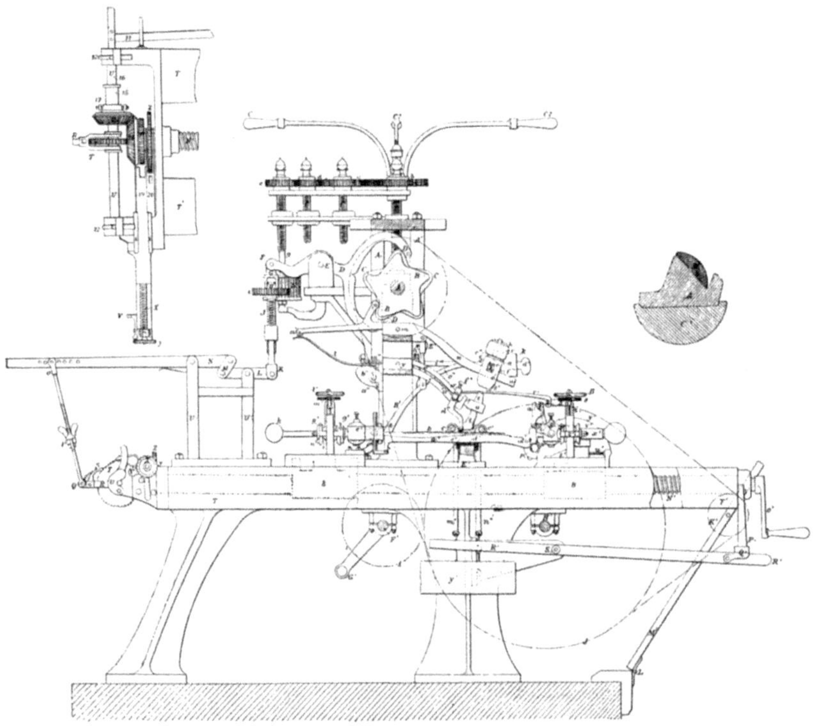

Abb. 171. Englische Haumaschine „Mondon", 1874.

gehörigen Konstruktionen lassen sich in 2 Gruppen scheiden, und zwar in solche, die mit einem an einem Fallgewicht befestigten Meißel arbeiten und solche, die, mehr die Handarbeit imitierend, Meißel und Hammer getrennt anwenden."

1878 — Eine Haumaschine, die durch verschiedene Eigenartigkeiten auffällt, zeigt die Abb. 172. Diese Maschine wurde im April 1878 von Mudge & Whittaker gebaut und in Amerika unter der Nr. 203 065 zum Patent angemeldet. Bei Betrachtung des Bildes fallen zunächst die elliptischen Zahnräder s^3 und s^4 auf, welche auf einfachste Weise einen stetigen, aber periodisch sich wiederholenden unregelmäßigen Vorschub hervorbringen, so daß, nachdem der Oberhieb gehauen ist, durch die entstandenen engeren und weiteren Hiebe wellenförmige Riefen sich bildeten. Werden nach dem Unterhiebhauen die elliptischen Zahnräder mit kreisrunden Zahnrädern ausgewechselt, was bei der nächsten verbesserten Maschine möglich war, so konnte der Oberhieb wieder gleichmäßig gehauen werden.

Im übrigen wird der Hammerbär durch eine einstellbare Flachfeder *O* auf Schlagstärke reguliert. Der Schlitten der Maschine liegt auf einem Maschinengestell und kann für Unter- und Oberhieb ganz nach Belieben eingestellt werden. Es ist dies durch den Einbau eines kreisförmigen Zahnkranzes *B* mit nach unten gerichteten Zähnen ermöglicht. Der Vorschub des Schlittens wird je nach Hiebgröbe durch auswechselbare Zahnräder fortlaufend ohne Unterbrechung ermöglicht.

Mudge & Whittaker sind, soweit bis jetzt festgestellt werden konnte, die Ersten, welche den Schlitten mit der Feile stetig, dabei aber periodisch schneller und langsamer fortbewegen, in kurzen Worten: die Ersten, die „Wellenförmig" gehauen haben. Das Schlittenschaltwerk kam in Wegfall.

Diese Maschine wurde sehr bald weiter verbessert und neben England auch in Deutschland zum Patent angemeldet. Sie war die erste Feilenhaumaschine, die in Deutschland patentiert wurde, und dieses Patent erhielten Lenz & Schmidt in Berlin vom 5. Mai 1878 ab.

1878 — Im Oktober 1878 erhielt der damals weit bekannte Haumaschinenbauer Alfred Weed, Philadelphia, das amerikanische Patent Nr. 209 531 auf eine Feilenhaumaschine (Abb. 173), welche an Stelle eines gleitenden Schlittens eine Rolle *B* eingebaut hat, über welcher durch die Druckrollen *H—H* die Feile während des Hauens weggezogen wird. Der Hammerbär *N* ist mit einer Nase *M* versehen, welche es ermöglicht, ihn je nach Stärke der Feile und der Abnützung des Meißels einzustellen. Gehoben wird der Bär durch eine dreiteilige Daumenscheibe *D*. Ob und wie die Maschine gehauen hat, entzicht sich meiner Kenntnis, jedenfalls ist dieses System bis heute nicht weiter ausgebaut worden.

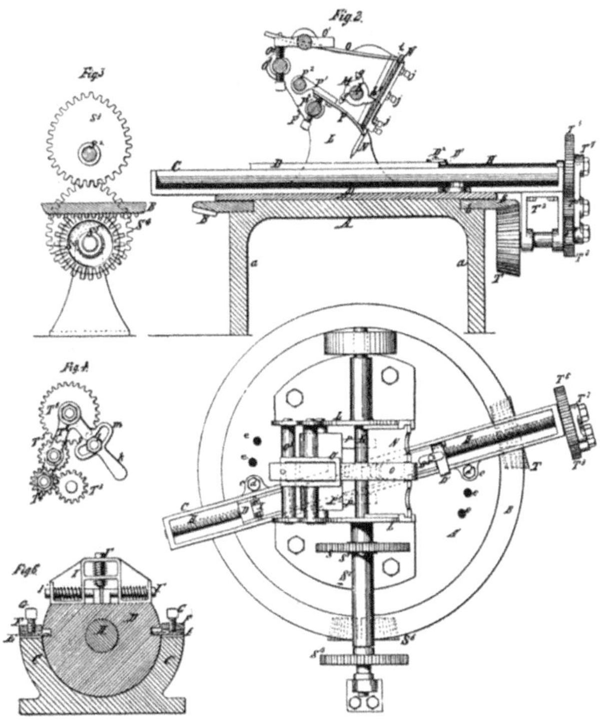

Abb. 172. Amerikanische Haumaschine „Mudge and Whittaker", 1878.

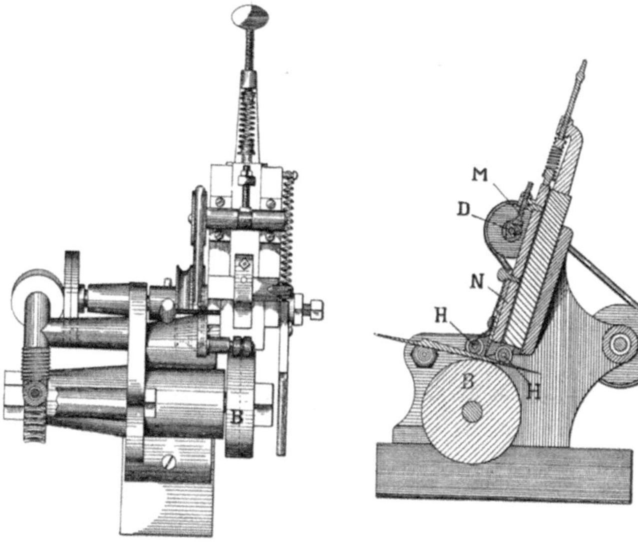

Abb. 173. Amerikanische Haumaschine „Weed", 1878.

1879 — Lehrreich ist, was Alfons Thun im 2. Band der „Staats- und sozialwissenschaftlichen Forschungen von Schmoller 1879" über die Industrie des Bergischen Landes über Feilen und Feilenhaumaschinen schrieb:

„Es war in den 1830er Jahren, als es einem in Rußland reisenden Kaufmann, dem Chef der ersten und größten Fabrikanlage, Mannesmann, auffiel, daß dort den englischen Feilen gegenüber den bergischen der Vorzug gegeben wurde. Er fand bald den Grund in der gleichmäßigen Güte derselben und legte nach seiner Rückkehr in Remscheid die erste Feilenmanufaktur an, indem er in seinen Werkstätten immer mehr Feilenschmiede und -hauer, Schleifer und Härter vereinigte.

Abb. 174. Schweizerische Haumaschine, 1880. (Erste in Deutschland aufgestellte Maschine für Uhrmacherfeilen.)

Infolge des zunehmenden Maschinenwesens, welches ja in erster Linie die Feilen verbraucht, hob sich die Feilenfabrikation außerordentlich und nahm einen anhaltenden Aufschwung. Nun folgten auch andre Fabrikanten, jedoch blieben diese Unternehmungen nur Feilenmanufakturen (Feilenschmiede und -hauer, Schleifer und Härter in einer Werkstatt vereinigt) mit Handarbeit. Erst die großen Lohnsteigerungen und der Streik von 1873 führten zur Anwendung von Fall- und Federhämmern beim Ausschmieden und der Dodge-Maschine beim Hauen der Feilen; die letztere hat sich nur für die groben und einfachen Sorten bewährt. Die Fabrik von Mannesmann hat die Bahn gebrochen, sie ist für Remscheid das, was Henckels für Solingen ist — der Pionier einer neuen Betriebsform und der maschinellen Technik."

1880 — Die Abb. 174 zeigt eine Haumaschine, welche für Aufnahme der Klein- und Präzisionsfeilenfabrikation in Deutschland von großer Wichtigkeit werden sollte. Nachdem die Firma Friedr. Dick in Eßlingen a. N. vom Jahre 1877 ab begann, sich als erste in Deutschland auf die Herstellung kleiner Präzisionsfeilen zu verlegen, wurde von deren Inhaber sehr bald erkannt, daß ohne Spezialhaumaschinen, wie solche Frankreich und die französische Schweiz inzwischen sich gebaut hatten, nicht weiter zu kommen war. Im Jahre 1880 wurde dann in Genf für die Firma Dick eine kleine Feilenhaumaschine für Handbetrieb gebaut, welche im Jahre 1881 in Eßlingen aufgestellt und in Betrieb gesetzt wurde. Ihrem Bau nach gehörte diese Maschine zu Gruppe I (Nachahmung der Handarbeit). Sie war lange Jahre in Tätigkeit und wurde später, nachdem sie von besseren und rascheren Maschinen überholt war, dem Deutschen Museum zu München einverleibt. Sie hatte sehr viel Ähnlichkeit mit der Schweizer Haumaschine Abb. 155, welche Grobet im Jahre 1836 sich baute.

1880 — In den Jahren 1879/80 konstruierte der Feilen- und Maschinenfabrikant E. Fleron, Malmö (Schweden), seine erste wirklich brauchbare Haumaschine, nachdem dessen Vater schon in den 1830er Jahren Vorversuche zum Bau von solchen Maschinen in Schweden angestellt hatte. Die Abb. 175 zeigt die Maschine, wie sie in ihrer bewährten Konstruktion auch heute noch ausgeführt wird.

Der im Jahre 1900 patentierte Dreikantschlitten (Z. P. Nr. 135 787), welcher sich in der Maschine befindet, kam zum erstenmal im Jahre 1895 zur Verwendung. Im Laufe der Zeit hat Fleron seine Maschine noch verbessert und u. a. eine Einrichtung zum Hauen von wellenförmigen Hieben angebracht. (Siehe auch Fleron 1899.)

Abb. 175. Schwedische Haumaschine „Fleron", 1880 (Einbau des Dreikantschlittens 1895).

1883 — Eine aus dem Rahmen üblicher Anordnungen fallende Haumaschine ließ sich P. J. Lion, Verviers, im Juni 1883 patentieren. Die Abb. 176 zeigt, daß die Daumenscheibe *H* nicht wie bei allen auch heute noch üblichen Maschinen direkt auf den Hammerbär *E* wirkt, sondern auf eine kräftige, gebogene Stange *G*, welche an ihrem unteren Ende eine kleine Rolle trägt, welche ihrerseits wieder auf einer in ihrer Achsenrichtung verschiebbaren Daumenscheibe abläuft. Der Hammer wird also indirekt durch die Daumenscheibe *H* gehoben. Sobald der Daumen an seinem Steilabfall die Rolle verläßt, fällt der Hammer herab und erzeugt einen Hieb. Verstärkt wird der Schlag durch 2 regulierbare Druckfedern S^1. Die Differenz in der Stärke der Feilen wird durch die Verschiebung der konischen Daumenscheibe *H* bewerkstelligt, und zwar durch einen Handgriff *R*, der eine Gabel *S* trägt, die mit dem Daumen in Verbindung steht. Der Vorschub des Schlittens geschieht durch eine Gewindespindel, welche intermittierend durch eine kleine verstellbare Kurbelscheibe *M* und ein Schaltwerk *N* in Tätigkeit gesetzt wird. Auffallend an dieser Maschine ist noch ein Feilenhalter, der es ermöglicht, die am Angel eingespannte Feile durch den Handgriff *e* so auf und ab zu bewegen, daß immer der Teil der Feile, welcher augenblicklich gehauen wird, auf seiner Unterlage satt aufliegt; dadurch sollte ein Feilendrücker erübrigt werden.

1883 — Ambrose Shardlow erhielt am 1. Oktober 1883 sein erstes englisches Patent Nr. 4660 auf eine schon gut durchkonstruierte schwere Feilenhaumaschine zum Hauen mittlerer und großer Feilen. Die Maschine (Abb. 177) hat einen Hammerbär *E* mit einer je nach der Feilenstärke verstellbaren Nase *D*. Auf den Hammerbär drückt eine starke Feder *F*, welche es ermöglicht, die Hiebstärken von einer Schablone aus selbsttätig zu regulieren, auch kann während des Hauens, wenn nötig, mit dem Handrad *W* noch nachreguliert werden. Der Schlitten, welcher mit dem Hammerbär einen ganz bestimmten Winkel bildet, wird durch eine Gewindespindel fortbewegt, welche ihrerseits wieder von einem Exzenter über Zahnräder und Schaltwerk intermittierend angetrieben wird. Der Feilendrücker, welcher an der Führungsstange *Y* befestigt ist, wird durch den Handgriff *Z* auf die Feilen aufgesetzt und wieder von der Feile abgehoben.

Dies eine kurze Beschreibung dieser englischen Shardlow-Haumaschine, welche einige Jahre später in Deutschland eingeführt wurde und mit der Denison-Haumaschine, deren Beschreibung noch folgt, die Grundlage für den Bau der modernen deutschen Feilenhaumaschine bildet. Die Geschichte dieser Maschine — soweit sie Deutschland betrifft — will ich hier in kurzen Zügen berichten.

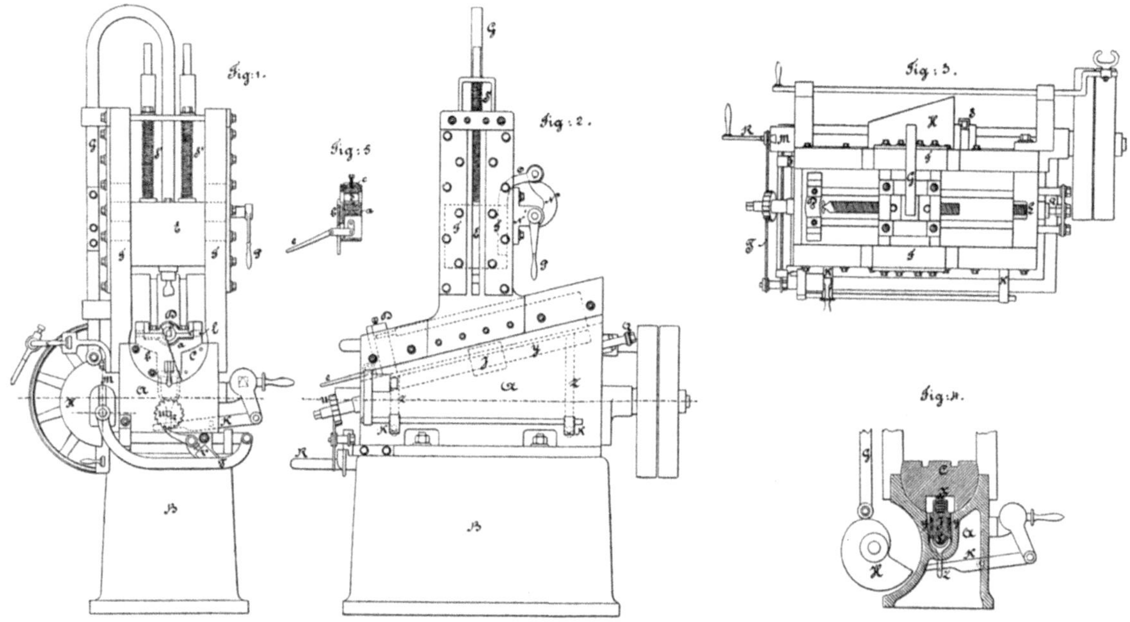

Abb. 176. Belgische Haumaschine „Lion", 1883.

Im Jahre 1887 fuhren die Herren Hermann Corts und Walter Pleiß aus Remscheid nach Sheffield und kauften dort je 10 Haumaschinen, System Shardlow, nach dem vorstehend beschriebenen englischen Patent Nr. 4660. Diese Maschinen wurden Anfang 1888 aufgestellt und in Betrieb genommen. In demselben Jahre kam dazu noch die Firma Mannesmann, welche 2 Maschinen dieses Systems aufstellte. Die Maschinen gaben dann der Firma Kotthaus & Busch in Remscheid die Anregung zum Bau eigener Haumaschinen, von welchen die ersten 2 Stück noch im Jahre 1888 in Betrieb genommen und außerdem im November desselben Jahres patentiert wurden. Bald darauf übergaben Kotthaus & Busch den Bau dieser Maschinen der Firma G. Paffenhoff in Remscheid, die am 16. Juni 1890 die beiden ersten Maschinen zur Ablieferung brachte.

Im Jahre 1889 kauften Carl Offermann, Remscheid, und G. Frowein & Co., Radevormwald, in Sheffield mehrere Haumaschinen, System Denison, die im gleichen Jahre noch in Betrieb kamen.

Aus den Modellen von Shardlow und Denison baute ein Schwager des Feilenfabrikanten Hermann Frowein in Bergerhof Anfang 1890 ein neues Haumaschinensystem, das sich aber in der Praxis nicht besonders bewährte. Dieses Modell wurde dann im gleichen Jahre von Herrn Ingenieur Bêché, Teilhaber der Firma Bêché & Gross in Hückeswagen, umgebaut. Die Ausführung der neuen Maschine wurde so beschleunigt, daß im Jahre 1891 die Firma Bêché & Gross ihre

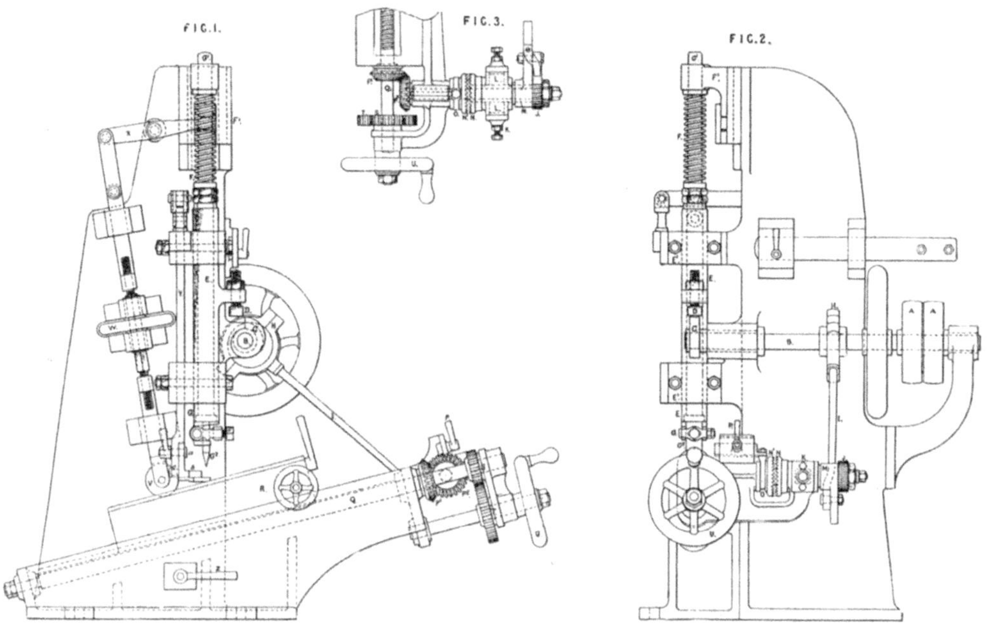

Abb. 177. Englische Haumaschine „Shardlow" 1883.

erste Haumaschine fertig hatte. Den Verkauf sämtlicher Feilenfabrikationsmaschinen, die Bêché & Gross konstruierten und zur Ausführung brachten, übernahm fernerhin die Firma Frowein & Co. in Radevormwald.

Abb. 178.
Amerikanische Haumaschine „Hess", 1883.

1883 — Eine gut durchkonstruierte und solide amerikanische Haumaschine mit einem in einem Hammerkopf geführten Hammerbär bauten die Hess Machine Works in Philadelphia im Jahre 1883. Der Amboß der Maschine (Abb. 178) ist als Schlittengestell ausgebildet, in welchem ein Schlitten, der gleichzeitig auch Patrone ist, mit einer flachen Eisenschiene durch 2 Walzen vorgeschoben wird. Das Zurückschieben der Patrone in ihre Anfangsstellung erfolgt von Hand, hierzu wird die obere Walze mit dem Feilendrücker ein wenig abgehoben. Ein Gegengewicht erleichtert diese Arbeit.

Um die Schlagstärke zu erhöhen, wurde ein Gummipuffer verwendet, welcher je nach Bedarf mit einem Handrad gespannt oder entspannt werden konnte. Die Differenz der Feilenstärken wird durch eine Kurbel ausgeglichen, welche den Schlaghebel und damit auch den Hammerbär nach Belieben hebt oder senkt (siehe Abb. 124, Fig. 6). Der Feilendrücker ist auf einfachste Weise ausgeführt. Die Maschine hat sich in Amerika so gut eingeführt, daß der Remscheider Feilenfabrikant Peter Gottfried Pleiss sich die erste amerikanische

Maschine dieses Systems im Jahre 1889 nach Deutschland kommen ließ. Seither wurde eine große Anzahl dieser Maschinen, die sich durch ihre Einfachheit und Güte auszeichnen, eingeführt und sehr bald darauf auch in Deutschland nachgebaut.

1885 — Im Jahre 1885 verbesserte Hess in Philadelphia seine Haumaschine. An Stelle des Walzenvorschubes brachte er an der Frontseite der Maschine eine Gewindespindel an. Durch eine Mutter kann das Schlittenbett (die Patrone) ausgerückt werden, damit man es rasch in seine Anfangsstellung wieder zurückbringen kann. Im übrigen ist die Konstruktion der Maschine dieselbe geblieben.

1885 — Ein weiterer Amerikaner, J. F. French, Philadelphia, erhielt im Dezember 1885 ein Patent Nr. 333 458 auf eine Feilenhaumaschine, welche speziell zum Hauen von Kanten an flachen und dreikantigen Feilen diente. Die Fortbewegung der Feilen unter dem Meißel geschah nicht durch

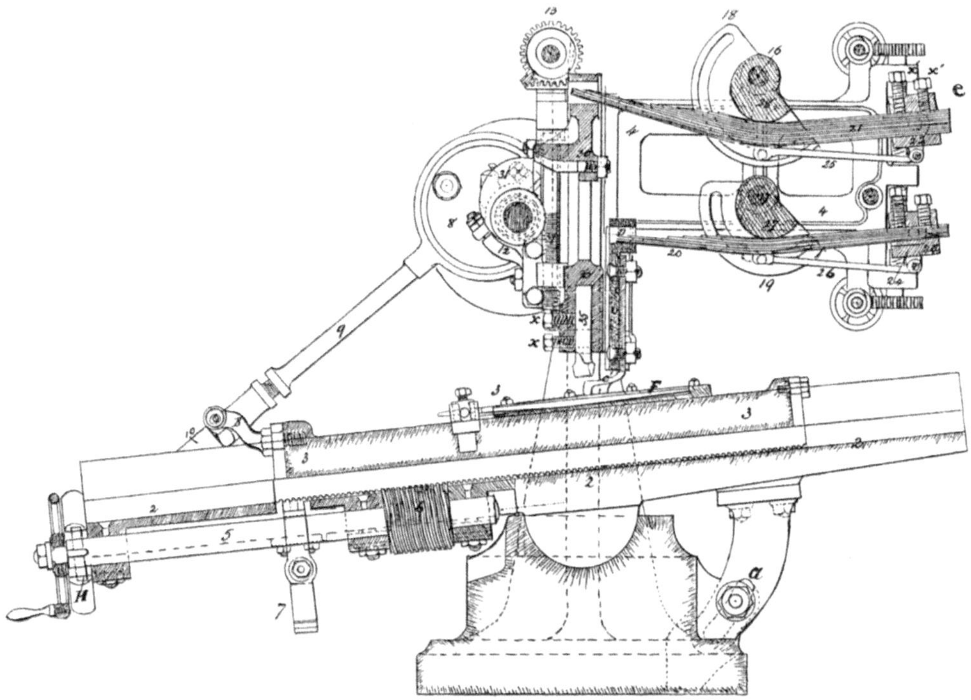

Abb. 179. Französische Haumaschine „Blain", 1885.

einen Schlitten mit Spindel, sondern durch 3 Rollen. Die untere starke Rolle nahm den Schlag des Meißels auf, die oberen schwachen Rollen, die aus Metall sein mußten, bewirkten mit der unteren Rolle zusammen den Vorschub. Es handelt sich hier wohl um eine ähnliche Maschine, wie A. Weed eine solche schon 1878 hergestellt hat (siehe Abb. 173).

1885 — Der Engländer Ambrose Shardlow vereinfachte seine im Jahre 1883 patentierte Feilenhaumaschine ganz wesentlich und erhielt hierauf ein neues Patent Nr. 1475. Vor allem hat er den Antrieb der Maschine verlegt, so daß die Antriebswelle parallel zur Schlittenachse liegt. Der Antrieb des Schlittens erfolgt durch Zahnstange und Zahnrad. Dieses wird durch ein Schaltwerk über ein zwischengeschaltetes Schneckengetriebe intermittierend in Bewegung gebracht. Das Schneckengetriebe kann durch eine einfache Klauenkupplung ausgerückt und der Schlitten nach dem Hauen der Feile durch ein Handrad rasch in seine Anfangsstellung wieder zurückgebracht werden. Die übrigen Teile der Maschine sind dieselben geblieben.

1885 — Ein Franzose A. A. Blain, St. Pierre les Calais (Frankreich), erhielt im Mai 1885 das englische Patent Nr. 5596 auf eine Feilenhaumaschine, bei welcher nicht nur der Hammerbär, sondern auch der Feilendrücker durch einstellbare Blattfedern reguliert wurde. Die Abb. 179 zeigt diese Maschine in ihrem Querschnitt. Die Blattfeder *21* wird je nach gewünschter Schlagstärke durch die verstellbare Daumenscheibe *28* einreguliert, genau, wie dies Bernot schon 31 Jahre früher bei seinen Haumaschinen ausgeführt hat.

Neu an dieser Maschine ist, daß der Feilendrücker an Stelle von Gewichten — wie dies sonst immer üblich ist — ebenfalls durch einstellbare Blattfedern *20* auf die Feile gepreßt wird. Die Maschine wird aber dadurch in ihrer Ausführung weniger einfach und übersichtlich.

Abb. 180. Englische Haumaschine „Denison", 1886.

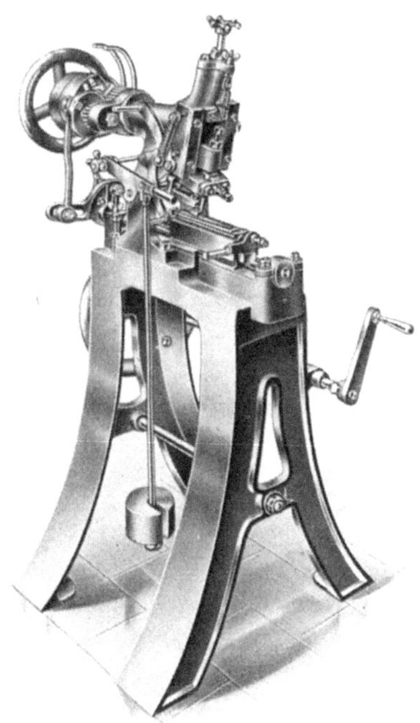

Abb. 181. Englische Haumaschine „Denison", etwa 1887.

Das Schlittenbett *2*, das in seinem unteren Teil halbkreisförmig gelagert ist, kann je nach dem gewünschten Hiebwinkel eingestellt werden. Der intermittierende Vorschub des Schlittens erfolgt durch den Exzenter *8* über Schaltwerk, Schnecke und Zahnstange.

1886 — Richard Denison, Leeds-Holbeck, erhielt am 1. Mai 1886 das englische Patent Nr. 5935 auf eine Feilenhaumaschine speziell zum Hauen großer Feilen aller Querschnitte. Die Abb. 180 zeigt die Maschine Denisons, wie sie im Jahre 1889 zum erstenmal in Deutschland eingeführt wurde. Da neben der Shardlow-Maschine — wie dort schon erwähnt — auch die Denison-Haumaschine grundlegend für die spätere Fabrikation der deutschen Feilenhaumaschinen war, so soll von dieser Maschine eine kurze Beschreibung gegeben werden.

Die Abbildung weist darauf hin, daß die Maschine speziell für große Feilen gebaut und in der Ausführung dementsprechend kräftig gehalten wurde. Zunächst fällt auf, daß die Druckfeder auf dem Hammerbär, in welchem der Meißel eingespannt ist, in einem geschlossenen Zylinder sich befindet. Die Regulierung der Hiebstärke während des Hauens bauchiger Feilen erfolgt durch eine Schablone. An dem Zylinder, welcher die Feder und Hammerführung aufnimmt, sind zwei

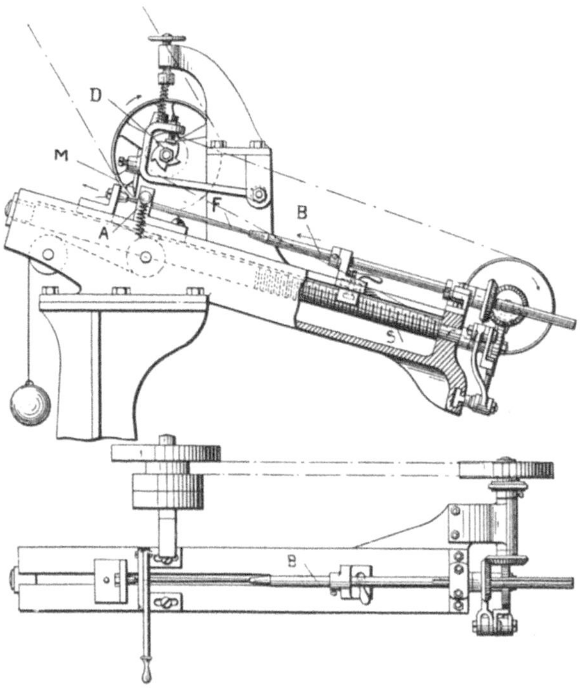

Abb. 182. Amerikanische Haumaschine „Fairbanks", 1886.

Seitenplatten angegossen, die es ermöglichen, den ganzen Hammerkopf um die Achse der Antriebswelle je nach dem gewünschten Hiebwinkel zu schwenken. Der Schlitten wird durch eine Spindel intermittierend vorwärts bewegt, der Vorschub erfolgt durch Zahnräder und Schaltwerk. Der Feilendrücker drückt durch die im Vordergrund sichtbaren Gewichte die Feile fest auf ihre Unterlage, welche auf der Patrone festgemacht ist.

Eine kleinere Haumaschine (Abb. 181) zum Hauen von Sägfeilen und sonstigen kleineren Feilen baute Richard Denison nach dem Prinzip seiner Haumaschine 1886, nur ist bei dieser Maschine der Hammerkopf festgelegt und der Federdruck auf den Hammerbär wird durch eine Handschraube reguliert. Der Antrieb erfolgt von Hand oder mit Riemen, der Vorschub des Schlittens mit Spindel, Räderübersetzung und Schaltwerk.

1886 — C. M. Fairbanks, Lincoln, erhielt im Januar 1886 das amerikanische Patent Nr. 334115 auf eine Spezialmaschine, um runde Feilen spiralhiebig zu hauen. Die Wirkungsweise der Maschine ist aus der Abb. 182 genau ersichtlich.

1888 — Kotthaus & Busch, Remscheid, erhielten im Jahre 1888 Patente auf selbsttätige Feilenhaumaschinen zum Hauen von Sägfeilen. Die Abb. 183 zeigt eine kleine Maschine, welche noch für Fußbetrieb eingerichtet ist, um die Kanten der Sägfeilen, und Abb. 184 eine größere Maschine für Kraftbetrieb, um deren flache Seiten damit hauen zu können. Die Wirkungsweise dieser beiden Maschinen geht deutlich aus den Abbildungen hervor. Als Sonderheit ist zu bemerken, daß die Spitzen der Sägfeilen enger und damit auch feiner gehauen werden können, und zwar auf Grund einer Teilscheibe, deren Zahnteilung allmählich wächst, bis sie nach einer gewissen Strecke in eine gleichbleibende über-

Abb. 183. Haumaschine, „Kotthaus und Busch" zum Hauen von Kanten, 1888.

geht. Beide Maschinen haben Einrichtungen zu einer selbsttätigen Regulierung der Schlagstärken des Hiebes, so daß der Hieb ganz automatisch mit einer Schablone an der Spitze feiner gehauen werden kann (siehe auch Abb. 125, Fig. 1, S. 88).

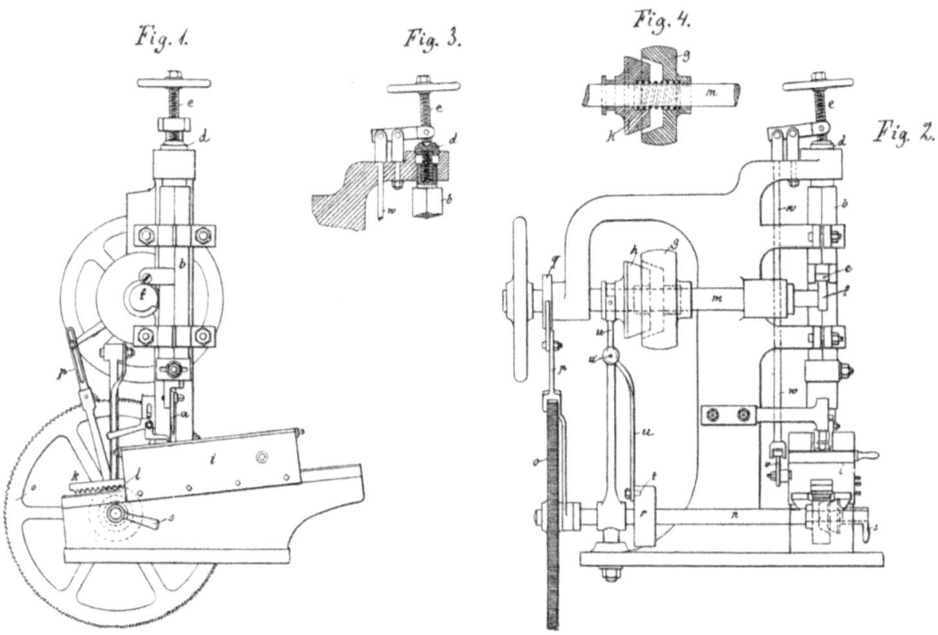

Abb. 184. Haumaschine „Kotthaus und Busch" zum Hauen flacher Seiten, 1888.

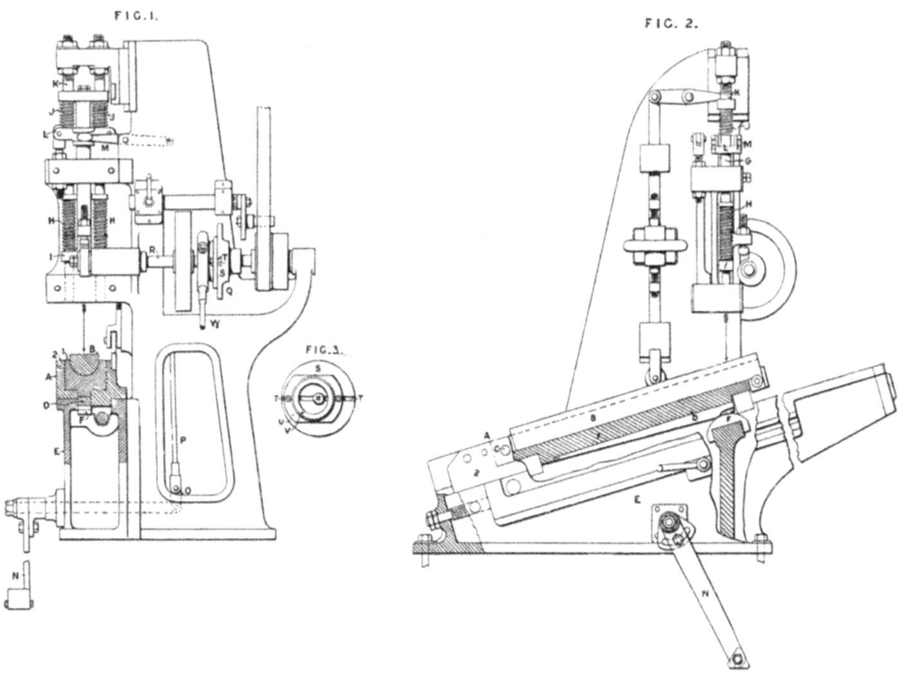

Abb. 185. Englische Haumaschine „Shardlow", 1889.

1889 — Die unter dem Jahre 1883 beschriebene Feilenhaumaschine von Ambrose Shardlow wurde inzwischen noch einmal umgebaut und an der neuen Maschine einige wesentliche Änderungen vorgenommen. Zunächst ist aus den Fig. 1 und 2 der Abb. 185 die Wirkungsweise der Maschine ohne weiteres ersichtlich. Fig. 1 zeigt besonders die Regulierung der Schlagstärke während des

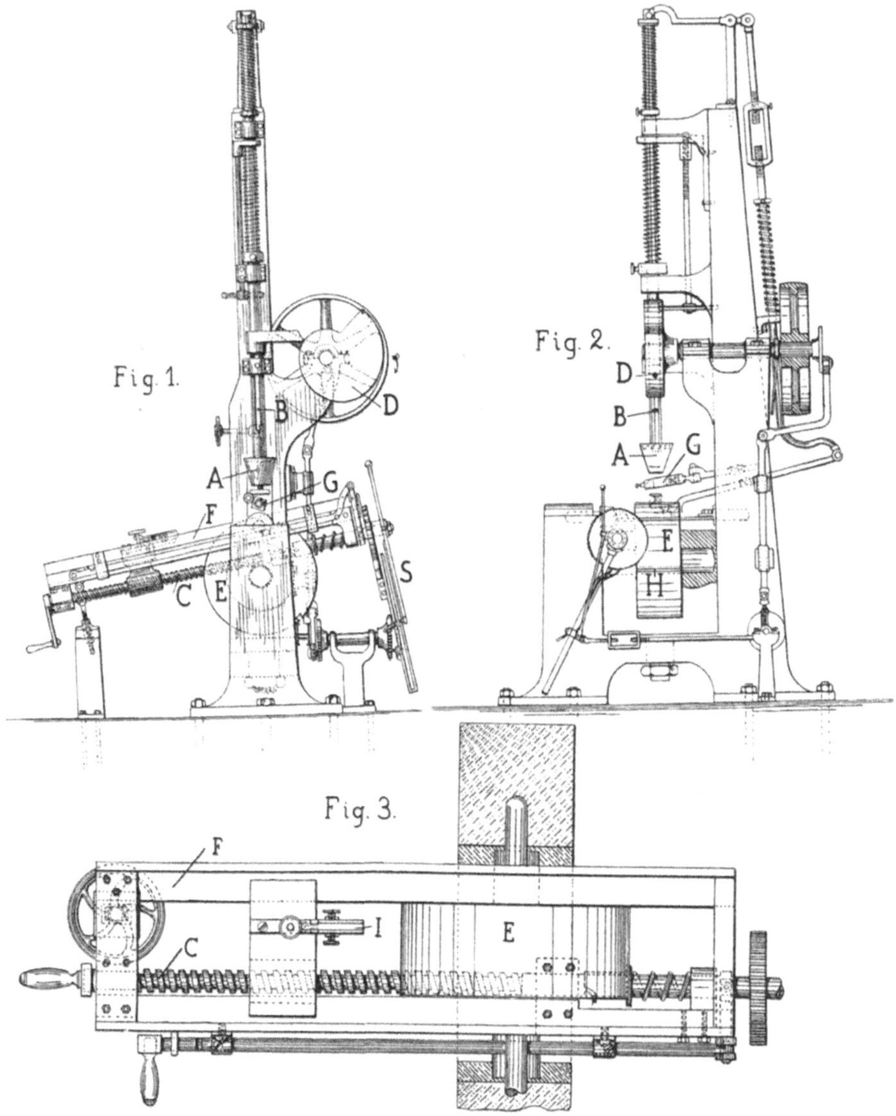

186. Haumaschine „Erlenwein", 1890.

Hauens. Durch eine Schablone, über welche — wie üblich — eine Rolle mit entsprechendem Gestänge läuft, wird der Federdruck auf den Hammerbär *G* hervorgebracht. Auf diesem sitzt in seinem unteren Teil ein Kreuzkopf *I*, welcher die beiden Druckfedern *HH* trägt. Die beiden oberen Federn *JJ* sind als Entlastungsfedern gedacht, derart, daß mit dem Fußtritt *N*, dem Gestänge *OP* und dem Hebel *M* die Federn *J* nach Bedarf gehoben werden können. Dadurch werden die unteren Federn *HH* entlastet. Die ganzen Federn sind auf zwei Bolzen *K* in Büchsen aufgesteckt. Die Regulierung der Schlagstärke wird auf dreierlei Weise erreicht. Durch Schablone, durch Handrad und durch Fußhebel. Außer dieser Einrichtung ist noch die Anordnung getroffen, daß die Spitzen von bauchigen Feilen unter demselben Hiebwinkel wie die zylindrischen Teile der Feile gehauen werden können. Die Einrichtung hierzu geht am besten aus der Fig. 2 hervor. Der Schlitten *1*, welcher die Patrone *B* trägt, ist um einen Zapfen *C* schwenkbar und trägt an seinem unteren Teil eine Schablone *b*, welche auf einem halbrunden Stahlstück *F* abläuft. Die in der Fig. 2 gezeichnete Stellung ist die Anfangsstellung zum Hauen von Feilen. Sobald die Maschine läuft, wird der Schlitten durch die Schablone *b* etwas in die Höhe gehoben. Dadurch ändert sich der Hiebwinkel und die Feilenhiebe an der Spitze werden enger und zwangsläufig auch feiner.

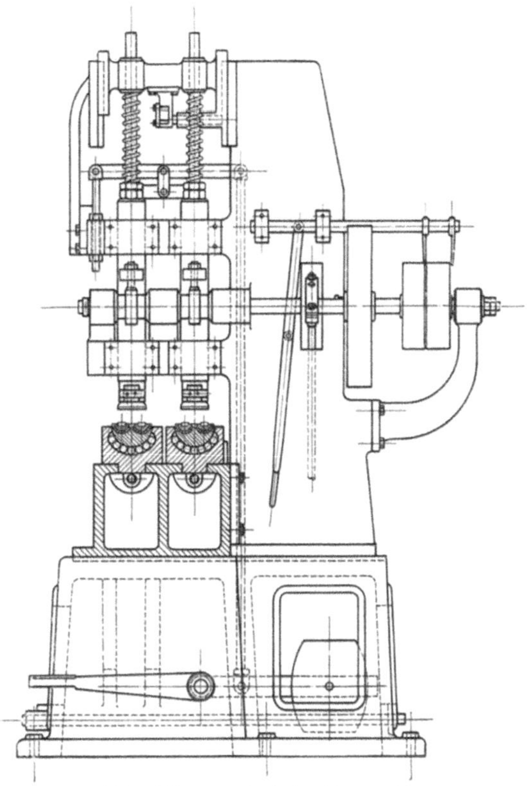
Abb. 187. Amerikanische Haumaschine „J. & Th. Fisher", 1890.

Feilenhaumaschinen dieser Bauart werden wohl nicht allzulange in Betrieb gewesen sein, denn die Anordnung der Federn und des beweglichen Amboßes sind zu umständlich und unvorteilhaft, als daß sie hätten dauernd im Gebrauch gelassen werden können. Man hat von dieser Haumaschine dann auch bald nichts mehr gehört. Einige Jahre später (1894) hat dann Shardlow noch ein weiteres Patent (Nr. 3776) auf eine Feilen- und Raspelhaumaschine erhalten. Die Maschine war jedoch mehr zum Hauen von Raspeln als von Feilen gebaut. Ob sie in Deutschland eingeführt wurde, ist zweifelhaft, denn sonst hätte ich irgendwo einmal auf sie stoßen müssen.

1890 — Mit eine der ersten in Deutschland konstruierten und zum Patent angemeldeten Haumaschinen war die von Julius Erlenwein in Edenkoben, deren noch sehr eigenartige Ausführung im August 1890 in Berlin patentiert wurde. Fig. 1 und 2 der Abb. 186 zeigen diese Maschine in der Vorder- und Seitenansicht, Fig. 3 zeigt den rollenden Amboß, mit dem die Feile vorwärts führenden Schlitten. Der Amboß, welcher die Form einer zylindrischen Rolle hat, die auf einer kurzen stählernen Achse aufgekeilt ist, wird mit einem Zinkblechstreifen umwickelt, der in dem Schlitz *H* seinen Halt hat. Die Feile selbst wird in einem mit dem Schlitten in Verbindung gebrachten Feilenhalter eingespannt. Der Amboß rollt sich während des Hauens unter der Feile frei ab. Am unteren Ende des Hammerbäres *B* ist ein Hammer *A* angebracht, welcher auf einen Meißel schlägt, der in einem Meißelhalter *G* eingespannt ist und nach Belieben eingestellt werden kann. *D* ist die Daumenscheibe, welche den Hammerbär durch eine Nase hebt. Die Schlagstärkeregulierung erfolgt durch 2 einstellbare Federn. Der Vorschub des Schlittens mit der Feile wird mit einem Schaltwerk *S*, das durch ein Gestänge von der Antriebswelle aus angetrieben wird, geschaltet und ist je nach der Hiebgröbe einstellbar.

Ob mit dieser Maschine längere Zeit Feilen gehauen wurden, ist mir nicht bekannt, jedenfalls ist es eine Versuchskonstruktion, welche auch dazu beitrug, weitere Erfahrungen im Feilenhaumaschinenbau zu sammeln.

1890 — Die Amerikaner Joseph und Theodor Fisher in Philadelphia erhielten im Dezember 1890 ein D. R. P. Nr. 4850 auf eine Feilenhaumaschine, mit welcher gleichzeitig auf 2 Schlitten mit 2 Hammerbären 4 Feilen gehauen werden sollten. In der Maschine Abb. 187 sind 2 Hammerbären eingebaut, von denen jeder seinen Meißelhalter mit doppelt breitem Meißel trägt. Die Patronen, auf welchen die zu hauenden Feilen aufliegen, sind durchweg auf Rollen gelagert, so daß deren leichte Bewegung gewährleistet ist.

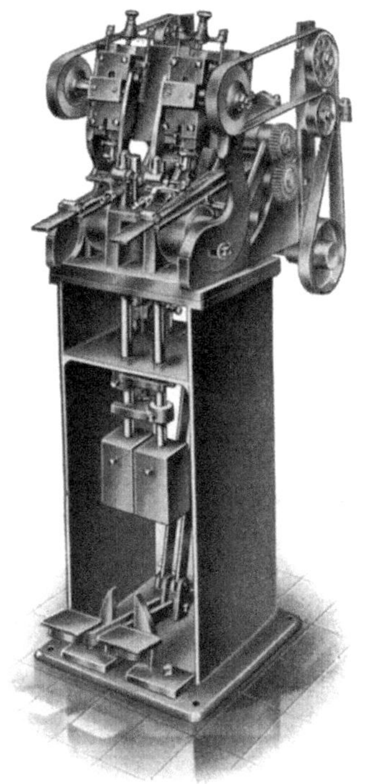

Abb. 188. Amerikanische Kanten-Haumaschine „Hess", etwa 1890.

Diese Art von Haumaschinen hat aber nirgends Anklang gefunden, denn wie schon früher erwähnt, scheitern alle diese Versuche daran, daß es wohl in der Theorie, aber niemals in der Praxis möglich ist, absolut tadellose, in der Form genau gleiche Feilen herzustellen. Außerdem müssen die Druckfedern während des Hauens gleichzeitig reguliert werden, was schon wegen der notwendigen, genau gleichen Härte der Feilen, welche nur durch Zufall zu erhalten ist, fast unmöglich erscheint.

1890 — Der Betriebsleiter Schöffel der St. Egydyer Eisen- und Stahlindustrie A.-G., Wien, hat sich in deren Werk in Furthof eine Feilenhaumaschine, System Bernot, vollständig umgebaut. Er schaffte die seitlich angebrachten Flachfedern ab und verwendete die bei anderen Systemen erprobten Rundspiralfedern, welche direkt auf den Hammerbären aufgesetzt wurden. Außerdem erhielt diese Maschine eine besondere Einrichtung, um die Spitzen enger und feiner zu hauen.

1890 — Die Hess Machine Works in Philadelphia bauten ungefähr um das Jahr 1890 eine doppelte Kantenbeeckmaschine, Abb. 188, unter der gleichzeitig je eine Kante zweier Dreikantsägefeilen gehauen werden konnten. Die Maschine ist ihrem Zweck entsprechend außerordentlich leicht gebaut. Um die starken Querschnittsunterschiede während des Hauens der Sägfeilenkanten auszugleichen, hat Hess die Anordnung so getroffen, daß die Hammerköpfe in einem gemeinsamen Schlittenbett, das zudem noch nach gewünschtem Hiebwinkel einstellbar gelagert ist, sich auf- und abbewegen können. Die Feilen liegen auf einer ihrer Form entsprechenden Unterlage auf, welche wiederum auf eisernen Platten liegt, die mittels Walzen vorgeschoben werden. Als Amboß liegen unter diesen Platten starke, drehbare, gußeiserne Rollen. Die Gewichte, welche in dem Fuß der Maschine eingebaut sind, wirken auf die Feilendrücker, die die Feilen fest auf ihre Unterlagen zu pressen haben.

Weiter ist hier noch zu erwähnen, daß dieselbe Firma nicht viel später ihre erste Haumaschine zum Hauen kreisförmiger Feilen (Feilscheiben) herausgebracht hat. Die Abb. 189 zeigt diese Maschine, wie sie inzwischen wiederholt schon zum Hauen von Feilscheiben auf deren Umfang gebraucht wurde. Allerdings kann hierfür nur eine ganz begrenzte Anzahl Feilscheiben in Betracht kommen. Es sind schon verschiedene Systeme von Haumaschinen dieser Art entworfen und auch ausgeführt worden, aber die technischen Schwierigkeiten sind so groß, daß es kaum gelingen wird, eine Maschine zu bauen, die allen Anforderungen entspricht und auf welcher namentlich auch die flachen Seiten gehauen werden können.

1890 — A. Otto Schmidt in Halle a. S. erhielt im August 1890 ein D. R. P. Nr. 56 802 auf eine Feilenhaumaschine, welche bereits schon eine an ihrem Feilenschlitten angebrachte Vorrichtung hatte, um Spitzen von Feilen enger hauen zu können. Diese Vorrichtung besteht aus einer Schablone nebst einem Zahnsegment, welche derart auf die Spindel wirken, daß sich — wie bei der Beschreibung der betreffenden Haumaschinen schon erwähnt — eine relative Schlittenbewegung ergibt.

1891 — Noch im Jahre 1891 schreibt Karmarsch in seinem „Handbuch der mechanischen Technologie", Bd. 2, über Haumaschinen:

„Feilenhaumaschinen sind mehrfach entworfen und versucht, aber ihrer unvollkommenen oder kostspieligen Leistung wegen wieder aufgegeben worden. Ob die neuesten besonders gerühmten Maschinen ein besseres Schicksal haben werden, muß man abwarten. Das Hauen auf der Maschine unterliegt mancherlei Schwierigkeiten. Vorzugsweise ist zu bemerken, daß fast alle Feilen sich zu einer Spitze verjüngen und mit bauchigen Flächen versehen sind. Vermöge der Zuspitzung sind die Flächen in verschiedenen Stellen der Feilenlänge ungleich breit und es kann folglich ein mit bestimmter unveränderlicher Kraft schlagender Hammer nicht überall den Meißel zu gleicher Tiefe eintreiben, wie es doch zum Erlangen eines gleichmäßig beschaffenen Hiebes unerläßlich ist; vielmehr muß der Schlag von gegebener Stärke einen tieferen Einschnitt auf den schmalen Stellen der Feile erzeugen, wo der ihm entgegengesetzte Widerstand geringer ist und einen seichteren Einschnitt auf den breiten Stellen, wo mehr Metallpunkte widerstehen: daher die Notwendigkeit, die Stärke des Schlages nach Bedarf zu regeln. Zufolge der Wölbung der Feilenoberfläche aber muß sich die Richtungslinie des Meißels in Beziehung zur Senkrechten allmählich ändern, damit ihre Neigung gegen jene Oberfläche stets dieselbe bleibt und entsprechend muß die Richtung des Hammerschlages eine andre werden."

Abb. 189. Amerikanische Feilscheiben-Haumaschine „Hess", etwa 1890.

1891 — Eine amerikanische Haumaschine, welche einmal wieder die Handarbeit nachahmt, ließ sich E. Sweet, Athens im Oktober 1891 unter der Nr. 461 720 patentieren, um vermutlich kleinere Feilen unter ihr hauen zu können (Abb. 190). Eigenartig an der Maschine ist die Anordnung des in der Höhe verstellbaren Meißelhalters nebst seinem in einen zylindrischen Kolben eingespannten Meißel, welcher durch eine Feder nach jedem Hammerschlag wieder emporgehoben wird.

1892 — Albert Ufer in Sangerhausen meldete im Oktober 1892 unter der Nr. 69423 eine Feilenhaumaschine an, welche außer einer selbsttätigen Schlagstärkeregulierung auch schon einen selbsttätig schwingenden Hammerkopf hatte, der durch eine Schablone, welche der Feilenform angepaßt war, in Tätigkeit gesetzt wurde, so daß der Hiebwinkel über die ganze Feile der gleiche blieb.

1893 — F. W. Lowe, Frankford/Philadelphia, erhielt im Oktober 1893 ein Patent Nr. 506053 auf eine Feilenhaumaschine mit einem in der Horizontalebene drehbaren und in der Vertikalebene je nach dem gewünschten Hiebwinkel einstellbaren, als Amboß ausgebildeten Schlittenbett, das in seinem untersten Teil kugelförmig ist. Dieses Schlittenbett konnte so mit aufgespannter Feile rasch und leicht in jede nötige Lage gebracht werden. (Diese Anordnung hat Ähnlichkeit mit derjenigen, welche Bernot im Jahre 1854 angewandt hat.) Die Spindel zum Vorschub des Feilenschlittens samt zugehörigem Schaltwerk machte selbstredend die horizontale Drehung zur Einstellung von Unter- und Oberhieb mit.

Abb. 190. Amerikanische Haumaschine „Sweet“, 1891.

1893 — Nachdem Denison im Jahre 1889 ein Zusatzpatent auf einige Verbesserungen an seinen Haumaschinen genommen hatte, erhielt er ein weiteres englisches Patent (Nr. 6513) auf eine Feilenhaumaschine nach Abb. 191. Diese Maschine sollte die ältere Konstruktion von 1886 ergänzen. Die Grundprinzipien an der Maschine sind — wie ohne weiteres sichtbar ist — dieselben geblieben, nur die Anordnung des Antriebs der Maschine wurde geändert.

Abb. 191. Englische Haumaschine „Denison“, 1893.

1893 — J. C. u. Alb. Zenses, Remscheid-Haddenbach, erhielten im Dezember 1893 zu einer von ihnen gebauten Feilenhaumaschine das D. R. P. Nr. 85047 auf einen „schwenkbaren“ Amboß, welcher bezwecken soll, daß auch die Spitzen der Feilen unter demselben Hiebwinkel wie ihre übrigen Teile gehauen werden können. Die Abb. 192 zeigt diese Maschine in ihren Querschnitten und es ist daraus zu ersehen, daß der Amboß nicht nur schwenkt, sondern auch während des Hauens mit der

Feile selbst fortbewegt wird. Das Schwenken des Amboßes wird durch eine der Feilenform angepaßte Schablone bewirkt, auf welcher eine mit dem Amboß verbundene Rolle abläuft. In dem schwenkbaren Amboß ist eine Patrone eingebaut, welche der Feile erlaubt, sich genau nach dem Feilendrücker bzw. dem Meißel einstellen zu können. Auf diese Patrone erhielt Zenses im Jahre 1899 das D. R. P. Nr. 111 222. Zum „schwenkenden" Amboß ist noch zu bemerken, daß er sehr schwer ausgeführt wurde, damit durch einen satten Schlag beim Hauen von großen Feilen schöne Zähne aufgeworfen wurden. (Eine Zenses-Maschine mit schwenkbarem Amboß wurde im Jahre 1897 zum erstenmal nach Sheffield ausgeführt, siehe auch Abb. 127, Fig. 3 u. 4).

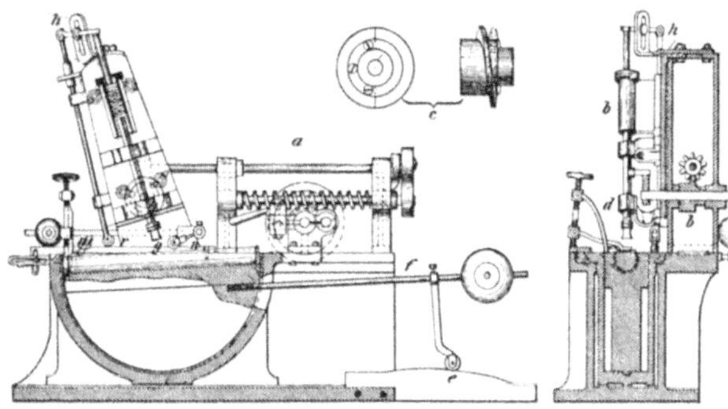

Abb. 192. Haumaschine „Zenses", 1893.

1894 — Das allgemein bekannte „Meyers Konversations-Lexikon" brachte in seiner 5. Auflage 1894 einen Bericht über die Feilenhaumaschine, welcher wie folgt lautete:

„Seit 1735 in ungemein großer Zahl konstruiert, haben bis jetzt wenig Erfolg gehabt. Die Feilenfabrikation hat sich zuerst in England und speziell seit 1638 in Sheffield entwickelt. Erst in diesem Jahrhundert haben sich Frankreich und Deutschland ebenbürtig an die Seite gestellt. Frankreich erzeugt in Paris und an einigen anderen Orten alle Gattungen, und in Genf werden seit langer Zeit vorzügliche Uhrmacherfeilen hergestellt. In Deutschland ist besonders Remscheid Sitz der Feilenfabrikation."

Die Angaben über die Feilenhaumaschinen halte ich nicht für ganz richtig. Wenn auch diese Maschinen damals noch viel zu wünschen übrig ließen, so hatte man doch schon Maschinen, mit welchen man ordentliche Feilen hauen konnte, nur war man noch mehr als heute auf die Geschicklichkeit der Arbeiter angewiesen.

Abb. 193. Haumaschine „Bêché", 1895.

1895 — Zur Erläuterung der Feilenhaumaschinen wählte ich das Bild einer Frowein-Haumaschine (Abb. 123), welche im Jahre 1893 von der Firma Bêché & Gross in Hückeswagen gebaut und im Jahre 1894 auf den Namen Jean Bêché patentiert wurde. Die Verkäuferin aller Bêché-Haumaschinen war — wie schon bemerkt — die Firma Frowein & Co. in Radevormwald. Bêché hat, nachdem er sich einmal mit dem Gebiet der Feilenhaumaschinen näher befaßt hatte, rasch nacheinander diese

Maschinen verbessert, und so zeigt die Abb. 193 eine Feilenhaumaschine Nr. 2 für Hand-, Arm- und Maschinenfeilen bis 20 Zoll, welche in dieser Ausführung im Jahre 1895 zum erstenmal hergestellt und in Deutschland verkauft wurde. Im folgenden Jahre gelang es Frowein, eine solche Maschine nach England zu verkaufen und es war dies die erste deutsche Feilenhaumaschine, die nach diesem Lande ausgeführt wurde. Gegenüber der 1893 gebauten Bêché-Maschine fällt auf, daß der bisher die Druckfeder umschließende Kopf in Wegfall kam und außerdem noch die Hammerbärnase umgebaut wurde.

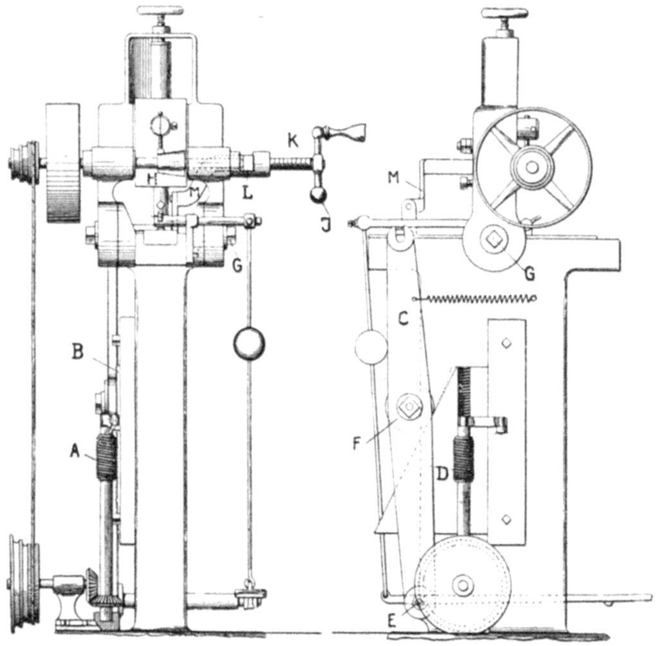

Abb. 194. Amerikanische Haumaschine „Weed", 1895.

1895 — Alfred Weed in Tarrytown erhielt im Januar 1895 ein amerikanisches Patent (Nr. 532 123) auf eine Feilenhaumaschine, deren Vorschub durch eine bis dahin noch nie dagewesene Art bewerkstelligt wurde. Die Abb. 194 zeigt die Maschine in ihren beiden Seitenansichten. Der Feilenschlitten bewegt sich während des Hauens der Feile langsam vorwärts in dem Maße, wie die schräg geschnittene Schablone *D* durch eine Schnecke *A* mit Zahnstange *B* gehoben wird. Das Verbindungsstück zwischen Schablone und Schlitten bildet ein Schwinghebel *C*, welcher um einen Zapfen *E* drehbar ist und welcher in seiner Mitte eine Rolle *F* aufnimmt, die an der Schablone *D* abgleitet. Soll der Schlitten in seine Anfangsstellung zurückgebracht werden, wird die Schnecke *A* ausgeschaltet und die Schablone wieder in ihre tiefste Stellung gebracht. Der Hammerkopf, welcher den Hammerbär aufnimmt, ist nach jeder gewünschten Hiebstellung einstellbar. Zum Hauen von Feilen muß er um die Schraube *G* nach links gestellt werden. Die Vorschubgeschwindigkeit für die Hiebentfernung kann mit Schnurrollen und endloser Kordel nach Belieben eingestellt werden. Zum Ausgleich der Stärkenunterschiede der Feilen während des Hauens ist eine konische Daumenscheibe *H* eingebaut, welche durch Kurbel *J* und Gewinde *K* nach Bedarf verschoben werden kann. Außerdem ist es möglich, durch eine einfache Vorrichtung *L* und *M* die Daumenscheibe durch eine Schablone selbsttätig zu verschieben. Meines Wissens ist dies die einzige Haumaschine, deren Schlitten auf vorstehend beschriebene Weise durch Schablone und Schwinghebel fortbewegt wird, im übrigen bietet sie nichts Neues.

1896 — Versuche, Unter- und Oberhiebe in Feilen einzuhobeln, einzufräsen und gar warm einzuwalzen, wurden im Laufe der Jahre wiederholt ausgeführt. Es soll, obwohl eine Walzmaschine nicht in den Rahmen der Feilenhaumaschinen paßt, doch hier ein Bild gegeben werden, wie das Warmeinwalzen von gröberen Feilenhieben versucht wurde. Die Abb. 195 zeigt eine derartige Walzmaschine, auf welche Erlenwein in Edenkoben im Jahre 1896 ein Patent erhielt. Das Einwalzen der Unterhiebe ist keine schwierige Arbeit, nur mangelt es diesen sämtlichen Feilen an der nötigen Zahnbildung. Durch Walzen werden wohl Einschnitte (Vertiefungen) in die Feile eingewalzt, aber keine richtigen Feilenzähne. Wenn derartige Feilen auf einer Haumaschine mit Oberhieb versehen werden, so schneiden diese Feilen lange nicht so gut wie Feilen, deren Unterhieb auf der Maschine gehauen ist. Durch Verstellen der oberen Walze während des Arbeitsvorganges konnten durch Übung auch bauchige Feilen durchgewalzt werden.

1896 — Der Betriebsleiter Schöffel der St. Egydyer Eisen- und Stahlindustrie A.-G., Wien, baute sich in deren Werk in Furthof bei St. Pölten eine Feilenhaumaschine, auf welcher — um die Leistungsfähigkeit der Maschine zu erhöhen — gleichzeitig 3 mittlere oder große Feilen gehauen werden sollten. Nach der Abb. 196 nimmt der Schlitten der Maschine gleichzeitig 3 Haubetten (Patronen) auf. Die 3 Hammerbären sind je getrennt in die Maschine eingebaut und werden durch einen — aus einem Stück hergestellten — auf der Antriebswelle aufgekeilten Daumen gleichzeitig

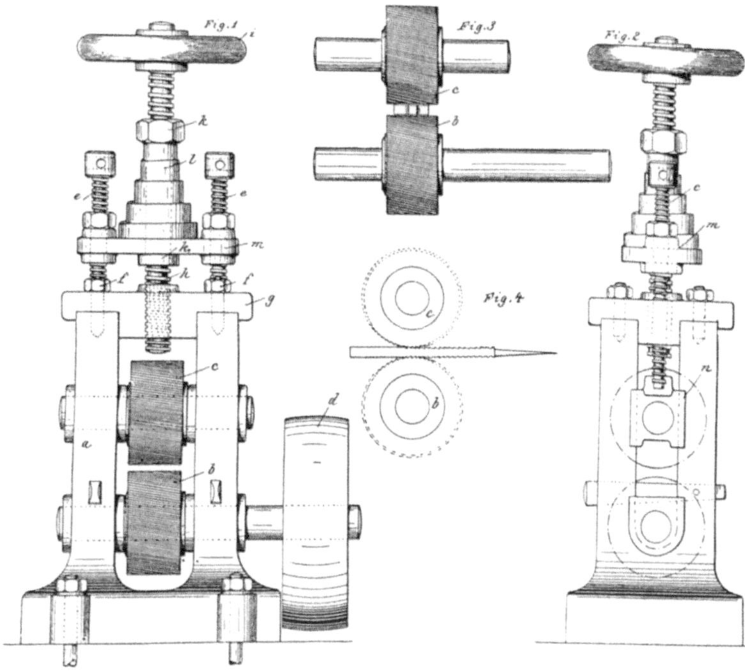

Abb. 195. Walzmaschine für Feilenhiebe, 1896.

gehoben. Die Feilendrücker sind auf einer gemeinsamen Welle angebracht und die Hammerbären können nach Bedarf gleichzeitig von den Feilen abgehoben werden. Die beiden äußeren Haubetten (Patronen) werden durch Führungsgabeln, welche am Schlitten befestigt sind, eingestellt, damit eine richtige Stellung zu den Meißeln vor dem Hauen vorhanden ist. Bei dem mittleren Haubett wird das Einstellen durch einen drehbaren Feilendrücker erzielt. Im übrigen ist die Maschine nach dem englischen System Shardlow ausgeführt. Sie hat eine Einrichtung, um durch eine Schablone die Schlagstärke automatisch regulieren und ferner eine Anordnung, um die Hiebe an der Spitze der Feilen enger und damit auch feiner hauen zu können.

Diese Maschine war längere Zeit in Betrieb, ob sie aber wirtschaftlich einen Vorteil brachte, ist sehr fraglich, denn die Schwierigkeiten — mehrere Feilen gleichzeitig zu hauen — sind außerordentlich groß, aus Gründen, die schon wiederholt angeführt wurden. Es soll nur ein Punkt erwähnt werden. Bricht ein Meißel infolge einer harten Stelle auf einer Feile aus, so muß die

Maschine abgestellt werden und 3 Seiten sind verdorben. Zu bemerken ist noch, daß die vorgenannte Gesellschaft im Jahre 1889 die Shardlowschen Patente für Österreich erwarb und zunächst eine Originalmaschine in ihrer Feilenfabrik aufstellte. Weitere Maschinen wurden danach gebaut, später aber wieder umgebaut.

Die Abb. 197 zeigt eine von Schöffel im Jahre 1897 umgebaute Shardlow-Maschine mit schwenkbarem Amboß und konischer Daumenscheibe, welche sich gut bewährt haben soll.

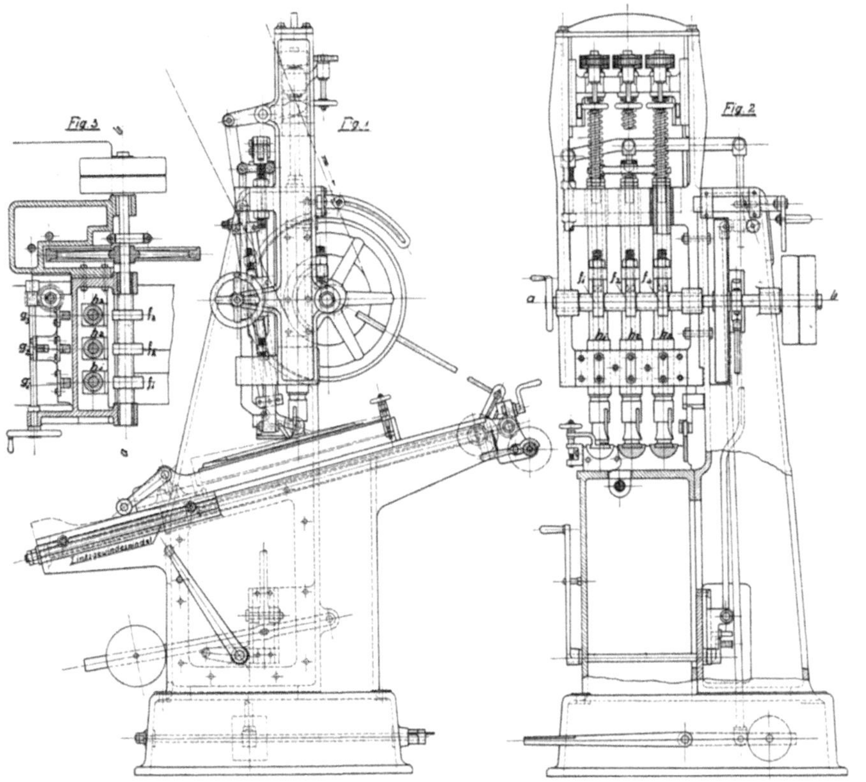

Abb. 196. Österreichische Haumaschine „Schöffel", 1896.

Zunächst wurde zum Heben des Hammerbärs eine konische Daumenscheibe eingebaut, welche von einer Schablone und von Hand verschoben werden konnte, um damit auf einfachste und schnellste Weise die oft starken Unterschiede in Feilen auszugleichen. Außerdem hat sich Schöffel einen schwenkbaren Amboß nach seinem Patent vom März 1895 eingebaut, damit die Hiebwinkel über die ganze Feile gleich gehauen werden konnten. Infolge seines Schwergewichtes hatte das Schlittenbett *T* das Bestreben, stets nach der linken Seite der Maschine herabzuhängen. An den Schlitten *S* war eine Schablone *s'* angebracht, auf welcher sich eine Rolle drehte, die an einem Rollenträger *r*, der durch ein Handrad eingestellt werden konnte, befestigt war. Wenn nun der Schlitten sich vorwärts bewegt, so mußte das Schlittenbett je nach der Form der Schablone eine kleine Schwenkung auf- oder abwärts machen.

1897 — Dr. Ludwig Beck, ein auch heute noch sehr bekannter Forscher in der Eisenindustrie, schrieb im Jahre 1897 seinen 3. Band über „Die Geschichte des Eisens in technischer und kulturtechnischer Beziehung im 18. Jahrhundert." Auf Seite 1075 dieses großen Werkes äußert sich

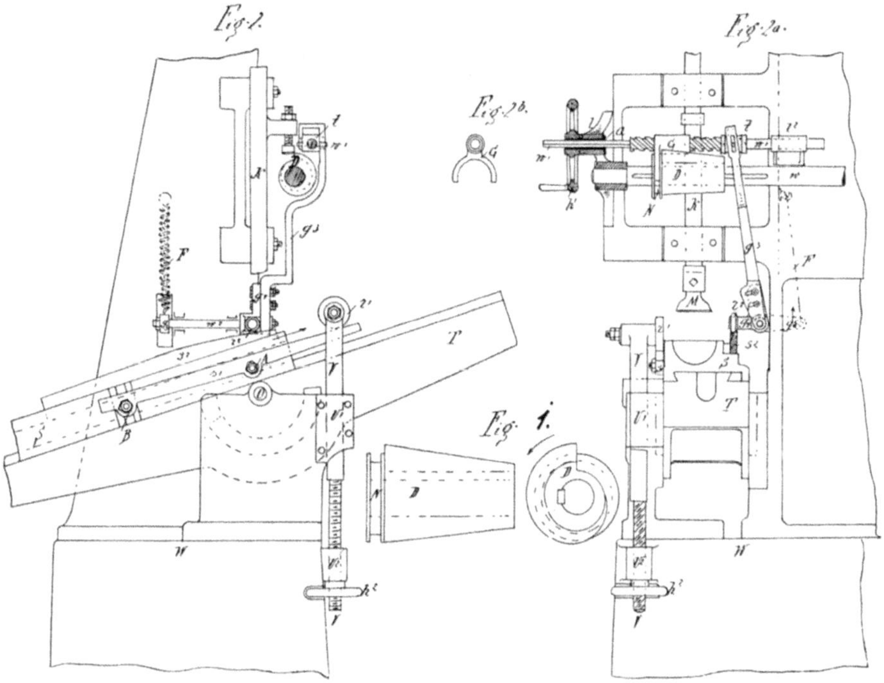

Abb. 197. Österreichische Haumaschine „Schöffel", 1897.

Dr. Ludwig Beck über die Feilenfabrikation, soweit sie mit den Haumaschinen zusammenhängt, wie folgt:

„Die Gußstahlfabrikation in Newcastle und Sheffield erlangte immer größere Wichtigkeit. Die Verarbeitung des Gußstahls konzentrierte sich in Sheffield und Birmingham. In Sheffield wurden hauptsächlich die englischen Stahlfeilen, die bereits Weltruf genossen, fabriziert. Die meisten und die besten Feilen wurden aus freier Hand gehauen, doch verwendete man anfangs der 70er Jahre auch bereits Maschinen zum Feilenhauen."

1897 — Die nebenstehende Abb. 198 zeigt, wie ein Arbeiter dabei ist, die Feilenhiebe in die Kanten von Sägfeilen — anstatt mit der Maschine zu hauen — mit

Abb. 198. Kantenkippapparat, 1898.

einer scharf gehauenen Rolle einzuwalzen. Auch hierüber ist zu sagen, daß den auf diese Weise hergestellten Hieben eben immer wieder die nötige Schärfe fehlt, denn je härter das verwendete Material ist, desto schwieriger ist es, gute Hiebe einzuwalzen. Dieser Kantenkippapparat, wie er sich nennt, wurde im Jahre 1898 unter der Nr. 100475 G. Riedel, Bautzen, patentiert.

1898 — Daniel Cornthwaite, Millhouses, bei Sheffield, erhielt im Oktober 1898 ein englisches Patent (Nr. 19825, Abb. 199) auf eine Feilenhaumaschine, welche in ihrem äußeren Bau der amerikanischen Feilenhaumaschine von Hess (Abb. 178) ähnlich sieht, nur hat sie noch eine einfache Einrichtung, durch die der Hammerkopf während des Hauens der Spitzen der Feile leicht geschwenkt werden kann. Es geschieht dies durch die Schablone *6* und eine Rolle *4*, welche an einem Stück *5*, das mit dem Hammerkopf in Verbindung steht, befestigt ist. Die Schablone hat auf ihrer rechten

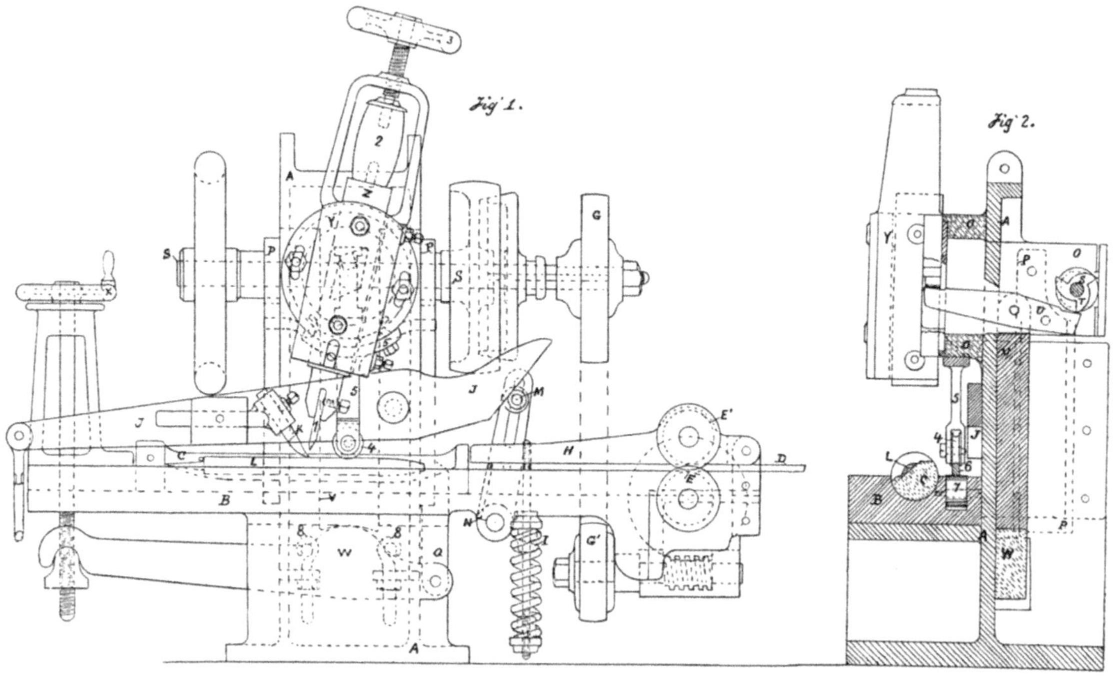

Abb. 199. Englische Haumaschine „Cornthwaite", 1898.

Seite die umgekehrte Form der Feile, so daß sofort mit Beginn des Hauens der Spitze der Feile der Meißel *1* sich langsam nach rechts dreht, wodurch von der Spitze ab durch die ganze Feile hindurch der Hiebwinkel der gleiche bleibt. Damit der Hammerkopf in jeder durch die Schablone bedingten Lage stehen bleibt, ist er durch Federn oder Gewichte ausgeglichen, welche in den Haken *8. 8* verankert sind.

1899 — Die unter dem Jahre 1880 beschriebene Feilenhaumaschine von E. Fleron in Malmö erhielt eine Einrichtung (Abb. 200), welche es ermöglichte, die Unterhiebe von Feilen mit einer gewissen Regelmäßigkeit nacheinander enger und weiter zu hauen. Es geschieht dies durch Anbau konischer Trommeln mit verschiebbarem Riemen, welcher durch die Maschine automatisch hin- und herbewegt wird. Dadurch ändert sich die Tourenzahl der Spindel und damit auch periodisch die Entfernung der Feilenhiebe. Ist nun der Unterhieb unregelmäßig und der Oberhieb regelmäßig gehauen worden, so zeigt sich, daß die Spitzen der Feilenzähne in Wellenlinien verlaufen (siehe auch Abb. 128).

Diese erste Anordnung Flerons zum Wellenförmighauen von Feilen mit Kegeltrommeln ist sehr umständlich, weshalb er diese bald darauf wesentlich verbesserte. Im Juni 1901 erhielt er ein Patent (F. Nr. 15 118) auf eine äußerst einfache Vorrichtung, welche am Schlitten und Schlittenbett der Maschine selbst angebracht wurde. Diese Einrichtung ist bereits bei der Beschreibung des Wellenförmighauens auf S. 91 erwähnt worden (hierzu Abb. 128, Fig. 1—3).

1900 — Die Abb. 201 zeigt eine englische Feilenhaumaschine aus dem Jahre 1900 von Branfield & Peace, Sheffield. Sie dient zum gleichzeitigen Hauen zweier Feilen mit einem Meißel; in Betracht können nur runde Feilen, halbrunde Rücken und Kanten von Dreikantfeilen kommen.

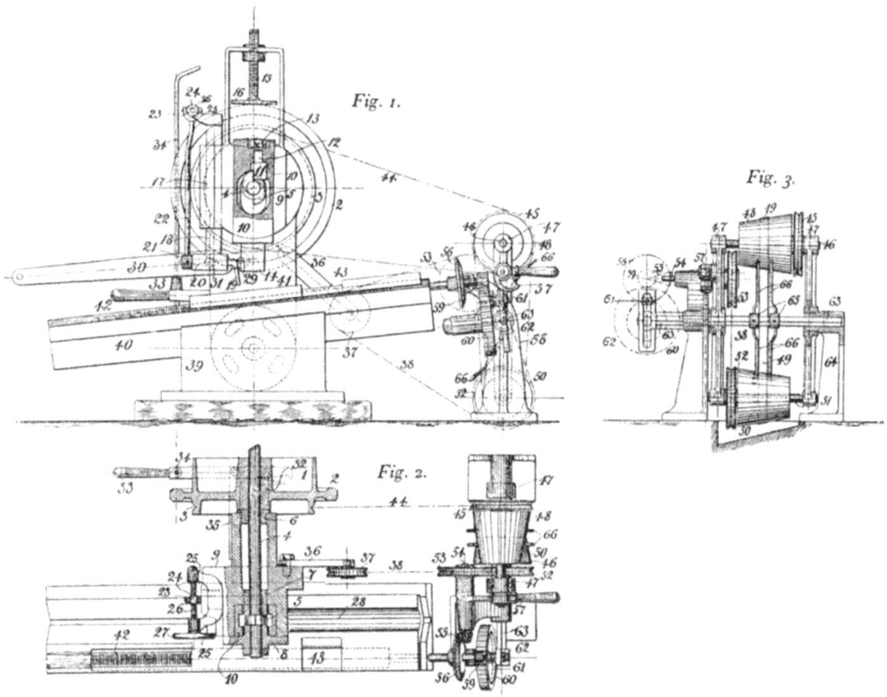

Abb. 200. Schwedische Haumaschine „Fleron", 1899 (für wellenförmige Hiebe).

Die Anordnung ist so getroffen, daß ein senkrecht in Führungen *l* beweglicher Kopf *h* eine in ihm frei drehbar gelagerte Scheibe oder Sektorplatte *i* trägt, an deren einer Seite der Feilendrücker *k* fest angebracht und an deren anderer Seite der auf- und niedergehende Hammerbär *e* mit dem Meißelhalter *f* in Führungen vorgesehen ist. Beim Auftreffen des Drückers *k* auf die Feilen stellt sich alsdann die Scheibe *i* stets selbsttätig zur gleichmäßigen Auflage des Drückers auf und zum gleichtiefen Einschneiden des Meißels in beide Feilen auch ein, siehe D. R. P. Nr. 150 453. 1902.

Am meisten wird sich die Maschine zum Hauen der Kanten von Dreikantfeilen geeignet haben. Dagegen scheint es zweifelhaft zu sein, ob gleichzeitig 2 runde oder halbrunde Feilen mit Vorteil und guten Hieben versehen gehauen werden konnten.

1900 — In seinem Buch „Die Technologie des Eisens", Leipzig 1900, beschrieb Hermann Haedicke, der damalige Direktor der Kgl. Fachschule Remscheid, einige der seinerzeit vorhandenen Haumaschinen von Winterhoff, Zenses, Frowein, Petschke & Glöckner. Im Anschluß hieran gab er über diese und die Schwierigkeiten bei ihrer Einführung nachstehenden Bericht:

„Die Zahl der heute vorhandenen Feilenhaumaschinen ist sehr groß, namentlich seitdem Deutschland sich an der Herstellung derselben beteiligt hat. — Die ersten in Deutschland tätigen Haumaschinen waren durchweg englische oder amerikanische. Der deutsche Maschinenbauer

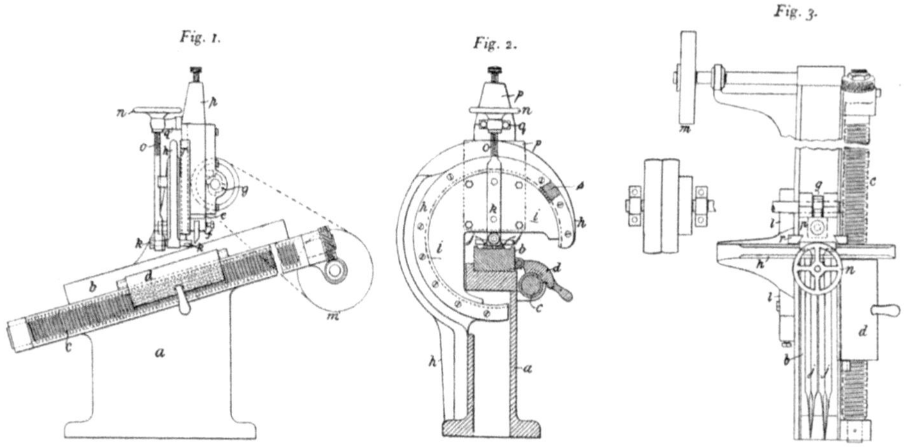

Abb. 201. Englische Haumaschine „Branfield and Peace", 1902.

studierte an ihnen zuerst die Eigenheiten und gab sich dann — es sind kaum mehr als 20 Jahre her — selbst an die Verbesserungen. Er hatte dabei einen nicht ganz leichten Kampf mit den Gewohnheiten und den Vorurteilen zu führen. Man wollte zuerst durchaus nichts vom Maschinenhieb wissen, obwohl nicht einzusehen war, warum der von einem Meißel aufgetriebene Grat anders sein sollte, wenn der Meißel von Hand oder vom Maschinenhammer geschlagen wird. So lange freilich der Stahl nicht gleichmäßig hart war, konnte sich die Hand eher den harten Stellen anpassen als der Maschinenhieb. Aber wir haben längst gelernt, gleichmäßigen Stahl zu fertigen. Die sonstigen Feinheiten, die wir oben besprochen haben — Änderung der Feinheit und Tiefe des Hiebes nach der Spitze zu, des Winkels nach der Bauchigkeit — spielen nur eine geringe Rolle, haben aber doch als Gründe gegen die Maschinenfeile gedient. — Noch heute gibt es Händler, welche die Handhauerei vorziehen und genau den Hieb auf seine Herkunft prüfen. Derselbe ist an den schönen geraden Linien zu erkennen, welche die Spitzen bilden und welche der Handhieb trotz aller Übung nicht zu liefern vermag. Aber auch hier hat die Intelligenz des Maschinenbauers Aushilfe gefunden. Er verwendet eine ähnliche Vorrichtung wie die, welche wir zur Veränderung der Hiebweite kennengelernt haben, und versieht die betreffende Schablone (Patent Schöffel) mit

Abb. 202. Schwedische Haumaschine „Fleron", 1903 (für Feilscheiben).

unregelmäßigen Vertiefungen, so daß der Vorschub die wenn auch außerordentlich leichten Unregelmäßigkeiten erhält, welche die Handfeile zeigt. Hieran kann auch der penibelste Händler nichts auszusetzen haben.

Abgesehen von allen diesen Verschiedenheiten sind die Feilenhaumaschinen natürlich auch andere für die einzelnen Feilengrößen, so daß man in einer Feilenfabrik meist eine große Zahl der mannigfachsten Maschinengattungen findet."

1903 — Eine weitere Haumaschine zum Hauen kreisförmiger (rotierender) Feilen, welche im Jahre 1903 von E. Fleron, Malmö (Schweden) gebaut wurde, zeigt die Abb. 202. Da aber, wie schon erwähnt, das Hauen kreisförmiger Feilen namentlich von größeren Durchmessern außerordentlich schwierig ist, besonders was die flachen Seiten anbetrifft, und da das Verlangen nach diesen Spezialmaschinen zudem sehr gering war, so blieb es bei den ersten Versuchsmaschinen und die weitere Ausarbeitung dieser Maschinen wurde bis zum heutigen Tage fast vollkommen unterlassen. Außer einigen kleinen Haumaschinchen, die zum Hauen von Reibrädchen für Feuerzeuge im Jahre 1911 hergestellt wurden, sind Spezialhaumaschinen zum Hauen von Kreisfeilen und Raspeln — namentlich deren flachen Seiten — noch nicht vorhanden und werden wohl auch nicht so rasch in den Betrieben erscheinen.

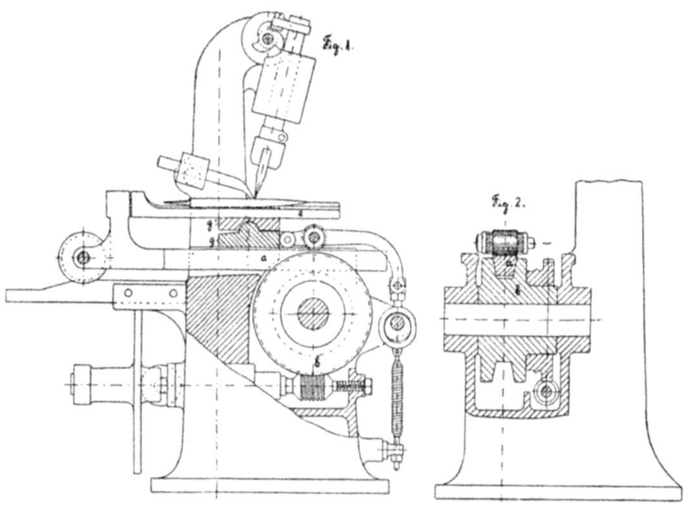

Abb. 203. Haumaschine „Bêché", 1904, mit beweglichem Amboß.

1904 — Jean Bêché, Hückeswagen, erhielt im Januar 1904 ein D. R. P. (Nr. 163 192) auf eine Feilenhaumaschine (Abb. 203), dadurch gekennzeichnet, daß eine dreh- und schwingbar angeordnete Patrone *e* mittels einer durch eine Reibungsrolle *b* angetriebenen Schiene a mit keilförmigem Querschnitt durch eine Unterlage g^1 hindurchbewegt wird, die in einem feststehenden Amboß *g* schwingbar gelagert ist, wobei durch die an einem Ende mittels Schablone geführte Schiene *a* der Patrone *e* eine der Wölbung der zu hauenden Feile entsprechende Neigung gegeben wird, um den Hiebwinkel gleichbleibend zu halten. Der Amboß *g* ist fest mit dem Maschinengestell verschraubt, wodurch eine durchaus sichere Grundlage zur Aufnahme des Schlages — eine Hauptbedingung zur Erzielung eines guten Hiebes — geschaffen ist.

1910 — Eine Spezialmaschine zum Hauen von flachen Feilen, Bastardhieb bis 18 Zoll und Schlichthieb bis 20 Zoll, baute Bêché für Frowein & Co. nach der Abb. 204 zum erstenmal im Jahre 1910. Das Schlittenbett wurde diesmal horizontal liegend angeordnet, der Hammerkopf dagegen senkrecht verstellbar zur Vermeidung ungleichmäßiger Hammerabnützung. Das Schaltwerk fiel weg, an seine Stelle trat der kontinuierliche Antrieb der Gewindespindel, da dieser allein ein schnelleres Hauen von Feilen zuließ. Die Hubstellung ist einfach und kann auch während des Hauens vorgenommen werden. Ein Fußtritt dient zum Zurückhalten des Hammers zwecks Erzielung leichterer Schläge an der Spitze. Diese Maschine wurde in den darauffolgenden Jahren noch einmal verbessert.

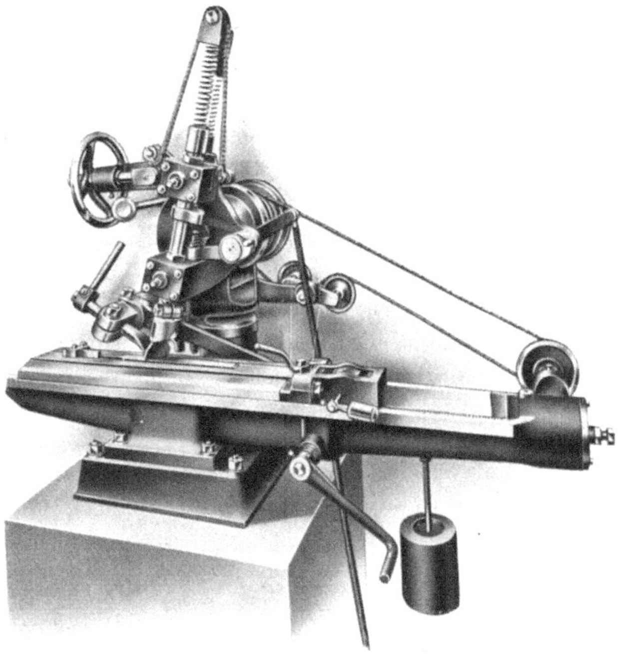

Abb. 204. Haumaschine „Bêché", 1911.

1911 — Eine weitere Spezialmaschine zum Hauen von Sägfeilen mit schwenkbarem Amboß wurde von Bêché im Jahre 1911 gebaut, nachdem dieser hierzu im Jahre 1903 seinen ersten Versuch mit schwenkbarem Amboß und Friktionsantrieb (Keil und Keilrad) angestellt hatte. Diese Maschine (Abb. 205) ist mit einem während des Hauens selbsttätig schwenkbarem Amboß ausgerüstet, wodurch ja der Hiebwinkel — wie bei der Beschreibung der neueren Vorrichtungen an Haumaschinen schon angegeben — trotz der bauchigsten Form der Feile stets nahezu gleich bleibt und die Hiebe auch an der Spitze der Feile scharf und tief ausfallen. Die Einstellung der Patrone mit der Feile geschieht durch den Feilendrücker. Auch bei dieser Maschine ist das langsame, aber keineswegs schlechte Schaltwerk in Wegfall gekommen.

Es kann heute ruhig gesagt werden, daß die deutschen Feilenhaumaschinen, soweit sie von guten und soliden Firmen ausgeführt werden, nicht nur in ihrer Konstruktion und Leistung, sondern auch in ihrem Aussehen und ihrer Güte allen ausländischen Fabrikaten mindenstens ebenbürtig, wenn nicht überlegen sind. Wie ich schon wiederholt andeutete, hat es lange gebraucht, bis Deutschland an den Bau von Haumaschinen heranging. Als es aber einmal soweit war, wurde mit deutscher Gründlichkeit und deutscher Zähigkeit in wenigen Jahrzehnten mehr erreicht als die übrigen Länder, wie England und Amerika, in einem Jahrhundert zusammen.

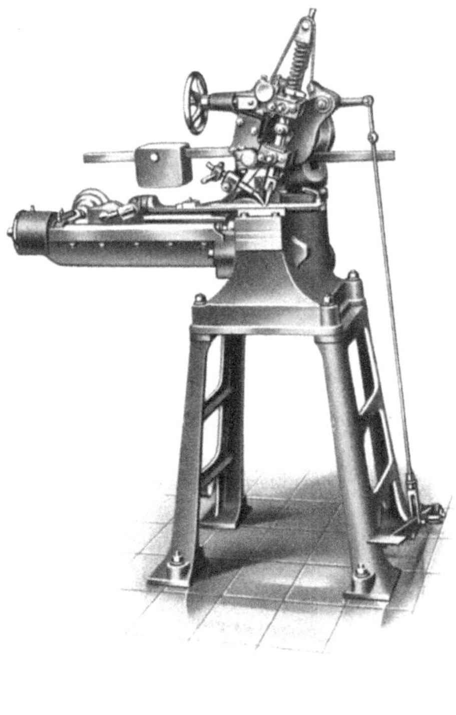

Abb. 205. Haumaschine „Bêché, 1912.

1911 — Als um das Jahre 1911 unzählige Feilrädchen in pyrophoren Feuerzeugen zur Herstellung der Zündfunken gebraucht wurden, haben die Österreicher Ottokar und Robert Mazanek aus Wien im April 1911 ein D. R. P. (Nr. 252 840) auf eine Feilenhaumaschine zum Hauen von Feilrädchen erhalten. Die bisher zum Hauen dieser Rädchen benutzten Maschinen arbeiteten mit ortsfesten Hammerbären, die diametral gegenüberstehend in der gleichen Ebene ihre Hiebe ausführten, während das zu bearbeitende Feilrädchen, dem gewünschten Hieb entsprechend, weitergeschaltet wurde.

Eine Neuerfindung stellt im Gegensatz hierzu eine Maschine dar, auf welcher nur ein Meißel mit samt seiner Einspannvorrichtung eine kreisende Bewegung um das feststehende Werkzeug vollführt und hierbei von einer im entgegengesetzten Sinn umlaufenden Hubscheibe seine zum Hauen nötigen Hiebe erhält.

Ein Novum einer Feilenhaumaschine soll hier noch angeführt sein. Es ist dies eine Maschine zum Hauen runder Feilen und halbrunder Feilenrücken, und zwar sollen sämtliche Reihen, wie die Abb. 206 dies zeigt, gleichzeitig gehauen werden. Es sind in der Maschine 9 Meißel eingebaut, deren Hammerköpfe mit je einer Daumenscheibe gleichzeitig gehoben werden. Die Druckregulierung der Federn für die Feilenhiebe erfolgt ebenfalls gleichzeitig durch das Handrad *13* über ein ganzes System von Zahnradübertragungen. — Die Maschine wird in der Praxis wohl kaum angewendet worden sein, denn wie jeder Fachmann weiß, ist es außerordentlich schwierig, wenn nicht unmöglich, mit solchen Maschinen halbrunde Rücken und runde Feilen zu hauen, weil fast von Millimeter zu Millimeter der Querschnitt dieser Feilen, namentlich der Spitze zu, anders wird. Der Schlitten der Maschine wird von der Antriebswelle durch Schnecken und Schneckenrad, Kegelradübersetzung und Spindel angetrieben. Der Erfinder ist Carl Engelbracht, Remscheid, welcher auf diese Maschine im November 1911 das D. R. P. E. 17 482 erhielt.

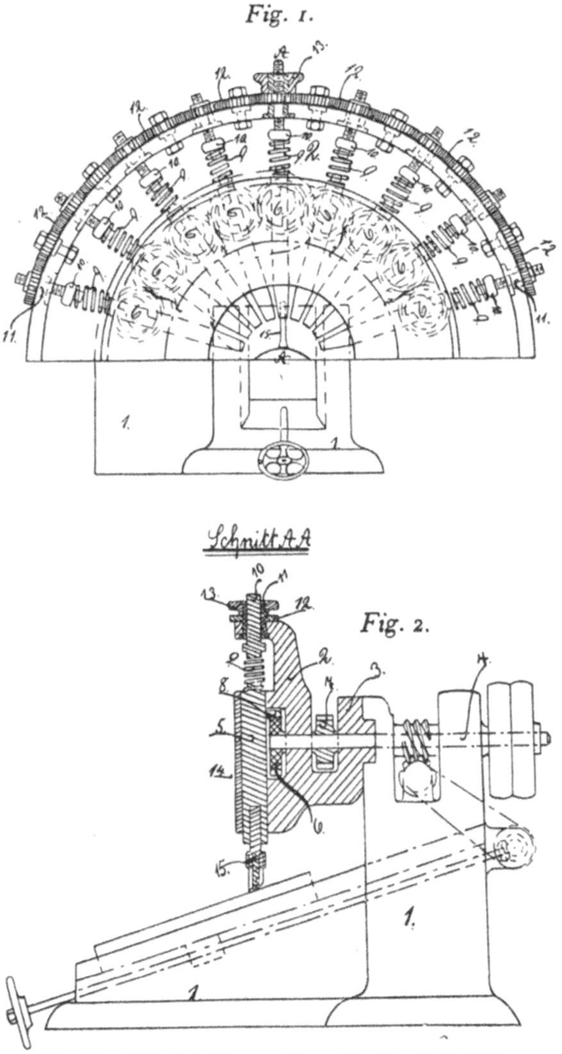

Abb. 206. Mehrfach-Haumaschine „Engelbracht", 1911.

1911 — Versuche, zwei gegenüberliegende Seiten an Feilen gleichzeitig zu hauen (einzupressen), sind wiederholt angestellt worden, haben aber — wie schon früher bemerkt — zu keinem Ergebnis geführt. Einen weiteren Versuch machten im Jahre 1911 Vernaz, Lang und Ebstein, welche an einer Feilenhaumaschine eine Vorrichtung anbrachten, um z. B. Metallbänder von beiden Seiten gleichzeitig mit Feilenhieben versehen zu können. Die Abb. 207 zeigt den Vorgang dieser Anordnung (Schweiz. Patent Nr. 56 896 vom August 1911). Die 2 Meißel stehen einander genau gegenüber, der obere Meißel haut, während der untere Meißel gleichzeitig als Amboß dient. Der Vorschub erfolgt durch Walzen.

1913 — Die Sheffield Tool and Gas Engine Co. Ltd. baute eine Haumaschine Abb. 208, welche der Fleron-Haumaschine entnommen ist, auf einfachste Weise um, um mit ihr runde Feilen spiralförmig hauen zu können. Die ersten Versuche zum Spiralförmighauen wurden in Amerika schon

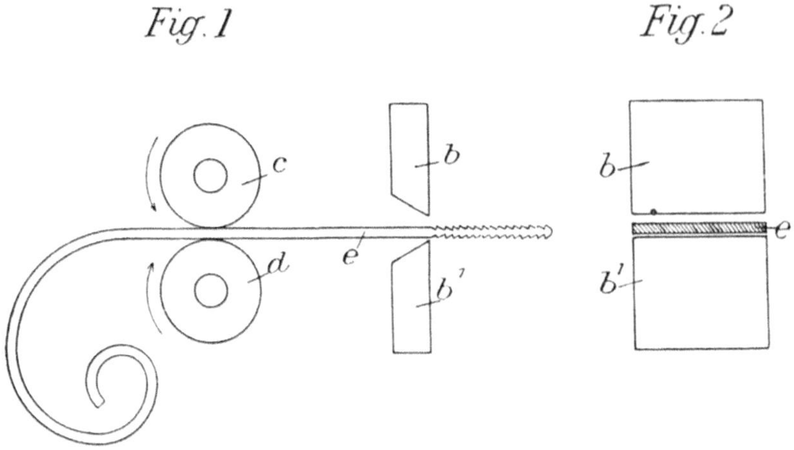

Abb. 207. Das Hauen von Stahlbändern, 1911.

im Jahre 1856, wenn nicht früher, durchgeführt. Die Einstellung der Maschine auf die verschiedenen Hiebgröben erfolgt durch Umwechseln der an Maschine und Vorgelege aufgesetzten Holzscheiben.

Die Raspelhaumaschinen. Haben Feilenhaumaschinen schon überaus schwierige Probleme zu lösen gegeben, so ist dies bei den Raspelhaumaschinen noch viel mehr der Fall und so kam es, daß man verhältnismäßig erst sehr spät an den Bau dieser Maschinen herantrat.

Abb. 208. Englische Haumaschine für spiralförmig zu hauende Rundfeilen, 1913.

Die allerersten mit Maschinenhieb versehenen Raspeln für Holzarbeiter und Hufschmiede wurden unter Feilenhaumaschinen gehauen, an welchen einzelne Teile derart umgeändert wurden, daß es möglich war, flache Raspelseiten zunächst in Längsreihen nebeneinander und später auch in Querreihen hintereinander zu hauen. Der Raspelhieb unterscheidet sich von dem Feilenhieb bekanntlich dadurch, daß erstens die Form der Zähne grundverschieden ist und daß zweitens die Zähne des Raspelhiebes nicht wie bei Feilen auf einen Schlag über die ganze Breite der Raspel gehauen werden, sondern daß eine Querreihe aus einer bestimmten Anzahl Raspelhieben besteht, welche je einzeln mit einem grabsticheläbnlichen, spitzzulaufenden Meißel hergestellt werden, welcher aus dem allerbesten Rohmaterial verfertigt sein muß.

Da die Zähne über die ganze Raspel von gleicher Tiefe und durchweg in gleichmäßig bestimmter Entfernung voneinander stehen und außerdem die einzelnen Reihen gegeneinander versetzt sein müssen, so läßt es sich leicht vorstellen, daß zu dieser Arbeit ganz besonders gut durchkonstruierte Maschinen nötig waren.

Trotzdem in den 1830—1870er Jahren verschiedene Versuche in Deutschland, England und Amerika mit Raspelhaumaschinen angestellt wurden, kamen solche nie so recht aus den Kinderschuhen heraus.

Erst im Jahre 1891 gelang es einem schon bekannten amerikanischen Haumaschinenfabrikanten, eine geeignete, brauchbare Maschine in Betrieb zu bringen. In Deutschland haben sich verschiedene Firmen dann immer mehr mit dem Bau von Raspelhaumaschinen beschäftigt und nach langen Versuchen ist es diesen auch gelungen, Maschinen herzustellen, welche so ziemlich allen Anforderungen entsprachen.

So gute und brauchbare Raspelhaumaschinen heute vielfach gebaut werden, so ist doch dieses Problem immer noch nicht vollständig gelöst und es wird noch Jahre dauern, bis sämtliche Raspel-

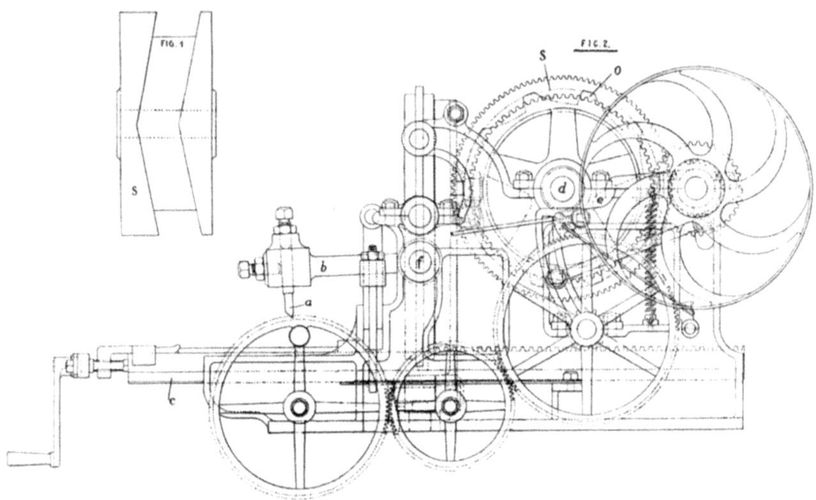

Abb. 209. Englisch-Amerikanische Raspelhaumaschine von Lake, Dobson and Mudge, 1878.

sorten maschinell gehauen werden können, soweit dies überhaupt möglich ist. Gewisse Raspelformen für Bildhauer, Drechsler und ähnliche Gewerbe, sowie Kreisscheiben mit Raspelhieben versehen, werden wohl — wie bisher — auch noch in Zukunft von Hand gehauen werden müssen. Nachstehend soll nun eine kurze chronologische Zusammenstellung einiger Raspelhaumaschinenkonstruktionen gegeben werden, aus welcher die Entwicklung dieser Maschinen klar erkennbar ist.

1833 — Wohl eine der ersten Raspelhaumaschinen, welche nur zum Hauen von Raspeln eingerichtet wurde, ist im April 1833 in London unter der Nr. 6405 von William Shilton, Birmingham, zum Patent angemeldet worden. Diese Maschine ging aus Shiltons Feilenhaumaschine (Abb. 153), welche in demselben Jahre gebaut wurde, hervor.

Die Zähne der Raspel wurden reihenweise hintereinander gehauen, d. h. sobald eine Reihe mit der bestimmten Anzahl Zähne gehauen war, schob sich die Raspel um eine Längsteilung vor. Hin- und herbewegt wurde der Schlaghebel mit Hammer und darin eingespanntem Raspelmeißel durch eine schiefe Ebene, welche durch ein Schaltwerk in Bewegung gesetzt wurde. Selbstredend konnten auf dieser Maschine nur flache Seiten, nicht etwa halbrunde Rücken gehauen werden. An und für sich war die Konstruktion dieser Maschine schon sehr fortgeschritten und es ist wahrscheinlich, daß mit ihr eine gewisse Zeit lang — bis zur Erfindung geeigneterer Maschinen — gearbeitet worden ist.

1878 — Eine weitere Raspelhaumaschine wurde 45 Jahre später im Januar 1878 in London unter der Nr. 182 zum Patent angemeldet. Der Engländer W. R. Lake hat diese in Verbindung mit 2 Amerikanern, Dobson und Mudge, New York, gebaut. Die Abb. 209 zeigt die Maschine in der Seitenansicht, und auf den ersten Blick ist schon ersichtlich, welch komplizierte Einrichtung notwendig ist, um mit dieser Maschine, deren Vorgängerin ebenfalls eine Feilenhaumaschine war, Raspelhiebe erzeugen zu können.

Die flachen Raspeln wurden wie zuvor in Querreihen hintereinander gehauen. Der Raspelmeißel *a*, welcher in einem Meißelhalter *b* befestigt ist, wandert, gesteuert von der Kurvenscheibe *S* intermittierend hin und her. Sobald eine Reihe durchgehauen ist, schiebt sich der Schlitten *c* um eine Längsteilung vor. Dieser Vorschub wird durch ein einfaches Daumenrad *o* bewirkt, welches auf der Daumenscheibenwelle *d* aufgekeilt ist. Auf letzterer Welle sitzt in vorstehendem Fall ein zehnteiliges Daumenrad, welches — während einer Umdrehung — 10 Raspelhiebe in einer Querreihe der Raspel erzeugt. Der 10. Daumen ist etwas breiter als die übrigen 9, um für den Vorschub des Schlittens *c* etwas Zeit zu gewinnen. Wenn die ganze Raspel gehauen ist, löst ein Daumen *e* die den Vorschub bewirkenden zwangsläufig verbundenen Zahnklinken aus, damit der Schlitten in seine Anfangsstellung gebracht werden kann. Je nach der verlangten Hiebart und Hiebentfernung zwischen den einzelnen Längs- und Querreihen werden Daumenscheibe *o* und Kurvenscheibe *S* ausgewechselt. Dadurch, daß der Meißel um eine Achse *f* schwingt, wird ein mehr gegrabener als gehauener Hieb erzeugt.

Was im Laufe der Jahre aus dieser Maschine geworden ist, läßt sich nicht mehr feststellen, jedenfalls ist diese Anordnung schon längst außer Gebrauch.

In demselben Jahre erhielten Lenz & Schmidt, Berlin, auf diese Maschine das D. R. P. Nr. 3773 und damit ist dies die erste Raspelhaumaschine, welche in Deutschland zum Patent angemeldet wurde, obgleich in England gebaut.

1881 — Nicht lange darauf, im Mai 1881, erhielt J. J. White, Smithville, New-Jersey, ein Patent auf eine Raspelhaumaschine, bei welcher der Hammerbär mit parallel beweglichen Laschen (Gelenkparallelogramm) frei schwebend geführt wurde. Der Erfinder dieser Maschine wollte dadurch bezwecken, daß die Meißelbewegung bzw. der Schlag ähnlich ausgeführt wird, wie derjenige des Handhauers.

1888 — Ein weiteres Patent (Nr. 376400) auf Raspelhaumaschinen erhielten J. & G. W. Stokes, Atlanta, U. S. A. im Januar 1888, wozu zu bemerken ist, daß Stokes einen senkrecht geführten Hammerbär, welcher, wie bei den Haumaschinen, durch eine Daumenscheibe gehoben wird, in Anwendung brachte. In dem unteren Teil des Hammerbärs ist der Meißel so eingebaut, daß er nach jedem erzeugten Raspelhieb durch eine Kurvenscheibe um die Querteilung weiterbewegt wird.

Im darauffolgenden Jahre 1889 erhielt P. S. Stokes in Tennent, U. S. A. ein amerikanisches Patent (Nr. 397 254) auf eine weitere Raspelhaumaschine, welche ebenfalls einen mit einer Daumenscheibe zu hebenden Hammerbär aufwies, im übrigen aber derart unfertig war, daß einwandfreie Raspeln wohl niemals gehauen werden konnten.

1891 — Im September 1891 erhielt Alf. Weed, Terrytown, das D. R. P. Nr. 63700 auf eine Raspelhaumaschine, welche nach einem von den bisherigen Maschinen etwas abweichenden Prinzip gebaut wurde. Weed hat seine Meißelschaltvorrichtung (Abb. 210) in Verbindung mit dem Hammer so eingerichtet, daß der Meißelhalter um eine senkrechte Achse *4* nach Erzeugung eines jeden Raspelzahnes sich drehen und dadurch Raspeln herstellen konnte, bei welchen die einzelnen

Querreihen nach einer gebogenen Linie verliefen. Diese Maschine war somit die erste Maschine, auf welcher Raspeln mit kreisbogenförmigen Querreihen gehauen werden konnten.

1892 — Im Jahre 1892 hat dann Weed eine weitere verbesserte Raspelhaumaschine herausgebracht, welche sich ebenfalls durch eine einfache Konstruktion auszeichnete. Flache Raspeln konnten in Querreihen hintereinander gehauen werden mit einem in einem Meißelhalter *2* eingespannten Meißel, welcher in einem Führungsschlitten *3* durch Zahnklinken *49* nach rechts und links verschobenwerden konnte (Abb. 211). Auch eine rasche Vorwärtsbewegung des Schlittens nach jeder Querreihe konnte durch die Zahnstangen *59* und Zahnklinken *60*, die wechselseitig gehoben wurden, bewerkstelligt werden. Zur Beschleunigung des Schlittenvorschubes war noch ein ziemlich schweres Gewicht an dem Schlitten selbst angehängt. Bisher bildeten die Zähne der Raspel in der Längsrichtung gesehen, gerade um eine halbe Zahnteilung versetzte Linien, welche beim Raspeln von Holz gern Riefen gaben. Weed hat es durch den Einbau einer Schablone erreicht, daß die Linien wellenförmig ausfielen, und zwar durch einfaches, leichtes Hin- und Herschwenken des Schlittens *15* um einen festen Drehpunkt. Der Hammerbär der Maschine konnte durch eine Mutter *D* je nach der Stärke der Raspel höher oder tiefer gestellt werden.

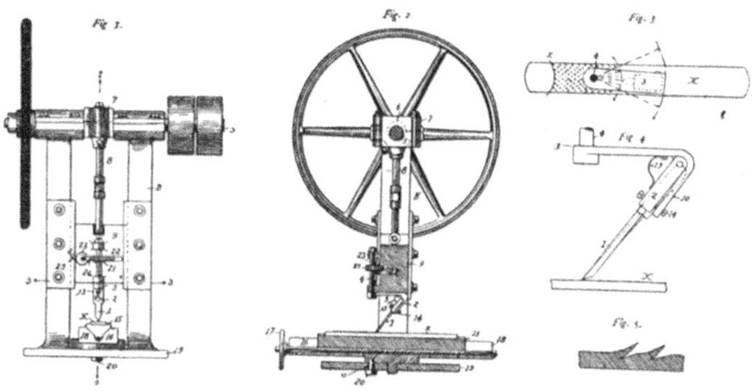

Abb. 210. Amerikanische Raspelhaumaschine „Weed", 1891.

Es soll hier schon bemerkt werden, daß Alf. Weed wohl der erste war, welcher halbrunde Rücken zu hauen versuchte. Diees wurden aber nicht in Querreihen, sondern in Längsreihen gehauen, wobei nach jeder Längsreihe immer wieder der Schlitten in seine Anfangsstellung zurück gebracht werden mußte. Dies war sehr umständlich und wurde wenige Jahre darauf durch verbesserte Einrichtungen vermieden.

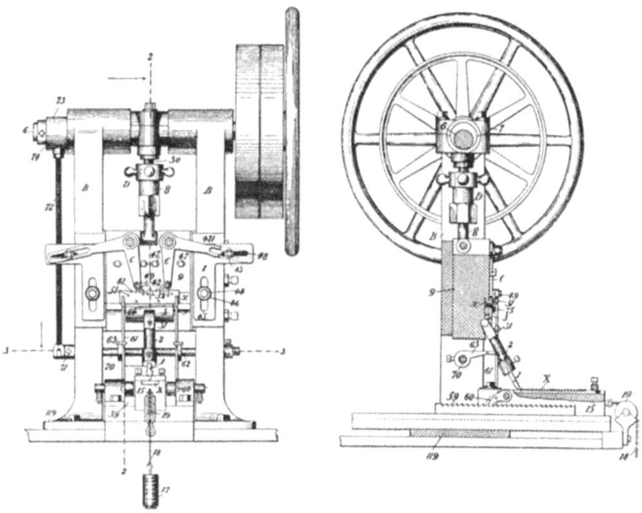

Abb. 211. Amerikanische Raspelhaumaschine „Weed", 1892.

1893 — Die Firma Böhler & Co. in Wien kaufte im Winter 1892/93 die Weedschen Raspelhaumaschinenpatente, von welcher wiederum die Firma Friedr. Dick in Eßlingen a. N. anfangs des Jahres 1893 die Patente für Deutschland, Rußland und Italien übernahm. Diese Firma stellte noch in demselben Jahre ihre erste Raspelhaumaschine nach dem Patent Weed (Abb. 211) auf und setzte sie sofort in Betrieb. Im Verlauf von nur wenigen Monaten wurde schon eine Reihe von Änderungen an dieser Maschine vorgenommen und so war es wohl die Firma Friedr. Dick, welche in Deutschland die erste Raspelhaumaschine zum Hauen von flachen Raspeln und bald darauf auch zum Hauen von halbrunden Rücken aufstellte.

1894 — Kurze Zeit später wurde auch eine englische Raspelhaumaschine auf den Markt gebracht, und zwar von A. Shardlow, Sheffield, in der Ausführung nach seiner englischen Patentschrift

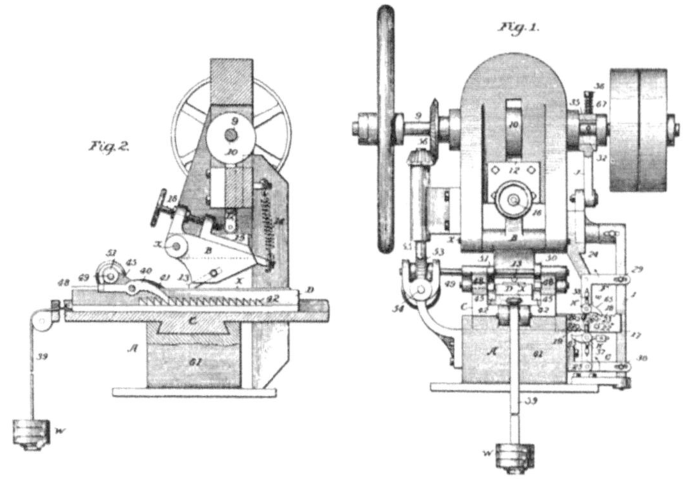

Abb. 212. Amerikanische Raspelhaumaschine „Turner", 1898.

Nr. 3776 vom Dezember 1894. Diese Haumaschine ist in der Form ähnlich seiner Feilenhaumaschine Abb. 177 (S. 141), nur sind noch alle zum Hauen von Raspeln nötigen Teile eingebaut worden. Ob diese Maschine in Deutschland eingeführt wurde, ist sehr fraglich, der Verfasser hat jedenfalls hiervon nichts gehört.

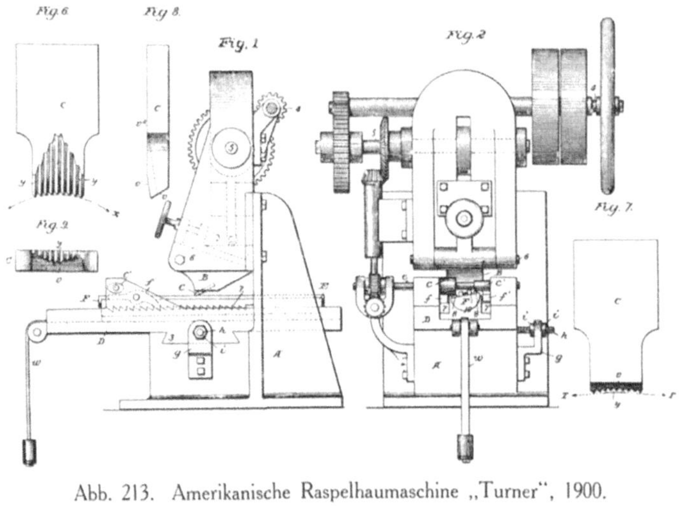

Abb. 213. Amerikanische Raspelhaumaschine „Turner", 1900.

1898 — Im Jahre 1898 erhielt wiederum ein Amerikaner, James Turner, Paterson, das Patent Nr. 598585 auf eine Raspelhaumaschine, welche im Prinzip derjenigen A. Weeds ähnlich war. Die Abb. 212 zeigt diese Maschine in der Ansicht und im Schnitt so deutlich, daß eine weitere Erklärung sich erübrigt. Zu bemerken ist noch, daß mit dem Handrad *16* die Meißelschräge, d. h. der Hiebwinkel, nach Belieben eingestellt werden konnte. Im Gegensatz zu Weed bewegte Turner den ganzen Raspelschlitten durch Zahnstange und Zahnklinken hin und her.

Im Oktober 1900 erhielt er dann ein weiteres Patent (Nr. 660 604) auf eine vereinfachte Raspelhaumaschine, bei welcher Turner versuchte, die sämtlichen Hiebe einer Querreihe an halbrunden Rücken mit einem Formmeißel (Abb. 213) zu hauen. Die halbrunde Raspel lag auf einer Patrone *F* auf, welche sich nach jeder gehauenen Hiebreihe um eine halbe Zahnteilung nach rechts und dann nach links drehte, damit die Zähne nicht alle genau hintereinander, sondern mehr versetzt zu stehen kamen. Das Scheitern dieser Erfindung hatte seine Ursache darin, daß bei einer halbrunden Raspel fast von Millimeter zu Millimeter die Querschnitte sich ändern. Mit einer solchen Art Meißel konnten höchstens zylindrische Raspeln, welche äußerst selten vorkommen, gehauen werden. Auch sind die Schwierigkeiten mit der genauen Herstellung und namentlich mit dem Nachschärfen eines Meißels mit 9 Zahnspitzen so groß, daß eine solche Maschine sich nie hätte einbürgern können. Es wurde dieses System deshalb sehr rasch wieder verlassen.

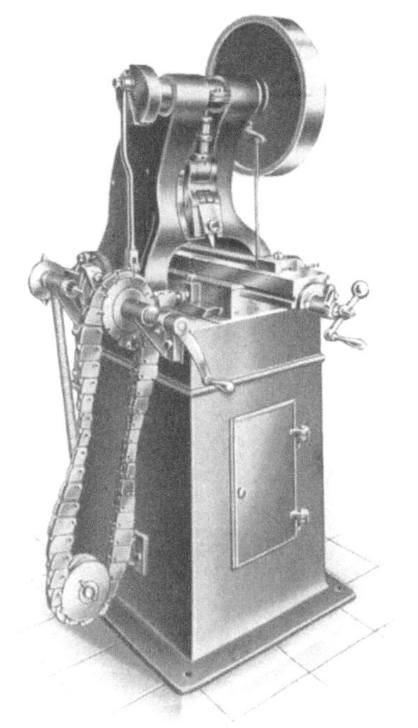

Abb. 214. Amerikanische Raspelhaumaschine „Hess“, 1899 (Foto).

1899 — Eine besonders in die Augen springende Raspelhaumaschine brachte im Jahre 1899 J. A. Hess in Philadelphia auf den Markt, welche auch heute noch in Tätigkeit ist. Die Abb. 214

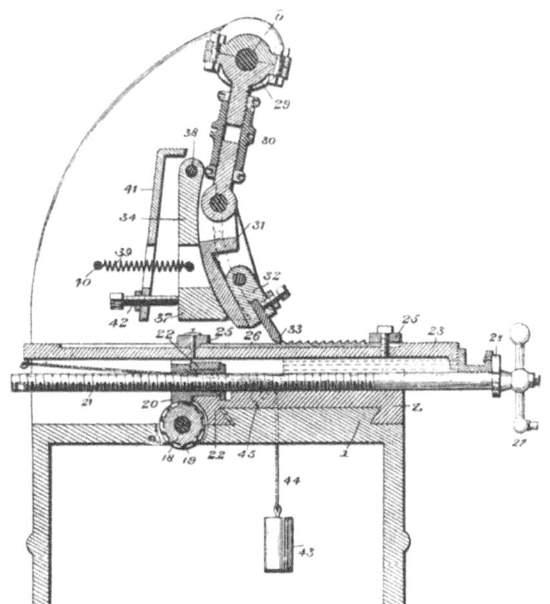

Abb. 215. Amerikanische Raspelhaumaschine „Hess“, 1899 (Schnitt).

Abb. 216. Raspelhaumaschine „Zenses“, 1901.

und 215 zeigen diese Maschine in der perspektivischen Ansicht und in ihrem Schnitt. In letzterem fällt zunächst die eigenartige bogenförmige Hammerführung auf. Der Raspelhieb soll in diesem Fall viel mehr eingegraben als eingehauen werden. Das Eingraben des Hiebes wurde schon im Jahre 1878 von Lake (Abb. 209) erwähnt. Der Vorschub des Längsschlittens *23* erfolgt durch eine Gewindespindel, welche durch ein einstellbares Schaltwerk in Tätigkeit gesetzt wird, der Vorschub des Querschlittens dagegen durch eine eigenartig geformte Kette, welche je nach der gewünschten Zahnteilung ausgewechselt werden kann.

Im darauffolgenden Jahre brachte Hess noch einige Verbesserungen an dem Schaltwerk an, wodurch ein schnelleres und sicheres Hauen von Raspeln gewährleistet wurde. Wie gesagt, diese Maschine arbeitet heute noch in vielen Betrieben zur Zufriedenheit, es können aber nur flache Raspeln und Hufraspeln unter ihr gehauen werden.

1901 — Längere Zeit hat man in Deutschland dann über Raspelhaumaschinen nichts mehr gehört, bis im Jahre 1899 die Firma J. C. & Alb. Zenses in Remscheid-Haddenbach sich eine Vorrichtung zum Hauen von Raspeln an Feilenhaumaschinen patentieren ließ. Auch einige andere Firmen nahmen

Abb. 217. Raspelhaumaschine „Peiseler“, 1902.

sich um den Bau dieser Maschinen an und wiederum war es die Firma Zenses, welche im Jahre 1901 eine vollständige Raspelhaumaschine (Abb. 216) herausbrachte, die mit der Raspelhaumaschine Hess (Abb. 214) einige Ähnlichkeit hatte. Im Gegensatz zu Hess bewegte Zenses den Querschlitten nicht durch eine Formkette, sondern durch einen Kulissenantrieb hin und her. Diese Maschinenkonstruktion ist wohl auch heute noch in Betrieb, sie konnte aber nur für flache Seiten verwendet werden. Zenses ging nun an den Bau einer Spezialraspelhaumaschine, auf welcher alle Formen gehauen werden konnten.

1902 — Mit Raspelhaumaschinen beschäftigte sich ganz besonders auch noch die Firma J. Gottlieb Peiseler G. m. b. H. in Remscheid-Haddenbach. Nach langen Versuchen ging Peiseler auf Grund einiger Patente vom Februar 1902 an den Bau von einer Universal- und zweier Spezialraspelhaumaschinen. Die eine der letzteren diente zum Hauen aller Arten von Schusterraspeln, flache wie gewölbte, die andere zum Hauen aller flachen Seiten von Hufraspeln, flachen und spitzflachen Raspeln. Auf der Universal-Raspelhaumaschine, welche die Abb. 217 zeigt, können sämtliche vorkommenden Raspeln gehauen werden, und zwar nicht nur die flachen Seiten, sondern auch ganz besonders die gewölbten. Die Wirkungsweise der Maschine geht im großen und ganzen aus der Abbildung hervor und zu bemerken ist nur noch, daß auch diese Maschine ihre Hiebe in die Raspeln mehr eingräbt als einhaut. Mit einer einzigen Kurvenscheibe können alle Formen, Größen und Hiebarten ohne großes Umstellen gehauen werden. Die Maschine weist noch eine selbsttätige Hieb-, Schlagstärke- und Hiebwinkelregulierung auf und die Längszahnreihen können unregelmäßig in Wellenlinien gehauen werden.

Abb. 218. Raspelhaumaschine „Zenses", 1903.

1903 — Wie schon erwähnt, hat auch Zenses sich lange damit beschäftigt, eine Universal-Raspelhaumaschine zu bauen, auf welcher sämtliche Sorten von Raspeln gehauen werden sollten. Dieses gelang der Firma und so brachte sie im Jahre 1903 eine Raspelhaumaschine nach Abb. 218 heraus, auf welcher nicht nur flache und spitzflache Seiten, sondern auch die Rücken von halbrunden Raspeln und Kabinettraspeln gehauen werden konnten. Ein Vorzug dieser Raspelhaumaschine ist, daß sie ein beliebiges Hauen in der Breite der Raspeln gestattet, ohne ein Rad zu wechseln oder die Maschine still zu setzen. Der auf dieser Maschine erzeugte Hieb wird nicht — wie dies auf der erwähnten Zenses-Haumaschine 1901 geschieht — eingegraben, sondern wie bei den Feilenhaumaschinen in die Raspel eingeschlagen.

Ich glaube, im 2. Teil dieses Werkes ein möglichst anschauliches Bild über die Entwicklung der Feilen- und Raspelhaumaschinen gegeben zu haben, soweit ich das Material hierzu auffinden konnte. Etwas ausführlicher behandelt sind die um die Wende des 19. Jahrhunderts gebauten und im Betrieb gewesenen Maschinen, welche größtenteils auch heute noch im Gebrauch sind, und wohl noch längere Zeit in dieser Ausführung gebaut werden dürften, da aus verschiedenen Gründen der Bau von Feilen- und Raspelhaumaschinen seine enggezogenen Grenzen hat. Einzelne Verbesserungen können in den nächsten Jahren an diesen Maschinen wohl noch angebracht werden, aber es ist keine Aussicht vorhanden, daß Feilen und Raspeln zum Beispiel — den Schrauben oder Kugeln ähnlich — automatisch hergestellt werden. Selbst dem ersten Feilenfachmann und dem besten Maschinenkonstrukteur wird es niemals gelingen, eine Maschine zu erfinden, welcher an einem Ende die Rohstahlstange zugeführt wird, und an deren anderem Ende dann eine fertige Feile herausfällt. Nicht einmal halbautomatische Haumaschinen, in welche die geschliffenen oder gefeilten Feilen gelegt werden, um ohne menschliche Beihilfe gehauen aus der Maschine herauszukommen, wird die Zukunft bringen.

Bei jeder Feile ist und bleibt die Hauptsache die richtige Zahnform, die — wie später ausgeführt wird — der idealen Zahnform am nächsten kommt und diese hängt in erster Linie wieder ab von der Härte des Feilenstahles, von dem durchaus gleichmäßigen Glühen der Feile nach dem Schmieden, von der Konstruktion der Haumaschine, von der Herstellung der Meißel, von deren rechtzeitigem Schleifen und Abziehen, von dem satten Aufliegen der Feile auf dem Amboß und nicht zuletzt von der Aufmerksamkeit des Arbeiters.

Wie eine gute Feile anzufertigen ist, und welches die wichtigsten Einrichtungen zu ihrer Herstellung sind, soll im 3. Teil dieses Werkes näher beschrieben werden.

Dritter Teil.

Die Feilenfabrikation und ihre Entwicklung.

Zur Einführung. Die Entwicklung der maschinellen Herstellung von Feilen und Raspeln hat sich nur ganz langsam vollzogen. Als aber einmal der Bann gebrochen und zu Beginn der 1890er Jahre die ersten brauchbaren Haumaschinen erschienen waren, ging es auch auf allen Gebieten mit Riesenschritten voran, so daß nach ungefähr 25 Jahren die Handarbeit bei der Feilenherstellung in einzelnen Betrieben um mindestens 3 Viertel vermindert werden konnte, während sie sich länger hielt in Gegenden, in welchen, wie in Remscheid, die Hausindustrie vorherrschend war. In Remscheid selbst, dem heutigen Hauptsitze der deutschen Feilenindustrie besaßen damals sogar die größeren Fabrikanten, welche im Volksmund kurzweg „Feilenschmiede" genannt wurden, noch keine eigene Schleiferei, Zieherei und Hauerei, sondern nur eine Schmiede und eine Härterei, worin die Feilen geschmiedet und geglüht und später gehärtet wurden. Nach dem Schmieden wurden sie zunächst zu den Wasser-Schleifkotten gefahren, dort geschliffen und dann von den Feilenhauern — den selbständigen Meistern mit einem oder mehreren Gehilfen — abgeholt, in deren eignen Werkstätten gezogen und mit Hieben versehen und hierauf dem Fabrikanten wieder zurückgebracht, der dann anschließend das Härten, Putzen und Fertigmachen der Feilen und Raspeln besorgte und die fertige Ware zum Verkauf brachte.

Schleifen, Ziehen und Hauen ließen die Fabrikanten bjs in die letzte Zeit — in vereinzelten Fällen sogar heute noch — in der Hausindustrie vornehmen und es soll hier noch einmal vermerkt werden, daß Reinhard Mannesmann es war, der in Remscheid als Erster in den 1840er Jahren, nachdem er in England die Feilenfabrikation gründlich kennengelernt hatte, die einheitliche Fabrikation von Feilen vornahm, d. h. das Schmieden, Glühen, Richten, Schleifen, Ziehen, Hauen, Härten und Fertigmachen der Feilen in seinen eigenen Werkstätten unter seiner persönlichen Leitung vornehmen ließ.

Da sich der maschinelle Übergang nicht allein auf das Hauen, sondern auch auf die anderen Vorgänge bei der Herstellung der Feilen erstreckte, so beginne ich mit der Schilderung des Ausschmiedens der Feilen und Raspeln.

Zunächst möge aber einiges über das zu Feilen verwendete **Rohmaterial** und dessen Herstellung gesagt sein. Vor Jahrtausenden wurde schmiedbares Eisen unmittelbar aus Eisenerzen gewonnen. Diese Kunst wurde von den verschiedensten Völkern an vielen Orten der Erde ausgeübt, nachdem diese einmal durch irgendeinen Zufall herausgefunden hatten, daß aus Erzstücken geeigneter Zusammensetzung in einem intensiv brennenden Holzfeuer Metall, d. h. Eisen, herausgeschmolzen werden kann. In kleinen Öfen oder Herden, welche vielfach auf Erzbergen angelegt wurden, daß zum Blasen die natürliche Windströmung ausgenützt werden konnte, wurden bei jeder Schmelzung von reinen Eisenerzen mit Holzkohlen zusammen jeweils nur wenige Kilogramm Eisen erzeugt. Jahrtausende hindurch verharrte diese Eisengewinnung auf ihrer ersten Stufe.

Das erblasene Erzeugnis — ein mehr oder weniger stahlartiger Eisenklumpen — war so groß, daß die Schmiede der damaligen Zeit es auf ihrem Amboß noch verarbeiten konnten, und wurde „Wolf" genannt. Solche Wölfe oder Barren — später auch Luppen genannt — wurden durch kräftiges Hämmern möglichst von der Schlacke befreit und bekamen durch mehrfaches Ausschmieden und Wiederzusammenschweißen in Stäbe eine ziemlich gleichmäßige Zusammensetzung. Eine ganz besondere Kunst war es bei diesem Verfahren, ein Erzeugnis zu erhalten, welches nicht nur die Eigenschaften weichen schmiedbaren Eisens besaß, sondern auch die des Stahles zeigte. Die Gewinnung des Eisens erfolgte bei den hochgebildeten Griechen und Römern noch ebenso wie bei den Naturvölkern handwerksmäßig in kleinen Öfen oder Herden. Es wurde zu Waffen und zu Werkzeugen verwendet und nicht zuletzt befand sich unter diesen auch die so notwendige Feile. Der Stahl — ausgenommen der indische — war bis dahin Zufallserzeugnis, aber man verstand ihn auch schon zu härten. Noch im Mittelalter war man über diese Stufe der Eisengewinnung nicht hinaus, das Eisen wurde weiter in niederen Schachtöfen oder Schmiedeherden erblasen. Diese erhielten den Namen „Rennfeuer", nach dem Worte „Rennen" oder „Zerrennen" oder Luppenfeuer nach ihrem Erzeugnis der „Luppe" (aus Lupus, Wolf). Der Schmelzer hieß „Zerrenner". — (Rennen ist = rinnen machen, wie fällen = fallen machen oder sprengen = springen machen.)

Im Mittelalter wurde auch Stahl unmittelbar in der Weise aus Erzen hergestellt, daß man das Feuer heißer gehen ließ und vorsichtiger blies, um eine stärkere Reduktion zu erzielen. Voraussetzung hierfür war die Verwendung manganreicher Erze, wie sie in Steiermark, bei Schmalkalden und im Siegerlande vorkamen. Als im 15. Jahrhundert die Vorläufer unserer heutigen Hochöfen erfunden waren, ging man mehr und mehr zur Erzeugung des Stahles im Frischfeuer über.

Sämtliche Feilen, die bis dahin gefertigt worden waren, bestanden aus Eisen oder minderwertigem Stahl und konnten nur durch Zufuhr von Kohlenstaub (Einsatzhärtung) gehärtet werden.

Im 17. Jahrhundert kam zu den obenerwähnten Verfahren der Stahlerzeugung die wahrscheinlich zuerst in Deutschland angewandte Zementstahlfabrikation hinzu, bei der Schweißeisenstäbe mit kohlenhaltigen Stoffen zusammen tagelang in Tiegeln geglüht wurden. Dieses Verfahren wurde zu Anfang des 18. Jahrhunderts durch Réaumur wesentlich verbessert, indem er durch Bau von geeigneten Öfen, die Tiegelglühung durch Kistenglühung ersetzte. England hat dann diese Art zu glühen noch weiter ausgebildet und zur Heizung der Öfen die Steinkohle verwendet. Die bisher genannten Produkte waren stark mit Schlacken durchsetzt. Um diese nun zu raffinieren, schmiedete man mehrere Rohstäbe — oft bis zu 9 — bei Schweißhitze zusammen und erreichte dadurch, daß die bei der hohen Temperatur flüssig gewordene Schlacke herausgequetscht wurde. Dieses so gewonnene Material erhielt nun den Namen „Raffinierstahl", der auch, wie in einzelnen alten Berichten zu lesen war, zu Feilen verwendet wurde. Der Begriff „Raffinierstahl" bezieht sich ganz allgemein auf ein ursprünglich stark schlackenhaltiges Material, welches durch Zusammenschweißen und -schmieden einzelner Stäbe von diesen Schlacken möglichst weitgehend gereinigt worden ist, ganz gleichgültig, ob das Material hierzu auf dem Wege des Rennfeuers oder der Zementation, des Puddelns oder des Herdfrischens gewonnen worden war.

Der nach den obigen Verfahren hergestellte Stahl war immer noch außerordentlich verschieden in Härte und Güte. Seine Unzuverlässigkeit brachte den in England von deutschen Eltern geborenen Huntsman um 1730 auf den Gedanken, durch Umschmelzen den Stahl zu verbessern. Er schmolz Brennstahlenden aus bestem schwedischen Dannemoraeisen in Tiegeln ein und erzielte nach jahrelangen Versuchen den ersten wirklich gleichmäßig guten Stahl. Der Tiegelstahl fand bald für alle besseren Werkzeuge Verwendung und dürfte auch sehr schnell zur Herstellung von Feilen benutzt worden sein und damit das seitherige Verfahren der Einsatzhärtung verdrängt haben.

Für den größer werdenden Bedarf an billigeren Stählen war der Tiegelstahl zu teuer; da nun auch vor allem in England die Beschaffung der Holzkohlen schwieriger wurde, so daß eine Reihe von Werken gezwungen war, ihre Betriebe zu schließen, beschäftigte man sich mit anderen Verfahren zur Stahlherstellung. Die Versuche von Cord führten um 1775 zur Erfindung des Puddelverfahrens, bei dem ausschließlich Steinkohlen verwendet werden konnten. — Bedeutete dieses Verfahren auch gegenüber dem Frischen einen erheblichen Fortschritt, so genügte es doch um die Mitte des 19. Jahrhunderts nicht mehr für den riesig angewachsenen Bedarf, zumal auch seine Güte nicht alle Ansprüche befriedigte. Infolgedessen versuchten verschiedene Erfinder, flüssigen Stahl im großen herzustellen und es gelang Henry Bessemer im Jahre 1855, Roheisen durch Einführung von Luft in schmiedbares Eisen zu verwandeln. Der erste brauchbare Bessemerstahl wurde im Jahre 1858 in Schweden hergestellt, wo phosphorfreies Eisen zur Verfügung stand.

Fast zur gleichen Zeit erfand Friedrich Siemens die Regenerativfeuerung, die es dem Franzosen Martin ermöglichte, den ersten Herdstahl im Siemens-Martinofen zu erzeugen. Auch für die Tiegelstahlerzeugung war die Regenerativheizung von großer Bedeutung, da die Anzahl der Tiegel außerordentlich vermehrt werden konnte. Aber auch diese beiden Verfahren genügten nicht, um den weitersteigenden Bedarf an billigem Stahl und Eisen zu decken. Dies wurde erst möglich durch die Erfindung der Thomasbirne im Jahre 1877, jedoch kommt der in der Thomasbirne gewonnene Stahl für die Herstellung der Feilen nicht in Betracht.

Die Möglichkeit der Herstellung starker elektrischer Ströme führte dann Ende des 19. und Anfang des 20. Jahrhunderts zum Bau von elektrisch geheizten Öfen, den sogenannten Elektroöfen, die zur Herstellung von Roheisen wie auch von Stahl Verwendung finden.

Wie schon oben erwähnt, kam für Feilen nach der Huntsmanschen Erfindung zunächst nur Tiegelstahl zur Anwendung. Erst der gewaltig steigende Bedarf an Feilen, vor allem für die Ausfuhr, führte zur Verwendung von Bessemerstahl für weniger gute Qualität. In neuerer Zeit hat man die Güte der im Siemens-Martin-Ofen, wie auch im Elektroofen erzeugten Stähle (Elektrostahl) außerordentlich verbessert, so daß man heute in der Lage ist, mit diesen Verfahren Edelstähle in jeder gewünschten Zusammensetzung — mit Chrom, Wolfram und Vanadium — zu erzeugen und den in der Herstellung erheblich teureren Tiegelgußstahl auch für Feilen zu ersetzen.

Feilen erster Qualität, an welche größere Ansprüche gestellt werden können, müssen heute aus reinen hochprozentigen Kohlenstoffstählen, aus Elektrostählen oder auch aus Edelstählen mit einer bestimmten Chromlegierung hergestellt sein. Der Tiegelgußstahl wird seines hohen Preises wegen nur noch zu einigen wenigen Sorten kleiner Spezialfeilen verwendet, dagegen werden sämtliche Feilen zweiter Qualität nach wie vor aus Bessemerstahl angefertigt.

Die chemische Zusammensetzung des heute am meisten gebrauchten Kohlenstoff-Feilenstahles zeigt je nach Qualität des Materiales nachstehende kleine Tabelle:

Kohlenstoff	0,90—1,50%
Silizium	0,10—0,25%
Mangan	0,28—0,60%
Schwefel	0,01—0,04%
Phosphor	0,02—0,05%

Die Brinellhärte, an dem vom Walzwerk kommenden Rohmaterial festgestellt, schwankt im allgemeinen zwischen 300 und 400 bei legierten Stählen, zwischen 250 und 300 bei Kohlenstoffstählen und zwischen 200 und 230 bei Bessemer- und Raspelstählen.

Grundbedingung zur Herstellung einer guten Feile ist genaue Kenntnis des zur Verwendung kommenden Feilenstahles!

Das Schmieden. Wie Feilen, hauptsächlich solche größeren Ausmaßes, bis zum Ende des 18. Jahrhunderts ausgeschmiedet wurden, beschreibt im 6. Abschnitt seines Werkes „Handwerke in Tabellen mit Kupfern" (1770) P. N. Sprengel folgendermaßen:

„Vorzüglich muß er aber darauf acht haben, ob sein Stahl eine starke oder schwache Hitze verlangt, denn die mehresten Feilen werden ganz aus Stahl geschmiedet. Es ist eine Bemerkung, die durch die Erfahrung bewährt ist, daß die Feilen weit dauerhafter sind, wenn sie aus mehreren Stücken zusammengeschweißt werden, als wenn man sie aus einem Stücke schmiedet. Eben so vorteilhaft ist es auch, wenn der Feilenhauer das Stück Stahl, woraus er eine Feile schmieden will, einigemal umschlägt, und wieder zusammenschweißt. Aus dieser Ursache schmiedet er die starken Armfeilen aus neun Stücken, die in drey Schichten nach der Länge übereinander liegen, zusammen, und in diesem einzigen Fall ist das mittelste Stück in der mittelsten Lage von Eisen. Nur kleine Feilen werden aus einem Stücke geschmiedet, und man nimmt hiezu blos Stahl. Die viereckigten, flachen und runden Feilen erhalten unter dem Hammer ihre völlige Gestalt, aber die dreykantigten, halbrunden und ovalen werden weißglühend in den Einschnitten eines Gesenkes geebnet. Die dreyeckigten und halbrunden füllen den Einschnitt des Gesenkes, worin sie sich passen, völlig aus. Da aber der Einschnitt nicht so lang

Abb. 219. Alter Wasserhammer im Bergischen Lande bei Remscheid.

ist, als die ganze Feile, so zieht der Feilenhauer die Feile beständig nach sich, und schlägt zugleich mit dem Hammer auf die sichtbare Seite der Feile. Die Spitze ebnet er in einem kleinern Einschnitt des Gesenks, und bey dreyeckigten Feilen widerholt er dis auf allen Seiten. Ovale Feilen füllen ihren Einschnitt nur halb aus und werden auf die vorige Art auf beyden Seiten geebnet."

Während, wie aus Vorstehendem hervorgeht, in alten Zeiten die sogenannten Gewichtsfeilen, d. h. schwere Feilen, die nach dem Gewichte berechnet werden, wie Arm-, Hand- und Maschinenfeilen, vom Feilenhauer aus Blöcken mit Hilfe des Feuers Macht und durch seine geschickten Hände ihre erste rohe Gestaltung erhielten, bezieht man sie heute fast durchweg unter Krafthämmern vorgeschmiedet, das heißt ausgeschlagen. Das Ausschlagen der Gewichtsfeilen wird im Bergischen Lande bis zum heutigen Tage unter Wasserhämmern und bei eintretendem Wassermangel unter Dampf- oder Luftdruckhämmern vorgenommen. Knüppel von passendem Gewichte, welche immer für 2 Feilen mit rechtwinkligem Querschnitt berechnet sind, werden rotglühend so unter den Hammer gebracht, daß zunächst die Mitte für die Angel so stark als nötig eingezogen wird. Hierauf werden nacheinander die rohen Formen der Feilen ausgeschmiedet (ausgeschlagen), so daß immer je zwei Feilen mit ihren Angeln verbunden bleiben. Kommen nun diese ausgeschlagenen Feilen in die Feilenfabrik, so werden sie zunächst in der Mitte getrennt, hierauf die Angel fertig- und die Formen nachgeschmiedet, wobei noch, wenn die Feilen nicht überhitzt werden, die Qualität des Stahles durch das nochmalige Durchschmieden verbessert wird.

Abb. 220. Ausgeschlagene Feilen.

Die ersten Wasserhämmer im Bergischen Lande um Remscheid herum, wurden gegen das Ende des 17. Jahrhunderts gebaut und trugen sehr viel zur Vereinfachung des Feilenschmiedens bei. Der Wasserhammer (Reckhammer) hat sich bis zum heutigen Tage erhalten, trotzdem der im Jahre 1842 von dem englischen Ingenieur James Nasmyth erfundene und durch Schneider in Creusot zunächst aus-

Abb. 221. Inneneinrichtung des alten Wasserhammers.

geführte Dampfhammer nicht nur in der Feilen- sondern auch in der übrigen Eisenindustrie sich verhältnismäßig rasch einbürgerte. Die Abb. 221 zeigt, wie 2 tüchtige bergische Hammerschmiede gerade dabei sind, ausgeschlagene Feilen unter dem Heyenbrucher Wasserhammer herzustellen.

Heute werden, mit Ausnahme einiger weniger Gewichtsfeilen, fast alle Feilen vom kleinsten bis zum größten Ausmaß von profilierten Stahlstangen abgeschnitten, welche die Stahlwerke in Längen von 6—7 m in mehr oder weniger guter Qualität ausgewalzt liefern und welche die verschiedensten Querschnitte wie flach, halbrund, dreikant, vierkant, rund, oval, messerform usw. haben können. Während früher die Feilenstücke von erforderlicher Länge von Hand abgeschrotet wurden, verwendet man heute fast ausschließlich mit Kraft betriebene Scheren oder Pressen, in welche je nach Qualität und Härte des Stahles Scher- oder Zwickmesser eingesetzt werden.

Das Ausschmieden der mittleren und größeren Feilen erfolgte einst auf dem Schmiedeamboß durch einen Meister mit einem oder zwei Zuschlägern, wobei der Meister den erwärmten Feilenkörper mit der Zange in der linken Hand festhielt, mit einem leichten Hammer in der rechten

Hand vorschlug und die Feile je nach Bedarf unter Drehen und Wenden auf dem Amboß hin- und herschob. Die Zuschläger, von welchen der Jüngere auch das Feuer zu unterhalten, den Blasebalg zu treten und die Feile zu erwärmen hatte, mußten ihre Aufmerksamkeit darauf richten, daß sie genau dahinschlugen, wo der Meister vorschlug und daß sie ihren Schlag dem des Meisters entsprechend einrichteten, um zu recken, zu stauchen und auch dreikantige, halbrunde und ovale Feilen in die Gesenke zu schlagen. In den meisten Fällen wurden zuerst die Spitzen ausgeschmiedet und in einer zweiten Wärme nachträglich die Angel der Feilen. Zum Ausschmieden aller Feilen, sei es von Hand, sei es mit Kraft, gehört eine große Geschicklichkeit, namentlich auch was die richtige Erwärmung anbetrifft. Je höher der Kohlenstoffgehalt des Stahles ist, je vorsichtiger muß erwärmt werden, damit die Qualität des Stahles nicht notleidet; wenn möglich soll zum Ausschmieden der Feile nur eine einmalige Erwärmung des Feilenkörpers vorgenommen werden. Zur Erwärmung der zu schmiedenden Feilen wurden bis in das 19. Jahrhundert hinein einfache, gemauerte Essen verwendet, über welchen Abzugshüte sich befanden, neben welchen geeignete, mit Leder überzogene, von Hand oder mit dem Fuß betriebene Blasebalgen angebracht waren.

Abb. 222. Handschmied mit Zuschläger.

Als Brennmaterial wurden während langer Zeiten rohe Steinkohlen verwendet, da man noch nicht erkannt hatte, daß das Vorhandensein selbst geringer Schwefelspuren die Qualität des Stahles schädlich beeinflußt. Mit der fortschreitenden Verbesserung des Rohmateriales für Feilen ging die Verwendung geeigneteren Brennmateriales Hand in Hand und schon gegen das Ende des 18. Jahrhunderts ging man dazu über, ausgebrannte Steinkohlen, d. h. Koks, zum Schmieden zu verwenden, welchem später oftmals noch Holzkohlen zugesetzt wurden. Heute sind die gemauerten altehrwürdigen Essen mit ihren Blasebalgen wohl ganz verschwunden, mit Ventilatoren betriebene kleine Koksöfen traten an ihre Stelle und neuerdings brechen sich die Gasöfen immer mehr Bahn, da nur bei diesen Gas- und Windzufuhr und damit das Feuer leicht und sicher nach Bedarf zu regeln ist. Die Schmiedeöfen sollten in jeder Schmiede so gebaut und aber auch so aufgestellt sein, daß Überhitzungen der Feilenkörper möglichst vermieden werden — ohne Rücksicht darauf, welches Brennmaterial gerade in Betracht kommt.

In unserer fortgeschrittenen Zeit werden wohl allgemein zum Ausschmieden mittlerer und größerer Feilen Dampf- und mechanische Hämmer verwendet, welche nur *einen* Arbeiter bzw. Schmied zur Bedienung erfordern. Dampfhämmer zum Feilenschmieden sind besonders stark in England*) verbreitet, teilweise aber auch in Remscheid. Sie arbeiten mit Oberdampf von ca. 4 Atm. Druck,

*) Die ersten Dampfhämmer wurden in Sheffield um das Jahr 1879 aufgestellt.

machen im Vollbetrieb bei 30 cm Hubhöhe ungefähr 180 Schläge in der Minute und ihre Bärgewichte schwanken zwischen 50 und 100 kg. Da der Dampfverbrauch, besonders in weit von Kohlengruben entfernten Gegenden, wegen seiner Gestehungskosten eine große Rolle spielt und auch die Regulierfähigkeit der Dampfhämmer namentlich zum Ausschmieden von Formfeilen zu wünschen übrig ließ, so ging man bald auf andere Hammersysteme über. Für größere Feilen eigneten sich u. a. die leistungsfähigen Luftdruckhämmer der Firma Bêché & Gross in Hückeswagen, welche schon um das Jahr 1890 begonnen hat, diese in vollendeter Ausführung zu bauen. In neuerer Zeit sollen hierzu auch Schmiedepressen verwendet werden. Für kleinere Feilen kommen teils Feder-, teils kleine Handfallhämmer in Betracht, welch letztere an manchen Orten auch noch zum Schmieden von Dreikantfeilen verwendet werden. Kein geringerer als Leonardo da Vinci war es, der um die Wende des 15. Jahrhunderts gelegentlich der Konstruktion eines Getriebes für einen Fallhammer schon den ersten Entwurf zu einem Federhammer zeichnete. Die ersten Federhämmer zum Schmieden von Feilen wurden in Amerika aufgestellt und erst um die Mitte der 1890er Jahre von einigen deutschen Feilenfabrikanten übernommen. Die Abb. 223 zeigt einen Hammerschmied, welcher an einem Federhammer mittlerer Größe seine Feilen schmiedet. Schwanzhämmer, wie solche vorzugsweise in der Messerfabrikation verwendet werden, kommen für die Feilenfabrikation weniger in Betracht. Für ganz kleine Feilen bieten die Krafthämmer nahezu keine Vorteile, da geübte Handschmiede annähernd das Gleiche leisten wie mechanisch betriebene Hämmer.

Abb. 223. Feilenschmied am Federhammer.

Da es nicht möglich ist, die fertig zu schmiedenden Spitzen von Dreikant- und Halbrundfeilen nach dem Anspitzen unter dem Hammer mit einem Schlag, wie so viele andere Werkzeuge, in ein Gesenk zu schlagen, so stattete ein findiger Kopf Luft- und Federhämmer mit einem beweglichen (schwingenden) Amboß aus, d. h. die Schabotte des Hammers schwingt um eine tiefliegende, äußerst stabil gelagerte Achse, welche auf ihrer ganzen Länge aufliegt und einen Bruch der Achse ausschließt. Die überhängenden Massen der Schabotte sind durch Gegengewichte so ausgeglichen, daß der Schmied sie ohne Anstrengung bewegen kann. Die Bärgewichte dieser Hämmer schwanken zwischen 8 und 50 kg. Die schwingende Schabotte, besonders zum Fertigschmieden der Spitzen von Halbrund- und Dreikantfeilen dienend, ermöglicht ein langsames nach und nach vor sich gehendes In-das-Gesenkschlagen der Feilenspitzen, währenddem der Hammer je nach Bedarf sorgfältig regulierte Schläge auf jede einzelne Stelle abgibt. — Auch Versuche mit automatischen Schmiedehämmern wurden vor Jahren schon wiederholt gemacht. Diese haben aber mit einer Ausnahme — dem Schmieden von Sägefeilen —

zu keinen günstigen Resultaten geführt und als letzte Methode, Feilen maschinell herzustellen, möchte ich an dieser Stelle noch das Walzen von Feilen erwähnen, welches an die Stelle des Ausschmiedens der Feilen und namentlich der Raspeln, ganz besonders in Amerika, getreten ist. Das Walzen von Feilen und Raspeln dürfte sich jedoch nur bei der Verarbeitung von weichem Material empfehlen, das genügend erwärmt werden kann. Kohlenstoffreicher harter Stahl ist außerordentlich schwer zu walzen, da hohe Temperaturen nicht angewandt werden dürfen und bei einer normalen Walztemperatur von vielleicht 750° das Material zwischen den Walzen so schnell kalt wird, daß dadurch sehr leicht Risse und unganze Stellen entstehen.

Abb. 224. Bêché-Hammer mit beweglicher Schabotte.

Die ersten Versuche mit Walzmaschinen wurden schon um das Jahr 1800 angestellt, und zwar hat William Bell, Derby (England), eine solche Maschine um diese Zeit sich gebaut, um, wie das „Magazin aller neuen Erfindungen, Entdeckungen und Verbesserungen für Fabrikanten, Künstler und Handwerker" im 7. Band 1. Stück berichtet, Messer, Feilen und Nägel unter ihr walzen zu können. Im Jahre 1864 hat der durch seine Feilenhaumaschinen schon bekannte englische Maschinenfabrikant B. H. Dodge in Manchester auch eine Walzmaschine für Feilen konstruiert. Ihm folgte nach wenigen Jahren sein Landsmann Gray in Sheffield, der ein Patent erhielt für das Auswalzen von Feilen mit Benützung unterbrochener Kaliber. Im Jahre 1878 schreiben Karmarsch und Heeren in ihrem technologischen Wörterbuch Bd. III hierüber wie folgt:

„Die Kaliber befinden sich in Scheiben, die auf den Wellen BB_1 aufgekeilt sind. Zur Fertigstellung eines Feilkörpers gehören gewöhnlich drei solcher Formkaliber, die je zur Hälfte in Ober- und Unterwalze eingelassen sind (Ausnahmen

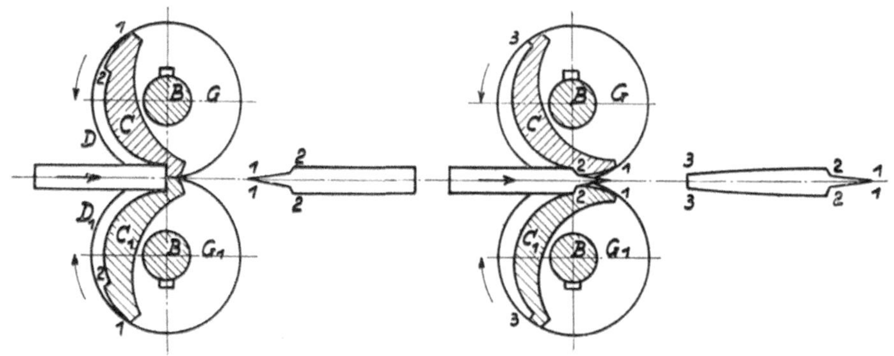

Abb. 225. Walzeneinrichtung für Feilen.

bestehen bei Dreikant- und runden Feilen). Zu bemerken ist, daß die Scheiben aus ökonomischen Gründen aus mehreren Teilen zusammengesetzt sind, den eigentlichen Kaliberteilen CC_1 (Gußstahl), die nur mit Schwalbenschwanznuten und Keilen GG_1 (Gußeisen) verbunden, somit auswechselbar sind. Seitlich werden die Kaliber durch Walzenringe DD_1 abgeschlossen. — Gewöhnlich sind in einem Walzwerke Kaliber für mehrere Feilenformen angeordnet. Art und Weise der Arbeit für Flachfeilen sind aus den Fig. 1 u. 2, Abb. 225, leicht zu entnehmen. Die passend vorgerichteten glühenden Stahllamellen passieren das erste Kaliber nur zum Zwecke der Bildung der Angel. In das zweite Kaliber werden sie mit der Angel voran in die auf hoher Kante gestellte Lage eingeführt, somit beim Durchwalzen der Breite nach verjüngt, wobei jedoch in der Kaliberform auf die im dritten Kaliber erfolgende Verjüngung der Dickendimension, die eine ziemliche Streckung der Feilspitze zur Folge hat, Rücksicht zu nehmen ist. Die auf diese Weise gefertigten Feilen bedürfen zwar nur geringer Nacharbeit, was die Gestehungskosten vermindert, sie sollen aber in Bezug auf Aushalten sehr viel zu wünschen übrig lassen."

In den 1890er Jahren gelang es amerikanischen Fabrikanten, an Walzmaschinen noch weitere Verbesserungen anzubringen, allein bis zum heutigen Tage haben sich diese Maschinen in Deutschland nicht allgemein einführen können, wohl infolge ihrer sehr schweren Ausführung, der immer noch vorhandenen technischen Schwierigkeiten beim Walzen von Halbrund- und Dreikantfeilen, der äußerst schweren Herstellung der richtigen Walzgesenke und nicht zuletzt auch infolge des großen Kraftverbrauchs dieser Maschinen.

Methoden des Glühens. Ehe die geschmiedeten und gewalzten Feilen zur weiteren Verarbeitung kommen, müssen sie geglüht, d. h. weichgemacht werden, um die durch das Schmieden etwa vorhandenen Spannungen und die durch die rasche Abkühlung entstandenen Härtestellen zu beseitigen und außerdem zu erreichen, daß der Stahl seine natürliche Härte verliert. Das Ausglühen von Feilen ist ein so wichtiger Arbeitsvorgang, daß ihm alle Beachtung geschenkt werden muß, will man weiche, richtig geglühte Feilen erhalten. Daher hat jede Feilenhauerei und jede Feilenfabrik ihre eigenen, zum Teil auf langjährigen Erfahrungen beruhenden Einrichtungen sich selbst geschaffen, wobei, in kurzen Worten ausgedrückt, es die Hauptsache ist, daß die Feilen ihre richtige, durchaus gleichmäßige Wärme erhalten, daß keine Überhitzungen vorkommen, und daß die Abkühlung unter möglichstem Luftabschluß langsam vor sich geht, will man nicht wieder harte Feilen erhalten.

Eine rasche Abkühlung der Feilen, auch wenn diese etwa unter Luftabschluß erfolgen sollte, ist nicht zu empfehlen, da durch Aufnahme von Schliff-(Gefüge-)Bildern erwiesen ist, daß das Gefüge eben nicht immer restlos erschlossen wird. Die Glühung hat vielfach nicht ausgereicht, um das Zementitnetz, das nach dem Schmieden und Walzen in dem Stahl vorhanden ist, zu zerstören. Die Gefügebilder zeigten, daß das Gefüge noch mit Zementitadern durchzogen und auch die sorbitische Grundmasse teilweise noch vollkommen vorhanden ist. Wenn diese Feilen gehärtet sind, so zeigt sich, daß außerdem die Härtung noch nicht genügend ist. Das Zementitnetz tritt noch deutlich hervor. Bei gehärteten Qualitätsfeilen ist der Hardenit der Träger der Härte, der Zementit der Träger der Schneidkraft. Letzterer muß in möglichst feiner Körnung über die ganze Fläche verteilt sein. Die fertige Feile wird umso besser schneiden, je mehr Zementitkugeln in dem Zahn der Feile vorhanden sind.

Für die Praxis bleibt die unumstößliche Tatsache bestehen, daß, je weicher die Feilen geglüht werden, je leichter und billiger sie nicht nur zu schleifen, sondern auch zu hauen sind, und außerdem werden ihre Hiebe umso besser und schärfer ausfallen.

Unsere ältesten Vorfahren hatten nicht nötig, ihre Feilen vor dem Hauen besonders auszuglühen, da sie ja nur Eisen, höchstens ganz weichen Stahl, verarbeiteten, und das Material nach dem Schmieden sofort auf eine heute noch nicht genügend aufgeklärte Weise mit Feilenzähnen versahen.

Wie Feilen im 18. Jahrhundert und auch noch früher geglüht wurden, geht am besten aus den nachfolgenden Berichten hervor. Der Franzose M. Jars machte im Jahre 1765 eine Reise nach England und berichtete in seinem Werk „Voyages Métallurgiques par M. Jars, Paris 1774" folgendes über das Glühen:

„In Sheffield werden die Feilen, um sie genügend weich zu machen, während einer Nacht in einem Ofen mit einem Steinkohlenfeuer eingesetzt. Eine andere Fabrik setzt die Feilen in einem

Reverberierofen ein, welcher einen Glühraum zum Ausglühen hat. Über demselben ist ein Kamin angebracht und man plaziert auf jeder Seite des Ofens einen kleinen Windofen, in welchem mit Steinkohlen Feuer erzeugt wird. Die Feilen, welche in der Regel von ausgeschmiedetem Zementstahl hergestellt werden, werden 7—8 Stunden geglüht. Wieder andere glühten in Koks aus, den man sich in dem Herde selbst bereitete, indem man eine große Menge Steinkohlen auflegte, diese entzündete und so lange blies, bis sie aufhörten zu flammen. Nach deren Abkühlung mit Wasser wurde der so gewonnene Koks zum Glühen der Feilen verwendet."

P. N. Sprengel schrieb im 6. Abschnitt seines Werkes „Handwerke in Tabellen" im Jahre 1770:

„Das Glüen soll die Feile erweichen, damit sie den Einschnitten des Meißels nachgebe. Sie wird am weichsten, wenn man sie mit Lehm überzieht, in die Kolen der Esse legt, und das Gebläse so lange gehen läßt, bis die Feile weißwarm ist. Alsdenn werden die Kolen, die auf der Feile liegen, weggeräumet, und die Feile muß in den übrigen Kolen erkalten. Man läßt sie in diesem Zustande eine ganze Nacht über liegen. In Eil, wenn die Feile bald fertig werden soll, legt man sie ohne Lehm in die Kolen, läßt sie braunwarm werden, d. i. die Glut muß kaum zu sehen seyn, nimt alsdenn die obern Kolen gleichfalls ab, und läßt sie kalt werden. Die Feile erweicht aber nicht so gut, als bey der vorigen Art zu glüen."

J. K. G. Jacobsson in dem ersten „Technologischen Wörterbuch", das in Deutschland herausgegeben wurde, im Jahre 1781:

„Der Feilenhauer glühet vor dem Hauen seine Feilen aus, damit sie weicher werden und dem Hieb des Meißels nachgeben. Alle diese Arbeiter verrichten das Ausglühen auf verschiedene Art. Einige stecken die Feilen in glühende Kolen und lassen sie einige Stunden, ohne den Blasebalg zu rühren, darinn liegen. Andere aber stecken die Feilen oder den Stahl in Lehm oder menschlichen Unrat, und lassen es dann die Nacht über im Feuer liegen, auch darinn erkalten. Zum Ausglühen ist aber solches Feuer das beste, welches von Kolen und Holz vermischt angezündet wird."

Und Prechtl im 5. Band seiner „Technologischen Encyclopädie" 1834:

„Die geschmiedeten Feilen werden, um sie so weich als möglich zu machen, ausgeglüht und hierauf der langsamen Abkühlung überlassen. Man gebraucht dazu einen eisernen Zylinder mit durchlöchertem Boden und einem aufgesetzten Zugrohre. Als Heizmaterial dient ein Gemenge aus Hobelspänen und kleinen Holzkohlen oder Koks."

Die vorstehenden Beschreibungen zeigen am deutlichsten, wie in früheren Jahrhunderten Feilen geglüht wurden, um durch Schmieden und zu rasche Luftabkühlung entstandene Härten und Spannungen, sowie die Naturhärte des Stahles vor der Weiterverarbeitung der Feilen zu beseitigen. Noch im vorigen Jahrhundert und teilweise auch heute noch werden Feilen in mächtigen Öfen mit 1500—2000 kg Inhalt ausgeglüht, derart, daß reihenweise eine Schicht lufttrockenes Buchenholz oder Torf und eine Schicht Feilen bis zur Auffüllung des Ofens übereinandergepackt und ohne große Nachfeuerung dem Holz- oder Torffeuer ausgesetzt wurden. Die Öfen nahmen 10—12 Stunden zur Erwärmung und mindestens 48 Stunden zu langsamer Erkaltung in Anspruch. Die Abb. 226 zeigt einen Glühofen für Holz- und Torffeuerung, wie er vor nicht langer Zeit noch vielfach verwendet wurde. Nachdem die Feilen durch und durch gleichmäßig rotwarm waren, wurde die Rauchhaube des Ofens abgenommen und dieser dann mit einer starken gußeisernen Platte abgedeckt. Das am Boden befindliche Anzündloch wurde hermetisch verschlossen, so daß unter möglichstem Luftabschluß die Feilen langsam erkalten konnten.

Hierauf ging man dazu über, Feilen in Öfen zu glühen, welche eine getrennte Holzfeuerung hatten, so daß die Feilen der Flammenwirkung allein ausgesetzt wurden, wobei die Luftzuführung zu dem Ofen sehr sorgfältig beobachtet werden mußte, damit nicht eine unnötige Verzunderung stattfinden konnte.

Da mit der Zeit das Rohmaterial für Feilen immer besser und wertvoller wurde, ging man dazu über, die Glüherei von Feilen auf eine andere Grundlage zu bringen und so wurden in den letzten Jahrzehnten eine ganze Reihe neuer Wege eingeschlagen. Man versuchte Feilen — namentlich auch kleinere — in luftdicht verschlossenen Muffeln oder Röhren, welche aus Grauguß oder Stahlguß hergestellt waren, zu glühen, und zwar teils in Holz, teils im Kohlenfeuer. Dieses Glühen scheint sich aber nicht besonders bewährt zu haben.

Abb. 226. Torf- oder Holzglühofen für Feilen.

Als die Bleiöfen zum Härten aufkamen, wurde versucht, kleinere Feilen im flüssigen Blei, das auf die notwendige Temperatur gebracht wurde, auszuglühen. Die Feilen wurden mit Draht zu Bündeln gepackt und in Kalkwasser getaucht, damit das Hängenbleiben des flüssigen Bleies beim Herausnehmen derselben vermieden wurde. Nachdem die Feilen durch und durch ihre richtige Wärme angenommen hatten, wurden sie zur langsamen Abkühlung in eiserne Kästen gebracht und mit Holzkohlenasche rasch zugedeckt. Aber auch diese Glühart wurde bald wieder abgeschafft. — Man baute ferner Öfen mit Schamottemuffeln, in welche die Feilen eingesetzt wurden. Die Muffelöfen wurden mit Steinkohlen geheizt. Der Vorteil hierbei war der, daß die Feilen mit den Kohlengasen nicht direkt in Berührung kommen konnten. Auch Koksöfen aller Schattierungen kamen nach und nach in den Handel. Viele Firmen bauten sich ihre Glühöfen selbst und leiteten dabei die Koksflammen aus einem besonders ausgebauten Feuerherd über die im Ofenraum aufgeschichteten Feilen weg, so daß diese nach und nach auf die verlangte Temperatur gebracht werden

Abb. 227. Gasglühofen für Feilen.

konnten. Sobald die Feilen richtig erwärmt waren, wurde der Ofen samt der Feuerung möglichst dicht verschlossen und der langsamen Abkühlung anheimgestellt. Amerika war es, das vor wenigen Jahrzehnten begann, Spezialöfen zum Glühen zu bauen, welche mit schwefelfreiem Gas beheizt wurden. Mit diesen Öfen wurde erreicht, daß die Glühtemperaturen leicht und gleichmäßig eingestellt werden konnten. Teilweise ließen die Amerikaner die Gasflammen über den Feilen weggehen, teilweise haben sie auch die Feilen in Muffeln verpackt. Im ersteren Falle mußten die Feilen immer so in den Ofen eingelegt werden, daß die Angeln nach außen und die Spitzen nach innen zu liegen kamen. Sobald die nötige Wärme erzeugt war, wurde der Ofen luftdicht verschlossen und nach dem vollständigen Erkalten wieder zur Herausnahme der Feilen geöffnet.

Es gibt heute noch englische Feilenfabrikanten, die der Ansicht sind, daß zum Glühen der Feilen die Koksflamme sich besser eigne, als die moderne Gasfeuerung, da bei ersterer eine Entkohlung der Oberfläche weniger wahrscheinlich sei. (Meiner Ansicht nach kann eine Entkohlung der Feilenoberfläche bei allen Feuerungsarten vorkommen, wenn entweder der Ofen nicht richtig angelegt ist, oder wenn der Glüher seine Vorschriften nicht erfüllt.)

Eine Universal-Glüherei, welche den modernen Ansprüchen vollauf genügt, gibt es bis heutigen Tags noch nicht und eine solche ist auch keineswegs leicht zu finden, da die einzelnen Feilensorten auch heute noch nicht in solchen riesigen Mengen hergestellt werden können, daß es sich lohnt, für jede einzelne Größe Spezialöfen zu bauen.

Richten und Schleifen. Während des Schmiedens und Walzens und namentlich auch während des Glühens kommt es oft vor, daß die Feilen und Raspeln sich verziehen und krumm werden. Dies hat zur Folge, daß sie, ehe sie zur weiteren Verarbeitung kommen, wieder auf dem Richtamboß mit dem Richthammer geradegerichtet werden müssen, wobei sie gleichzeitig von dem Zunder, der sich während des Glühens bildete, befreit werden.

Abb. 228. Zweispannige Abfeilraspel.

Die größeren und mittleren Sorten gewöhnlicher Feilen wandern in die Schleiferei, während die zu Präzisionsfeilen bestimmten Sorten von Hand sorgfältig und genau auf die richtige schöne Form mit tadelfreien Spitzen gefeilt werden müssen (s. Abb. 278, Werdegang der Feile). Jede Feile muß nach dem Geraderichten durch Feilen oder Schleifen von ihrer Eisenhaut befreit werden. Damit man sie später hauen kann, ist es notwendig, glatte, ebene und reine Oberflächen zu erhalten, dies um so mehr, je feiner die Hiebe verlangt werden. Da weitaus die Mehrzahl der Feilen geschliffen werden muß, so will ich mich mit diesem Arbeitsgang etwas eingehender befassen.

Noch zu der Römer Zeiten wurden alle Feilen, teils vor dem Glühen, teils nach dem Glühen in rotwarmem Zustande in einem Halter eingespannt auf dem Schmiedeamboß abgefeilt, und zwar mit einer ganz besonderen Abfeilraspel, wie sie die Abb. 228 zeigt (s. auch S. 188). Je nach der Gröbe der zu hauenden Hiebe nahm man zum Abfeilen der Feilen eine gröbere oder feinere Abfeilraspel. „Das Abfeilen, um alle Unebenheiten wegzunehmen, war gewöhnlich eine Beschäftigung der Weiber. Das seltenere Abschleifen dagegen war ungleich besser, aber auch kostbarer" schrieb im Jahre 1786 der Hüttenschreiber J. C. Quanz in „Beckmann's Beiträge zur Oekonomie, Technologie, Polizey und Cameralwissenschaft". M. Jars teilt 1774 mit, „daß in England die Feilen zum Schleifer getragen werden, um sie auf den Steinen vor dem Hauen grob abzuschleifen" und Jacobsson schreibt im Jahre 1781 in dem ersten Technologischen Wörterbuch Deutschlands, „daß die englischen Feilen von der bekannten Güte sind, scheint hauptsächlich daher zu rühren, weil erstlich ein englischer Feilenhauer nur eine einzige Art Feilen verfertigt, wozu noch der gute Stahl und das gute Härten des Eisens kommen. Zweitens wird jede englische Feile auf einer Schleifmühle aufs beste abgeschliffen und es ist natürlich, daß der Meißel auf einer ebenen Fläche weit sicherer und feiner hauen kann als auf einer rauhen Fläche, wie sie die deutschen Feilen haben, da diese vor dem Hauen nicht abgeschliffen, sondern nur gut mit der Abfeilraspel abgefeilet werden."

Die Schleifkotten, äußerlich den schon beschriebenen Wasserhämmern ähnlich, kamen nicht nur in England, sondern auch in Frankreich und Deutschland im 16. und 17. Jahrhundert in wasserreichen Gegenden sehr rasch nacheinander auf. Die Schleiferei im Bergischen Lande um Remscheid und Solingen verdankt ihre Entwicklung den französischen Hugenotten, welche um das Jahr 1685 in seinen wasserreichen Tälern eingewandert sind. Die Mehrzahl der Kotten war noch bis zum Jahre 1853 im Besitze der Familie Picard (Pickard) aus der Picardie, welche ihren Ursprung aus diesen französischen Flüchtlingen ableitete.

Betreten wir einen Schleifkotten, so sehen wir durch ein Wasserrad angetrieben einen oder mehrere Schleifsteine auf rohen Lagerböcken von Wasser benetzt umlaufen, gegen welche die Arbeiter ihre Feilen halten. Das Schleifen geschah, wie auch heute noch, fast durchweg von Hand, d. h. vor den Knien — wobei die Feilen sowohl quer, als auch teilweise längs zum Stein in Schleifhölzern vorgehalten werden. Quergeschliffene Feilen werden auf der hinteren Seite des Steines abgelängt, d. h. der Länge der Feile nach fertiggeschliffen. — Die Kunst des Knieschleifens besteht darin, daß der Schleifer z. B. alle Flach- und Vierkantfeilen scharfkantig und genau rechtwinklig schleift und daß die Flächen querüber geschliffen möglichst geradlinig, d. h. eben ausfallen. Es sind dies nicht leicht zu erfüllende Anforderungen an den Schleifer, aber er erfüllt sie, gibt man ihm gutes Handwerkszeug zur Hand.

J. J. Prechtl schreibt 1834 über das Schleifen im Band 5 seiner Technologischen Encyklopädie: „Das Schleifen ist aus ökonomischen Rücksichten in großen Fabriken das gewöhnlichste Verfahren. Die Steine, welche dazu gebraucht werden, haben 3—4 Fuß Durchmesser, 6—8 Zoll Breite, laufen im Wasser und machen in der Minute ungefähr 100 Umdrehungen. Durch eine auf der eisernen Achse sich befindliche Riemenrolle wird die Bewegung mittels Wasser-, Dampf- oder Pferdekraft hervorgebracht. Um jeder Gefahr bei etwa eintretendem Zerspringen des Steines vorzubeugen, ist derselbe ganz von einem starken hölzernen, durch herumgelegte Stricke gesicherten Kasten eingeschlossen, bis auf eine 12 Zoll lange Öffnung am oberen Teile, wo das Schleifen vorgenommen wird. Die Feilen werden dem Steine zuerst der Quere nach dargeboten, bis sie ganz blank sind, dann aber der Länge nach, um den ersten Schleifstrich wegzunehmen. Zuletzt taucht man sie in Kalkwasser, wodurch sie sich mit einem feinen Anflug von kohlensaurem Kalke beschlagen, der das Rosten verhindert. So bringt man sie nach der Werkstätte, in welcher das Hauen vorgenommen wird."

Die Abb. 229 zeigt die Anlage einer modernen Handschleiferei. Der Schleifer steht vor seinem Schleifstein in sogenannten Schleifstiefeln — einem ⊔ förmigen Gehäuse aus starken Brettern, dessen Vorderseite mit Eisenschienen beschlagen ist. Beide Schleifstiefel dienen dazu, die mit Hand und Schleifholz gehaltene Feile mit den Knien an den gegen den Schleifer sich drehenden Stein zu drücken, wobei die Feile durch die taktmäßig hin- und hergehenden Unterschenkel geführt und senkrecht zur Feilenachse geschliffen wird. Um den Schleifstrich wegzunehmen, werden die Feilen abgelängt. Hierzu sitzt auf der rückwärtigen Seite des Steines ein zweiter Arbeiter, der aber mit den Füßen auf dem Boden steht, im Reitsitz auf einem etwas federnden Holz (Tremel genannt), so daß er mit diesem den Druck auf die Feile nach Belieben regeln kann.

Die nun so fertiggeschliffenen Feilen werden in einer Tonne mit Kalkwasser abgespült, sie erhalten dadurch einen leichten Überzug von kohlensaurem Kalk, welcher sie bis zur Weiterverarbeitung vor Rost schützt.

Während man in früheren Zeiten über Schleifsteine von 100—150 cm Durchmesser und 15—20 cm Breite nicht hinausging, verwendet man heute Steine bis 250 cm Durchmesser und 35 cm Breite, also Steine, die einen Rauminhalt bis 1,7 cbm haben und je nach Bruchzeit ein Gewicht bis etwa 4200 kg aufweisen. Die zum Schleifen nötigen Steine werden meist in Rot-, häufig aber auch in Weißsandsteinbrüchen gebrochen, welche besonders im Elsaß, jedoch auch am Rhein, in Unterfranken, am Main, in der Eifel, an der Mosel und in Sachsen in geeigneten Qualitäten vorkommen. Da die roten Sandsteine meist härter als die weißen sind, werden jene hauptsächlich zum Schleifen von Messern und Werkzeugen, diese mehr zum Schleifen von Feilen verwendet. Das hiezu nötige Korn soll halbhart sein und eine mittlere Gröbe aufweisen. Vor ihrer Verwendung sollen die Schleifsteine möglichst gleichmäßig ausgetrocknet sein, was viel zur Betriebssicherheit beiträgt und die Gefahr des Zerspringens ganz wesentlich vermindert. Wird die Umdrehungszahl in solchen Grenzen gehalten, daß die Umfangsgeschwindigkeit ca. 11 m in der Sekunde nicht übersteigt, werden die Steine mit aller Vorsicht so gehängt, daß zwischen den gußeisernen Rosetten und dem Stein genügend starke Holzbeilagen sich befinden, ist die Bohrung des Steines einige Zentimeter größer als die Welle und wird der Stein beim Hängen möglichst genau ausgewuchtet, wobei die Bohrung nicht etwa mit Holzkeilen ausgefüllt werden darf, dann sind sogenannte Steinexplosionen so gut wie ausgeschlossen. Trotzdem aber ist es dringend angebracht, gute und kräftige eiserne Schutzvorrichtungen (siehe Abb. 229), welche im Boden und in der Decke der Schleiferei verankert sein müssen, anzubringen.

Abb. 229. Das Handschleifen der Feilen.

In früheren Zeiten waren die Schleifer gezwungen, sich in den Wasserschleifkotten aufzuhalten, in niederen, dumpfen, stets feuchten und zugigen Räumen. Sie litten infolgedessen sehr häufig an Gicht und starben früh an ihrer Berufskrankheit — der Lungenschwindsucht. Auch durch die Einführung der Dampfmaschine und den dadurch bedingten besseren Ausbau der Schleifkotten wurde die Sterblichkeitsziffer nicht vermindert; schließlich gingen dann als erste die Engländer daran, den Kampf gegen die Schleiferkrankheit aufzunehmen. Schon im Jahre 1822 wurden Mittel und Wege gegen die Einatmung von Schleifstaub ersonnen, darunter die Bedeckung der Mund- und Nasenhöhle mit Krepp, und weiter eine Vorrichtung, bestehend aus Magneten, die eine solche Stellung hatten, daß sie die Staubteilchen auf ihrem Weg nach der Mund- und Nasenhöhle auffingen. Die Arbeiter nahmen sich aber die zur Sauberhaltung dieser Vorrichtung nötige Mühe nicht und nach 5—6 Monaten war alles wieder beim alten. Nachdem die Magnete nicht genügten, wurden grobe Sacktücher und Flanells in einem hölzernen Rahmen vor dem Schleifstein dicht hinter den Magneten angebracht, der Stoff wurde naß gehalten und der Staub von Zeit zu Zeit abgeschüttelt. Auch dieser Versuch hatte kein besseres Ergebnis.

Etwa um das Jahr 1825 kamen dann die ersten Versuche mit einer regelrechten Staubabsaugung auf, welche eine äußerst gute Wirkung hatte und nach und nach in dieser oder jener Gestalt eingeführt wurde. Aber auch diese Einrichtung kam wieder in Mißkredit und Vergessenheit. (Aus einem Bericht des „The North of England Medical and Surgical Journ. Nr. 1“, vom August 1830.)

Der Aufschwung der Industrie seit dem Jahre 1850 hatte auch wichtige Folgen für den Ausbau der Schleiferei. Die alten Wasserkotten und Schleifmühlen reichten nicht mehr aus. Man schritt zu durchgreifenden Reformen, welche dann auch den Übergang zur heutigen Dampfschleiferei im Gefolge hatten. Nach und nach wurden die Schleifereien immer mehr verbessert und heute ist nun durchgeführt, daß diese in großen, luftigen, trockenen und gut heizbaren Räumen eingebaut sind, so daß jederzeit eine genügende Lüftung stattfinden kann. Zum Schleifen wird heute so viel Wasser verwendet, daß der Schleifstaub samt dem Schliff, bestehend aus Schleifstein und Stahlpartikelchen, durch Wasser beschwert direkt in die Schleifgrube abgeführt werden, so daß die Lunge des Schleifers kaum mehr Schaden nehmen kann.

Die Steine werden mit besonderen Abrichträdchen geschärft. Während des Schärfens ist hinter den Abrichträdchen eine gut arbeitende Absaugvorrichtung angebracht, so daß jeder Staub, der sich beim Schärfen entwickelt, abgesaugt und ins Freie geführt wird. Eine heutige moderne Schleiferei arbeitet infolge aller dieser Einrichtungen so, daß die Schleifer unter der sogenannten Schleiferkrankheit so gut wie gar nicht mehr zu leiden haben, namentlich auch wenn sie sich eines solideren Lebenswandels befleißigen. Das Naßschleifen hat außerdem noch den großen Vorteil, daß die Steine nicht brennen und auf den Feilen keine harten Stellen (Brandflecken) geben. Der Materialverlust, der sich beim Schleifen ergibt, beträgt je nach der Schmiedung der Feilen 5—10%.

Die Schleifmaschinen. In größeren Betrieben verwendet man heute zum Schleifen von Feilen vielfach Schleifmaschinen, in deren Schleifrahmen eine Anzahl gleichgeformter Feilen oder Raspeln mit ebenen Flächen nebeneinanderliegen, um gleichzeitig abgeschliffen zu werden. Die Benützung dieser Maschinen, die — zum voraus sei dies schon bemerkt — sehr viel Kraft benötigen, lohnt sich nur bei der Herstellung großer Mengen gleicher Feilen.

Wer der ursprüngliche Erfinder der Feilenschleifmaschinen ist, konnte leider bis heute nicht festgestellt werden, ebensowenig ob die ersten Versuche mit diesen Maschinen in England oder in Amerika angestellt wurden. Vermutlich hat aber Amerika die ersten Schleifmaschinen in den 1860er oder 1870er Jahren schon herausgebracht, da dort die hohen Arbeitslöhne und die großen Mengen von gleichartigen Feilen am allermeisten nach maschinellem Schleifen drängten.

Man unterscheidet Schleifmaschinen mit vertikal auf- und abgehendem Rahmen mit eingebauten Schleifplatten, welche vorzugsweise in Amerika gebaut werden, und solche mit horizontal hin- und hergehendem Schlitten, wie sie England vorwiegend zur Ausführung brachte. Die Abb. 230 und 231 zeigen eine amerikanische und eine englische Schleifmaschine. Die Rahmen, bzw. die Schlitten, in welche auf einer Schleifplatte die Feilen in einer ihrer Größe entsprechenden Anzahl zum Schleifen gelegt werden, werden durch verschiedenartige Steuerungsmechanismen auf- und ab- oder hin- und herbewegt. Fig. 1 Abb. 232 zeigt den Schleifrahmen einer amerikanischen Schleifmaschine, in welchem eine Schleifplatte mit den auf etwas federnden Unterlagen liegenden Feilen eingebaut ist. Auf der Rückseite des Rahmens sind 2 der Form der Feilen entsprechende Schablonen angebracht, welche an festmontierten Rollen auf- und abgleiten, so daß nicht nur zylindrische sondern auch bauchige Feilen ohne weiteres geschliffen werden können. Während des gleichzeitigen Schleifens einer größeren Anzahl Feilen muß der Schleifstein genau eben bleiben, irgendwelche Rinnen oder Vertiefungen müssen vermieden werden. Um dies zu erreichen, wurde nach Fig. 2 Abb. 232 auf die Schleifsteinwelle eine mit einem Kordelriemen angetriebene Nutenwalze aufgesetzt, welche — von einem Vorgelege aus angetrieben — bewirkt, daß der Stein während des Schleifens in bestimmten Zeiträumen eine mehrmalige Seitenverschiebung nach links und rechts macht. Die Schleifsteine selbst können in den Maschinen bis zu 50 cm Durchmesser abgenützt werden. Das Schärfen der Steine geschieht auf nassem Wege mit besonderen Schleifsteinschärfern, welche an dem Gestell der Maschine nachstellbar angebracht sind (siehe Abbildungen). Zu empfehlen ist, daß um die Schleifsteine kräftige Schutzvorrichtungen gebaut werden, um Unglücksfälle durch ein etwaiges Zerspringen des Steines zu vermeiden. Da mit starkem Wasserzufluß geschliffen wird, so wird auch hier während des Schleifens der Feilen jede Staubbildung vermieden, was den Arbeitern besonders zugute kommt.

Abb. 230. Amerikanische Feilenschleifmaschine um 1880.

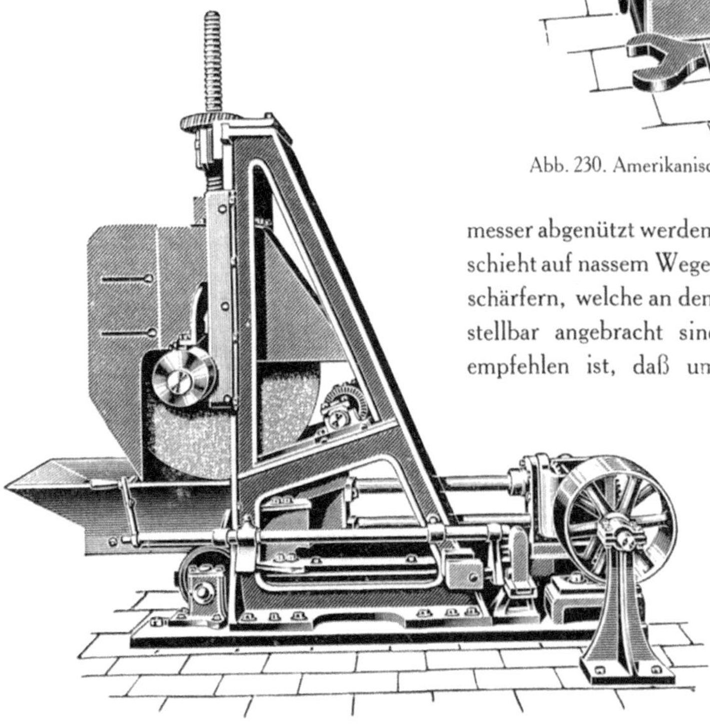

Abb. 231. Englische Feilenschleifmaschine aus dem Jahre 1889.

Wann die ersten Schleifmaschinen in Deutschland eingeführt bzw. aufgestellt wurden, läßt sich mit Sicherheit nicht mehr feststellen, doch dürfte dies zu Anfang der 1890er Jahre der Fall gewesen sein. Für den Bau von deutschen Schleifmaschinen nach englischem System, welche für eine Massenfabrikation sich eignen, kommen nur einige wenige Firmen in Betracht, dagegen wurden

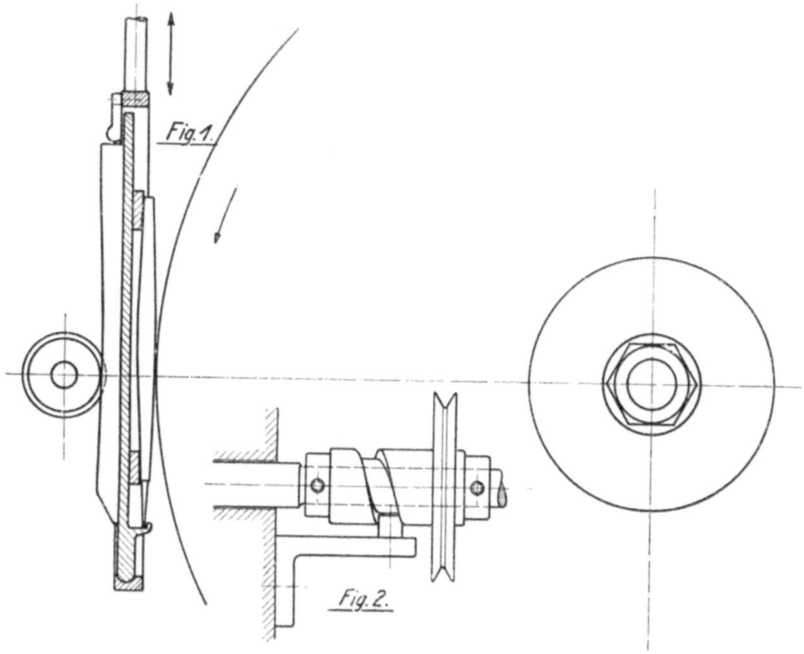

Abb. 232. Fig. 1. Schleifrahmen einer amerikanischen Schleifmaschine. Fig. 2. Nutenwalze auf einer Schleifsteinwelle.

im Laufe der letzten 25 Jahre eine ganze Reihe Schleifapparate konstruiert und auf den Markt gebracht, welche auf einfachste Weise vor den Handschleifsteinen anmontiert wurden und so die teuren Schleifmaschinen ersetzen sollten. Auf diesen Apparaten konnte aber nur eine Seite nach der anderen geschliffen werden, ganz gleich, ob es neue Feilen oder Aufhaufeilen waren. Mit wenigen Ausnahmen sind die meisten dieser Apparate wieder verschwunden, da sie sich in der Praxis nicht bewährten.

Die Firma Frowein & Co, Radevormwald, brachte dann eine Spezialschleifmaschine für Aufhaufeilen auf den Markt, welche an Stelle des bisher üblichen Sandsteines eine künstliche Schleifscheibe erhielt (Abb. 233). Diese mag sich für Aufhaufeilen wohl eignen, aber im allgemeinen wurden in der Feilenfabrikation mit Schmirgelscheiben bis jetzt keine besonders günstigen

Abb. 233. Schleifmaschine für Aufhaufeilen.

Erfahrungen gemacht, weil eben diese Scheiben — selbst bei starker Wasserzufuhr — die Oberflächen der Feilen leicht wieder hart und glasig machen und dazu noch gern Brandflecken erzeugen, durch welche während des Hauens der Meißel entweder zu rasch stumpf wird oder gar ausbricht.

Abb. 234. Maschine zum Abfräsen abgenützter Feilenhiebe.

Das Hobeln abgenützter Feilen. Das Aufhauen alter, abgenutzter, d. h. durch den Gebrauch ganz stumpf gewordener Feilen wurde schon im Mittelalter, wenn nicht noch früher, vorgenommen. Wie zum Glätten der frischgeschmiedeten Feile verwendete man auch hier die mit groben Raspelhieben oder mit schräg eingefeilten Zähnen versehene Abfeilraspel (s. Abb. 228), mit welcher man die alten Hiebe in hellrot-glühendem Zustande der Feile abfeilte bzw. abraspelte. Die Feile wurde nach deren Erkalten mit einer gewöhnlichen Feile noch etwas nachgefeilt. Es gab einspännige und zweispännige Abfeilraspeln, die von einer, bzw. zwei Personen gehandhabt wurden. Jene waren etwa 4 kg schwer, 30 mm stark und 5—600 mm lang; diese etwa 10—11 kg schwer, 50 mm stark und 750 mm lang.

Nachdem der Maschinenbau eine gewisse Höhe erreicht hatte, gingen Junghans & Lösser, Alt-Chemnitz, dazu über, eine Fräsmaschine nach Abb. 234 zu bauen, mit der die verbrauchten Hiebe der Aufhaufeilen in rotwarmem Zustande unter dem gewünschten Druck abgefräst werden konnten. Der Fräser selbst wurde aus möglichst hartem Material hergestellt und mit so tiefen Zähnen — meist durch Einfeilen — versehen, daß diese ohne große Mühe nachgearbeitet werden konnten. Die Abfräsmaschine erhielt je nach Bedarf Hand- oder Kraftantrieb. Stark eingebürgert scheint sich diese Maschine jedoch nicht zu haben, denn es war nicht ganz leicht, die rotglühenden Feilen unter einer solchen Maschine auch nur einigermaßen gleichmäßig abzufräsen.

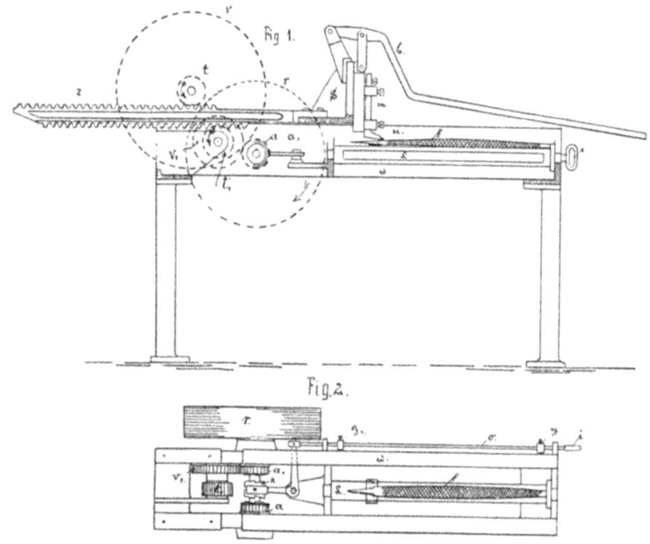

Abb. 235. Feilenhobelmaschine aus dem Jahre 1879.

Nachdem man aber erkannt hatte, daß das Abschleifen der Aufhaufeilen nicht nur bedeutende Arbeitskräfte beanspruchte, sondern auch teures Material an Schleifsteinen und hohe Kraftkosten zum Betrieb erforderte, ging man endlich daran, neue Arbeitsverfahren zu ersinnen, durch die das Entfernen der alten Hiebe rasch und billiger vorgenommen werden konnte. Man erfand die Feilenhobelmaschine, welche den alten Hieb einer Feile möglichst in einem Zuge mit dem Hobelstahl entfernte und im Jahre 1879 erhielten Baltz & Spennemann, Remscheid, ein Patent auf eine Maschine zum Abhobeln von Feilen auf kaltem Wege. Die Abb. 235 zeigt eine der ersten Feilenhobelmaschinen, welche schon mit doppelt verzahnter Zahnstange zum Vorwärts- und beschleunigtem Rückwärtsbewegen des Supportes ausgerüstet war.

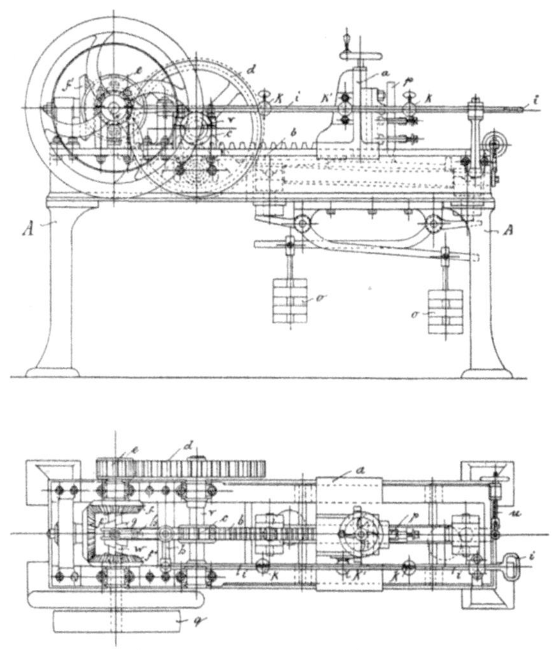

Abb. 236. Feilenhobelmaschine aus dem Jahre 1891.

Im Jahre 1891 brachten Kaibel & Sieber in Worms eine wesentlich verbesserte Feilenhobelmaschine (Abb. 236) heraus, welche es ermöglichte, Feilenflächen von beliebiger Form nach dem Ausglühen ganz gleichmäßig abzuhobeln. Das Wesentliche an dieser Maschine ist, daß die Feile auf einer Unterlage ruht, deren beide Stützpunkte nicht fest, sondern in vertikaler Richtung beweglich und durch Gegengewichte oder Federn derart ausbalanciert sind, daß die auf der Unterlage ruhende Feile dem horizontal bewegten Meißel stets zu folgen vermag.

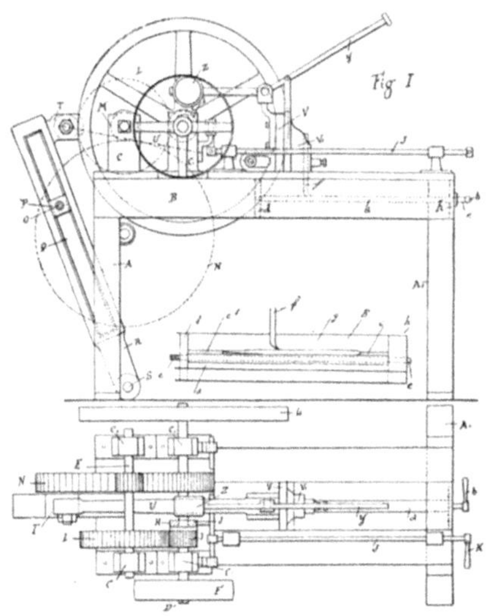

Abb. 237. Französische Feilenhobelmaschine mit beschleunigtem Rücklauf, 1898.

Eine weitere Feilenhobelmaschine, welche der von Baltz & Spennemann (Abb. 235) ähnlich war, baute im Jahre 1898 der Franzose Albert Rahire, Louvroil, welcher — wie Abb. 237 zeigt — den beschleunigten Rückgang durch Schwinghebel, der Shapingmaschine ähnlich, erfolgen ließ. Die Feilenhobelmaschine wurde in Deutschland vor der Feilenschleifmaschine gebaut, denn Karmarsch und Heeren schreiben 1878, im 3. Band ihres „Technischen Wörterbuches", nur „von einer eigens konstruierten Hobelmaschine zum Abhobeln alter Feilen (Reinach, Berlin)".

Die neueste Feilenhobelmaschine baute die wiederholt erwähnte Firma Bêché & Gross in Hückeswagen, welche — wie Abb. 238 zeigt — die vielen Zahnräder zur Umsteuerung des Schlittens von vornherein vermieden hat. Die kräftige Bauart dieser Maschine entspricht den Anforderungen, welche an eine Feilenhobelmaschine gestellt werden. Der Antrieb der Maschine geschieht durch Schnecke und Schneckenrad, die Umsteuerung ist selbsttätig. Der Rücklauf hat die doppelte Geschwindigkeit des Vorlaufes. Die zu hobelnde Feile ist auf einer halbrunden Patrone beweglich gelagert und wird durch den Meißel derartig selbsttätig reguliert, daß durch die Unebenheiten der Feile keine Störung entsteht. Der Arbeitsdruck wird mit Handrad und kräftiger Spindel auf den Hobelmeißel übertragen, das unheilvolle Einhaken des Meißels in die Feile beim Hobeln ist ausgeschlossen. Alle beweglichen Teile an dieser Maschine sind so gut eingekapselt, daß eine Abnützung durch Hobelspäne und Stahlstaub kaum erfolgen kann.

Das Feilen (d. h. Formgeben) und Ziehen — Zeichnen oder Stempeln.

Die sowohl durch Hand- als auch durch Maschinenschleifen erzielte Oberfläche ist in den meisten Fällen, namentlich für kleinere und mittlere Feilen, noch nicht so vollkommen, daß sie ohne weiteres von Hand oder mit der Maschine mit Hieben versehen werden kann. Sie muß deshalb durch Feilen oder Ziehen oder durch Feilen und Ziehen haufertig gemacht werden. Hierzu sind sehr geübte Feiler notwendig, welche in langen Jahren gelernt haben, eine genaue Arbeit zu liefern, und welche es verstehen, den geschliffenen und halbfertigen Feilen völlig ebene Flächen, schöne Formen und tadellose Spitzen zu geben. Dabei haben sie stets zu beachten, daß alle Feilen desto feiner und genauer gezogen werden müssen, je feiner die verlangte Hiebart ist, denn für die Vorbearbeitung der Feile ist es sehr wesentlich, zu berücksichtigen, ob auf einen Zentimeter Länge 10 oder gar 130 Hiebe gehauen werden müssen. Die Feilen werden, wie Abb. 239 zeigt, zumeist in Feilkloben eingespannt, mit verschieden groben Feilen auf Feilhölzern bearbeitet, welch letztere im Schraubstock festgehalten werden. Zur Zeit werden auf den Handschleifsteinen sämtliche Aufhaufeilen über 4 Zoll Länge geschliffen, nachdem in den meisten Fällen der alte Hieb, soweit ebene Flächen in Betracht kommen, zunächst abgehobelt wurde, außerdem alle neuen Feilen über 10 Zoll Länge, welche runde Flächen besitzen, wozu alle runden Feilen und die Rücken halbrunder Feilen gehören. Auf den Schleifmaschinen können nur Feilen mit ebenen Flächen geschliffen werden, sofern von ein und derselben Sorte größere Mengen vorliegen. Kleine Spezialfeilen, z. B. für Uhrmacher, Optiker und Feinmechaniker, sowie alle Sorten Riffelfeilen gehen nicht in die Schleiferei, sondern sie werden nach dem Glühen direkt in die Feilerei gebracht (s. Abb. 277) und dort, wie oben schon beschrieben, ganz von Hand fertiggestellt. Gewöhnliche mittlere und größere fertiggeschliffene Feilen wurden in früheren Zeiten von den Feilenhauern selbst vor dem Beginn des Hauens eben gezogen. Nach und nach wurde diese Arbeit in die Feilerei verlegt, bis man gegen das Ende des vorigen Jahrhunderts so allmählich daran ging, sich mit dem Bau von Feilenabziehmaschinen (Feilenzugmaschinen) zu befassen. Amerika dagegen hat auf die Vorbearbeitung der Feilen schon rechtzeitig den allergrößten Wert gelegt, von Anfang an auf die Handhauerei fast vollständig verzichtet und sich für die Maschinenhauerei

Abb. 238. Feilenhobelmaschine Bêché, 1905.

gleich so vollkommen eingerichtet, daß an die Vorbearbeitung der Feilen von vornherein wesentlich höhere Ansprüche gestellt werden mußten. Die amerikanischen Feilenfabriken haben es außerdem verstanden, nur verhältnismäßig wenige Sorten von größeren Feilen herzustellen, und konnten sich so viel besser spezialisieren als die deutschen Firmen. Erleichtert wurde ihnen dies dadurch, daß sie trotz ihres bedeutenden Bedarfes immer nur einige wenige aber große Feilenfabriken hatten, während in Deutschland schon seit Jahrhunderten bis in die letzten Jahrzehnte hinein eine fast unzählbare Menge kleiner Feilenhauereien bestanden, welche alles machten, was verlangt wurde.

Abb. 239. Handfeiler.

Erst in neuester Zeit haben größere Werke in Deutschland daran gedacht, die deutschen Feilenfabrikate zu reduzieren und zu normen, während die amerikanischen Fabrikanten dies schon vor Jahren getan haben. Offenbar war ihnen die Zahl der 1351 genormten Feilen noch zu hoch und so gingen sie das letzte Mal am 1. November 1923 nach eingehenden Besprechungen zwischen Feilenherstellern und Feilenverbrauchern daran, ihre sämtlichen Feilen, die für Fabriken und Eisenhandlungen geliefert werden sollten, so zu sichten und zu normen,

Abb. 240. Amerikanische Feilenzugmaschine System Hess, um 1880.

daß sie von den 1351 zuletzt festgesetzten verschiedenen Sorten, Größen und Hieben auf 475 zurückgehen konnten. Unter diesen sind aber sämtliche Uhrmacher- und Nadelfeilen nicht inbegriffen.

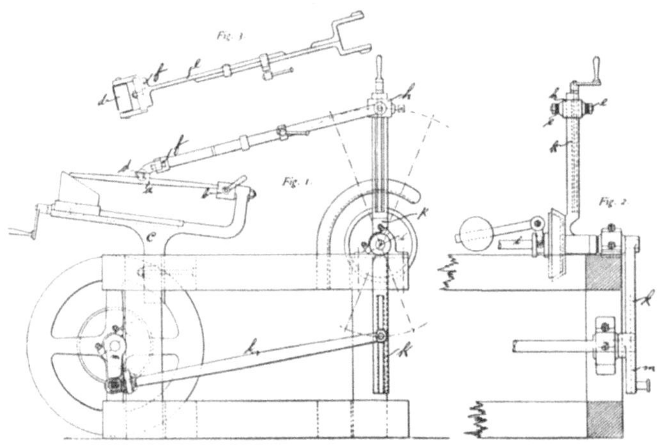

Abb. 241. Feilenzugmaschine „Erlenwein", 1891.

Die Herstellung großer Mengen gleichartiger Feilen zwangen also die Amerikaner, auf maschinellem Gebiete rascher vorzuschreiten, und so waren sie wohl wieder die Ersten, welche Ende der 1870er Jahre begannen, Feilenabziehbzw. Feilenzugmaschinen zu bauen, während in Deutschland im Jahre 1884 derartige Maschinen noch unbekannt waren, man sicher aber auch schon an solche dachte. Die Abb. 240 zeigt eine amerikanische Feilenzugmaschine von Hess, Philadelphia, bei welcher die flachen Feilen sofort zu mehreren in horizontale Rahmen eingesetzt waren, derart, daß die zu bearbeitenden Flächen immer nach oben gerichtet eingespannt waren. Die hin- und hergehenden Zugfeilen arbeiteten zunächst parallel den Feilenachsen der zu ziehenden Feilen, wobei der zum Ziehen nötige Druck zwischen Feile und Zugfeile durch Gegengewichte je nach der Größe der Feile eingestellt werden konnte. Die ersten amerikanischen Zugmaschinen kamen nach dem Jahre 1893 nach Deutschland, während schon im Jahre 1891 von Otto Erlenwein, Edenkoben, bereits eine deutsche „Feilenabziehmaschine" zum Patent angemeldet worden war. Diese Maschine (Abb. 241), welche mit einem im Hub verstellbaren schwingenden Hebel (*k*) ausgeführt war, soll der Handarbeit gegenüber das Vierfache geleistet haben. Die Feile selbst ist an ihrem Angel eingespannt und liegt auf einem Hartholzklotz auf. Den zum Ziehen nötigen Druck erzeugt das Schwergewicht der die Zugfeile haltenden verstellbaren Stange (*e*).

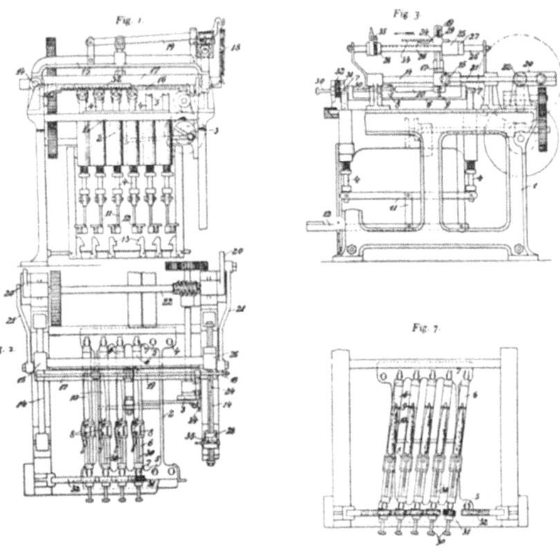

Abb. 242. Feilenzugmaschine „Zenses", 1912.

Auch England und Schweden begannen Feilenzugmaschinen zu bauen. Eine Reihe Verbesserungen wurden im Laufe der Jahre an diesen Maschinen vorgenommen. Man ging dazu über, die Feilen nicht mehr senkrecht, sondern etwas schräg zur Zugfeile zu legen. Diese letztere Anordnung hat sich namentlich beim Ziehen von Sägfeilen bewährt, da dieser schräge Zug ein wenig den gehauenen Oberhieb spaltete. Es wurden Anordnungen getroffen, welche erlaubten, automatisch sich drehende halbrunde Rücken und runde Feilen ohne vorzuschleifen gleich fertig zu ziehen. Die Anzahl der gleichzeitig zu ziehenden Feilen wurde bis zur Grenze der Möglichkeit erhöht, wobei jede Feile für sich gelagert ist, sich selbsttätig nach allen Seiten einstellt und nach dem Fertigziehen herausgenommen werden kann, während die übrigen Feilen weiterbearbeitet werden. Nicht zuletzt ist zu erwähnen, daß die Zugfeile nur in einer Richtung auf die zu ziehende Feile drücken soll, so wie dies bei der Handarbeit auch der Fall ist. Hierdurch ist ein Hartwerden der Feilen, sowie jede Kieselbildung so gut wie ausgeschlossen. Die Abb. 242 zeigt eine Feilenzugmaschine in verbesserter Ausführung. Diese wurde von Zenses, Remscheid-Haddenbach im Jahre 1912 zum Patent angemeldet. Die zum Ziehen notwendigen Zugfeilen müssen speziell zu diesem Zwecke angefertigt werden, und es hat sich nach langen Versuchen gezeigt, daß diejenigen Zugfeilen die besten sind, welche einen langen, feinen Unterhieb und einen kurzen, geraden Oberhieb haben.

Nachdem nun die Feilen geschliffen, gefeilt und gezogen sind, werden sie in den meisten Fällen, ehe sie in die Hand- oder Maschinenhauereien kommen, teils von Hand, teils unter Hand- oder Kraftpressen verschiedener Konstruktionen gezeichnet, und zwar meist auf einer Angelseite mit dem Namen des Herstellers und auf der anderen Seite mit einer Nummer, welche der gewünschten Hiebart entspricht.

Die Abb. 243 zeigt das Zeichnen von Feilen unter einer mit Kraft betriebenen Spindelpresse.

Abb. 243. Das Zeichnen (Stempeln) der Feilen.

Welche Anforderungen werden an den Hieb gestellt und wie muß er beschaffen sein? Theoretische Betrachtungen hierzu. Ehe ich mit dem wichtigsten Gebiet der Feilenfabrikation — dem Hauen der Feilen von Hand und mit der Maschine — beginne, möchte ich über die verschiedenen Hiebarten, deren Hiebteilung und über die Stellung der Hiebe auf der Feile einiges mitteilen, zuvor aber 2 ältere technologische Werke anführen, welche über die Anordnung der Feilenhiebe einige heute noch geltende interessante Angaben machen. J. J. Prechtl schrieb im Jahre 1834 im 5. Band seiner „Technologischen Encyclopädie“: „Die Feile ist im allgemeinen ein Stück Stahl, dessen durch Kunst rauhgemachte Oberfläche mehr oder weniger feine Späne — Feilspäne, Feillicht — abgibt oder abstößt, wenn man sie mit angemessenem Drucke über das zu bearbeitende Material hinführt. Die Rauhigkeit der Feilen entsteht in der Regel durch Einschnitte, welche auf ihrer Oberfläche mittels des Meißels hervorgebracht sind und die „Hieb“ genannt werden. Bei einhiebigen Feilen sind die Einschnitte jeder Fläche nur nach einer Richtung, parallel miteinander, gestellt; bei den meisten aber laufen sie nach zwei sich durchkreuzenden Richtungen, wo dann die zuerst verfertigten Einschnitte mit dem Namen Grundhieb oder Unterhieb, die hierauf über Kreuz gemachten aber mit dem Namen Kreuzhieb oder Oberhieb bezeichnet werden. Den Kreuzhieb unterscheidet man vom Grundhieb leicht dadurch, daß die

Einschnitte des ersteren ganz offen, die des Grundhiebes dagegen zum Teil wieder zusammengedrückt oder geschlossen sind, was eine natürliche Folge von dem Drucke des Meißels bei der Bildung des Kreuzhiebes ist. Versucht man daher die Spitze eines Federmessers oder eines anderen Werkzeuges in einem Einschnitt der Feile fortzuführen, so geht dies beim Kreuzhiebe viel leichter und mit geringerem Widerstande von statten als beim Grundhiebe. Da die Einschnitte des Grundhiebes und jene des Kreuzhiebes sich durchschneiden, werden kleine rautenförmige Zähne gebildet, welche die ganze Oberfläche der Feile dicht bedecken und einen ihrer stumpfen Winkel nach der Spitze der Feile zukehren, nach welcher die Bewegung der Feile beim Gebrauche gerichtet ist. Dieser Winkel, welcher die angreifende Spitze des Zahnes bildet, ist — um den nötigen Widerstand gegen das Ausspringen oder Ausbrechen leisten zu können — jederzeit größer als ein Rechter zwischen 110 und 130°. Die Neigung der Hiebe gegen die Achse der Feile — von welcher jener Winkel abhängt — ist eine andere für den Grundhieb als für den Kreuzhieb. Der Winkel, den der Unterhieb mit der Feilenachse bildet, ist stets kleiner als der Winkel, den der Kreuzhieb mit der Achse bildet. Der wesentliche Vorteil, welcher dadurch gewonnen wird, liegt darin, daß die Zähne nicht in geraden Reihen, wie dies bei gleicher Neigung des Unter- und Oberhiebes der Fall sein würde, hintereinander stehen. Es kann im allgemeinen angenommen werden, daß der Winkel an der wirksamen Spitze der Zähne im Mittelwert 122° ergibt und desto kleiner sein darf, je feiner die Feile ist, weil die Zähne bei geringerer Größe weniger Widerstand erleiden und der Gefahr einer Beschädigung folglich nicht so sehr unterliegen. Indessen findet man nicht, daß dieser Umstand bei der Verfertigung der Feilen wirklich berücksichtigt wird."

Nach Prechtl schwankt die Neigung des Unterhiebes gegen die Feilenachse zwischen 38 und 62°, die Neigung des Oberhiebes gegen die Feilenachse zwischen 61 und 80°, der Winkel der wirksamen Spitze der Zähne zwischen 101 und 134°.

Hoyer schrieb im Jahre 1878 in seinem „Lehrbuch der mechanischen Technologie" über das Hauen der Feilenhiebe: „Ähnlich den Sägen müssen auch bei den Feilen die Zähne gehörig schneidend und auf den Angriff gestellt sein. Die Zahnlücken müssen nicht nur während der Bewegung der Feile die abgenommenen Feilspäne beherbergen können, sondern auch wenn sie frei werden, d. h. außer Berührung mit dem Arbeitsstück kommen, sich derselben sofort entledigen. Hierbei ist nun zu berücksichtigen, daß sich feinere Späne wegen ihres geringen Gewichtes leichter durch Adhäsion festsetzen als grobe, schwerere Späne, und daß die Späne der harten Metalle (Stahl, Eisen) leichter aus den Zahnlücken herausfallen als die der weichen Metalle (Kupfer, Blei, Zinn) und des Holzes, weil diese sich wegen ihrer großen Geschmeidigkeit besonders leicht festsetzen (die Feile verstopfen). Es folgt hieraus, daß die Zahnlücken an den Feilen zum Gebrauch auf weichem Metall und Holz größer sein müssen, als es an Feilen auf hartem Metall erforderlich ist. — Der rascheren Arbeit wegen soll aber andererseits die Anzahl der gleichzeitig angreifenden Zähne möglichst groß, also die Teilung möglichst klein sein; ebenso trägt bei Abnahme sehr breiter Späne eine Trennung der Späne in der Längenrichtung wesentlich zur Erleichterung der Arbeit auf hartem Metall bei. Daher können die Feilen zum Gebrauch auf weichem Metall Zähne besitzen, welche nicht nur gröber sind, sondern auch ununterbrochen über die Fläche der Feile hinlaufen, d. h. sehr breit sind, während bei Feilen auf hartem Material im allgemeinen eine feinere Verzahnung und eine Teilung der Zähne in der Angriffslinie des Werkzeugs erwünscht ist. Hiernach teilen sich die Feilen bezüglich der Beschaffenheit ihrer Meißel oder Zähne in 2 Kategorien.

Die Feile wird in Wirklichkeit jedoch nicht dadurch erzeugt, daß man Sägen aneinanderlegt, sondern mit wenig Ausnahmen so, daß man ein Stahlstück von bestimmter Form an der Oberfläche durch wiederholtes Einschlagen eines Meißels (Feilenhauen) mit Einschnitten versieht, die in ihrer Gesamtheit den Hieb bilden. Laufen sodann die Zähne ununterbrochen über die Feilenfläche, so gehört die Feile der ersten Kategorie an und heißt einhiebig, weil nur ein System von Hieben vorhanden ist. — Sollen dahingegen die einzelnen breiten Zähne in mehrere schmale verwandelt werden, so teilt man dieselben dadurch, daß man mit einem zweiten Meißel quer gegen das erste System ein zweites anbringt, weshalb diese Feilen zweihiebige genannt werden."

In der Feilenfabrikation unterscheidet man zunächst drei verschiedene Arten von Hieben, und zwar 1. den Einzelhieb, 2. den Doppelhieb und 3. den Raspelhieb. Der erstere kommt auf einhiebig gehauene, der zweite auf doppelhiebig gehauene Feilen und der dritte auf sämtliche Raspeln. Zu 1. Einhiebige Feilen entstehen durch einfache Einschnitte, die mit einem Meißel auf der Oberfläche der Feile nach einer Richtung hin so hervorgebracht werden, daß sie ununterbrochen über die Breite der Feilen stets parallel zueinander verlaufen. Die Hiebe liegen nur ganz selten rechtwinklig zur Feilenachse, meist dem Oberhieb ähnlich verlaufend in einem Winkel von 70—80°, sowohl für alle weichen Metalle wie Blei, Zinn, Weißmetall usw., als auch für Holz

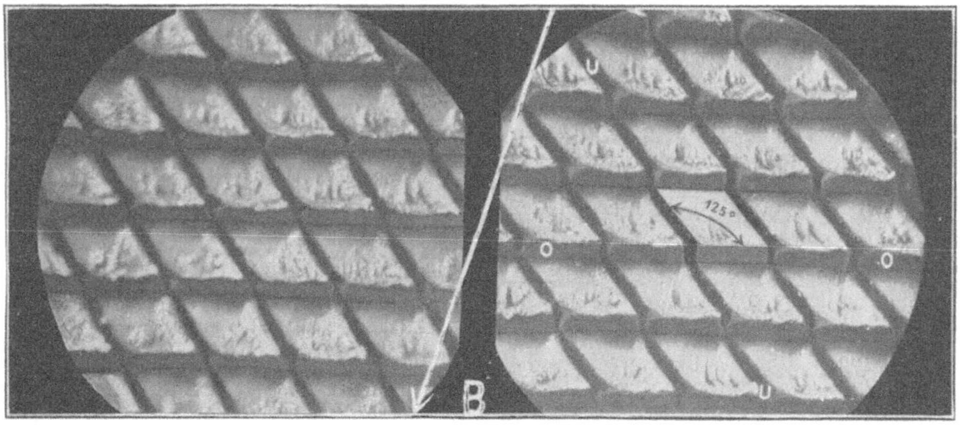

Abb. 244. Mikro-Stereoskopische Aufnahme von Feilenzähnen ($v = 7{,}5$); B = Schnittrichtung; UU = Unterhieb; OO = Oberhieb.

und Kork. Eine Ausnahme hiervon machen alle einhiebig gehauenen Säge- und Mühlsägefeilen, deren Hiebe schräger als die gewöhnlichen Oberhiebe gehauen werden, und zwar meist in einem Winkel von 55—60° zur Feilenachse.

Zu 2. Doppelhiebige Feilen entstehen durch das Behauen der Feilenoberfläche mit 2 sich kreuzenden Meißelhieben. Der erste Hieb (s. Abb. 245) — Grund- oder Unterhieb genannt — läuft stets von links oben nach rechts unten quer über die Feile, der zweite Hieb — Kreuz- oder Oberhieb genannt — dagegen von links unten nach rechts oben. Der Oberhieb ist ohne weiteres daran erkenntlich, daß er offen daliegt und mit einer Nadel ohne Widerstand durchfahren werden kann, was beim Unterhieb nicht der Fall ist. Wie die Abb. 244 — eine mikrostereoskopische Aufnahme der Zähne einer Bastardfeile in $7^1/_2$facher Vergrößerung *) — zeigt, entstehen durch die Kreuzung der Hiebe unter bestimmten Winkeln auf der Oberfläche der Feilen kleine rautenförmige

*) Das gewöhnliche Operngglas, das in jedem Hause vorhanden ist, stellt einen gut brauchbaren Betrachtungsapparat (Stereoskop) dar, wenn die Augengläser (Okulare) entfernt sind. Hält man die Objektive an das Auge, blickt also in umgekehrter Richtung durch das Glas, so ist die Handhabung wohl etwas bequemer, dafür aber das Gesichtsfeld beengt und die Vergrößerung schwächer als bei der gewöhnlichen Haltung, bei der jedoch der Abstand der Gläser vom Auge — die Augengläser fehlen — ein etwas größerer ist.

Zähne, welche nach dem Hauen die ganze Fläche in einer der Hiebgröbe entsprechenden Dichte bedecken. Die Schneiden dieser Zähne sind alle nach einer Richtung — nach der Spitze B der Feile zu — gerichtet und bilden somit die angreifende oder noch besser die wirksame Spitze der Zähne. Die scharfen Zahnspitzen, die gut gehärtet sein müssen, nehmen beim Befeilen des Werkstückes Späne von seiner Oberfläche weg, welche fast durchweg, während sie noch zwischen Werkstück und Feile sich fortschieben, zu Feilicht gebrochen werden. Zwischen den einzelnen Zahnspitzen müssen die Zahnlücken so angeordnet sein, daß Raum für sich bildende Späne vorhanden ist und daß sich die beim Weiterschieben der Feile zu Feilicht gewordenen Späne nicht im Hieb festsetzen können.

Der Winkel, durch welchen die wirksame Spitze des Zahnes eingeschlossen wird, ist stets größer als 90°, mit anderen Worten — er ist ein stumpfer Winkel der Spitze B der Feile zugekehrt, jedem Feilenzahn eine breite Basis und dadurch dem Schneidrücken einen kräftigen Rückhalt gebend. Wie aus der Abb. 245 hervorgeht, bildet auf jeder Feile der Unterhieb $U—U$ mit der Feilenachse $A—B$ den $\sphericalangle\,\alpha$ und der Oberhieb $O—O$ mit derselben Achse den $\sphericalangle\,\beta$. Aus beiden Winkeln zusammen entsteht der vorgenannte stumpfe Winkel $\alpha + \beta$, dessen Spitze nach der

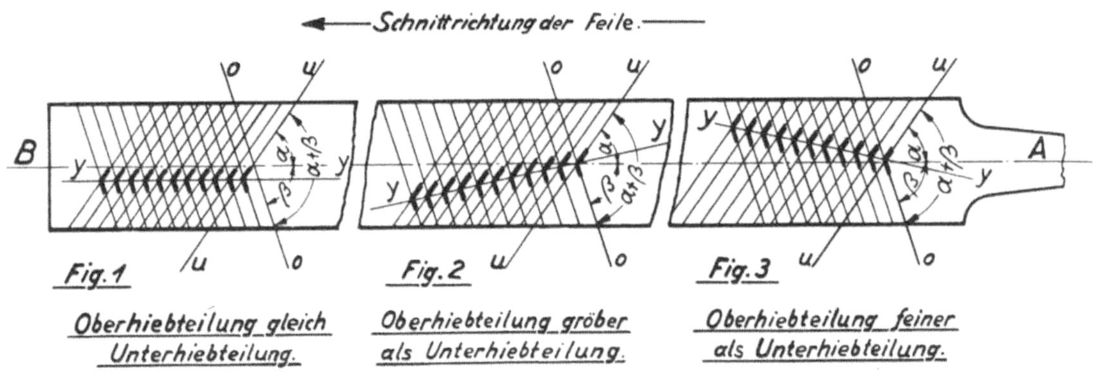

Abb. 245.

Feilenspitze B gerichtet ist. Da die Unterhiebe in weitaus den meisten Fällen schräger als die Oberhiebe gehauen werden, so sind die Winkel α stets kleiner als die Winkel β. In der Praxis schwankt $\sphericalangle\,\alpha$ zwischen 45 und 60° und $\sphericalangle\,\beta$ zwischen 65 und 75°, je nach der Verwendung der Feile auf verschieden harten Materialien. Hieraus ergibt sich ein stumpfer Zahnwinkel $\alpha + \beta$, der zwischen 110 und 135° liegt.

Strenggenommen sollten nun, wie dies teilweise in Frankreich bis vor kurzer Zeit noch üblich war, die Stellungen der Hiebe für Metalle, wie Stahl, Eisen, Kupfer und Bronze wegen des verschiedenen Angreifens der Feile und Auswerfens der Feilspäne auch verschieden groß genommen werden, und zwar wie folgt: Der Unterhiebwinkel α bleibt für alle Fälle ungefähr derselbe, d. h. 45°. Der Oberhiebwinkel β dagegen wird für Stahl auf etwa 77°, für Eisen auf 67° und für Kupfer und Bronze auf etwa 55° eingestellt, so daß jeweils die wirksame Spitze des Zahnes einen stumpfen Winkel von 122 bzw. 112 und 100° bildet. Da heute aber nur ganz selten eine Maschinenfabrik oder eine mechanische Werkstätte sich den Luxus gestatten kann, für eine jede Materialsorte besondere Feilen auf Lager zu halten, ging die Firma Friedr. Dick, Eßlingen a. N., dazu über, aus einer langjährigen Erfahrung heraus, sofern nicht ausdrücklich Gegenteiliges bestellt wird, alle Unterhiebe unter einem Winkel von 54° und alle Oberhiebe unter einem solchen von 71° zu hauen, so daß wirksame Zahnspitzen mit einem Winkel von $54 + 71 = 125°$ gebildet werden.

Soll nun eine Feile den richtigen Angriff aufweisen, so sind — neben guter Härte — von größter Wichtigkeit die Form und Stellung ihrer Hiebe bzw. Zähne. Betrachtet man etwas eingehender nicht nur diese selbst, sondern auch den Arbeitsvorgang während des Feilens, so findet man, daß ein Feilenzahn außerordentlich viel Ähnlichkeit hat mit einem Dreh- und Hobelstahl, dessen Rücken- und Keilwinkel die zum Schnitt nötige Kraft bestimmt und dessen Schneidkante häufig in einem bestimmten Winkel zur Bewegungsrichtung steht, um ein ruhigeres Arbeiten zu

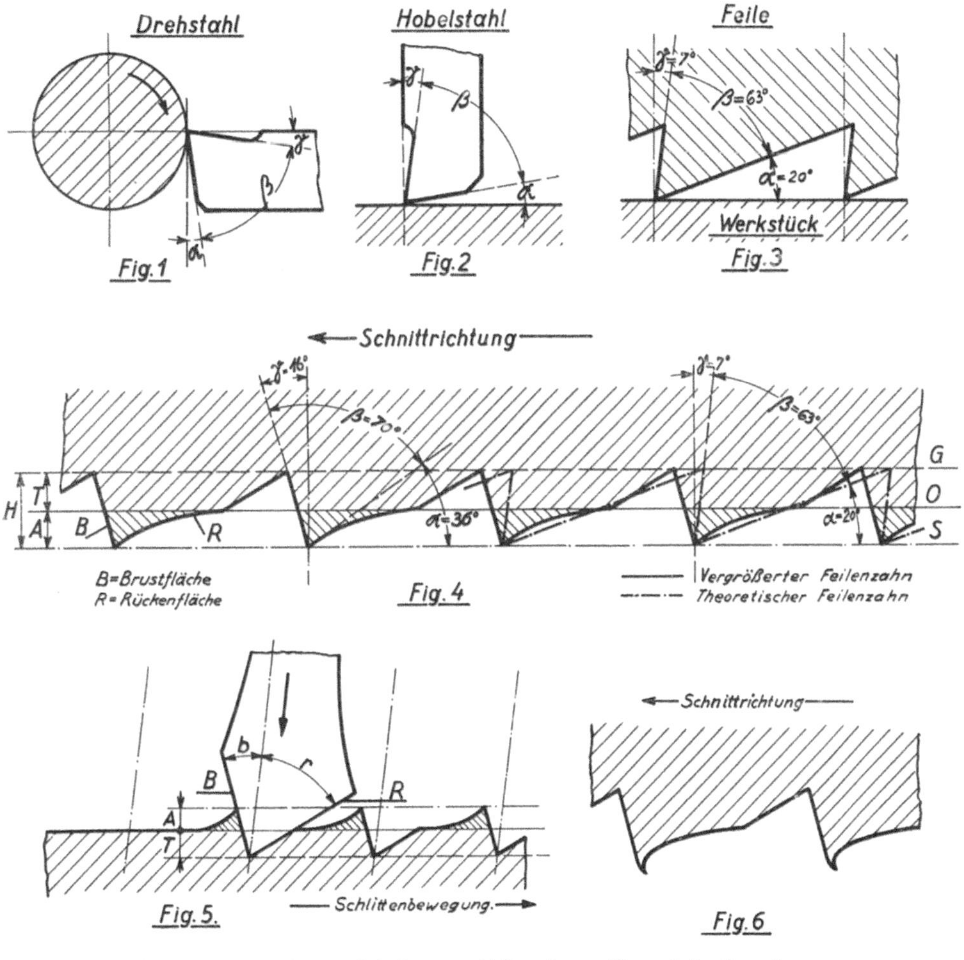

Abb. 246. Entwicklung und Aufbau von Feilenzähnen. Theoretische Betrachtungen.

erzielen. Wenn die Schneidkante des Dreh- und Hobelstahles sehr dünn und scharf ist, so braucht der Anpressungsdruck nur sehr gering zu sein, ist sie dagegen dick und stumpf, so kann sie nicht schneiden, sie wird am Werkstück abgleiten, auch wenn noch so viel Druck darauf gegeben wird. Ähnlich verhält es sich mit der Feile. Sie hat eine große Anzahl gleicher Schneiden, welche je nach Hiebgröbe einen entsprechend hohen Druck benötigen, um den gewünschten Erfolg beim Feilen zu haben. Da nun der ausübende Druck eines Arbeiters innerhalb einer bestimmten Grenze liegt, so muß darauf gesehen werden, daß erstens nach Möglichkeit die idealen, d. h. die theoretisch richtigen Winkel des Feilenzahnes erreicht werden, und daß zweitens die einzelnen kleinen Zähne der Feile genügend scharfe Schneiden erhalten. Fig. 1 und 2 Abb. 246 zeigen die meist üblichen

Winkel für einen Dreh- und Hobelstahl. Fig. 3 zeigt die idealen Winkel eines theoretisch richtigen Feilenzahnes. Bezeichnet α den Rückenwinkel, β den Keilwinkel und γ den Brustwinkel, so werden stets $\alpha + \beta + \gamma$ zusammen einen rechten Winkel bilden. Während bei Dreh- und Hobelstählen der Rückenwinkel etwa 6, der Keilwinkel etwa 77 und der Brustwinkel etwa 7° betragen, hat ein theoretisch richtiger Feilenzahn einen Rückenwinkel von etwa 20, einen Keilwinkel von etwa 63 und einen Brustwinkel von 7°. Fig. 4 stellt die mehrfache Vergrößerung eines mikroskopisch aufgenommenen Feilenzahnes einer maschinengehauenen Bastardfeile dar mit der strichpunktierten Einzeichnung des zugehörigen theoretischen Feilenzahnes. Zur näheren Erläuterung wurden diese beiden Zähne einer weiteren Zergliederung unterzogen. Die Zähne der Fig. 3 würden nun ausgezeichnete Feilen geben, aber leider ist es nicht möglich, diese auf mechanischem Wege — etwa mit einem geeigneten Fräser — herzustellen, sondern sie müssen von Hand oder mit der Maschine gehauen werden, und zwar mit einem ziemlich stumpfwinklig zugeschliffenen Meißel (Fig. 5), welcher einerseits einen Teil des Hiebes über die Oberfläche des Feilenkörpers aufwirft, andererseits aber eine Vertiefung in ihm hinterläßt. Vergleicht man die wirkliche Zahnbildung Fig. 4 mit der theoretischen Zahnbildung in Fig. 3 und 4, so fällt sofort auf, daß der Brustwinkel γ im ersteren Falle 16° hinter der Senkrechten, im letzteren Falle 7° vor der Senkrechten liegt, was eine Differenz von 23° zuungunsten der Feile ausmacht. Der Schnittwinkel $\alpha + \beta$ beträgt im ersteren Falle $36 + 70 = 106°$, im letzteren nur $20 + 63 = 83°$, was bedeutet, daß der wirkliche Feilenzahn zum Arbeiten infolge seiner aufrechteren Stellung eine größere Kraft benötigt, als der theoretische. Nach Fig. 4 ist der Unterschied zwischen dem Keilwinkel β des wirklichen Zahnes mit 70° und dem des theoretischen Zahnes mit 63° nicht sehr groß, denn er beträgt nur 7°. Leider ist die Herstellung eines idealen, d. h. theoretisch richtigen Feilenzahnes weder mit der Hand noch mit der Maschine möglich — aus welchen Gründen ist unter der noch folgenden Beschreibung der Abb. 247 und 249 näher ausgeführt.

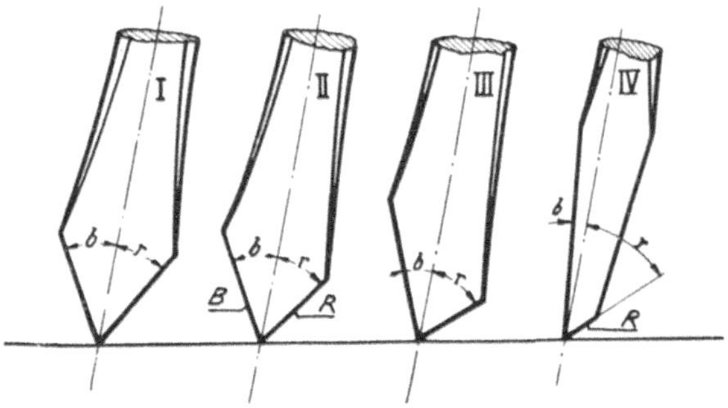

Abb. 247. Ballenformen von Feilenhauermeißeln.

Stellt weiter in Fig. 4 die Linie O die Oberfläche eines Feilenkörpers dar, G die Linie des Zahngrundes und S die der Zahnspitzen, ferner T die Zahntiefe im Feilenkörper, A den Zahnaufwurf über den Feilenkörper und H die ganze Zahnhöhe, so verhalten sich bei doppelhiebigen Feilen $A : T = 1 : 1$ bis $1 : 1^1/_6$ oder mit anderen Worten: Zahntiefe und Zahnaufwurf sind gleich, eher der letztere etwas niederer. Bei einhiebigen Weichmetallfeilen ist das Verhältnis $A : T = 3 : 2$, d. h. der Zahnaufwurf gleicht ungefähr der $1^1/_2$fachen Zahntiefe. Eine Formel zur Feststellung der Höhe H eines Feilenzahnes kann nicht leicht aufgestellt werden, denn diese hängt in erster Linie von der Qualität des Feilenstahles und in zweiter Linie von dem Grad der Glühung der Feile ab. Je nach der Härte der zu hauenden Feilen richten sich Hand- und Maschinenhauer ihre Meißelschneiden zu und diese letzteren bestimmen, abhängig von der verlangten Hiebgröbe, wieder die Zahnhöhe H. Betrachtet man Fig. 4 noch etwas näher, so zeigt sich, daß der Zahnrücken R, wie vielfach auch die Zahnbrust B, keine geraden Linien bilden. Die Rückenlinie R teilt sich in 2 Teile, in einen meist geraden Teil, soweit dieser in dem Feilenkörper, und in einen gebogenen Teil, soweit dieser in dem Zahnaufwurf liegt. Der gebogene Teil, welcher sich während des Eintreibens des Meißels in den Feilenkörper bildet (siehe Fig. 5) und von der Härte des Materials abhängt, entspricht annähernd einer Parabel. Die Form des Feilenzahnes hängt wesentlich von den angeschliffenen Ballen des Meißels, vom Abziehen derselben nach dem Schleifen und von der Schlagstärke des Hammerbärs ab. Fig. 6 Abb. 246 zeigt den Zahnquerschnitt einer schlecht gehauenen Feile. Die Schneide des Meißels wurde zu stumpf geschliffen und außerdem nicht richtig abgezogen. Die Folge ist, daß sich die äußerste Zahnspitze, wie die Abbildung deutlich zeigt, umgelegt oder, wie der Fachmann sagt, überworfen hat. Das Überwerfen der äußersten Zahnspitzen kann unter Umständen auch einmal — namentlich wenn weiche Feilen wie Flußstahlfeilen gehauen werden — von der fortlaufenden Bewegung des Schlittens in der Feilenhaumaschine herrühren und zwar dann, wenn der Meißel nicht schnell genug aus dem gehauenen Feilenhieb herauskommt. Eine solche Feile kann unter Umständen noch brauchbar gemacht werden, wenn diese überworfene Spitze mittels eines Sandstrahlapparates weggeschärft wird (siehe Abb. 268).

Die Fig. I—III Abb. 247 zeigen in vergrößerter Form die Ballen von Feilenhauermeißeln, wie solche in den meisten Fällen zum Hauen von Feilen von Hand und auch auf der Maschine Anwendung finden. Fig. I zeigt einen sogenannten gleichballigen Meißel, wie er von Hand- und Maschinenhauern zum Hauen von Unterhieben verwendet wird. Da die Ballen *B* und *R* gleich sind, müssen auch die zugehörigen Winkel *b* und *r* dieselben sein. Fig. II zeigt einen ungleichballigen, oder — wie der Feilenhauer sich ausdrückt — den einballigen Meißel, wie er fast ausschließlich zum Hauen von Oberhieben zur Anwendung kommt. Der Rückenballen *R* ist stets kürzer als der Brustballen *B*, infolgedessen auch der Winkel *b* stets kleiner als der Winkel *r*. Bei beiden Meißeln werden je nach der verlangten Hiebgröbe die Winkel *b* und *r* spitziger oder stumpfer zugeschliffen. Im Allgemeinen schwanken hier die Winkel *b* zwischen 26 und 32° und die Winkel *r* zwischen 32 und 36°. Fig. III stellt einen Meißel zum Hauen von einhiebigen Weichmetallfeilen dar. Der Rückenballen *R* wird noch kürzer als sonst üblich geschliffen, denn dieser muß bei einer bestimmten Hiebteilung unter Vermeidung einer zu großen Hiebtiefe *T* eine möglichst scharfe Zahnspitze aufwerfen. Hierzu zeigt die Abb. 248 nicht nur die mikroskopische Aufnahme des Querschnitts einiger Zinnfeilenzähne, sondern auch eine stereomikroskopische Aufnahme*) der Feilenzähne selbst. Aus den Bildern ist ersichtlich, daß diese bei Weichmetallfeilen sehr offen daliegen und infolgedessen Material, wie Zinn, Blei, Lagermetall usw. leicht auswerfen können. Fig. IV Abb. 247 zeigt dann noch den einseitigen mit nur einem Ballen *R* versehenen Meißel, welcher die besten Feilen geben würde, da deren Hiebe bzw. Zähne den idealen Feilen- hieben (siehe Fig. 3, Abb. 246) nahezu gleichkommen und den schärfsten Schnitt erzeugen können. Einen mit einem solchen Meißel gehauenen Feilenzahn stellt die Abb. 249 in zehnfacher Vergrößerung dar. Leider bewähren sich aber in der Praxis — namentlich wenn harte Feilenstahle gehauen werden sollen — diese Meißelschneiden nicht, weil der Brustballen ganz fehlt und infolgedessen die Schneide allein keinen Widerstand leisten kann. Durch die kräftigen Hammerschläge, welche zum Hauen nötig sind, kommt eine solche Meißelschneide so stark zum Federn, daß sie sehr bald ausbrechen und zugrunde gehen muß. Der dabei entstehende große Ausschuß und das viele Nacharbeiten der Meißel verteuert das Hauen dieser richtigsten Feilenzähne so sehr, daß diese leider in der Praxis nicht auszuführen sind.

*) Was die stereoskopische Betrachtung dieses Bildes betrifft, siehe Fußnote S. 195.

Noch ist zu bemerken, daß bei allen doppelhiebig gehauenen Feilen Unter- und Oberhiebe verschieden grob gehauen werden müssen, will man nicht Schnüre (Riefen, Rillen, Linien) erhalten, die parallel zur Feilenachse $A-B$ verlaufen und bewirken, daß sich beim Feilen der Werkstücke unliebsame Riefen ergeben, welche nur die Arbeit unnötig erschweren. Fig. 1, Abb. 245 zeigt den Verlauf der Schnüre $Y-Y$ parallel zur Achse $A-B$, wenn Unter- und Oberhieb die gleiche Hiebteilung, am Rande der Feile, d. h. parallel zur Feilenachse gemessen, aufweisen. Wird — wie Fig. 2 zeigt — die Oberhiebteilung gröber als die Unterhiebteilung, bzw. die Unterhiebteilung feiner als die Oberhiebteilung gehauen, so verlaufen die Schnüre $Y-Y$ von rechts nach links und — wie Fig. 3 zeigt — von links nach rechts, wenn die Oberhiebteilung feiner als die Unterhiebteilung, bzw. die Unterhiebteilung gröber als die Oberhiebteilung gehauen wird.

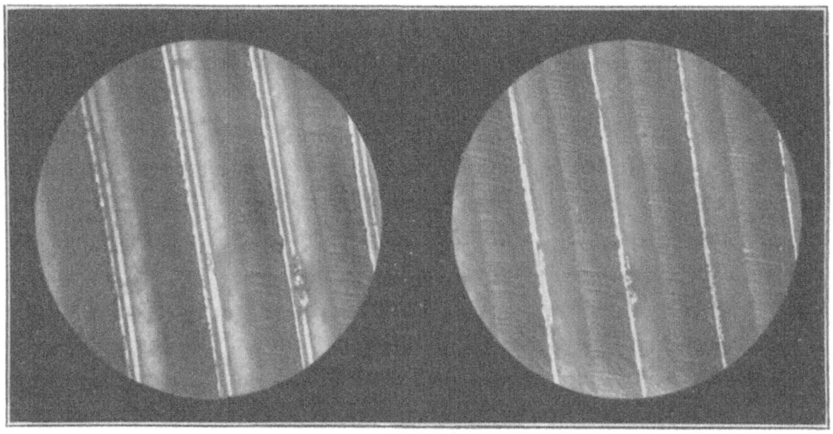

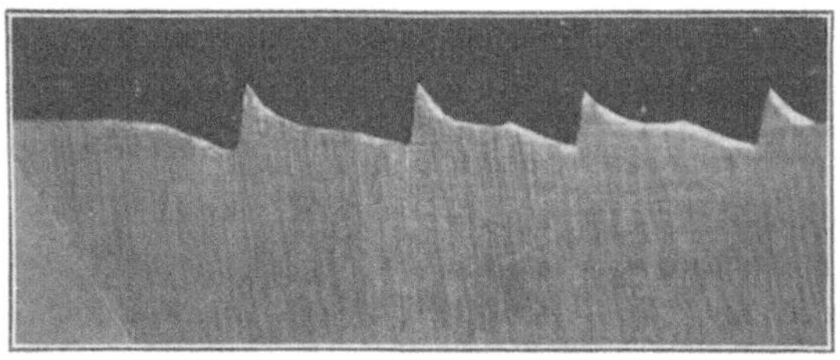

($v = 9$)

Abb. 248. Mikro-Stereoskopische und mikroskopische Aufnahme von Zinnfeilenhieben.

Hierzu noch eine weitere Bemerkung über die wellenförmigen Hiebe. Ein Handhauer bringt niemals mathematisch genaue Hiebteilungen hervor und so werden ganz von selbst die Schnüre, welche sich nach dem Oberhiebhauen zeigen, nicht eine gerade, sondern eine wellenförmige Linie bilden, deren Wellen je nach der Geschicklichkeit des Handhauers mehr oder weniger stark gekrümmt sind. Anders liegt die Sache beim Maschinenhauen. Die hierbei sich bildenden Schnüre verlaufen stets in geraden Linien, ein Zahn folgt der Spur des anderen. Dies nun zu vermeiden, und Riefenbildungen bei der Feilarbeit unmöglich zu machen, gelang nach langen Versuchen im Jahre 1878 den Amerikanern Mudge and Whittaker, Brooklyn, indem sie wellenförmige Hiebe, (Abb. 128, Fig. 6, S. 92) auf einfachste Weise hervorbrachten durch Anbringung besonderer Vorrichtungen an den Haumaschinen, welche bewirken, daß die Unterhiebteilungen in ganz periodisch sich wiederholenden Zwischenräumen enger und weiter gehauen werden. (Weiteres über wellenförmige Hiebe s. S. 91.)

Die einfachste Art und Weise, die Hiebart (Hiebgröbe, Hiebteilung) einer Feile zu bestimmen, besteht in Deutschland in der Angabe, wieviel Hiebe auf 1 cm Länge der Feile kommen, gemessen an deren Rande, also parallel der Feilenachse $A-B$. Man bedient sich hierzu am besten eines Fadenzählers, dessen Öffnung genau 1 cm groß ist, und setzt diesen so an den Rand der Feile, daß man ganz bequem die Anzahl der Unter- oder Oberhiebe auf 1 cm Länge abzählen kann. In Frankreich und teilweise auch in England und Amerika werden im Gegensatz hierzu die Hiebzahlen auf 1 Zoll Länge gezählt, und zwar nicht parallel zur Feilenachse, sondern senkrecht zu dem jeweiligen Unter- und Oberhieb.

Was nun die Hiebarten, d. h. die Feinheit der Feilenhiebe anbetrifft, so haben England und Amerika sich einfache Hiebskalen für ihre handelsüblichen und gangbarsten Sorten aufgestellt und die Feilenhiebe ihrer Gröbe nach in folgende 6 Abstufungen eingeordnet:

1. Rough oder Coarse (Hieb Nr. 00, ganz grob). 2. Middle Cut (Hieb Nr. 0, grob). 3. Bastard (Bastard, Hieb Nr. 1). 4. Second Cut (Halbschlicht, Hieb Nr. 2). 5. Smooth (Schlicht, Hieb Nr. 3) und 6. Dead Smooth (Doppelschlicht, Hieb Nr. 4).

Die wenigen deutschen und schweizerischen Firmen, welche außer den gewöhnlichen Sorten Feilen, die in Deutschland mit einer Hiebegröbe Nr. 3/0 beginnen, noch Präzisionsfeilen herstellen, haben ihre Hiebskalen noch weiter ausgebaut und bis Hieb Nr. 10 erweitert. Die feinsten Hiebe Nr. 8—10, welche den Feilen schon ein mehr samtartiges Aussehen geben, sind so fein, daß das bloße Auge sie kaum mehr erkennen kann. Auf 1 cm Feilenlänge, immer am Rande der Feile gemessen, kommen bei diesen feinsten Uhrmacherfeilen bis zu 120 Hiebe, während die gröbsten Feilen, wie Hand- und Armfeilen, nur 4—5 Hiebe aufweisen.

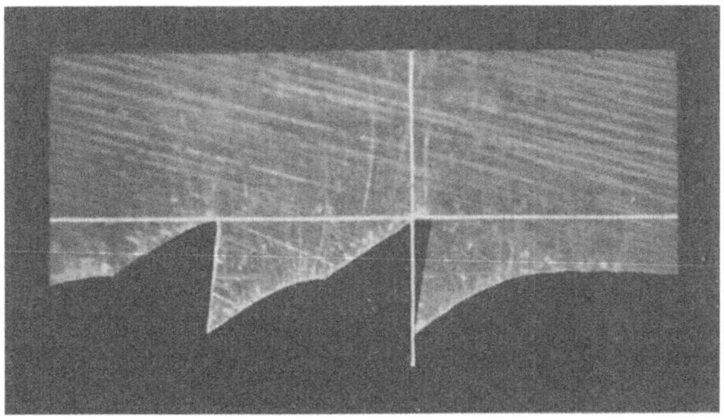

Abb. 249. Mikroskopische Aufnahme eines idealen Feilenzahnes, $v = 10$.

Trotzdem die äußerste Hiebezahl, die auf 1 cm Feilenlänge gehauen werden kann, zwischen 130 und 140 sich bewegt, sollten Feilen mit mehr als 120 Hieben auf 1 cm nicht behauen werden, weil sich durch eingehende Untersuchungen gezeigt hat, daß diese überfeinen Hiebe keinen Vorteil mehr bieten. Abgesehen von den Schwierigkeiten, die sich sowohl beim Zurichten dünnster Meißelschneiden, welche sehr rasch stumpf oder schartig werden, als auch beim Hauen selbst zeigen, weisen die Hiebe noch eine ungleiche Teilung auf und arbeiten in Ermanglung genügender Schärfe mehr polierend als feilend.

Zu beachten ist noch, daß bei allen Feilen die Feinheit des Hiebes mit zunehmender Größe der Feile abnimmt, während die Hiebnummern selbst bleiben. Am deutlichsten zeigt dies nachstehende Tabelle, welche ungefähr der Wirklichkeit entspricht:

Feilenlänge in engl. Zoll	4″	8″	12″	16″	20″
Hiebezahl pro cm bei Hieb Nr. 1	18	13	11	9	7
„ „ „ „ „ „ 2	24	20	16	13	11
„ „ „ „ „ „ 4	42	32	24	20	17
„ „ „ „ „ „ 6	60	48	40	36	32

Zu 3. Denkt man sich eine Feile mit möglichst grobem Unter- und Oberhieb gehauen, so daß ihre Zähne als kleine Pyramiden ringsum frei dastehen und zwischen diesen große Lücken sich befinden, so ist diese so gehauene Feile als Raspel für Holz und ganz weiche Metalle zu verwenden. Um nun die kleinen raspelnden Pyramiden auf der Oberfläche des Raspelkörpers zu erzeugen, umgeht man den großen Umweg des 2maligen Hauens, indem man mit einem Hammer und vierkantigem Raspelmeißel, dessen Spitze dreiseitig zugeschliffen wurde, Vertiefungen in den Raspelkörper einschlägt. Diese mit einem Dreieck zu vergleichenden Vertiefungen werfen, wie die mikrostereoskopische Aufnahme Abb. 250 zeigt, an dessen Grundlinie Erhöhungen (Grate) auf, deren oberster Teil je nach dem Schleifen und Abziehen des Meißels spitzig oder bogenförmig ausfällt. Diese Erhöhungen, welche nun Raspelhieb genannt werden, stehen vollständig getrennt voneinander auf der Raspelfläche, sie sind regelmäßig in Reihen angeordnet, die in weitaus den meisten Fällen geradlinig schräg über die Raspel laufen, und gegeneinander versetzt gehauen werden müssen,

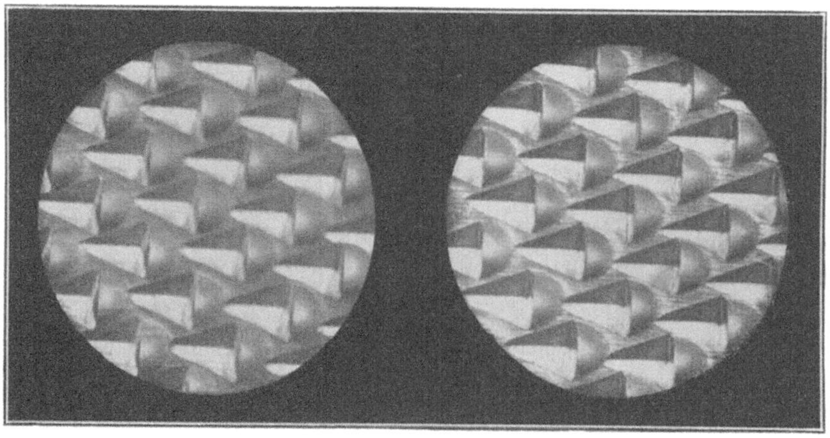

Abb. 250*). Mikro-Stereoskopische Aufnahme von Raspelzähnen, $v = 4$.

um beim Raspeln Riefenbildungen zu vermeiden. Raspelzähne haben in ihren Querschnitten viel Ähnlichkeit mit denen von Feilenzähnen, nur arbeiten diese nicht wie bei den Feilen als ruhig und sanft schneidende Meißel, sondern sie kommen mehr als reißende Zähne zur Wirkung. Die Raspel gehört deshalb zu den unvollkommenen Werkzeugen in Bezug auf die Beschaffenheit ihrer wirkenden Teile. In der Feinheit des Hiebes kommen bei den Raspeln nicht viel weniger Abstufungen vor, als bei den Feilen. Die gröbsten Raspeln erhalten auf 1 qcm 3—4 Zähne, die feinsten dagegen bis 90 Zähne. Ein Vergleich mit den Feilen zeigt auf das Beste deren Vorzug, sofern nämlich das Werkzeug im allgemeinen eine desto glättere Fläche erzeugen muß, je mehr Zähne auf dessen Oberfläche sind. Die gröbsten Hand- und Armfeilen enthalten auf 1 qcm etwa 10, eine 8zöllige Schlichtfeile etwa 450 und die feinste Uhrmacherfeile bis zu 13 000 Zahnspitzen.

Nach diesen kurzen Erläuterungen von Feilen- und Raspelzähnen, welche aber keinen Anspruch auf eine erschöpfende Ausführung machen, will ich nun zum eigentlichen Hauen von Feilen und Raspeln übergehen. Zunächst zum Handhauen.

Das Hauen von Hand. Die Herstellung von eisernen Feilen geht zurück bis in die ältesten Zeiten, soweit bis heute bekannt, in das 10. oder 9. Jahrhundert vor Christi Geburt. Damals kannte

*) Siehe Fußncte S. 195.

man noch keine ausgesprochenen Feilenhauer. Die Feilen wurden, so gut dies eben ging, zunächst aus schmiedbarem Eisen — später auch aus stahlartigen Eisenklumpen wiederholt ausgeschmiedet und die Zähne wurden, ohne daß der Zunder entfernt wurde, mit irgendwelchen scharfen Instrumenten in warmem oder in kaltem Zustande der Feile eingegraben, eingemeißelt oder mit primitiv hergestellten messerförmigen Feilen eingefeilt. Wann das Hauen der Feilen mit Meißel und Hammer aufkam, läßt sich, wie ich schon bei der „Geschichte der Feile" anführte, mit Sicherheit nicht mehr bestimmen. So viel geht aber aus Theophilus Presbyters Werk „Anleitung zu verschiedenen Künsten", um das Jahr 1100 geschrieben, hervor, daß damals zweiseitig geschliffene Hämmer zum Hauen von Feilen verwendet wurden, wie solche noch die Abb. 45 S. 24 aus dem Jahre 1420 zeigt. Hauriemen zum Festhalten der Feile auf dem Amboß waren zu jener Zeit noch nicht bekannt. Leonardo da Vinci zeichnete etwa 1503 zu seinem Entwurf einer Feilenhaumaschine (Abb. 129, S. 93) ebenfalls noch messerförmig zugespitzte Hämmer, und zum erstenmal sieht man aus der Abb. 46, S. 25, welche den Feilenhauer Peter Bauernschmidt aus dem Jahre 1534 vorstellt, die Anwendung von Meißel und Hammer getrennt, und zum Festhalten der Feile die Verwendung von 2 Hauriemen. Meißelhämmer waren noch bis zum Anfang des 19. Jahrhunderts im Gebrauch. So viel steht fest, daß lange noch nach Christi Geburt sämtliche Feilen einhiebig hergestellt wurden. Die doppelhiebige Feile kam verhältnismäßig spät auf. Urkundlich ist erwiesen, daß um das Jahr 1400 der Feilenhauer Cuntz in Nürnberg schon den Oberhieb kannte und selbst auch haute. Theophilus Presbyter erwähnt nichts von Oberhieben. Daraus ist zu schließen, daß das Hauen des Oberhiebes zwischen den Jahren 1100 und 1400eingeführt wurde.

Was das Hauen von runden Feilen und den gewölbten Rücken von Halbrundfeilen anbetrifft, so konnte festgestellt werden, daß bis zum Jahre 1780 sämtliche runde Flächen mit ausgehöhlten Meißeln gehauen wurden (siehe Meißel V Abb. 99, S. 56). Erst nach jener Zeit kam das Hauen auch dieser Feilen mit ebenen Meißeln in einzelnen Längsreihen auf. Um dieselbe Zeit wurde auch die Haurichtung der Feilen geändert. Während man bis Ende des 18. Jahrhunderts sämtliche Feilen in Deutschland vom Angel nach der Spitze zu haute, ging man um diese Zeit zum erstenmal daran, die Feilen von der Spitze nach dem Angel zu hauen — nachdem man herausgefunden hatte, daß die weit besseren, aus England eingeführten Feilen auf diese Art gehauen waren. England ging gegen das Ende des 17. Jahrhunderts schon daran, seine Feilen von der Spitze nach dem Angel zu hauen, weil es schon so frühzeitig erkannte, daß eine viel größere Regelmäßigkeit und damit auch viel bessere Feilen durch das Hauen von der Spitze nach dem Angel erreicht werden konnten.

Auch heute noch werden viele Feilen und Raspeln von Hand hergestellt, trotzdem eine Unzahl Haumaschinen in Tätigkeit sind. Es gibt noch eine Reihe Feilen, ich will nur an Aufhaufeilen, kreisförmige Feilen, Riffel usw. erinnern, welche zum größten Teil aus verschiedenen Gründen nicht mit der Maschine gehauen werden können.

Zum Handhauen von Feilen gehören verhältnismäßig nur sehr wenig Werkzeuge. Vor allem sind dies der Haustock mit dem Amboß und Hauriemen, die Meißel, die Gesenke und der Schleifstein zum Schleifen der Meißel. Die Abb. 99, S. 56 zeigt das ganze Handwerkszeug einer Handfeilenhauerei aus dem Jahre 1770. Auch heute noch sind dieselben Werkzeuge nötig, nur wurden sie teilweise in ihren Formen, namentlich was die Meißel anbetrifft, geändert. Die Abb. 251 zeigt die heutigen Werkzeuge einer modern eingerichteten Handhauerei. Das wichtigste Werkzeug des Handhauers ist natürlich der Meißel, welcher aus einem ganz besonderen Werkzeugstahl hergestellt werden muß, damit er den an ihn gestellten Ansprüchen vollauf genügt. Der Meißel, dessen Gewichte sich zwischen 20 und 700 g bewegen, wird von der Stange abgestuckt, das Blatt ausgebreitet und zuletzt der Kopf fertiggeschmiedet. Nachdem die Schneide vorgeschliffen ist, wird der Meißel gehärtet und entsprechend abgelassen. Der Kopf selbst muß aber weich bleiben. Die Hämmer, welche zum Handhauen verwendet werden, werden in verschiedenen Größen und Gewichten hergestellt. Diese wechseln von 0,25 bis 5,2 kg je nach der Größe und der Feinheit der zu hauenden Feile. — Der eigentliche Hauamboß, welcher als Unterlage zum Hauen dient, ist ein schmiedeeiserner und verstählter oder ein ganz stählerner Amboß, dessen Gewicht etwa 70—80 kg beträgt. Die heutigen Hauambosse wurden nicht zu allen Zeiten zum Hauen verwendet. Die Abb. 252 zeigt einen Hautisch, wie solche noch zu Anfang des 18. Jahrhunderts verwendet wurden. Heute wird die zu hauende Feile auf dem Amboß aufgelegt und mit einem endlosen Riemen, den der auf dem Drehstuhl sitzende Arbeiter mit dem Fuße spannt, festgehalten. Flache und runde Feilen werden direkt auf dem Amboß, dreikantige dagegen in Zinkgesenken gehauen. Nachdem die Seite, die an der Reihe ist, mit Öl etwas eingefettet wurde, damit die Hiebe besser aufwerfen und die Meißel länger halten, wird mit dem eigentlichen Hauen der Feilen begonnen, das bei weitem nicht so leicht ist, wie es aussieht.

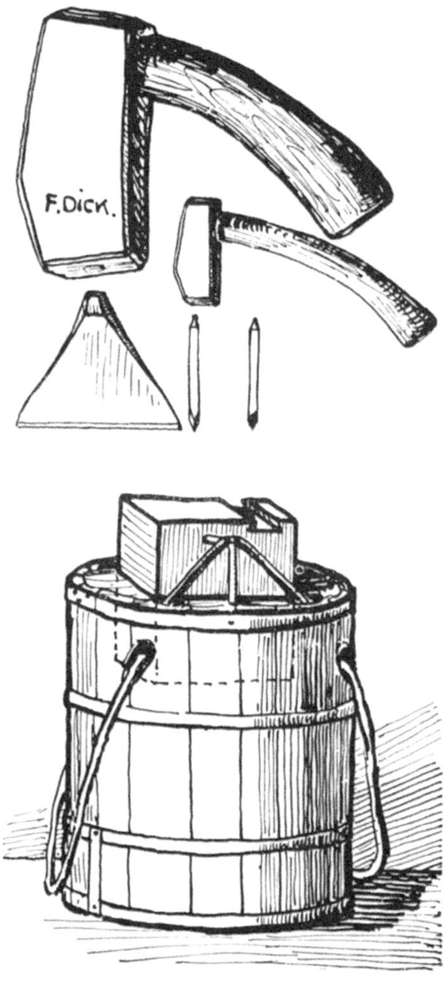

Abb. 251. Die wichtigsten Werkzeuge eines Handhauers.

Der auf der Feile in doppelter Beziehung schräg aufgesetzte Meißel dringt durch sichere Schläge in den Feilenkörper ein und erzeugt dadurch Hiebe, die einen Grat aufwerfen, gegen welchen die Schneide des Meißels zum nächsten Hieb angefahren wird. Die Kunst des Hauens liegt nun darin, daß der Arbeiter mit dem nötigen Gefühl seinem Meißel die richtige schräge und immer parallele Stellung gibt und seine Hammerschläge dem zu hauenden Hieb entsprechend einrichtet, wobei noch zu berücksichtigen ist, daß die Schläge in ihrer Stärke sich nach der Form der Feile richten müssen. An der Spitze sind sie am schwächsten, am stärksten aber an der breitesten Stelle der Feile. Durch lange Übung erhalten die Handhauer für ihre Arbeit ein so feines Gefühl, daß sie von Hand Feilen fertig bringen, die oft schwer von solchen zu unterscheiden sind, die mit einer automatisch arbeitenden Feilenhaumaschine gehauen wurden. Endlich muß sich der Arbeiter mit seinen Meißeln auch noch der verschiedenen Härte des Feilenstahles anpassen, was allerdings heute bei dessen großen Gleichförmigkeit nicht mehr so sehr ins Gewicht fällt. Die Abb. 253 zeigt einen Handhauer bei seiner Arbeit.

Es ist geradezu erstaunlich, mit welcher Gleichheit ein geübter Handhauer seine Hiebe haut, sowohl was ihre Richtung und Entfernung, als auch was ihre Tiefe anbetrifft, trotz der großen Geschwindigkeit, mit der er seine Schläge aufeinander folgen läßt. Je nach der Größe und der verlangten Hiebart der Feilen bringt er es fertig, etwa 80—220 Hiebe in der Minute zu hauen. Sind eine Anzahl Feilen mit Unterhieben versehen, so muß — ehe der Oberhieb darüber gehauen wird — der vom Unterhieb aufgeworfene Grat mit einer flachen Schlichtfeile etwas abgezogen werden, damit nicht nur während des Oberhiebhauens der Meißel sicher auf dem Unterhieb fortgeführt werden kann, sondern damit auch die beim Handhauen nicht immer gleich hohen Unterhiebe nicht durch den während des Oberhiebhauens umgelegten Unterhiebgrat zugedrückt bzw. geschlossen werden, was zur Folge hätte, daß mit diesen Feilen später schwer zu arbeiten wäre. Sobald eine gehauene Seite auf den Amboß zu liegen kommt, so muß zwischen Feile und Amboß eine dünne Zinkunterlage gelegt werden, damit der gehauene Hieb nicht verdorben wird. Früher verwendete man zu diesem Zwecke Blei. Dieses hatte aber 2 Nachteile. Erstens setzte sich das Blei sehr leicht in den Zähnen der Feile fest und konnte nur schwer wieder daraus entfernt werden, und zweitens schadete der Bleistaub, der oft mit Sandstaub vermischt war, der Gesundheit der Arbeiter. Dieser Sandstaub bildet sich aus Sand, der zeitweise gegen ein Rutschen der Feile unter die noch blanke Seite oder unter die Feilenunterlage gestreut wird.

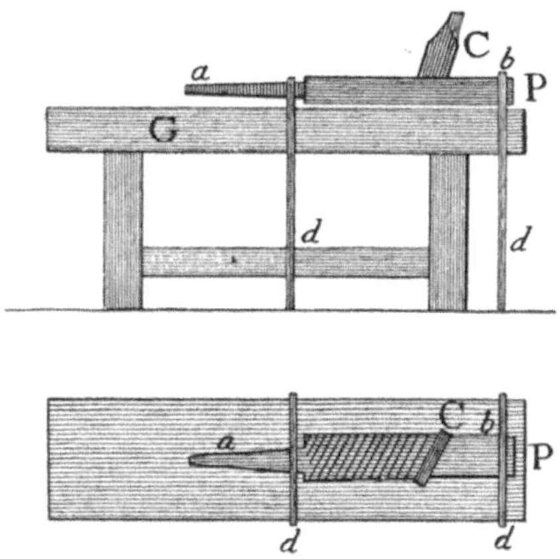

Abb. 252. Hautisch um das Jahr 1700.

Schwerer als das Hauen von Feilen ist das Hauen von Raspeln, weil jeder einzelne Raspelhieb ohne irgendwelche Fühlungnahme mit den Nebenhieben nur nach Augenmaß und einem fein ausgebildeten Gefühl gehauen werden muß. Die Abb. 254 zeigt einen Raspelhauer bei der Arbeit, wie er gerade dabei ist, eine große Raspelscheibe zu hauen, und zwar nicht wie bei gewöhnlichen Raspeln in geraden, sondern in kreisbogenförmigen Reihen.

Abb. 253. Hand-Feilenhauer.

Der vorliegenden kurzen Geschichte und Beschreibung der Handhauerei möchte ich noch einige interessante Auszüge aus alten technischen Werken beifügen, welche zeigen, daß im 18. Jahrhundert Feilen fast genau so von Hand gehauen wurden, wie heute noch in gut eingerichteten Feilenhauereien. Vorher soll aber Theophilus Presbyter noch einmal zum Wort kommen. Um das Jahr 1100 schrieb er in seinem schon mehrfach erwähnten Werk über das Hauen von Feilen wie folgt: „Wenn die Feilen nach Maßgabe der Größe geschlagen (geschmiedet) sind, welche ihnen der Arbeiter geben will, werden sie auf dem Hobel abgegleicht und mit einem Hammer, der an beiden Seiten scharf ist, mit Einschnitten (Hieben) versehen. Andere werden mit dem Schneideisen eingekerbt. Sind die Feilen auf allen Seiten mit den Einschnitten versehen, so härte sie auf folgende Weise": (siehe unter Härten S. 216).

Einen der ältesten vorhandenen Berichte über die Handhauerei findet man noch im 3. Band von Johann Samuel Halle „Werkstätte der heutigen Künste oder die neue Kunsthistorie" aus dem Jahre 1764, welcher wie folgt lautet:

„Unter den Gerätschaften des Feilenhauers kömmt die Feueresse vor, welche sich mit dem Blasebalge von der gemeinen Schmiedeesse in nichts unterscheidet, außer daß man den Blasebalg, weil hier Feuer und Metall klein sind, mit dem Fuße tritt.

Abb. 254. Hand-Raspelhauer.

Die Schmiedezangen und die Schmiedehämmer gehören zum Schweißen und Schmiedeamboße mit.

In den Härtetonnen, worinnen sie den glühenden Stahl der fertigen Feile ablöschen, befindet sich das Löschwasser.

Das Gesenke ist ein in dem Klotz mit dem dünnen Fuße eingestecktes Eisen, fast wie der Sperrhaken, dessen ganze obere Länge kleine und größere Furchen oder Rinnen hat, welche die Form sind, worinnen man die Feile schmiedet, oder ihr die Figur des Dreiecks, der Rundung usw. gibt, nachdem die Feile groß oder klein ist.

Diejenigen Werkzeuge ohne hölzernen Heft (weil hier alles mit dem Hammer geschlagen wird), womit man die geschmiedete Feile gitterförmig haut, heißen alle Meißel. Man hat gerade Meißel, und zwar breit oder schmal, zu allen geradflächigen Feilen, nachdem diese Flächen an großen Feilen breit, oder an kleinen Feilen schmal sind, indem der auf die Feile gesetzte Meißel mit seiner ganzen Schneide die Feilenfläche, die man haut, bestreichen oder bedecken muß. Ein solcher Meißel ist von sehr gehärtetem Stahle, weil er in den Stahl Linien einhauen soll, an der Schneide gerade, flach, und verdünnt sich endlich zu einem engen Fuße, den man mit der linken Hand auf die Feile aufsetzt und mit dem Hauhammer schlägt.

Um runde Feilen, d. i. solche Feilen zu hauen, deren Fläche nach einer krummen Linie herauf gebogen oder konvex sind, hat man Meißel, deren Schneiden wie ein Halbmond ausgehöhlt sind, um sie damit auf eine konvexe Feile aufzusetzen, und eine solche Feile Strich vor Strich zu hauen. Man nennt diese Meißel Hohlmeißel.

Sie schleifen sich ihre Meißel auf großen Sandsteinen mit Wasser zurechte, und wetzen den aufgeworffenen Grat auf feinen Ölsteinen fort. Die Meißel werden mit der linken Hand über der geschmiedeten Feile schräge gehalten und mit dem Hammer am dünnen Ende geschlagen, welches der Begriff des Feilenhauens ist.

Die Raspelmeißel gehen insgesamt von einer rautenförmigen Fläche in eine Spitze zu, sind nur schmale Stahlgriffel und bestimmt, anstatt der Linien der Feilen, nichts als punktierte Linien, oder Punkt bei Punkt, kraft des Hammerschlages, auszugraben, wodurch der allgemeine Begriff einer Raspel entsteht.

Der Hauamboß, worauf das Hauen der Feilen und Raspeln verrichtet wird, ist ein kleiner viereckiger, flacher Amboß, auf einem Klotze, der so hoch ist, daß man davor sitzen und die Feile darauf vor sich halten und regieren kann.

Der Hauhammer treibt die Meißel. Er ist von Eisen, hat nur eine Bahn, ist vorne verstählt, etwas krumm und steckt in einem krummen Stiele, weil ein geradstieliger den schräge gehaltenen Meißel öfters nötigen würde, von der Linie wegzuspringen.

Während der Arbeit des Feilenhauens werden die Füße des Arbeiters in einen ledernen Riemen gestellt, er streckt die Füße sitzend in den Riemen von sich, und hat die zu hauende Feile unter den Riemen, oberhalb dem rechten Knie, in einem hölzernen Heft eingespannt, wodurch die Feile auf dem Amboße unverrückt in ihrer gegebenen Lage erhalten wird.

Indessen liegt die Feile selbst, deren Angel im Feilenhalter (Hefte), der vom Riemen gedrückt wird, steckt, mit einer von ihrer ganzen Länge in den so genannten Haueisen. Diese Haueisen sind Stücke Eisen mit einer hohlen, halbrunden, spitzen Rinne, nachdem die Seiten einer Feile dreieckig, flach, halbrund usw. sind. Man leget also die Feile, die man hauen will, in diese Rinne mit ihrer untern Flächen, wenn man die obere strichweise haut, und zwar nach dem Grunde.

Damit nun diese einmal gehauene Fläche der Feile, wenn man sie in das eiserne Haueisen mit der gehauenen Seite .egen wollte, weil alle Feilenflächen zweimal gehauen werden müssen, in diesem Haueisen durch die oben auffallenden Schläge nicht wieder stumpf gemacht werden möge: so gebraucht man zum Kreuzhiebe, damit die einmal im Grunde gehauene Feile weich liege, eben solche Haurinnen, aber von Zinn, welche man Gesenke nennt. Zu den Raspeln, oder zu deren Unterlage hat man die Gesenke von Blei, weil die Zähne einer Raspel noch schärfer und spitzer sind, und sich im weichern Blei leichter eindrücken und stille liegen.

Die Feilenhalter sind hölzerne und zylindrische Hefte, groß und klein, an beiden Enden mit einem Ringe von Messing beschlagen, in deren Ende man die Angel einer Feile, die man hauen will, einsteckt, um den Knieriemen, der den Feilenhalter auf dem Knie niederdrückt, überzuwerfen.

Um das Feilenhauen selbst mit wenigem anzuzeigen: so wird der Stahl erst in die Esse vors Gebläse gelegt, bis er weißwarm, und im Punkte zu fließen begriffen ist, mit der Schmiedezange ergriffen, auf dem Schmiedeamboße nach der Breite gestreckt, oder aus vielen Stücken, deren zu großen Feilen wohl über 20 genommen werden, zusammengeschweißt, gefaltet, geschmiedet und wenn die Enden, die man hämmert, in ein Paar Minuten ihre Schweißhitze auf dem Amboße verloren, glüht man sie von neuem. Das öftere Falten und Schweißen hat den Nutzen, daß die Feile dauerhafter wird, da sie sonst, wenn sie aus einem einzigen Stücke gemacht worden, sonderlich vom steiermärkischen Stahle, leicht zerspringt. Der kölnische Stahl bezeigt sich zu Feilen schon geschmeidiger. Nach dem Schweißen und Schmieden in dem eisernen Gesenkamboße gibt man ihr die Figur durchs Befeilen, und der Angel ihre Dünne. Bei dem Schweißen ist die Farbe des funkelnden und fast fließenden Stahles weiß, und bei dem Befeilen hat man die Absicht, die geraden Flächen recht gerade und eben zu feilen, damit der Meißel eine grade Linie darauf einhauen könne.

Nun glüht man die geformte Feile von neuem, um den Stahl zum Annehmen der Hiebe zu erweichen. Wenn also der Stahl von der Hitze weich geworden, und von selbst erkaltet: so wird die Feile auf etwas Sand, den man auf dem Amboße gestreut, damit sie nicht wanke, gelegt, in den Feilenhalter mit der Angel gesteckt, von dem Knieriemen eingespannt, und der vor dem Amboße sitzende Meister setzt mit der linken Hand auf die Feile, nahe über dem Anfange der Angel, den Breitmeißel schräge an, und schlägt diesen einmal mit dem krummen Hauhammer. Davon entsteht in der Feile ein schräger Hieb. Hierauf setzt er den Meißel parallel über der vorigen Linie auf, schlägt ihn, rückt ihn weiter, und fährt so bis zur Spitze der Feile damit fort. Dieses nennt man den Grundhieb; es liegen alle diese wenig tiefe und schiefe Linien unter sich parallel.

Nach diesem Grundhiebe, den man allen übrigen Flächen der Feile nacheinander mitteilt, wird dieser Grund mit einer andern Feile ein wenig abgezogen, um diesem Grunde seine Rauhigkeit zu benehmen, und damit die Meißel zum Kreuzhiebe über diesen etwas an den Seiten aufgeworfenen Furchen eine gerade Linie quer überziehen könne; denn eine jede Linie des Grundes macht nicht nur einen bloßen Einschnitt, sondern der Meißel wirft zugleich, so zu reden, neben jeder Furche einen kleinen Seitenwall auf.

Wenn nun also der Grund wieder eben gefeilt worden: so setzt man den Meißel, der den Kreuzhieb schlagen soll, schräge und quer durch etliche der Grundlinien, man schlägt ihn mit dem Hauhammer, rückt den Meißel immer weiter vom Leibe von sich fort, und geht damit bis zur Spitze, und alle übrigen Flächen durch, so viel deren eine Feile hat. Weil man aber eine Feile wenden muß: so legt man die Feilen in zinnerne Gesenke, damit der Kreuzhieb nicht wieder ausgelöscht werde, in dem dieser bei einer Feile die Hauptsache ist. Solchergestalt beschreibt dieser Kreuzhieb eine etwas spitze schiefe Raute, oder Rautenreihe, welche ihre Zähne, wie die Ziegelreihen der Dächer, aber nach der Spitze der Feile, d. i. nach oben zu, kehrt, weil man eine Feile über einem Metalle, das man feilt, vom Leibe wegstößt, und also die Spitze der Feilenzähne nebst der Gewalt der Hand nach einerlei Ort hinrichtet. Bei diesem Geschäft muß man ein gutes Gesicht, und eine freie Hand haben, besonders in den ganz zarten Feilen, deren Hiebe so dichte sind, daß sie kaum mit dem Auge unterschieden werden können, und oft kommen an einer Feile 2 bis 3000 solcher Linien vor. Der Kreuzhieb wirft die eigentliche Schärfe auf.

Auf eben solche Art werden auch alle übrigen Feilen, nämlich die geradflächigen mit den geradlinigen Meißeln, die gewölbten oder runden mit den Hohlmeißeln gehauen."

P. N. Sprengel berichtet im 6. Abschnitt seines Werkes „Handwerke in Tabellen, mit Kupfern" im Jahre 1770 in einer Abhandlung „der Feilenhauer" über die Handhauerei ganz ähnlich wie Halle, nur hebt er noch hervor, „daß die Feilen nach dem Ausglühen nicht wieder befeilt werden, sondern sie werden nach der Sprache der Werkstätte auf dem Zunder gehauen. Runde, ovale und die runden Seiten von halbrunden Feilen werden genau so gehauen wie die übrigen, nur wählt man hierzu Meißel, deren Schärfe wie ein halber Mond ausgeschnitten ist." Über das Abziehen der Feilen nach dem Hauen schreibt Sprengel weiter: „Die Ursache, weshalb die Feilen nach dem Grundhiebe abgezogen werden, ist doppelt. Theils damit der aufgeworfene Grad des Grundhiebes, der freylich nicht in allen Punkten gleich hoch seyn kann, den Meißel beym Kreuzhiebe nicht hindere, gleichmäßig einzudringen; theils aber auch, damit die Hand des Feilenhauers beym zweyten Hiebe nicht gehindert, oder wol gar beschädigt werde. Aus der letzten Ursache wird auch die Feile nach dem Abziehen mit Talch beschmieret. Doch hat dis auch noch einen andern Zweck. Die Feilenhauer haben bemerkt, daß sich der Grad des Kreuzhiebes nicht gut hebt, wenn die Einschnitte des Grundhiebs, die der Kreuzhieb durchschneidet, nicht mit Talch ausgefüllet sind." Ein etwas genauerer Bericht über das Hauen der Raspeln lautet folgendermaßen: „Nach dem Hieb theilen die Feilenhauer die Raspeln nicht ein, sondern sie sagen nur, die Raspel hat einen feinen oder groben Hieb. Allein man kann sie nach dem Metall absondern, woraus sie geschmiedet werden. Raspeln, womit man Knochen und Steine ebnet, werden aus Stahl geschmiedet. Hiezu gehören auch die Riffelraspeln, die in ziemlicher Anzahl bey Verfertigung einer steinernen Statue zum Glätten gebraucht werden. Der Künstler übergiebt dem Feilenhauer gleichfalls ein hölzernes Modell, das nach der Fläche abgemessen ist, die mit der Riffelraspel soll geglättet werden. Man siehet leicht, daß sich die verschiedene Gestalt dieser Raspeln nicht erzehlen läßt. Im Gegenteil werden Raspeln, womit Holz und andere weiche Materien sollen geglättet werden, nur aus Eisen geschmiedet, z. B. die Bestossraspeln zum Beschlagen eines Pferdes, und die Schusterraspeln. Bey den letztern ist insgemein eine Hälfte flach, und die andere entweder halbrund oder oval. Diesen und auch andern Raspeln pflegt man verschiedene Hiebe zu geben, daß nämlich eine Hälfte jeder Fläche einen feinen, die andre aber einen gröbern Hieb erhält. Die Hiebe sind in diesem Fall jederzeit gegen das Ende ihrer Seite gekehrt. Man kann also mit ein und derselben Raspel fein und grob glätten. Geschmiedet wird die Raspel, gerade wie die Feile, und hernach ebnet man sie auch, wie eine Feile, mit der Abfeilraspel und glüet sie. Allein der Hieb wird nicht auf dem Zunder gehauen, sondern man spannt die Raspel vor dem Hauen in einen Schraubstock, und zieht alle Flächen aufs beste mit der Feile ab. Die Raspel erhält nur einen Hieb, und daher läßt sich das Abfeilen nach dem Hauen nicht anbringen. Bey dem Hauen selbst werden die Raspeln eben so, wie die Feilen, auf dem Hauamboß festgehalten, und man fängt auch von hinten an. Der Meißel wird aber stärker geneigt, und seine dreykantige Spitze treibt lauter körperliche Punkte aus, die gleichfalls nach schiefen Linien parallel nebeneinander gestellt werden. Der Professionist stellt sie nach dem Augenmaß dicht nebeneinander, oder weit voneinander, je nachdem die Feile einen groben oder feinen Hieb erhält. Der Hammer treibt gleichfalls den Meißel, und bey jedem Loche giebt man ihm insgemein zwey Schläge."

Auch Johann Karl Gottfried Jacobsson gab in seinem „Technologischen Wörterbuch" im Jahre 1781 einige wertvolle Bemerkungen über die Handhauerei, welche lauten: „Jede englische Feile wird vor dem Hauen auf einer Schleifmühle aufs beste abgeschliffen und es ist natürlich, daß der Meißel auf einer ebenen Fläche weit sicherer und feiner hauen kann als auf einer rauhen, da die deutschen Feilen vor dem Hauen nur gut abgefeilet werden, wozu noch kommt, daß die englischen Feilenhauer nicht wie die Deutschen hinten, sondern von der Spitze der Feile anfangen zu hauen und deswegen einen weit gleichern und feinern Hieb den Feilen geben können. Die deutschen Feilenhauer gestehen dieses selbst ein, es fehlt ihnen aber an Übung. Wahrscheinlich kann die Hand mit mehrerer Festigkeit den Meißel führen, wenn man von der Spitze anfängt." Hieraus geht einwandfrei hervor, daß tatsächlich die Engländer die Ersten waren, welche ihre Feilen von der Spitze nach dem Angel zu gehauen haben.

Weiter schreibt Jacobsson: „Bis 1780 etwa wurden halbrunde und runde Feilen mit hohlen Meißeln gehauen, welche sich der Form der runden und halbrunden Feilen anpaßten. Es wurde dann dazu übergegangen, runde und halbrunde Feilen in Reihen zu hauen mit ebenen Meißeln. Man hat aber aus der Erfahrung bemerkt, daß das Reihenhauen freilich langsamer vonstatten geht, als das Hauen mit einem ausgeschnittenen Meißel. Sämtliche Feilen wurden bis jetzt von dem Angel nach der Spitze zu gehauen. Der Feilenhauer folgte hier bloß seinem Augenmaße oder seiner geübten Hand, die schon die neue Stelle für den nächsten Hieb zu finden weiß. Die Geschwindigkeit ist hierbei so groß, daß das Auge kaum Zeit hat, den Abstand zweier Hiebe zu bemerken. Die Feilenhauer finden nur in den großen Städten Deutschlands Nahrung, und auch da müssen sie manchmal bloß von dem Aufhauen der alten Feilen leben, weil bis jetzt noch die englischen Feilen in ganz Deutschland gekauft und gebraucht werden."

Und zum Schlusse schrieb der Renterey- und Hüttenschreiber J. C. Quanz, Schmalkalden, um das Jahr 1786 in Beckmanns „Beiträgen zur Ökonomie, Technologie, Polizey und Cameralwissenschaft" folgendes über das Feilenhauen: „Das Hauen der Feilen ist eine Hauptsache und erfordert viel Übung und Erfahrung. Die Arbeit selbst ist folgende: Der Professionist spannt seine Feile in den Feilenhalter, befestigt diesen nach Art der Schuster mit einem Riemen über das linke Knie, wählt Hammer und Meißel nach der Größe, Gestalt oder Feinheit, als es die Feile erfordert, und führt den Meißel, welcher immer breiter als die Feile seyn muß, nach einer Diagonallinie und schräg, damit der Hieb gehoben wird, vom breiten Ende bis zur Spitze mit einer unglaublichen Geschwindigkeit fort, so daß der Zuschauer das Fortrücken der Hand mit dem Auge kaum bemerken kann. Dieses ist der erste oder Grundhieb. Da die Feile dadurch sehr rauh geworden, welches verhindern würde, daß die Hand sicher fortrücken kann, so wird die Feile nun abgezogen oder wie unsere Professionisten sagen, weiß gemacht, und die Hand, um sie schlüpfriger zu machen, mit Unschlitt beschmiert. Meißel und Hammer müssen da leichter geführt und der Hauamboß, weil sonst der erste Hieb verdorben würde, mit einer Unterlage von Bley versehen werden. Auch wird der Meißel, um den ersten Hieb zu durchschneiden, gerade aufgesetzt, wobey der Hauer dahin sehen muß, daß die Feile gerade liege, weil der Hieb sonst nicht genau genug ausfällt. Hier muß das linke Knie, worüber die Feile befestiget ist, bewegt und so wie der Meißel gegen die Spitze fortgeht, erhöht werden. Dieses ist der zweite oder der Kreuzhieb."

Die Maschinenhauerei. Mit Ausnahme weniger Uhrmacherfeilen, die in Eßlingen a. N. von der Firma Friedr. Dick auf einigen kleinen Haumaschinen schweizerischer Herkunft hergestellt wurden, hat man in Deutschland noch vor etwa 35 Jahren nahezu sämtliche Feilen nach der alten Väter Weise von Hand mit Hammer und Meißel gehauen, trotzdem — wie wieder aus dem Entwurf von Leonardo da Vinci zu Anfang des 16. Jahrhunderts hervorging — man damals schon anfing, mit dem Gedanken sich zu beschäftigen, Feilenhaumaschinen zu bauen, welche die Handarbeit rasch verdrängen sollten. So schnell ging die Sache aber nicht. Vor vielleicht 200—150 Jahren hätte niemand geglaubt, daß erst gegen das Jahr 1900 die mehr oder weniger automatisch arbeitende Feilenhaumaschine so weit gediehen wäre, daß sie nahezu allen Anforderungen genügt und daß auf ihr nicht nur zylindrische, sondern auch bauchige und zugespitzte Feilen mit Vorteil gehauen werden können. Von dieser Zeit ab wurde im ganzen Feilengewerbe die Handarbeit sehr rasch durch die Maschinenarbeit verdrängt und heute dürfte es kaum mehr eine Feilenhauerei, weniger noch eine Feilenfabrik geben, die nicht mindestens 1 oder 2 Maschinen hat.

Die geschichtliche Entwicklung der Feilenhaumaschinen nicht nur in Deutschland, sondern auch in der Schweiz, in Amerika, England und Frankreich habe ich möglichst eingehend beschrieben und auch in der Einleitung darauf hingewiesen, wie schwer es war, mit den vielen oft unglaublichen Vorurteilen gegen die Einführung der maschinellen Feilenfabrikation aufzuräumen. Leider hatten die Franzosen — gedrängt durch ihre damals weit vorgeschrittene Fabrikation von Uhren und feinmechanischen Instrumenten — während vieler Jahre einen großen Vorsprung im Bau von Feilenhaumaschinen für kleine Uhrmacher- und Feinmechanikerfeilen nicht nur den Deutschen, sondern allen Nationen gegenüber, obwohl der Gedanke, Feilenhaumaschinen zu bauen, sehr wahrscheinlich zum allerersten Mal in Italien aufgetaucht war. Die französischen

Haumaschinen wurden aber gegen die Mitte des 19. Jahrhunderts von der Schweiz und bald darauf auch von Amerika und Deutschland überholt. Mit gutem Gewissen kann heute behauptet werden, daß die besten Haumaschinen, namentlich auch für die Kleinfeilenfabrikation, nicht mehr in Frankreich, sondern vorwiegend in Deutschland hergestellt werden. Im folgenden sollen nur noch kurz einige Mitteilungen zum maschinellen Hauen von Feilen gegeben werden.

Was zunächst die Geschwindigkeit der Feilenhaumaschinen und der damit zusammenhängenden minutlichen Hiebzahlen anbetrifft, so ist hierüber zu sagen, daß auch in dieser Beziehung sehr langsam Fortschritte gemacht wurden. Die ältesten Haumaschinen, namentlich solange sie noch von Hand betätigt wurden, leisteten in der Minute in vielen Fällen weniger als ein Handhauer. Die Zahl der Umdrehungen wurde mit der Verbesserung der Maschinen langsam erhöht, und um die Wende des 18. Jahrhunderts erregte eine kleine französische Haumaschine in Fachkreisen Aufsehen, als bekannt wurde, daß diese noch von Hand angetriebene Maschine in der Minute je nach der verlangten Feinheit der Feile 150—300 Schläge bzw. Hiebe erreichte. Mit der Einführung des Kraftbetriebes wurden diese Zahlen nach und nach auf 250—500 erhöht. Im Jahre 1893 gab Bêché schon seinen größeren Haumaschinen 370—400 und seinen kleineren 800—900 Schläge in der Minute und heute werden allgemein große und grobe Feilen mit durchschnittlich 420—500, mittlere mit 1200—1500 und kleine Feilen mit 1600—1800 Schlägen in der Minute gehauen, wozu noch zu bemerken ist, daß einzelne Spezialmaschinen, z. B. zum Kippen der Kanten von Sägfeilen bis 2200 Schläge in der Minute hervorbringen. Man kann zuweilen in Fachzeitschriften lesen, daß Feilenhaumaschinen bis zu 3000 Hiebe in der Minute hauen; diese Zahl halte ich bis heute für eine Reklamezahl. Wie alles im Leben, so hat auch selbst die kleinste Haumaschine ihre Grenze und ich bin der Ansicht, daß bei den feinsten Feilen die minutlichen Hiebzahlen von 2200—2400 nur auf Kosten der Güte des Hiebes überschritten werden könnten. Da infolge der immer weiteren Verbilligung der Feilen die minutlichen Hiebzahlen (Schläge) fortgesetzt erhöht werden mußten, man aber die Tourenzahlen der Maschinen wegen zu starker Abnützung nicht viel mehr erhöhen wollte, so ging man dazu über, der den Hammerbär hebenden Daumenscheibe an Stelle eines Daumens 2 und später noch 3—4 Daumen zu geben, so daß in letzterem Falle auf eine Umdrehung der Schlagwelle 4 Schläge bzw. Hiebe kommen. Die Abb. 255 zeigt eine schwere Bêché-Haumaschine für Hand- und Armfeilen, welche in der Minute 470 Hiebe haut.

Abb. 255. Maschinenhauer für große Feilen.

Über das ungefähre Leistungsverhältnis zwischen Maschinen- und Handhauer möchte ich kurz folgendes sagen. Stellt man die 10stündige Leistung eines geübten Handhauers der eines tüchtigen Maschinenhauers gegenüber und setzt voraus, daß beide — namentlich der letztere — ihre Meißel stets richtig scharf halten, so ergibt sich z. B. für flache Dutzendfeilen 12 Zoll aus bestem Tiegelgußstahl folgende kleine Leistungstabelle:

	Hieb B	$\frac{1}{2}$ S	S	
Leistung des Handhauers	38	32	25	Stück in 10 Stunden
Leistung des Maschinenhauers	170	135	120	Stück „ 10 „

Sie zeigt, daß in diesem Falle der Maschinenhauer im Durchschnitt das $4^1/_2$fache des Handhauers leistet, welches Verhältnis auch bei den übrigen gewöhnlichen Feilen ungefähr zutreffen wird.

Die Abb. 256 und 257 zeigen 2 Maschinen zur Sägfeilenfabrikation. Auf der ersten werden mit etwa 1600 Hieben in der Minute die flachen Seiten, auf der zweiten die Kanten — auf 2 Feilen gleichzeitig — mit einer Geschwindigkeit von 2200 minutlichen Hieben gehauen.

Auch beim Maschinenhauen ist die Meißelfrage überaus wichtig, will man gute und scharfgehauene Feilen zur Ablieferung bringen. Je härter das Feilenmaterial durch Erhöhung seines Kohlenstoffgehaltes gewählt wurde, je mehr wurde zur Erzielung eines guten Feilenhiebes ein guter Meißelschliff mit einem darauffolgenden richtigen Abziehen die wichtigste Vorbedingung.

Abb. 256. Sägfeilenhauer an der Hess-Maschine.

Die Anfänge des Meißel-Schleifens und -Abziehens mit einfachen Handapparaten reichen zurück in die 1880er Jahre. Die erste maschinelle Einrichtung hierzu wurde gegen 1900 ausgeführt. Trotzdem werden wohl in den meisten Fällen — namentlich in kleineren Hauereien — auch heute noch die Maschinenmeißel auf dem rotierenden Sandschleifstein geschliffen und hernach auf dem Ölstein von Hand abgezogen. Für größere Hauereien kommt das langwierige Schleifen, besonders der ausgebrochenen Meißel, nicht mehr in Betracht, da hierfür heute besondere Meißelschleifmaschinen gebaut werden.

Die bisher gebräuchlichen natürlichen Schleifsteine wurden in einzelnen Fällen durch Schmirgelscheiben, welche teils vertikal, teils horizontal laufen, ersetzt. Die Meißelhalter sind nach jeder Richtung beweglich angebracht und können nach Belieben für jeden gewünschten Schleifwinkel, der von der Hiebart und der Härte der Feile abhängt, eingestellt werden. Die Leistung der Meißelschleifmaschine ist erheblich höher als diejenige eines Handschleifers, nur muß der Scheibe stets genügend Wasser zugeführt werden, damit die Meißelschneide nicht anläuft.

Das Abziehen des Meißels nach dem Schleifen wird fast ausschließlich noch von Hand gemacht, da der geübte Arbeiter mit seinem feinen Gefühl dafür Besseres leistet als die versuchsweise schon gebaute und teilweise in Betrieb genommene Meißelabziehmaschine.

Was nun noch das Abstreifen (Abziehen) des maschinengehauenen Unterhiebes vor dem Hauen des Oberhiebes anbetrifft, so kann man sich diese Arbeit beim maschinellen Hauen ersparen. Hier liegt der Fall günstiger als bei der Handhauerei, weil der Unterhieb gleichmäßig gehauen ist, dadurch die Zahnspitzen alle genau gleich hoch stehen und weil der mit Gewichten belastete Feilendrücker, ohne welchen niemals gehauen werden kann, den Grat ganz von selbst etwas abstreift. Theoretisch haben ja diejenigen Feilen die schärfsten und besten Hiebe, deren Unterhieb nicht abgezogen und auch nicht durch den Feilendrücker irgendwie beschädigt bzw. stumpfgemacht wurde.

Abb. 257. Das Hauen der Kanten von Sägfeilen.

In der Feilenindustrie hat man wiederholt Versuche gemacht, den Unterhieb der Feilen nicht mehr wie bisher auf der Feilenhaumaschine zu hauen, sondern unter der Feilenhobelmaschine mit einem besonderen Schneidwerkzeug während eines einmaligen Vorschubes einzuhobeln derart, daß die sich bildenden Riefen einen sehr spitzen Winkel mit der Feilenachse einschließen. Die Gestehungskosten der Feile sollen hierdurch verringert werden, was aber, abgesehen von der nicht gerade billigen Herstellung der Schneidwerkzeuge nur dann der Fall ist, wenn auch wirklich diese Riefen mit einem Vorschub fertig sind. Sollen sie jedoch die nötige Tiefe eines Unterhiebes haben, so muß — namentlich wenn harter Feilenstahl in Betracht kommt — jede Feile mehrmals durchgehobelt werden, wenn deren Hiebe nicht ganz zerrupft und zerrissen aus der Maschine kommen sollen. Die Abb. 258 zeigt eine Feilenhobelmaschine mit eingespanntem Schneidwerkzeug nach einer Ausführung von Carl Renner in Hamborn. Dieses Hobeln von Riefen ersetzt aber niemals einen richtig gehauenen Unterhieb; es mag vielleicht gut sein für einhiebige Sägfeilen, da hierdurch deren Oberhieb etwas gespalten wird und infolgedessen etwas besser angreift.

Das Feilenschneiden. Zum Abschluß der gesamten Feilenhauerei soll hier noch ein Arbeitsgang in der Feilenfabrikation erwähnt werden, dessen Kenntnis teilweise auch in Fachkreisen nicht sehr verbreitet ist. Es handelt sich um das Schneiden der Feilen von Hand und mit der Maschine, welches für gewisse Feilensorten — namentlich die kleinsten — vielfach an Stelle des Hauens angewendet wird. Die Beschreibung der Schneidfeile (Abb. 91) und ein kurzer Bericht über ihr ältestes Vorkommen ist auf S. 50 zu finden, so daß nur noch übrigbleibt, einiges über das Feilenschneiden selbst und über die Feilenschneidmaschine zu sagen. — Die Handhabung

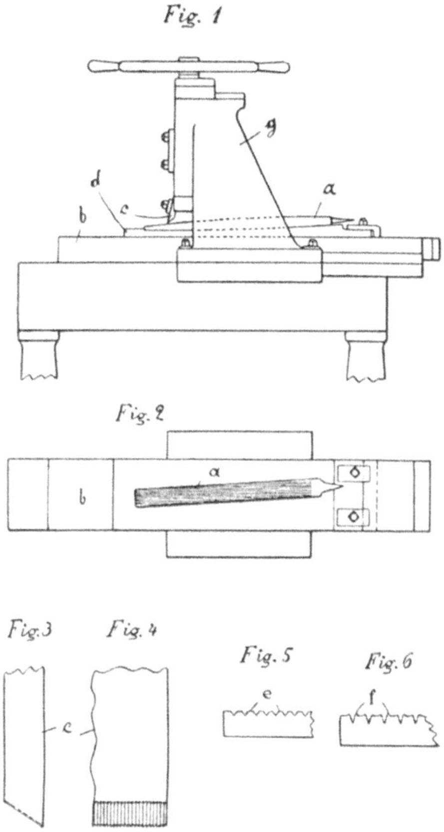

Abb. 258.
Unterhiebhobelmaschine aus dem Jahre 1911.

der Schneidfeile ist in Deutschland, Frankreich und Amerika verschieden. Während in Amerika der Feilenschneider mit der linken Hand die zu schneidende Feile in einem Halter eingespannt hält und nach Bedarf dreht und mit der rechten Hand die Schneidfeile führt, die ihm gegenüber in einem freischwingenden Rahmen befestigt ist, wird in Deutschland laut Abb. 259 verfahren. Die in einem Spannkloben befestigte Feile wird in ein in den Schraubstock gespanntes Gesenk gelegt, nach Art der Brustleier gehalten und die Schneidfeile mit beiden Händen unter dem richtigen Unterhieb- bzw. Oberhiebwinkel über die Feile hin und her bewegt. Dabei fräsen gewissermaßen die Zähne der Schneidfeilenkante die Furchen aus, die dann den Zahn der Feile bilden. So einfach dies klingt, so verlangt diese Arbeitsweise doch eine große Geschicklichkeit, und nicht wenig Übung gehört dazu, die gleichmäßige Bewegung, den gleichmäßigen Druck und das sichere Gefühl sich anzueignen, das eben nötig ist, um einen schönen tadelfreien Hieb zu erhalten. Die vorbeschriebene Art des Schneidens ist vorteilhafter als die in Frankreich und der Schweiz übliche, wo 2 Arbeiter nötig sind, von denen der eine die zu schneidende Feile hält, der andere die Schneidfeile selbst führt. Auf die Herstellung der Schneidfeile muß größte Sorgfalt gelegt werden, denn von ihr hängt der Hieb bzw. die Leistung der geschnittenen Feile ab.

Daß das Feilenschneiden zu Anfang des 19. Jahrhunderts schon bekannt war, steht zweifellos fest, und Frankreich wird es gewesen sein, das sehr wahrscheinlich schon im 18. Jahrhundert die ersten kleinen und kleinsten Uhrmacher- und Uhrmachernadelfeilen mit der Schneidfeile schnitt, da diese weder von Hand noch mit der Maschine gehauen werden konnten. In Deutschland bürgerte sich die Kunst des Feilenschneidens

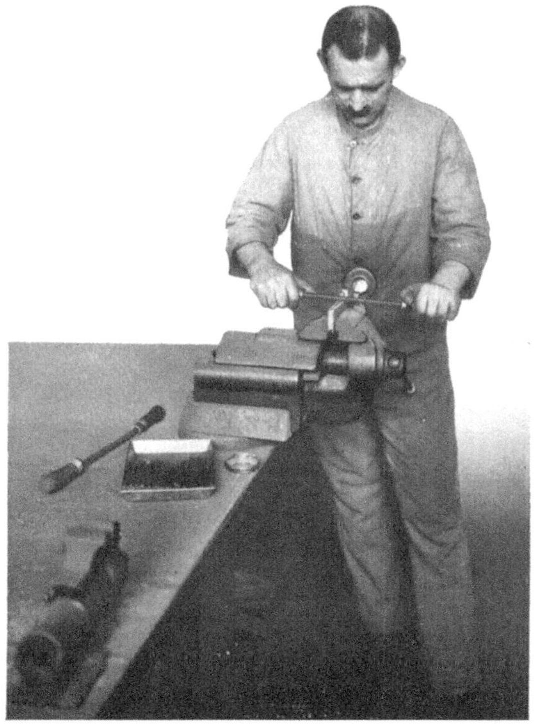

Abb. 259. Feilenschneider.

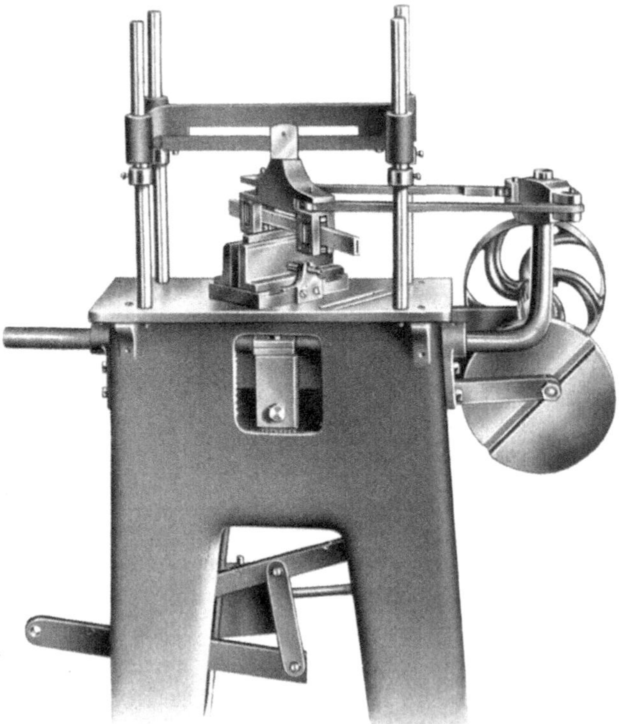

Abb. 260. Amerikanische Feilenschneidmaschine. 1904.

und die Herstellung der Schneidfeilen im Jahre 1878 ein, nachdem bekannt wurde, daß dieses Verfahren auch in der Schweiz und in Amerika längst zur Durchführung gekommen war.

Vermutlich waren es die praktischen Amerikaner, welche sich gleich in größerer Zahl Feilenschneidmaschinen zu Anfang der 1880er Jahre bauten, wieder aus der Erwägung heraus, die teure Handarbeit namentlich für Serien- und Massenfabrikation möglichst zu vermeiden. Ob nun die Franzosen, oder die Schweizer, oder die Amerikaner die ersten Feilenschneidmaschinen gebaut haben, ist heute mit Sicherheit nicht mehr festzustellen. Soviel aber ist Tatsache, daß die erste deutsche Feilenschneidmaschine vor genau 30 Jahren nach aus der Schweiz erhaltenen Angaben von der Firma Friedr. Dick in Eßlingen a. N. gebaut und in Betrieb genommen wurde. Die Abb. 260 zeigt eine amerikanische Feilenschneidmaschine aus dem Jahre 1904, wie sie Hess in Philadelphia um diese Zeit gebaut hat. Das Prinzip dieser Maschine ist bis heute dasselbe geblieben, nur wurde sie insofern verbessert, als vor dem Schraubstock Spanneinrichtungen angebracht wurden, welche ein selbsttätiges Drehen der Rund- und Halbrundfeilen während des Schneidens gestatten. Im Laufe der letzten 20 Jahre wurden eine ganze Reihe verschiedenartiger Feilenschneidmaschinen konstruiert. Man ging so weit, daß selbst ganz bauchige Feilen mit der Schneidfeile geschnitten werden konnten, und zwar durch ein automatisches Auf- und Niederschwingen des Supportes mit der zu schneidenden Feile oder der Schneidfeile selbst. Die Abb. 261 zeigt eine weitere Feilenschneidmaschine neuerer

Abb. 261. Neuere Feilenschneidmaschine.

Konstruktion. Diese stellt eine größere Schneidmaschine dar, unter welcher auch größere Zollfeilen geschnitten werden können. Sie wird vielfach zur Erzeugung des Unterhiebes von halbrunden Rücken und runden Halbschlicht- oder Schlichtfeilen bis 16 Zoll Länge verwendet, welch letztere dann auf einer Feilenhaumaschine mit Oberhieb versehen werden. Mit einer Stufenscheibe können verschiedene Arbeitsgeschwindigkeiten für kleine, mittlere und größere Feilen eingestellt werden.

Über das Härten. — Geschichtliches. Dem Hauen und Schneiden der Feilen folgt nun, nachdem noch die Spitzen je nach Art der Feile durch Abzwicken, Anschleifen, Ausbessern und Nachrichten in Ordnung gebracht worden sind, das Härten. Eigentlich die wichtigste Arbeit in der ganzen Feilenfabrikation, denn was nützt all die bisherige Arbeit, wenn der Härter das verdirbt, was vorher mit viel Mühe und Arbeit erreicht wurde. Manche Feile geht bis hierher in größeren Betrieben durch 15—20 Hände. Wenn der Hand- oder Hammerschmied, der Walzer oder der Glüher den Kohlenstoffgehalt der Feile — oftmals unter Pyrometerkontrolle — noch so sehr geschont oder gar verbessert hat, wenn der Feiler und der Hauer ihre ganze Kunst zur Erreichung eines richtigen, guten und scharfen Hiebes eingesetzt haben, so genügt eine Sekunde Unaufmerksamkeit des Härters, um die ganze vorhergehende Arbeit einschließlich des teuren Rohmaterials wertlos zu machen.

Bevor ich mich aber eingehender mit dem Härten und Fertigmachen von Feilen befasse, möchte ich kurz nicht nur einige allgemeine Bemerkungen, sondern auch einige wertvolle geschichtliche Mitteilungen über diesen wichtigen Fabrikationsprozeß machen. Die Begriffsbestimmung des Härtens möchte ich hierzu wie folgt ausdrücken: Nicht härtbares Eisen, welchem man aber in glühendem Zustande durch innige Berührung mit kohlenstickstoffhaltigen Substanzen Kohlenstoff zugeführt hat, und glühend gemachter Stahl erlangen, wenn sie rasch abgekühlt werden, eine gewisse Härte, die jeweils von der Menge des künstlich zugeführten bzw. des dem Stahl innewohnenden Kohlenstoffgehaltes abhängt.

Das Härten von Eisen und später von Stahl wurde schon sehr frühzeitig erkannt, reichen diese Kenntnisse doch schon weit in das Altertum zurück. Etwa 900 v. Chr. schilderte Homer in einem seiner Gesänge sehr lebhaft den Vorgang des Härtens bei der Erzählung von der Blendung des Riesen Polyphem durch Odysseus (Odyssee 9. Gesang) wie folgt:

„Wie wenn ein kluger Schmied die Holzaxt oder das Schlichtbeil
Aus der Ess' in den kühlenden Trog, der sprudelnd emporbraust,
Wirft und härtet; denn dieses ersetzt die Kräfte des Eisens:
Also zischte das Aug' um die feurige Spitze des Oelbrands."

Diese kurzen Verse zeigen, daß Homer nicht nur Eisen, sondern auch den Stahl und seine Härtbarkeit gekannt hat. Etwa 1000 Jahre später erwähnte Cajus Plinius Secundus (23—79 n. Chr.) in seiner großen „Naturgeschichte" u. a. im Buch 34, Kap. 14 die Kunst des Härtens. Er schrieb: „. . . den größten Unterschied bekommt es [nämlich das Eisen] im Wasser, in das es gleich darauf eingetaucht wird" und etwas später: „Feinere Werkzeuge kühlt man im Öl ab, damit sie im Wasser nicht glashart werden."

T. Lucretius Carus, ein römischer Dichter und scharfer Naturbeobachter († 55 v. Chr.) befaßte sich in seinem Lehrgedichte: „Von der Natur der Dinge" wiederholt mit dem Härten von Eisen.

Den alten Germanen war das Härten des Stahles wohlbekannt. Diese Kunst pflegten sie von altersher und in höchstem Ansehen stand bei ihnen Wieland der Schmied. Prächtig erzählt er im Amelungenlied die Herstellung seines wunderbaren Schwertes und zeigt, daß ihm die Zementation des Stahles durch Einsatzhärtung schon bekannt war (siehe Amelungenlied S. 4 und 5 nebst Erläuterung hierzu von Dr. L. Beck).

Der westfälische Mönch Theophilus Presbyter befaßte sich um das Jahr 1100 eingehender mit der Herstellung von Feilen (s. S. 21). Sein verblüffender Bericht über das Härten zeigt auf das Deutlichste, daß zwischen der damaligen Art zu härten und derjenigen, welche heute fast noch überall üblich ist, so gut wie kein Unterschied besteht. Er schreibt über die Härtung der größeren und kleineren Feilen nacheinander folgendes:

„Verbrenne das Horn eines Ochsen im Feuer und schabe es, mische dazu ein Drittheil Salz und mahle das kräftig. Dann lege die Feile ins Feuer, und wenn sie weißglühend geworden, streue jene Mischung allerseits darüber. Auf hiezu geeigneten Kohlen, welche tüchtig brennen, blase hastig auf allen Orten, damit die Mischung nicht abfalle, wirf es schnell heraus, lösche gleichmäßig in Wasser ab, nimm es wieder heraus, und trockne es mäßig über dem Feuer. Auf diese Weise wirst du alles, was aus Stahl ist, härtnen. Mache auch kleinere auf ähnliche Weise, die viereckigen, halbrunden, dreieckigen, dünnen nämlich aus weichem Eisen, welche du auf diese Weise härtest. Wenn sie mit dem Hammer mit Einschnitten versehen sind oder mit dem Schneideeisen*) oder Messer, so bestreiche sie mit altem Schweinefett und umgieb sie mit geschnittenen Riemchen von Bockleder, und binde diese mit einem flächsernen Faden an. Darauf bedeckst du sie einzeln mit gemahlenem Ton, läßt ihre Enden aber frei. Sobald sie trocken sind, setze sie über das Feuer, blase heftig, das Leder wird verbrennen, du ziehst sie rasch aus dem Tone, löschest sie gleichmäßig im Wasser und trocknest die herausgezogenen am Feuer." Hierzu ist zu bemerken, daß die größeren Feilen aus verstähltem Eisen hergestellt und deshalb ohne Zementation zu härten waren, während zu den kleineren Feilen weiches Eisen verwendet wurde, das nur durch eine Oberflächen- bzw. Einsatzhärtung die nötige Härte erreichen konnte. Im Kap. XX „Vom Härten des Eisens" schrieb Theophilus Presbyter weiter: „Auch die Grabeisen werden auf diese Weise gehärtet. Sobald sie gefeilt und ihren Handhaben angepaßt sind, wird ihr Ende in's Feuer gegeben und schnell, wenn es zu glühen anfängt, herausgezogen und im Wasser gelöscht." Das Kap. XXI behandelt noch zum Schlusse das Härten von Eisenwerkzeugen, mit denen man Glas und weichere Steine schneiden will, folgenderweise: „Nimm einen 3 Jahre alten Bock, binde ihn drei Tage an, ohne ihm Nahrung zu geben, am vierten Tage reiche ihm Farnkraut zu fressen und nichts anderes. Wenn er dieses seit zwei Tagen gefressen, stecke ihn die folgende Nacht unter ein am Boden durchlöchertes Faß, unter dessen Löcher du ein unversehrtes Gefäß gestellt hast, um darin seinen Harn zu sammeln. Nachdem du zwei, drei Nächte ihn auf diese Art zur Genüge gesammelt hast, lasse den Bock frei, in dem Harne aber härte deine Eisen. Auch im Harne eines rothaarigen Knaben werden Eisenwerkzeuge mehr gehärtet als in bloßem Wasser."

Wissenschaftliche, vor allem metallographische Untersuchungen vorgeschichtlicher Waffen und Werkzeuge ergaben die damalige Härtung des Stahles, oberflächlich durch Einsatzhärtung verstählte Geräte wurden nachgewiesen. Aus all dem Vorhergehenden läßt sich der Schluß ziehen, daß sowohl Einsatzhärtemittel als auch die übrigen Härtemittel zur Herstellung der Feilen längst bekannt waren. Als Einsatzhärtemittel konnten zu jenen Zeiten nur in Betracht kommen: Klauenmehl, Knochen-, Horn- und Lederkohle, dazu noch tierische Exkremente, besonders von Vögeln. Die in diesen Stoffen enthaltenen Kohlenstickstoffverbindungen werden in Berührung mit dem erhitzten Eisen in Kohle und Stickstoff zerlegt. Die Kohle verbindet sich teils mit dem Eisen, teils setzt sie sich auf dessen Oberfläche ab. Nach neueren Versuchen soll auch der Stickstoff unmittelbar in den Stahl übergehen und in Form von Nitrid neben Kohlenstoff als härtender Bestandteil auftreten. Schärfer wirkende Stoffe wie blausaures Kali, Zyankali und Bariumkarbonat waren zu jenen Zeiten noch unbekannte Größen, ebenso wie die heute vielfach

*) Schneidfeile?

verwendeten gasförmigen Mittel. Außer den erst angeführten Stoffen wurde noch fester Kohlenstoff verwendet in Form von Holzkohle und Ruß. Die Härtemittel selbst bestanden aus: Ofenruß (Kohlenstaub), gewöhnlichem Salz, Klauenmehl, Harz, Essig, getrocknetem Ochsenblut (Blutkohle) und vor allem auch Bierhefe, ferner aus tierischen Exkrementen und Urin, sowie aus gemahlenem Glas, Leim, Weizen- und Roggenmehl. Die letzteren 3 Mittel wurden, wie heute noch, als Bindemittel verwendet. Das Salz schmilzt auf der Oberfläche des glühenden Stahles und gibt in geschmolzenem Zustand seinen Kohlenstoff leichter an den Stahl ab, außerdem gibt es mit gemahlenem Glas zusammen Anlaß zu einem schützenden Schlackenüberzug gegen Oxydation, der sofort bei Eintauchen der Feile in Wasser abspringt. Beim Härten ist immer darauf zu achten, daß jede Bildung von Glühspan und Entkohlung des Stahles während der Wärmebehandlung verhindert wird.

Wie heute noch, spielte schon in ältesten Zeiten viel Aberglaube bei der Wahl der Härtemittel mit und so manches wertlose Mittel wurde der Härtemasse oft nur zur Täuschung beigefügt. Die als Einsatzhärtung bekannte oberflächliche Kohlung des Eisens, besonders durch die erwähnten kohlen- und stickstoffhaltigen Stoffe, wurde bis in das Mittelalter hinein noch viel benutzt, und zwar ganz besonders zur Härtung von Feilen aus Eisen und minderwertigem Stahl. Erst als in der Mitte des 19. Jahrhunderts durch die Fortschritte in der Stahlfabrikation besondere Feilenstahlsorten geschmolzen und gewalzt wurden, kamen alle diese Einsatzhärtemittel in Wegfall.

Die nun folgenden Berichte aus dem 16., 17. und 18. Jahrhundert über das Härten von Feilen werden am besten zeigen, daß die Härteeinrichtungen und Rezepte für die Aufstreich-(Anschmier-) Massen bis zum heutigen Tage fast dieselben geblieben sind.

Zunächst einige Mitteilungen aus dem Jahre 1627 von dem berühmten französischen Schlossermeister Jousse de la Flêche, welche lauten:

„Die beste und sicherste Art, um Feilen und andere eiserne Werkzeuge, die aus Eisen gemacht sind, zu härten, geschieht mit möglichst dichtem und trockenem Ofenruß. Man zerreibt ihn zu Pulver und siebt ihn, alsdann setzt man ihn mit Urin und Essig, dem man etwas Salz oder Salzlake zufügt, an; und zwar nimmt man so viel Urin und Essig, daß das ganze wie Senf wird und zerreibt und mischt alles auf das sorgfältigste.

Nachdem man den Ruß so angesetzt hat, reibt man die Feilen mit Essig und Salz, um das Fett davon zu entfernen. Nachdem sie gut entfettet sind, bedeckt man sie mit dem angemachten Ruß; und indem man aus mehreren Feilen ein Paket macht, in dessen Mitte ein eisernes Rohr, in welchem ein Eisenstab, den man den Probierstab (esprouvette) nennt, steckt, sich befindet, bedeckt man das ganze Paket mit frischem Lehm. Man erhitzt es mit Holzkohlen in einem Windofen aus Ziegel oder dergleichen, bis die Feilen zur Kirschrotglut oder etwas höher erwärmt sind, was man durch den Probierstab, den man vorsichtig herauszieht, erkennt.

Neue Feilen aus Eisen kann man noch stärker erhitzen und heißer härten, als alte, welche zum zweiten- oder drittenmal aufgehauen sind oder als solche von Stahl.

Sobald man sieht, daß sie heiß genug sind, wirft man den ganzen Pack in ein Gefäß mit kaltem Quell- oder Brunnenwasser, je kälter, je besser.

Wenn die Feilen sich bei der Härtung biegen oder werfen, so kann man sie im Wasser, ehe sie noch ganz kalt geworden sind, gerade biegen (les plyant doucement dans l'eau). Denn wenn man wartet, bis sie ganz trocken sind, so würde man sie durch das Strecken zerbrechen. Nachdem sie kalt geworden sind, reinigt man sie mit Holzkohle oder Leinwand, um Fett oder Talg, die in den Vertiefungen stecken, zu entfernen. Dann trocknet man sie vor dem Feuer und packt sie mit Weizenkleie, um sie vor Rost zu schützen, in eine Kiste. Sind die Feilen zart, so muß man sie dagegen in Ölpapier packen, damit der Staub, der in der Kleie ist, nicht eindringt.

Will man kleine Feilen, Bohrer, Zieheisen und ähnliche Gegenstände härten, die nicht so starr und hart sein müssen, wie die vorherigen, so nimmt man altes Schuhleder, wäscht es gut, um den Schmutz zu entfernen brennt und zerstößt es rasch, ehe es in Asche zerfällt. Nachdem man das so erhaltene Pulver gesiebt hat, fügt man etwas Ruß zu und macht das Ganze mit Urin oder Essig oder beidem an. Die Feilen oder die anderen Gegenstände formt man alsdann in ein Paket derart, daß sie von der Luft abgeschlossen sind; man erhitzt und löscht sie dann im kalten Wasser ab wie oben und wenn die Feilen sich werfen oder verziehen, so streckt man sie, wie oben angegeben.

Es ist bemerkenswert, daß, wenn man sie vor dem Ablöschen kalt klopft, sie sich nachher noch besser wieder strecken lassen, besonders die Schneidfeilen.“

In den beiden letzten Fällen, wie auch in einigen vorhergehenden, haben die Verfasser nicht eine einfache Härtung durch Erwärmen und Ablöschen, sondern eine Härtung durch Zementation genau beschrieben, und das beschriebene Verfahren der Härtung eiserner Feilen gehört wohl zu der ältesten Anwendung der Zementation*).

Im Jahre 1748 lieferte Gabriel Lauräus „auf Veranlassung einiger vornehmer Gönner" seinen großen Bericht: „Eine Art Stahl zu allerlei Gebrauche zu härten". Dieser ist in den Abhandlungen der Königl. Schwedischen Akademie der Wissenschaften (9. Bd. S. 68, Stockholm 1748) erschienen. Besonders interessant ist neben der Beschreibung des Härtens von Feilen auch die Zubereitung des Härtewassers. „Dasselbe besteht aus folgender Mischung: Ein Loth Salpeter, ebensoviel gebranntes Salz, ein Stübchen Harn und eine Kanne Wasser; dieses alles wird in eine Flasche gegossen, wo man es stehen läßt, bis alles wohl zergangen ist; je länger dieses Wasser steht, desto besser wird es. Sollte man bemerken, daß der Satz zu stark ist, so thut man mehr Harn oder Wasser dazu ... Der Salpeter hat die Art, daß er sowohl eine Härte als zähe Härtung giebt, wie ich oft versuchet und gefunden habe. Nimmt man aber zu viel Salpeter, so treibt er die übrigen Materien von dem heißen Stahle, daß er die Härtung nicht in sich nehmen kann ..."

Lauräus schreibt ferner: „Zum Härten feiner Feilen dienen Horn, Klauen oder Pferdehufe. Diese Materialien werden in kleine Stücke zerschnitten, auf einer eisernen Platte gebrannt, daß sie wie Schaum aufschwellen. Ein Theil der letzteren wird zerstoßen mit einem Theil „Feuermäuerruß" und gebranntem Salz vermengt und mit dem oben erwähnten Härtewasser auf einem Farbstein zu einem guten Brei verrieben, und dieser in einem glasierten Gefäß bis zum Bedarf aufbewahrt. Will ich nun härten, so nehme ich von diesem Mengsel, und sehe zu, ob es die gehörige Dicke hat ... darnach nehme ich die fertig gehauenen Feilen, thue sie in ein Kohlfeuer, daß sie recht warm werden ... bestreiche sie oben und unten mit dieser Materie, halte sie so lange über das Feuer, bis die Materie trocknet und so fort eine nach der andern ... Wenn die Feilen die richtige Hitze haben, werden sie in das erwähnte Härtewasser gelegt."

„Feine Uhrmacherfeilen werden in anderer Weise gehärtet: Nachdem alles zum Härten fertig ist, nehme ich Salz, binde es in einen Lappen, wärme die kleinen Feilen so, tunke den Salzklumpen mitten ins Härtewasser, daß das Salz im Lappen recht feucht wird, drücke die Feilen damit, so werden die Feilen ganz weiß; oder ich bestreiche sie mit dem schwarzen Mengsel, setze sie ordentlich in einen abgeschnittenen Musketenlauf, und darnach in aufgefachte Kohlen, wo sie sich durchwärmen, und gehörig heiß werden, da ich sie dann entweder in vorerwähntem Härtewasser oder in Knoblauchsaft ablösche, von welch letzterem sie hart und zähe werden."

*) Hier beizufügen habe ich die interessante Tatsache, daß Prinz Rupprecht von der Pfalz sich eingehend mit dem Eisenhüttenwesen befaßt hat. Er kannte genau die Verarbeitung des Eisens und des Stahles in Deutschland, vor allem aber auch die verschiedenen Zementationsverfahren. Auf seinen weiten Reisen kam er auch nach England und dort muß er wohl von seinen Kenntnissen und Erfahrungen auf dem erwähnten Gebiete berichtet haben, denn auf dem Patentamt zu London wurde am 1. Dezember 1671 das Patent Nr. 161, „Converting Iron Files into Steel von His Highness Prince Rupert" eingetragen. In dem folgenden Patent Nr. 162 ist u. a, vermerkt, daß Prinz Rupprecht direkt oder indirekt an der Ausbeutung des vorerwähnten Patentes Nr. 161 interessiert war. Dr. Otto Johannsen schreibt in seiner „Geschichte des Eisens" 1924 über Prinz Rupprecht: „Prinz Rupprecht war ein Sohn des Kurfürsten Friedrich V. von der Pfalz, des ‚Winterkönigs', also ein Enkel Jakobs I. Er kämpfte zuerst im Dreißigjährigen Krieg für die Sache seines Vaters und dann unter Karl I. von England. Nach einem unstäten Flüchtlingsleben wurde er unter Karl II. englischer Admiral. Nebenbei beschäftigte er sich mit Handlungsunternehmungen — er war z. B. Mitbegründer der Hudsonbai-Gesellschaft —, mit wissenschaftlichen Untersuchungen und mit Erfindungen. Er war auch ein guter Zeichner und Maler. Von seinen Arbeiten auf dem Gebiete des Eisenhüttenswesens ist seine Beschäftigung mit dem schmiedbaren Guß und mit der Zementstahlfabrikation zu erwähnen. Wenn er diese Verfahren auch wohl aus Deutschland mitgebracht hat und nicht ihr Erfinder ist, verdankt ihm England doch jedenfalls die Vermittlung deutscher Fachkenntnisse."

Den Knoblauchsaft bereitete Lauräus in folgender Weise: „Ich nehme Knoblauch nach Gefallen, und nachdem ich viel Saft verlange, zerschneide ihn, gieße so viel Branntewein darauf, daß er darüber geht, lasse ihn so stehen und sich 24 Stunden in einem warmen Orte ausziehen, da ich denn den Branntewein zugleich mit dem Safte auspresse, und wohl verschlossen in einer Flasche verfahre, alsdann aber besagtermaßen zum Härten brauche."

P. N. Sprengel berichtete im Jahre 1770 in seinem bekannten Werk „Handwerke in Tabellen" folgendes:

„Das Wichtigste bey dieser Profession ist aber wol das Härten, oder daß der Feilenhauer die Kunst verstehen muß, der Feile nach dem Hauen eine durchgängig gleiche Härte zu geben. Sie pflegen daher auch sehr geheimnisvoll damit zu seyn. Es kann auf eine doppelte Art geschehen.

a) Man läßt Ochsenklauen so lange in einem Bäckerofen brennen, bis sie völlig braun sind, und zerstößt sie alsdenn in einer kleinen Stampfe. Unter zwey Theile dieses Pulvers wird ein Theil gewöhnliches Küchensalz, und nach Gutdünken etwas zerstoßenes Glas gemischt. Dis Pulver stellt man in einem Gefäß auf die Schmiedeesse, spannet eine oder mehrere Feilen in eine Schmiedezange, und läßt sie in der Esse braunwarm werden, daß man kaum die Glut bemerkt. Alsdenn bestreuen die Feilenhauer die Feile auf allen Seiten mit dem gedachten Pulver, so lange, als die erhitzte Feile noch das Pulver anzündet, und noch Funken abspringen. Alsdenn halten sie die Feile über die glüenden Kolen der Esse, daß das Pulver völlig an zu brennen fängt, streuen noch einigemal Pulver auf, solange noch ein Brand erfolget, und brennen es gleichfalls über den Kolen ab. Will die Feile nicht mehr das Pulver anzünden, so steckt man sie, wo möglich, in recht kaltes Wasser. Der Feilenhauer fährt zuerst mit der Spitze der Feile langsam ins Wasser, taucht sie eben so langsam nach und nach ein, und läßt sie endlich völlig ins Wasser fallen. Wenn sie hierin einige Augenblicke gelegen hat, so nimmt er sie wieder heraus, und wenn das Pulver die Feile an allen Stellen wie eine Rinde umgiebt, so ist dies ein Zeichen, daß die Feile gut gehärtet ist. Ist hingegen in dem Wasser hin und wieder etwas von dem Pulver abgesprungen, so hat die Feile noch weiche Stellen, und muß von neuem gehärtet werden. Sobald sie aus dem Wasser kommt, bürstet man sie mit einer scharfen Bürste ab, und nimt hiedurch die Rinde weg, setzt sie einige Augenblicke gegen das Feuer der Esse, damit sie trockne, und reibt sie endlich mit einem leinenen Tuche sorgfältig ab, damit keine Nässe zurückbleibe und Rost verursache. Aller dieser Sorgfalt ohnerachtet wird die Feile doch rostig, wenn man sie nicht nach dem Härten mit Baumöl bestreichet. Diese Art zu Härten giebt der Feile nicht nur Dichtigkeit, sondern sie nimt auch den Zunder oder die Schwärze ab, und je sorgfältiger der Feilenhauer alle diese Handgriffe beobachtet, desto härter wird die Feile.

b) Noch eine bessere Härte sollen die Feilen auf folgende Art erhalten: Man mischt zu dem nur gedachten Pulver noch zerstoßene Eyerschalen, und feuchtet es mit Heringslacke an, schüttet diese Mischung in einen Kasten von Eisenblech, steckt die Feilen in das Pulver, verschließt den Kasten mit einem Deckel, und verklebt ihn mit Lehm. Der Kasten wird so lange in das Feuer der Esse gesetzt, bis die Feilen vermuthlich rothwarm sind. Zuletzt steckt man den Kasten mit den Feilen langsam in kaltes Wasser, die Feilen werden herausgenommen, und auf die beschriebene Art gereinigt. Kunstverständige wollen versichern, daß recht kaltes Quellwasser eben die Dienste tun würde, und ähnliche Fälle machen es wahrscheinlich.

Das Härten der stählernen Raspeln weicht in keiner Absicht von dem Härten der Feilen ab, allein die eisernen Raspeln pflegt man etwas stärker zu härten, oder das gedachte Pulver beym Härten etwas reichlicher aufzustreuen."

M. Jars, Paris, machte wiederholt Studienfahrten nach England. In seinem im Jahre 1774 erschienenen Werk „Voyages Métallurgiques" berichtet er über die englische Feilenhärterei wie folgt: „Die Steinkohlen, deren man sich zum Härten bedient, werden zuerst abgeschwefelt und zu Cynders (abgelöschte Kohlen, Koks) gemacht, welche (zu Winlington-Miller) die besondere Eigenschaft haben, daß sie beim Brennen gar nicht dampfen, auch nicht so stark flammen als die Holzkohlen. Die gehauenen Feilen werden in eine Tonne voll Bierhefe eingetaucht, und von allen Seiten damit benetzt. Hierauf werden solche in einen Haufen, der aus Meersalz und gebrannten, gröblich zerstoßenen Rindsklauen bestehen soll, gesteckt, damit die Hiebe der Feilen im Feuer nicht leiden, auch der Stahl die nötige Härte erhalte. Alsdann kommen die Feilen auf einen eisernen Stab, welcher vor einem mit Steinkohlen geheizten Ofen liegt, jedoch nur so nahe an das Feuer, daß gerade noch die Feuchtigkeit abdampfen und das vorbeschriebene Härtepulver sich fest anhängen kann. Wenn die Feilen trocken sind, legt man sie auf ein neben dem Herde befindliches und mit dem obigen Pulver bedecktes Brett, der Herd wird mit Koks aufgefüllt und das Gebläse in Betrieb gesetzt. Man steckt hierauf einige Feilen in die Kohlen, und zwar, um die allzu starke Hitze zu vermeiden, zunächst in einiger Entfernung vom Gebläse, nimmt diese aber gleich wieder heraus und bringt sie in ein weit stärkeres Feuer, jedoch so, daß man sie sehen und aus ihrer Farbe den Grad der Hitze beurteilen kann. Findet der Arbeiter, daß sich die Feile, wie es oftmals der Fall ist, im Feuer verzogen hat, so nimmt er diese heraus und sucht sie mit einem hölzernen Hammer durch schwache Schläge wieder gerade zu machen. Ist von der vorgedachten Härtemasse hin und wieder etwas abgefallen, so fährt er mit der Feile auf das Brett, worauf sich ein kleiner Haufen derselben befindet, und streut frische Härtemasse auf die blanken Stellen. Hierauf bringt er die Feile wieder ins Feuer, und wenn sie gehörig erhitzt ist — wobei ihre Farbe kirschbraun erscheint —, so nimmt er sie heraus und steckt sie senkrecht, so weit die Hiebe gehen, in eine Küfe mit kaltem Wasser. Sind sie kalt geworden, werden sie aus dem Wasser herausgenommen, und in eine kleine Küfe mit Wasser geworfen, darauf mittels einer scharfen Bürste mit feinem Sande gescheuert, und wieder in eine Tonne mit Kalkwasser geworfen. In dieser bleiben sie so lange liegen, bis sie verpackt werden sollen. Der Kalküberzug hält so lange den Rost von den Feilen ab, bis sie ganz trocken und rein gemacht werden, worauf man sie mit Öl einreibt, damit sie auf dem Transport nicht rosten."

Ein Wiener Flugblatt gab im Jahre 1782 einen Bericht über das Feilenhauerhandwerk heraus, welcher auf S. 67 dieses Werkes bereits schon abgedruckt ist. Darin ist auch das Härten von Feilen zu jener Zeit beschrieben.

Einen weiteren interessanten Bericht gibt Renterey- und Hüttenschreiber J. C. Quanz in Schmalkalden in seiner Abhandlung „Von der Verfertigung der Feilen in Schmalkalden" vom Jahre 1799: „Noch ist eine der wichtigsten Arbeiten, das Härten, übrig worinn der Deutsche dem Engländer noch weit nachsteht, und wobey man verschiedene Methoden anwendet. Der hiesige Professionist geht dabey also zu Werke. Er spannt die Feilen in eine Zange, nachdem sie groß oder klein sind, macht sie vor dem Gebläse braunwarm, bestreuet sie mit dem Härtepulver, das aus gleichen Teilen von gebranntem und gepulvertem Horn und Kochsaltz besteht. Dieses Härtepulver entzündet sich, sobald es die Feile berührt. Er fährt mit dem Aufstreuen so lange fort, bis er glaubt, daß es genug sey. Wenn dieses ausgebrannt und völlig verzehrt ist, betrachtet er die Feilen, ob die Härte sich allerorten gehörig angelegt hat, wo nicht, so muß er diese Arbeit noch einmal vornehmen. Alsdann bringt er sie wieder vor das Gebläse, läßt sie braunroth werden und taucht sie hierauf langsam zuerst mit der Spitze, in recht kaltes Wasser, worinn sie wenige Minuten bleibt. Nimmt sie heraus, und stellt sie, nachdem sie abgerieben und in Kalchwasser eingetaucht worden, in die Esse zum völligen Abtrocknen hin, und um sie vor Rost zu sichern werden sie mit Baumöhl eingeschmiert und in Papier gebunden. Andere schichten ihre Feilen mit dem Härtepulver in einen blechernen Kasten ein und bringen sie so vor das Gebläse. Das nennen sie Einsetzen. Eine dritte Gattung rühmt die Salpeter-Kügelchen als das beste Ingredienz des Härtepulvers, die aber selten oder hier gar nicht angewendet werden. Ob das Härtepulver schlechterdings notwendig sey, oder ob das Härten in bloßem, recht kaltem Wasser eben so gut verrichtet werden könne, müssen Versuche allein entscheiden. Mir scheint letzteres sehr wahrscheinlich, da viele von unsern Handwerkern sich allein des kalten Wassers bedienen. Aber auch nicht jedes Salz ist brauchbar. Von der Beschaffenheit ist das Salz, welches auf dem hiesigen Salzwerke gemacht wird, das durch sein Umhersprühen eine ungleiche Härte macht, und unsere Professionisten nöthiget, ihr Saltz von Saltzungen, 4 Stunden von hier, zu holen."

Eine ganze Reihe ähnlicher Härteberichte könnte noch angeführt werden, aber sie bringen nichts wesentlich Neues mehr. Doch sollen noch 2 interessante Berichte Aufnahme finden, weil sie besonders das Härten von Uhrmacherfeilen gegen das Ende des 18. Jahrhunderts etwas eingehender beschreiben. Der eine Bericht von Dr. Theodor Koller in seinen „Neuesten Erfindungen und Erfahrungen" Wien 1883 lautet wie folgt: „Der bekannte Feilenfabrikant Raoûl in Paris wendete gegen das Ende des 18. Jahrhunderts zum Härten seiner feinen Uhrmacherfeilen folgende Mischung an: 906 gramm Hammeltalg einfach in Stücke zerschnitten, ebensoviel gramm Schweinespeck und 56 gramm weißen Arsenik in Pulverform; diese Mischung muß in einem bedeckten, eisernen Topfe so lange sieden, bis eine Handvoll frischgepflücktes und mit der Mischung aufs Feuer gesetztes Nagelkraut sich kräuselt und auf der Oberfläche der Flüssigkeit schwimmt, was beweist, daß seine Feuchtigkeit ganz verschwunden ist. Diese Operation muß man wie das Härten selbst zu möglichster Vermeidung des Arsenikrauches unter einem Rauchfange vornehmen, auch Mund und Nase zuhalten, um die schädlichen Dünste nicht einzuathmen. Diese Masse wird, nachdem sie zu einem gut bindenden Teig angemengt worden ist, in einer dünnen gleichförmigen Schicht mittels eines Pinsels oder einer Bürste auf die Feilen gestrichen und über dem Feuer langsam getrocknet, zu welchem Zwecke oben in dem Mantel der Esse Eisenstäbe angebracht sind, auf welchen die Feilen der Reihe nach gelegt werden können. In größeren Schmieden hat man hiezu besondere Trockenöfen. Nach Vollendung des Trocknens werden die Feilen einzeln herausgenommen und im Härtefeuer erhitzt. Wenn hiebei einzelne Theilchen des Anstriches abspringen, oder die dünneren Partien der Feile sich zu rasch erhitzen, welch letzterer Fall bei ungleichem Querschnitte naturgemäß eintreten muß, so bringt man diese Stellen der rothwarmen Feile nochmals mit einer trocknen Salz- und Klauenmehlmischung im Verhältnis 2 : 1 in Berührung und legt sie neuerdings ins Feuer. Ist die Feile auf den richtigen Grad erhitzt, so wird die klebrige Masse, welche derselben nun wie eine Glasur anhaftet, aufs sorgfältigste mit einer Bürste abgerieben, da sonst eine gleichmäßige Härtung nicht stattfinden kann. Die Feile wird nochmals gerade gerichtet, evtl. je nach der Form durchgesetzt und endlich in das bereitstehende Härtewasser eingetaucht bzw. abgelöscht. Die vollständige Abkühlung läßt man in einem zweiten Bade eines minder salzhaltigen Wassers vor sich gehen."

Den anderen Bericht gibt uns „Der Handwerker und Künstler, Fortschritte und Muster", Weimar 1826 Band I, unter der Überschrift: „Wie die Instrumentenmacher in Lancashire ihre Feilen härter und gerade machen. Von Thomas Gill". (Hierzu Abb. 262.)

„Sie richten auf einer Esse ein Feuer mit ausgeglühten oder von allen bituminösen Teilen freien Steinkohlen her, die ohne Rauch und Flamme brennen. Wenn sie gehörig im Brand sind, bedecken sie dieselben mit einer gewölbten eisernen Platte, wie Fig. 1 zeigt, welche einen Teil des

Schmiedeherdes zeigt, und halten auf diese Weise die Hitze zusammen. Die Feilen werden über und über mit Hefen oder Bodensatz von starkem Bier (ale) überzogen, und dann entweder in Küchen- oder Meersalz getunkt, worauf man sie neben der Esse trocknen läßt, indem man sie mit den spitzen Angeln in Löcher steckt, die durch eine auf vier Füßen stehende eiserne Platte gebohrt sind; sobald dies geschehen, können sie auf folgende Weise zum Härten erhitzt werden. Der Arbeiter faßt eine Feile besonders an der Angel mit einer langen, dünnen Feuerzange, und legt sie zunächst der Essenmauer unter die bogenförmige eiserne Platte, und fährt so fort, bis er unter beständiger Wirkung des Gebläses so viel, als Platz haben, nebeneinander gelegt hat. Sobald das Salz an der zuerst aufgelegten Seite schmilzt, nimmt er sie heraus und taucht sie in kaltes Wasser, und dann rückt er alle Feilen um eine Stelle weiter zur Seite und legt an den leergewordenen Platz eine frische. Auf diese Weise wird fortgefahren, bis alle Feilen gehärtet sind. Der schwarze Überzug von Kohle und Salz wird dann durch Abbürsten im Wasser von den Feilen beseitigt, und der Grad (die Zähne der Feile) zeigt sich dann vollkommen sauber, da er durch den Überzug vor Oxydation geschützt wurde.

Abb. 262. Fig. 1. Englisches Härtefeuer für Feilen. Fig. 2. Englische Art, krumme Feilen nachzurichten.

Diese Feilen werden nun, wenn sie sich beim Härten nicht verzogen oder geworfen haben, nicht auf die gewöhnliche Weise abgelassen, sondern in eine Mischung von Baumöl und Terpentingeist getaucht, ehe man sie in geteertes Papier verpackt, das sie vor dem Rost schützt. Wären sie jedoch beim Härten krumm geworden, so werden sie auf folgende Weise gerichtet: Fig. 2 zeigt einen eisernen Kolben mit rundlicher Oberfläche, der in einem großen Schraubstock fest eingeschraubt ist. Man hält die mit dem Öl und Terpentin überzogene Feile an der Angel, legt sie auf den rotglühenden Kolben und drückt am Ende mit einem eisernen, in einem hölzernen Heft steckenden Instrumente darauf, bis die Mischung von Öl und Terpentin zu rauchen anfängt. Die Feilen geben dann dem Drucke nach und lassen sich leicht richten; indeß dürfen sie nicht zu stark erhitzt werden, damit sie nicht erweichen."

Im 5. Band desselben Werkes gibt R. Daniel einige Jahre später einen ähnlichen Bericht über das Richten der Feilen nach dem Härten auf glühenden Eisen.

Die heutige Feilenhärtung. Auf vorstehende Berichte über das Härten von Feilen in früheren Jahrhunderten will ich nun kurz eine Beschreibung der heute üblichen Art des Härtens geben.

Jede Feile, ob gehauen oder geschnitten, muß vor dem Härten angeschmiert, d. h. mit einer Härtemasse bedeckt oder eingepackt werden, welche zweierlei Aufgaben hat: 1. soll sie während der Erwärmung der Feile einen Schutz für die obersten Zahnspitzen bilden und 2. soll sie diesen kleinen Zähnen noch etwas Kohlenstoff zuführen. Solange sämtliche Feilen über der offenen Esse (Abb. 262) und später im geschlossenen Zugofen (Abb. 263) erwärmt wurden, kannte man nur eine Art Härtemasse, die sich jeder Feilenhauer nach eigenem Gutdünken selbst herstellte. Den Amerikanern ging aber bald das Härten im Zugofen zu langsam. In den 1870er Jahren gingen sie dann zu der längst bekannten Bleihärtung über, welche aber eine weitere Spezialhärtemasse mit einer anderen Zusammensetzung bedingte. Die kohlen- und stickstoffhaltigen Grundstoffe der Härtemasse für Zugöfen bestehen aus: Klauenmehl, hergestellt von gebrannten Ochsenklauen, Salz, etwas Holzkohlenstaub, sowie aus verschiedenen Chemikalien wie blausaures Kali, Salpeter und Kolophonium, die je nach Qualität des Feilenstahles, wenn nötig, noch zugesetzt werden. Als Bindemittel wird vor allem Roggen- oder Weizenmehl, Glaspulver und teilweise auch Leim verwendet. Die nach den jeweiligen Erfahrungen zusammengestellten Substanzen werden in trockenem Zustande gut gemischt und mit Wasser zu einem dicken Brei angesetzt. Kommen Bleihärteöfen in Betracht, so wird an Stelle des Klauenmehles mehr Holzkohlenstaub und Mehl verwendet, im übrigen aber werden diesen Stoffen wieder je nach Bedarf die verschiedenen kohlen- und stickstoffhaltigen Chemikalien zugesetzt. Vielfach behandeln auch heute noch Fabrikanten und Härtemeister die Zusammensetzung der Härtemasse und ihre Verwendung, sowie das Härten selbst, äußerst geheimnisvoll, jedoch gibt es hier keinerlei Geheimnis, da zum Härten von Feilen nichts weiter nötig ist als die Kenntnis des verwendeten Feilenstahles, langjährige Erfahrung und ein gesunder Menschenverstand. Das Erwärmen der angeschmierten Feilen geschieht heute in sogenannten Zugöfen, welche mit Koks gefeuert werden und eine gute Regulierbarkeit haben. Der Härter muß hierbei mehr als wie beim Bleibad auf seinen Ofen achtgeben und die Wärme ständig beobachten. Selbstredend werden die Zahnspitzen der Feile viel rascher und schneller erwärmt, als deren Körper, und die Folge ist eine ungünstige Beeinflussung der Härtung, welche nur dadurch vermieden werden kann, daß die Zahnspitzen wiederholt mit der sogenannten Aufstreuhärte, welche aus Klauenmehl und Salz besteht, bedeckt werden, wodurch für sie eine langsamere Erwärmung erreicht wird. Inzwischen erhält auch der Körper der Feile die gewünschte Temperatur.

Abb. 263. Härter am Zugofen.

Der Bleihärteofen für Feilen, welcher in neuerer Zeit sich auch in Deutschland mehr eingebürgert hat, war schon zu Beginn des 18. Jahrhunderts bekannt. Christian Polhem schrieb im Jahre 1740 in seinen „Erinnerungen wegen Zubereitung des Stahls": „Wer eine große Menge dünner Messer oder Scheren auf einmal härten will, thut solches am besten und bequemsten in so heißem Blei, als die Härtung erfordert ... Uhrfedern werden auf gleiche Weise in Blei und nachher in Öl oder Talg gehärtet."

Die Heizung der Bleiöfen geschieht teils durch Koks, teils durch Gas. Mit einem Pyrometer ist die zum Härten gewünschte Temperatur leicht konstant zu halten und es ist nur darauf zu achten, daß die zu härtenden Feilen genügend lange im Bleibad sind. Nachteilig wirkt der immer noch starke Verbrauch an Bleitiegeln und die Tatsache, daß Feilen, an welche große Ansprüche gestellt werden, und Aufhaufeilen, die schon durch die Hände vieler Feilenhauer gingen, im Bleibad erwärmt, oft nicht die genügende Härte erhalten und manchmal wieder im Zugofen nachgehärtet werden müssen. — Genügende Erfahrungen mit Salz- und Zyankalibädern liegen bis heute noch nicht vor und ebenso verhält es sich mit den heute viel angepriesenen Härtungen in elektrisch geheizten Bädern. Eine weitere Härteart war die Härtung von Feilen durch Kompression, indem man den Stahl bis zur Kirschröte erhitzte und unter Druck abkühlte. Dies konnte aber höchstens für grobe Feilen in Betracht kommen. — Es wurde auch versucht, einzelne Feilensorten auf maschinellem bzw. automatischem Wege zu härten. Die Erfolge blieben aber aus verschiedenen Gründen aus.

Abb. 264. Härter am Bleiofen.

Haben nun die Feilen den geeigneten durch Erfahrung oder Vorschrift ermittelten Wärmegrad erreicht, so werden sie aus dem Ofen genommen, im allgemeinen mit einem Reisigbesen von der noch anhaftenden glühenden Härtemasse gereinigt, wenn nötig je nach Querschnitt rasch gerade gerichtet oder durchgesetzt und dann im Salzwasser abgekühlt. Die meisten Feilen, besonders diejenigen, welche einen flachen, dreikantigen, vierkantigen und runden Querschnitt haben, werden zur Abkühlung mit der Spitze nach unten senkrecht in das Salzwasser getaucht. Halbrunde Feilen dagegen müssen zunächst der Länge nach über die flache Seite mit einem Hammer aus Buchenholz durchgerichtet bzw. durchgesetzt und mit der flachen Seite nach unten etwas schräg ins Wasser gebracht werden. An flachen Maschinenfeilen wird gewöhnlich außer den flachen Seiten nur eine hohe Kante gehauen. Da auch diese Feilen beim Härten gern über die hohe Kante infolge der größeren Abkühlungsfläche und der dadurch bedingten schnelleren Abkühlung krumm werden, müssen sie vor dem Abkühlen auf der blanken Kante durchgesetzt und mit dieser zuerst schräg ins Wasser gebracht werden. Der Grad des Durchsetzens richtet sich jeweils nach der Form und Größe der Feile und wird lediglich bestimmt durch die Erfahrung, die Geschicklichkeit und das Augenmaß des Härters. Gewisse Feilen können nach kurzem Abschrecken im Wasser, aber nur solange sie noch gut handwarm sind, zwischen 2 Eisenstäben durch entsprechenden Druck noch nachgerichtet werden, nur ist dabei genau aufzupassen, daß die äußersten Zahnspitzen nicht wieder etwas anlaufen.

Eine Reihe weiterer Kleinigkeiten sind beim Härteprozeß noch besonders zu beachten und besondere Aufmerksamkeit ist der Härteflüssigkeit zu schenken. Die Härtung gelingt im allgemeinen um so besser, je schneller die Abkühlung stattfindet, je kälter das Wasser ist und je mehr es die Wärme leitet. Der Grad der Härte hängt nicht nur von der Temperatur des zu härtenden Stahles, sondern auch von der des Härtewassers ab. Das beste Mittel, den Stahl möglichst schnell abzukühlen, ist, ihn in eine die Wärme gut leitende Flüssigkeit zu tauchen. In weitaus den meisten Fällen wird hierzu „Salzwasser" verwendet, das aus möglichst weichem Wasser mit Salz gesättigt hergestellt ist, da dadurch die Wärmeleitungsfähigkeit des Wassers wesentlich erhöht wird. Außerdem bleibt das Salzwasser infolge seiner Schwere ruhiger als reines Wasser, was ferner noch zu einer guten Kühlung beiträgt. Je größer die Härtebottiche ausgeführt werden, desto besser ist dies für die Härtung, da in großen Bottichen das Wasser seine Temperatur nur langsam ändert. Ein weiteres Mittel, Wasser gut leitungsfähig zu machen, besteht noch darin, daß man es mit Salmiak, Salpetersäure oder Schwefelsäure (2—4 Gewichtsprozente) versetzt, nur müssen dann die darin gehärteten Feilen wegen Rostgefahr sofort mit reinem Wasser durchgespült werden. Die idealste Kühlflüssigkeit wäre Quecksilber, da dies durch seine ausgezeichnete Wärmeleitungsfähigkeit eine sehr rasche Abkühlung ermöglicht, ohne dabei Wallungen durch die stattfindende Dampfentwicklung zwischen Quecksilber und Stahl hervorzubringen. Dieses kann aber wegen seiner hohen Kosten und seiner äußerst giftigen Wirkung auf den menschlichen Körper auf die Dauer nicht in Betracht kommen.

Eine einmal gehärtete Feile, aus gutem Feilenstahl hergestellt, zeigt einen feinen samtartigen nicht körnigen Bruch, während ein überhitzter Stahl ein grobes Korn, und ein verbrannter eine grob-kristallinische Struktur aufweist.

Reinigen und Schärfen. Eine so gehärtete Feile muß nun, ehe sie zum Versand kommt, noch von ihrem Schmutz und den Resten der Härtemasse gereinigt werden. In früheren Jahren wurde diese Arbeit in primitivster Weise mit der Hand erledigt, indem die Feilen einfach mit Sand — oft mit etwas verdünnter Salzsäure vermischt — durchgebürstet und daraufhin abgewaschen wurden. Im Laufe der Zeit kamen dann mechanisch betriebene Bürsten in Anwendung.

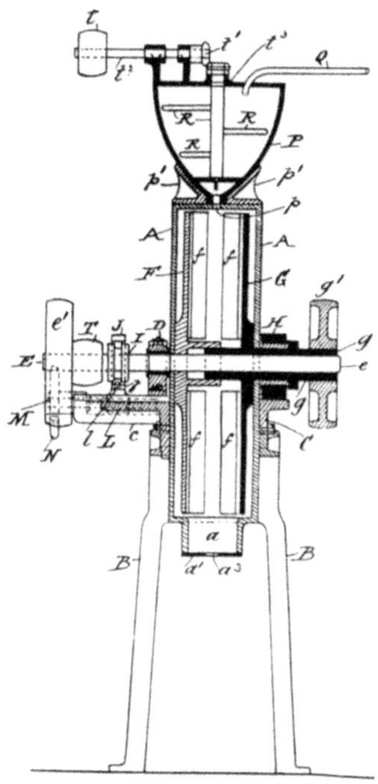

Abb. 265. Englische Feilenputzmaschine von Denison 1887.

Im Jahre 1878 schreiben Karmarsch und Heeren in ihrem „Technischen Wörterbuch": „Das Reinigen geschieht am besten durch eine mit Bürsten oder Karden besetzte Trommel, die im Wasser läuft. Die Feilen werden in verschiedenen Lagen gegen diese Trommel gehalten und wenn sie rein sind, schnell auf erhitzten Eisenplatten getrocknet; noch warm werden sie in Baumöl getaucht und nachdem dieses abgetropft ist, in Papier verpackt."

Es konnte sich hier nur um ganz einfache Einrichtungen zum Reinigen von Feilen handeln, was Richard Denison, Leeds, veranlaßte, eine Feilenreinigungsmaschine zu bauen, auf welche er dann im Jahre 1887 das englische Patent Nr. 2103 erhielt. Die Abb. 265 zeigt sie in ihrem Querschnitt. *A* ist ein geschlossenes Gehäuse, das vor und hinter der Maschine eine Öffnung zum Einhalten der Feilen hat. *F* und *C* sind die Bürstenscheiben und *ff* die jeweiligen Bürsten, zwischen welchen die Feilen gereinigt werden. Jede Bürstenscheibe hat ihren eigenen Antrieb, damit sie nach Belieben mit- und gegeneinander laufen können. Die Bürste *G* verändert ihre Seitenlage nicht, während die Bürste *F* je nach der Stärke der Feile seitlich einstellbar ist und wenn gewünscht, auch während des Arbeitsprozesses hin- und herbewegt werden kann. Die Bürsten selbst können aus Fiber oder dünnem Stahldraht hergestellt sein. Zum Reinigen wird ein Gemisch von Sand und Wasser verwendet, das sich in dem Trichter *P* unter stetigem Umrühren befindet.

Abb. 266. Englischer Sandstrahlapparat, System Benjamin Chew Tilghman, 1873.

Abb. 267. Das Reinigen und Schärfen von Feilen mit Dampf-Sandstrahlgebläsen.

Der Bedarf an Feilen steigerte sich immer mehr. Die ganze Feilenbürsterei ging dabei zu langsam vonstatten. Die Amerikaner suchten daher nach besseren Einrichtungen, und bei der Gelegenheit kamen sie auf die Sandstrahlgebläse mit Dampfbetrieb, welche heute in allen größeren Fabriken verwendet werden. Das erste Gebläse wurde am 11. Oktober 1870 in Nordamerika von B. C. Tilghman, Philadelphia, zum Patent angemeldet. Schon im Jahre 1873 wurde dieses von einer inzwischen gebildeten Tilghman Patent Sand Blast Co., Sheffield, in Birmingham vor einer Versammlung von Ingenieuren und Betriebsleitern vorgeführt und für überaus praktisch und brauchbar erklärt. Amerikanische und englische Fabrikanten führten daraufhin dieses Dampfsandstrahlgebläse sehr rasch in ihren Betrieben ein, aber erst um das Jahr 1880 fand es den Weg nach Deutschland. Zuerst wurden diese Apparate nur zum Reinigen gehärteter Feilen verwendet. Man merkte bald den günstigen Einfluß dieses Verfahrens auf deren Zähne, welche eine etwas bessere Schnittfähigkeit erhielten. Sehr rasch erkannte man, daß nach Umbau der Strahldüse und Änderung ihrer Stellung mit denselben Apparaten die Feilenzähne nicht nur gereinigt, sondern auch nachgeschärft werden konnten. Karmarsch und Heeren schreiben im Jahre 1884 in ihrem „Technischen Wörterbuch" über die Wirkung der Dampfsandstrahlapparate: „Um dem Sande die erforderliche Geschwindigkeit zu geben, wendet man einen kräftigen Dampfstrom an, durch welchen der Sand angezogen und mitgerissen wird, oder man leitet einen Strom fallenden Sandes in den Dampfstrahl, wodurch der Sand ebenfalls seine Geschwindigkeit erhält."

Fig. 1 und 2 auf Abb. 268 zeigen Prinzip und Wirkungsweise von Sandstrahldüsen zur Reinigung und zur Schärfung von Feilen. Der bei *a* eingeleitete Dampf von 5—7 Atm. strömt durch eine Anzahl kleiner Öffnungen *b* aus. Durch die hohe Dampfgeschwindigkeit entsteht im Rohr *c* eine Luftverdünnung, welche bewirkt, daß der in dem Gefäß *d* enthaltene mit Wasser gemischte Sand durch das Rohr *c* in die Höhe steigt, in der Düse *e* sich innig mit dem Dampf mischt und von diesem mit fortgerissen wird. Dampf und Sand treffen nun die zu reinigende oder zu schärfende Oberfläche der Feile unter bestimmten Winkeln. Zum Reinigen muß die Düse wesentlich aufrechter stehen als zum Schärfen, damit auch der Grund der Zahnspitzen genügend von dem reinigenden Sandstrahl getroffen wird. Durch das Reinigen erhalten die Feilen eine gleichmäßig matte, hellgraue Farbe. Fig. 3 auf Abb. 268 zeigt die Zähne einer gehauenen Feile vor und nach dem Schärfen. Deutlich ist sichtbar, wie der Grat, welcher sich beim Hauen der neuen Feilen bildete, durch das Abblasen bzw.

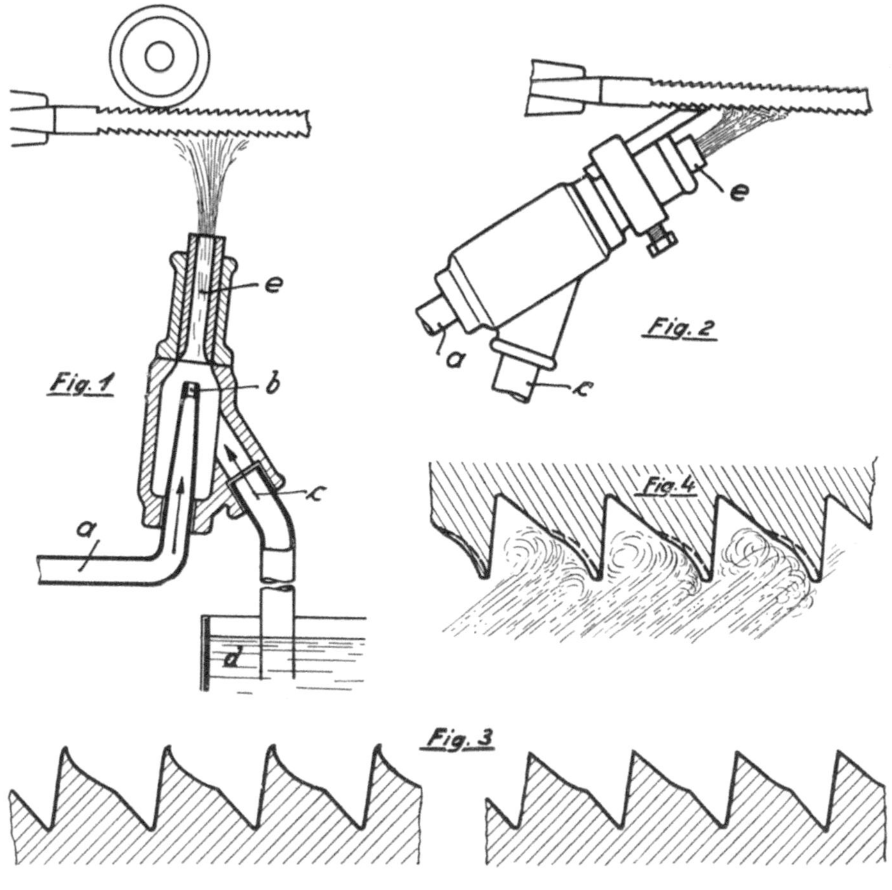

Abb. 268. Das Reinigen und Schärfen von Feilen mit Dampf-Sandstrahlgebläsen. (Schematische Darstellung.)

Abschleifen entfernt wurde und die Feile dadurch scharfe Schneidkanten erhält. Fig. 4 zeigt die Zähne einer stumpfen Feile vor und nach dem Schärfen, die gestrichelte Linie zeigt, wie von dem scharfen Sandstrahl das Material an dem Feilenzahn weggeblasen bzw. weggeschmirgelt wurde.

Ehe ich die Beschreibung der Feilenfabrikation beende, möchte ich kurz noch einiges über das Schärfen von Feilen auf schnell rotierenden Bürsten, in Säurebädern und mit dem elektrischen Strom einer Bunsenbatterie sagen.

Gegen das Jahr 1900 brachten Gebr. Erlenwein & Co., Edenkoben, ein neues Verfahren — die Patent-Metallschärfung — auf, auf Grund dessen Feilen auf mechanischem Wege ohne Dampfsandstrahlgebläse geschärft werden können. Sie benützten hierzu, wie die Abb. 269 zeigt, eine schnellumlaufende Bürstenwalze *S* mit feinen gehärteten Stahldrahtborsten, welche — wie Fig. 1 zeigt — der Form des Feilenhiebes entsprechend schräg in diese eingesetzt werden, damit die Borsten auch in die Vertiefungen der Zähne richtig eindringen können. Unter Zugabe von feinem Schmirgel, mit Öl vermengt, werden die manchmal nach rückwärts stehenden Zahnspitzen, oder die durch einen schlecht abgezogenen Meißel entstandenen Grate so lange weggebürstet, bzw. weggeschmirgelt, bis scharfe, sägenartige Zahnspitzen sich zeigen. Die Bürste *R* dient zur Reinigung der geschärften Feilen. Fig. 2 zeigt eine Draufsicht auf die Bürstenwalze *S*, wobei *AA* Anschläge darstellen, welche zur Führung der Feilen über die rotierende Bürste dienen. Ein weiterer noch am wenigsten zum Ziele führender Weg geht über Säure und Elektrizität. Die ersten Versuche mit dem Schärfen von Feilen mit Salz-, Salpeter- oder Schwefelsäure wurden schon zu Anfang des 19. Jahrhunderts in England gemacht. Die elektrische Schärfung kam viel später auf und wurde vermutlich in den 1880er Jahren zum erstenmal in Frankreich angewendet. Einer der ersten Berichte über das Ätzen oder Beizen von Feilen konnte dem 5. Band des Werkes: „Der

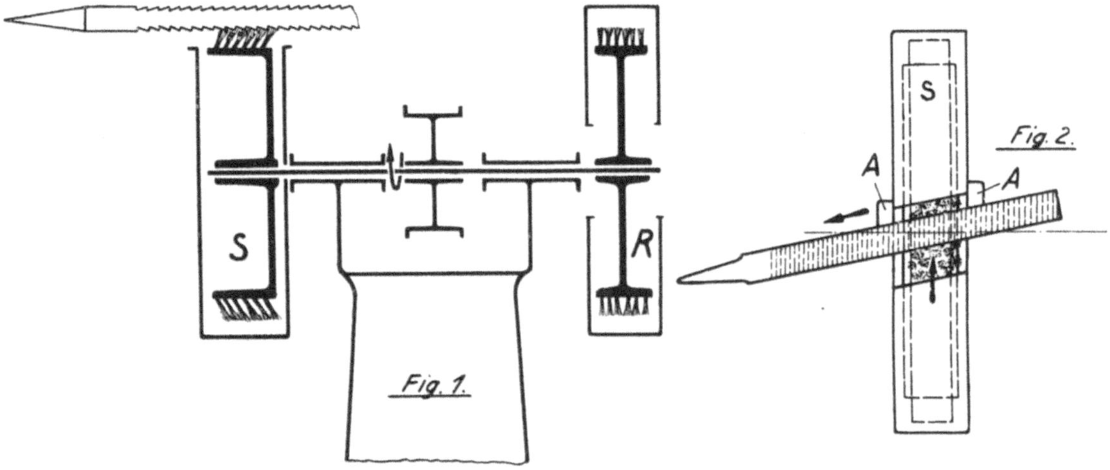

Abb. 269. Bürstenwalze zur Schärfung von Feilen.

Handwerker und Künstler, Fortschritte und Muster“, Weimar 1831, entnommen werden. Er lautet: „Um stumpfgewordene Feilen wieder zu schärfen, empfiehlt Dr. Eynard zu Lyon, dieselben in verdünnte Schwefelsäure (aus einem Teil Säure und fünf Teilen Wasser bestehend) zu legen und sie hierin 48 Stunden liegen zu lassen. Die Säure nimmt nicht allein die zwischen den Zähnen eingeklemmten Feilspäne hinweg, sondern erteilt der Feile selbst eine neue, sehr scharfe Rauhheit. Vor dem Gebrauch müssen diese Feilen jedoch mit vielem Wasser oder besser mit schwacher Lauge abgespült werden.“

Im Jahre 1843 schrieb „Dinglers Polytechnisches Journal“ Bd. 88, S. 318: „Hr. Rockline gibt folgende Modification eines bekannten Verfahrens an, um stumpf gewordene Feilen und Raspeln ihre Schärfe großenteils wieder zu verschaffen. Man kocht die Feile in einer starken ätzenden Sodalauge oder Seifensiederlauge aus, welche die ihr anhängenden Unreinigkeiten beseitigt; man muß sie dann etwa eine halbe Minute lang in einem Gemisch aus zwei Teilen Wasser und einem Teil Salpetersäure oder Salzsäure lassen, hernach mit Wasser waschen und schwach mit Terpentinöl überbürsten (Mechanics' Magazine, March 1843, Nr. 1024).“

Dr. Theodor Koller brachte 1889 in seinen „Neuesten Erfindungen und Erfahrungen“ einen Artikel über die Verwendung der Elektrizität zum Schärfen von Feilen, der folgendermaßen lautet:

„Einfach und billig lassen sich nach dem ‚Génie civil' Feilen und Fräsen in folgender Weise schärfen. Man verbindet die Feile mit dem negativen Pole einer Bunsenbatterie, an derem positiven Pole sich ein Stab aus gewöhnlicher Kohle befindet. Bei Schließung des Stromkreises bildet sich an jeder abgenützten Spitze der Feile ein ganz kleines Bläschen Wasserstoff, das die Spitze gegen den Angriff des sehr sauren Bades (40° Schwefelsäure und 60° Salpetersäure, nahezu zu gleichen Teilen, und destilliertes Wasser) schützt, so daß nur die tieferen Stellen angegriffen werden. Der Vorgang dauert 10—20 Minuten und verursacht für 100 Feilen täglich etwa 8 M. Kosten. Alle 3—4 Minuten wird die Feile aus dem Bade herausgenommen, in viel Wasser abgewaschen und mit der Bürste die angegriffenen Stellen gereinigt."

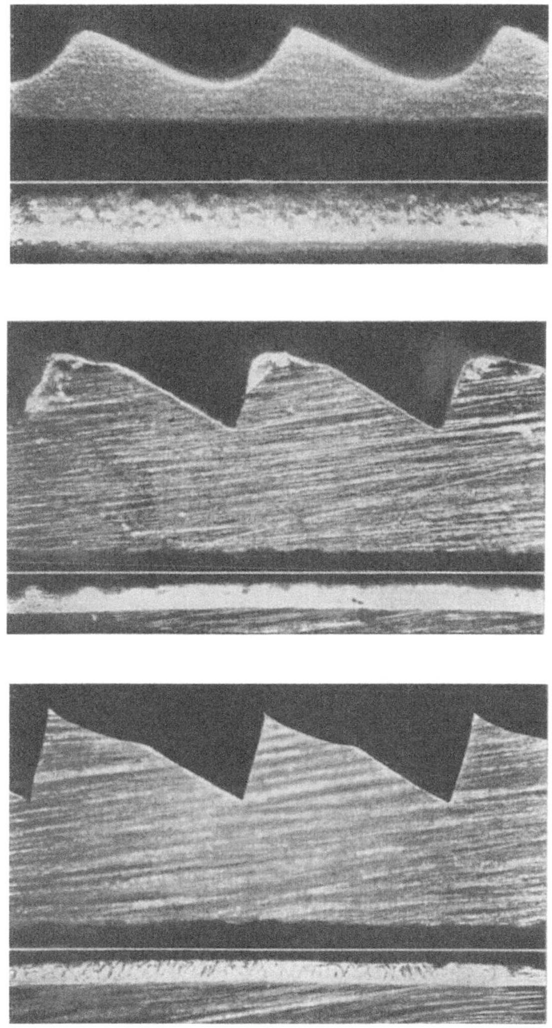

Abb. 270. Neuer, abgenützter und mit Säuren aufgeschärfter Feilenzahn. Mikroskopische Aufnahme $v = 20$.

Alle diese vorgenannten Arten, Feilen zu schärfen, haben bis heute noch zu keinem Ziele geführt, und es ist auch nicht denkbar, daß das Wiederaufhauen von Feilen durch Säure und Elektrizität dauernd erspart werden kann.

Hermann Haedicke, Direktor der Kgl. Fachschule für Stahlwaren und Kleineisenindustrie, Remscheid, äußerte sich in „Stahl und Eisen" Nr. 13 vom Juli 1892 über dieses Nachschärfen folgendermaßen: „Das direkte Nachschärfen der Feilzähne ist wieder auf verschiedene Weise versucht worden. Die älteste Methode ist die des Beizens. Dieselbe ist schon seit langer Zeit für das Schärfen der Rasiermesser und auch mit einem gewissen Erfolg gebraucht worden. Man hat Feilen in verschiedener Richtung mit der Angel nach unten, mit der Angel nach oben in die Säure gestellt und einen wesentlichen Unterschied nicht bemerken können. Feilen mit feinem Hieb haben noch die günstigsten Resultate ergeben. Als Beizflüssigkeit wurde eine Mischung von 5% Schwefelsäure und ebensoviel Salpetersäure mit Wasser empfohlen. Die Feilen müssen aber vorher gut mit Kalk oder Lauge ausgebürstet werden. Das Beizen der Feilen ist als Aushilfe wohl zu empfehlen, doch liegt es in der Natur der Sache, daß cine öftere Wiederholung dieser Operation wegen der damit verbundenen Deformation der Zähne nicht angängig ist.

Neuerdings ist die elektrische Beizung empfohlen worden. Man bringt die Feile nach der vorhin angegebenen Reinigung in ein mit 4proz. Schwefelsäure — wir entnehmen diese Vorschrift dem Artikel: ‚Note sur le retaillage des limes et l'emploi des limes démontables par Joseph Goffin', in der Revue universelle, März 1892 — gefülltes Gefäß, umgibt dieselbe mit einer Kupferdrahtspirale, welche sie indessen nicht berührt, und macht diese zum negativen, die Feile zum positiven Pol einer kräftigen Batterie. Nach einer anderen Vorschrift soll man mit einem Bad, bestehend aus 60 Teilen Salpetersäure, 30 Teilen Schwefelsäure und 1000 Teilen Wasser, arbeiten. Ich habe einen Vorteil in der elektrischen Behandlung nicht finden können, wenn nicht den der Vermeidung der lästigen Dämpfe bei der Verwendung der Salpetersäure. Das Schärfen mit Hilfe des Sandstrahlgebläses hatte weit mehr Erfolg. Die Methode des Schärfens der Feilen mit Sandstrahlgebläse wurde im Jahre 1883 auf der Züricher Ausstellung von Binder, Winterthur, vorgeführt; die Resultate waren beachtenswert."

Dieser Bericht hat auch heute noch seine Gültigkeit. Zu bemerken ist jedoch, daß zur Zeit immer wieder neue Versuche mit der Säureschärfung von Feilen angestellt werden. Allerhand chemisch-technische Präparate, wie z. B. Kaliumdichromat, werden verschiedenartig zusammengesetzten Schwefel-, Salz- und Salpeterbädern zugesetzt, um diese noch wirksamer zu machen, damit sie die Feilenzähne mehr oder weniger stark angreifen können. Endgültige Erfahrungen liegen noch nicht vor, so viel steht aber fest, daß die äußerst gefährlichen und lästigen Dämpfe grüner, brauner und kaffeebrauner Farbe während des Beizens in starkem Maße höchst unliebsam auftreten. Die Abb. 270 zeigt die mikroskopische Aufnahme dreier Feilenzähne vor und nach der Säureschärfung in 20facher Vergrößerung. Das untere Bild stellt die gehauenen, das mittlere die abgenützten und das obere Bild die geschärften Zähne dar. Um den Vorgang während des Schärfens deutlich erkennbar zu machen, wurde durch einen bestimmten Punkt eine weiße Linie gezogen, an Hand deren der Grad der Abnützung und der Wiederaufschärfung genau festgestellt werden kann. Gegenüber dem gehauenen Zahn hat der abgenützte Zahn um 0,16 mm und der geschärfte Zahn um 0,58 mm abgenommen. Die Schärfung ist absichtlich etwas mehr als nötig durchgeführt worden, um die Wirkung des Säurebades deutlicher zu zeigen, und trotzdem war die Feile nur 12 Minuten im Bad. Charakteristisch für alle säuregeschärften Feilen ist der Zahngrund, der vollständig kreisförmig von den Säuren ausgefressen wird. Die Abb. 271 zeigt dann noch in 17facher Vergrößerung die Zahnrücken dieser Feilenzähne. Besonders gut zu sehen sind die Zerstörungen der auf die Zähne einwirkenden Säure und auch die unregelmäßigen Schneidkanten der Zähne, welche dolomitenähnlich aus scharfen höher oder tieferliegenden Zacken bestehen. Man lasse sich aber nicht täuschen durch die oft sehr scharf schneidende Feilenoberfläche, welche ja nur dadurch entstanden ist, daß die Säuren die stumpfen Feilenhiebe von der Seite aus derart angriffen und namentlich auch den Zahngrund so stark ausfraßen, daß die abgenützte Zahnoberfläche sich wohl zu scharfen, unregelmäßigen Zacken umbildete, nicht aber zu richtigen — den

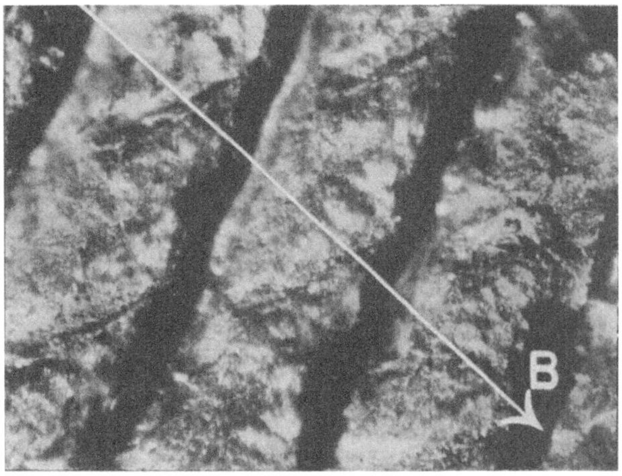

Abb. 271. Mikroskopische Aufnahme von mit Säuren aufgeschärften Feilenzähnen. $v = 17$, B = Schnittrichtung der Feile.

gehauenen Feilen gleichenden — Zahnschneiden. Die scharfen Zacken stumpfen nach mehrmaligem Feilen über ein Werkstück rasch ab, ein Nachlassen des Schnittes ist sofort zu bemerken, während eine wiederaufgehauene Feile mindestens die doppelte Zeit selbst der besten mit Säure aufgeschärften Feile aushält. Rechnet man nun die gründliche Reinigung der Feilen vor dem Schärfen, zu welcher oftmals verdünnte Säuren, Laugen usw. verwendet werden, und diejenige nach dem Schärfen und dazu die nicht gerade billigen Schärfmittel, die Unkosten für die nötigen Einrichtungen und für die Absaugung der schädlichen Dämpfe, so stellen sich die Gesamtkosten der Säureschärfung mindestens ebenso hoch als die des Wiederaufhauens, dabei halten aber, wie schon bemerkt, die aufgehauenen Feilen ihren Schnitt wesentlich länger. Auch der Materialverlust dieser Art Schärfung darf nicht ganz außer acht gelassen werden. Je stärker die Abnützung der Feile ist, desto langsamer und kostspieliger geht die Schärfung vor sich. Einhiebige Feilen sind schwerer zu schärfen als doppelhiebige, sie beanspruchen eine noch längere Zeit und infolgedessen auch noch höhere Auslagen für Schärfmittel und Arbeitslöhne.

Aus dem vorher Gesagten ist der berechtigte Schluß zu ziehen, daß die oft sehr umständlichen Verfahren, Feilen mit Säure wieder aufzuschärfen, sich nicht allzu sehr einbürgern werden, zumal

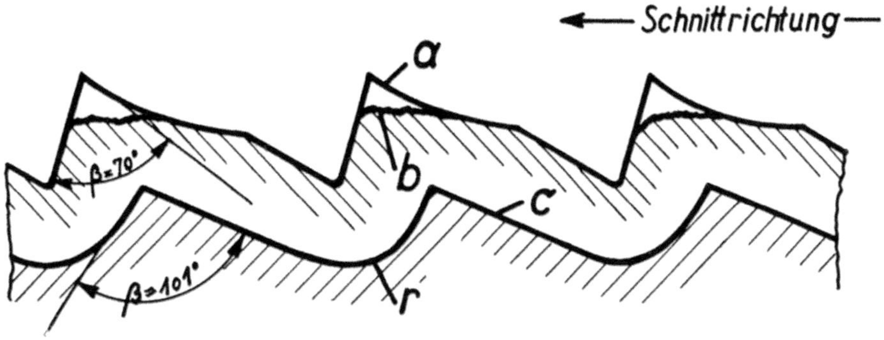

Abb. 272. Zahnbildung einer mit Säuren aufgeschärften Feile.
a = Hieb einer neuen Feile; *b* = Hieb einer abgenützten Feile; *c* = Hieb einer mit Säuren aufgeschärften Feile.

solch geschärfte Feilen im Verhältnis zu den nicht gerade billigen Kosten und den beim Schärfen sich ergebenden vielerlei Unannehmlichkeiten nicht das leisten werden, was eine gut aufgehauene und auf Wunsch mit Sandstrahl oder Bürste nachgeschärfte Feile leistet. Zudem geht aus der Abb. 272, in welcher die neuen, abgestumpften und mit Säure geschärften Feilenzähne der Abb. 270 vergrößert zusammengestellt sind, noch unzweideutig hervor, daß die Leistung der aufgeschärften Feilen nicht der der wiederaufgehauenen Feilen entsprechen kann, da die Keilwinkel der Feilenzähne (siehe Abb. 246) sich während des Schärfens stets verändern. Sehr deutlich ist erkennbar, daß der ursprüngliche Keilwinkel von 70 Grad nach dem Schärfen in einen solchen von 101 Grad überging, und ohne weiteres wird klar sein, daß ein Werkzeug mit zu stumpf zugeschliffener Schneide nie das leisten kann, was ein solches mit einer richtigen Schneide leistet.

Haben die Feilen nun die Sandstrahlreinigungsapparate und, wenn verlangt, auch die Schärfapparate verlassen, so müssen sie zunächst in lauen Wassern gründlich durchgespült, gegen Rosten in Kalkwasser geschwenkt und dann getrocknet werden, was um so rascher geht als die Feilen durch den Dampf schon gut vorgewärmt sind. Anschließend folgt das Ablassen der durch das Abkühlen ebenfalls hart gewordenen Angel. Während diese Arbeit in früheren Jahrhunderten die Feilenverbraucher selbst mit glühenden Zangen besorgten, werden die Angel heute in der Werkstätte des Lieferanten zunächst in flüssigem Blei dunkelrot erwärmt, dann abgebürstet und in Seifenwasser abgekühlt, wodurch sie wieder weich werden und nebenbei noch ein gutes Aussehen erhalten. Als letztes folgt das Einölen und Durchbürsten der Feilen, um ein späteres Rosten zu verhüten.

Vielfach kommt es nun noch vor, daß kleinere Feilen während der Erwärmung oder der Abkühlung im Wasser sich verziehen. Diese können nun nicht wie größere Feilen vor dem gänzlichen Abkühlen noch etwas nachgerichtet werden, sondern es muß hier ein besonderes Verfahren zur Anwendung kommen, welches schon um die Wende des 18. Jahrhunderts bekannt war, und wahrscheinlich von den Engländern zum erstenmal aufgebracht wurde. Dieses Richtverfahren auf warmen eisernen Kolben ist von Thomas Gill beschrieben worden im Jahre 1826 in dem 1. Band des Werkes „Der Handwerker und Künstler, Fortschritte und Muster" (diese Beschreibung siehe S. 222).

Abb. 273. Die Kontrolle der fertigen Feilen.

Die nun fertiggestellten Feilen wandern in die Magazine, wo jedes einzelne Stück durch besondere Kontrolleure genau auf Richtung, Härte, Klang und Schnittfähigkeit geprüft werden sollte. Jede Feile, die auch nur den geringsten Mangel zeigt, müßte vom Versand ausgeschlossen und später als Ausschußware verkauft werden.

Die Feilenprüfung. Die Härte einer Feile läßt sich am besten und sichersten dadurch feststellen, daß der Kontrolleur mit einer Seite der Feile unter einem nach der Hiebart derselben sich richtenden bestimmten Druck vorsichtig über die hohe Kante eines mit gleichmäßig verlaufenden Härteabstufungen versehenen flachen Prüfstahles hinfährt, welcher ihm dann anzeigt, ob diese den vorgeschriebenen Mindesthärtegrad besitzt. Genügt die Feile den vorgenannten Prüfungen, so ist sie gut und brauchbar.

Wann die ersten Feilenprüfungen vorgenommen wurden, ließ sich mit Sicherheit nicht bestimmen. Es waren wahrscheinlich die Franzosen, welche sie vornahmen, denn im Jahre 1801 haben französische Feilenverbraucher festgestellt, daß die in Paris verfertigten Raoul-Feilen in ihrer Qualität die englischen wesentlich übertreffen sollen. Zum Beweis wurde im September desselben Jahres eine amtliche Prüfungskommission beauftragt, die Richtigkeit dieser Behauptung festzustellen. Das Urteil fiel zugunsten der Raoul-Feilen aus, aber leider fehlen die Mitteilungen, wie damals diese Feilen geprüft wurden. Im Jahre 1817 wurde eine zweite französische Kommission ernannt, welche die von M. Saint-Bris verfertigten Strohfeilen zu untersuchen hatte. Diese veranlaßte, daß eine Anzahl dieser Feilen in eine Bronzewarenfabrik gebracht und dort auf dem Bronzeguß, so wie er aus dem Formkasten kommt, ausprobiert wurden. Diejenigen Feilen, welche die harte Oberfläche des Bronzegusses angriffen, wurden für brauchbar erklärt. 21 Jahre später, im Jahre 1838, wurde der französischen Artillerieverwaltung der Auftrag erteilt, Richtlinien für die Prüfung von Feilen aufzustellen. Nach langen Beratungen wurde bestimmt, daß alle Feilen auf kleinen, gehärteten Stahlstücken, die aber auf eine dunkelrote Hitze wieder abgelassen wurden, zu prüfen sind. 1846 gab der Franzose Camus, ein früherer Feilenhauer, in einem Werk „Die Kunst, Eisen und Stahl zu härten" eine Anleitung zur Prüfung von Feilen und schrieb folgendermaßen: „Zur Prüfung von Feilen nehme ein Stück Gußstahl ungefähr 8 mm stark, so hart als möglich, aber nicht gehärtet, setze die Feile auf einer Kante dieses Prüfstahles auf, fahre leicht über diese mit einer schlängelnden Bewegung der Feile, ohne dieselbe abzuheben, und es wird sich zeigen, ob die Zähne halten oder ausbrechen."

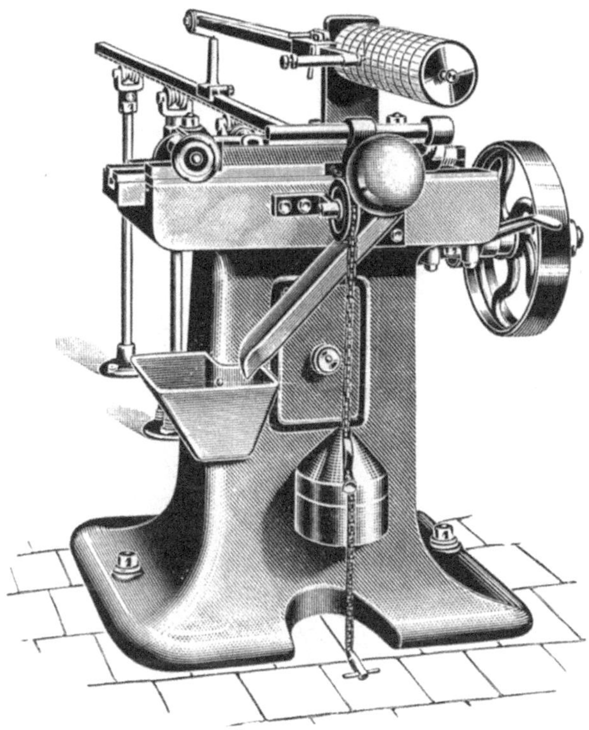

Abb. 274. Englische Feilenprüfmaschine.

Aus vorstehenden Beispielen schon geht hervor, daß man die Prüfstähle bis zur Mitte des 19. Jahrhunderts in verhältnismäßig weicher Ausführung herstellte, da an die Härte einer Feile, schon in Ermanglung eines geeigneten Rohstahles, keine solch hohen Anforderungen gestellt wurden, wie dies heute der Fall ist.

Außer der eingangs erwähnten einfachsten und glaube ich zuverlässigsten Prüfungsart stehen heute noch einige wenige Feilenprüfmaschinen englischer, französischer und deutscher Bauart zur Verfügung. Die erste Maschine zur Prüfung von Feilen wurde im Jahre 1905 von E. G. Herbert in Manchester erfunden und nicht lange darauf in Sheffield einer eingehenden Prüfung auf ihre Brauchbarkeit unterzogen. Nach der Abb. 274 wird die in einen besonderen Halter eingespannte Feile horizontal hin und her bewegt. Auf dieselbe stößt vor jedem Vorwärtsgang ein möglichst gleichmäßig harter Prüfstab aus Gußeisen oder Werkzeugstahl, welcher auf Rollen gelagert ist und seiner Länge nach durch ein an einer Kette hängendes einheitliches Gewicht von 15 oder 25 kg gegen die Feile gepreßt wird. Diese arbeitet nur während ihres Vorwärtsganges, da zum Rückwärtsgang der Prüfstab von ihr etwas weggezogen wird. Die Aufzeichnung geschieht auf ein um eine Trommel gewickeltes Diagrammformular. Der an einer verschiebbaren Stange befestigte, durch eine Kette mit dem Prüfstab verbundene Schreibstift wird parallel zur Trommelachse fortbewegt und zeichnet so auf dem Diagramm die Länge in Zoll auf, um die der Prüfstab abgefeilt wird. Da dieser genau einen Quadratzoll Querschnitt hat, so können auf dem Diagramm direkt die abgefeilten Mengen in Kubikzoll abgelesen werden. Die Papiertrommel wird von der Maschine aus durch ein Uhrwerk bei jedem Feilstrich in dem Maße gedreht, daß eine ganze

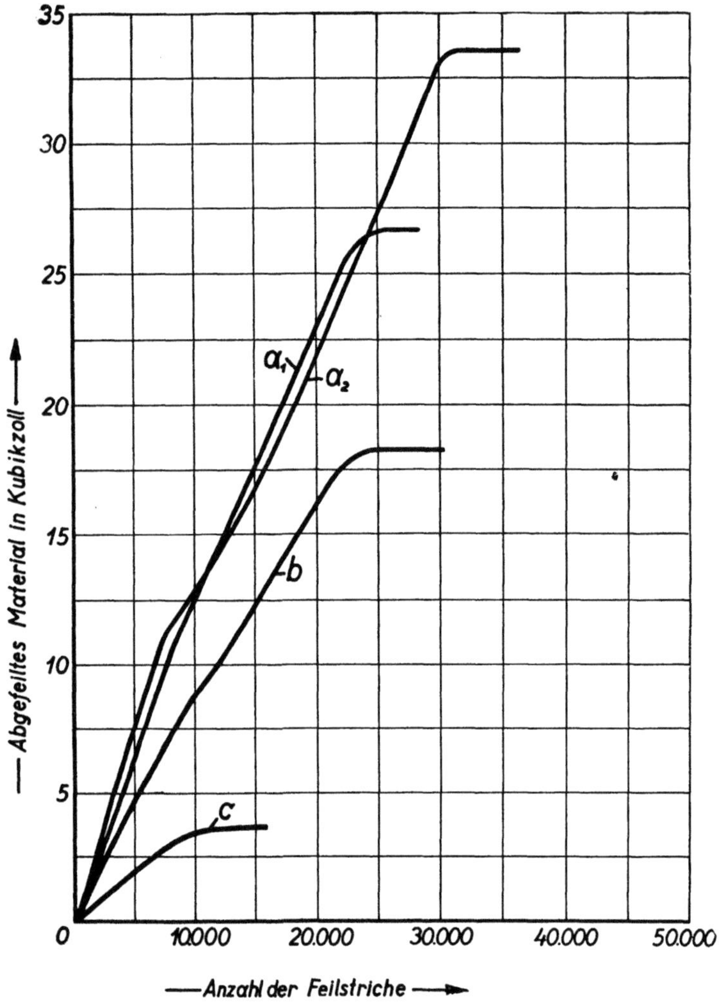

Abb. 275. Diagramm einer englischen Feilenprüfmaschine.

Umdrehung der Trommel 120 000 Feilstrichen entspricht. Die horizontale Verschiebung des Schreibstiftes und die Verdrehung der Papiertrommel ergeben zusammen eine Kurve, die ein Bild von der von der Feile verrichteten Arbeit in jeder Zeiteinheit liefert. Ein solches Bild zeigt die Abb. 275. *a*, *b* und *c* können nicht nur Kurven einer guten, mittleren und schlechten, sondern auch diejenigen einer groben, mittleren und feinen Feile sein. Im ersteren Falle zeigen die Diagramme, daß die gute Feile *a* bei 10 000 Feilstrichen $12^1/_2$ Kubikzoll zerspante, während die mittlere Feile *b* nur $8^3/_4$ und die schlechte Feile *c* gar nur $3^1/_3$ Kubikzoll wegfeilten. Im zweiten Falle können die Kurve *a* die Leistung einer Bastard-, *b* die Leistung einer Halbschlicht- und c die Leistung einer Schlichtfeile darstellen. Je aufrechter eine solche Kurve verläuft, desto mehr leistet die Feile bei einer bestimmten Strichzahl. Erfahrungsgemäß ist die Hiebart der Feile von großem Einfluß auf das Diagramm, nicht nur in Beziehung auf die Schneidleistung, sondern auch in Beziehung auf ihre Lebensdauer. Zahlreiche Versuche haben weiter bewiesen, daß eine gröbere Feile viel schneller feilt und viel länger aushält als eine feinere Feile, daß aber auch — wie längst bekannt — die beiden Seiten ein und derselben Feile meist sehr verschieden sind, und zwar nicht selten bis zu einem Verhältnis von 2 : 1. Hierzu zeigen die Kurven a_1 und a_2 die Leistungen einer flachen Feile, bei welcher a_1 die erste und a_2 die zweite mit dem Oberhieb versehene Seite darstellt. Daß die letztere Seite a_2 im allgemeinen die bessere ist, liegt zunächst daran, daß die zuerst mit dem Oberhieb versehene Seite während des Hauens der gegenüberliegenden Seite auf einer Unterlage ruht, die eine gewisse Härte haben muß, und dadurch der schon gehauene Oberhieb gerne etwas notleidet. Oft zufällig kommt dann noch dazu, daß die erst gehauene Seite mit einem schon etwas stumpfen Meißel gehauen wurde, da dieser in der Praxis nicht nach jeder, sondern meist erst nach ungefähr 8 Seiten wieder frisch geschliffen und abgezogen wird. Zu dem Diagramm ist noch zu bemerken, daß eine Feile nicht von Anfang an die höchste Leistung aufzuzeichnen braucht; oftmals kommt diese erst nach einiger Zeit zur Geltung. Die rasche Umbiegung der Kurven in die Horizontale zeigt, daß die Schneidleistung der Feilen meist plötzlich aufhört.

Die Analysen der Prüfstäbe, welche zunächst zu den Herbertschen Feilenprüfmaschinen verwendet wurden, sollten auf Anraten der Sheffielder Universität folgende Resultate zeitigen: 0,89% Kohle, 0,3% Mangan, unter 0,1% Silizium und je 0,02% Phosphor und Schwefel. Die Belastungsgewichte wurden mit 15 und 25 kg angenommen, entsprechend einem Flächendruck auf die Feile von 2,36 und 3,94 kg/qcm. Um die oft sehr lange Versuchsdauer abzukürzen, wurden nach und nach härtere Prüfstäbe bis zu einer Festigkeit von 80 kg/qmm verwendet, dabei mußten aber die Belastungsgewichte und dadurch auch die Flächendrücke wesentlich erhöht werden. Der Hub der Maschine betrug für größere Feilen 155 mm und die Umdrehungszahl wurde auf 60 bis 70 in der Minute festgesetzt.

Die Erfahrungen, die nun im Laufe der Jahre mit Feilenprüfmaschinen gemacht wurden, scheinen in allen Staaten keine besonders günstigen gewesen zu sein, denn tatsächlich sind die Anpreisungen dieser Maschinen und die technischen Berichte über dieselben heute ganz verstummt. Es war dies auch nicht anders zu erwarten, solange die zu prüfenden Feilen selbst nicht unter sich die gleichen Bedingungen in bezug auf ihre Hiebgröbe (gleiche Anzahl der Hiebe auf 1 cm) und Hiebstellung erfüllten und solange namentlich die Feilenprüfung von Probierstäben abhängt, die niemals — ganz gleichgültig, ob sie aus Gußeisen, Gußstahl oder Rotguß hergestellt sind — in genau gleichen Qualitäten verfertigt werden können, welche natürlich Grundbedingung für einwandfreie Prüfungen sind.

Wenige Hundertstel Prozente Veränderungen in der chemischen Zusammensetzung, bzw. in den Legierungen genügen oft schon, den einmal bestimmten Aufbau der Prüfstäbe und damit auch den Härtegrad und die Festigkeitseigenschaften derselben zu verändern.

Jeder Prüfstab, selbst der beste, hat einmal eine harte Stelle in sich, welche — wenn sie auch noch so klein ist — Grund zu einer Kieselbildung gibt. Sobald ein solcher Kiesel, der ja immer über die Feilenzähne ein wenig hervorsteht, sich in den Feilenhieben festgesetzt hat, greift die Feile nicht mehr an. Vielmehr erzeugt der Kiesel auf dem Prüfstab eine harte Oberfläche, gegen welche selbst der kieselfreie Teil der Feile nur schwer aufkommt. Das Diagramm spricht unbarmherzig gegen die Feile, während diese, wenn der Kiesel entfernt ist, noch sehr gut schneiden kann. Solche und ähnliche Fälle kommen öfters vor.

Wie ich schon anführte, sind die beiden Seiten einer flachen Feile oft ganz verschieden. Kommt nun einmal bei einer Prüfung von Konkurrenzfabrikaten von dem Fabrikat des X die erstgehauene und von dem des Y die zuletzt gehauene Seite auf die Maschine, dann können sich vollständig irreführende Resultate ergeben. Oft prüft der eine die Feile an ihrer bauchigsten, der andere an einer weniger bauchigen Stelle, gleich werden sich Ergebnisse zeigen, die mit der Wirklichkeit gar nicht übereinstimmen. Zufällig hat einmal eine erstklassige Feile eine kleine weiche Stelle, die ausgerechnet mit über den Prüfstab läuft; der Schreibstift wird ein Diagramm aufzeichnen, das mit der wirklichen Leistung der Feile nicht im Einklang steht.

Diese wenigen Beispiele zeigen, daß die Feilenprüfmaschine, die ohne jedes Gefühl mechanisch weiterarbeitet, ihr Urteil nicht selten gegen eine Feile abgibt, die unter Umständen zur üblichen Feilarbeit mit der Hand ausgezeichnet und anderen Feilen weit überlegen sein kann. Auch ist schon festgestellt worden, daß die beste Feile, die auf hartem Stahl ihre Prüfung bestand, nicht die beste Feile ist, wenn sie weiter auf weichem Stahl benützt wird, weil in letzterem Falle sich die Zähne der Feile gerne mit Spänen vollsetzen und so den Boden zu Kieselbildungen vorbereiten.

Alle diese Mißstände, die sich bei Feilenprüfmaschinen zeigen, sind schon durch viele Praktiker festgestellt worden, und alle halten die altgebräuchliche Prüfung der Feilen durch fachmännische Beurteilung und mit dem Probierstahl für ausreichend zuverlässig und namentlich auch für viel einfacher. Die praktischen Amerikaner haben diese Feststellungen ebenfalls gemacht, denn einer ihrer ersten und größten Feilenfabrikanten, Nicholson, schrieb in der 12. Auflage seiner ‚File Filosophy' 1922: „Der beste Prüfstein für Feilen und Raspeln ist und bleibt ‚The Real Test' d. h. die wirkliche Prüfung, das zuverlässige Urteil derjenigen, welche diese Werkzeuge gewissenhaft und verantwortungsvoll am Schraubstock in der Werkstätte tagtäglich verwenden."

Die Feile in der Hand des Werkmannes. Es gibt in allen metallverarbeitenden Werkstätten kaum ein Werkzeug, dessen Gebrauch so viel Geschicklichkeit erfordert wie die Feile. Mit dieser jegliche Arbeit zu leisten, ob grob oder fein, ist eine Kunst, die wert ist, von allen jungen Leuten der gesamten Metallindustrie gründlich erlernt zu werden. Das richtige Arbeiten mit der Feile ist die Grundlage zur Ausbildung eines jeden Mechanikers, und wenn er diese erfaßt hat, wenn er seine Feile einwandfrei führt und dabei seine Arbeit gewissenhaft verrichtet, dann wird er um so leichter und rascher jede andere Arbeit in seinem Beruf mit der Hand oder mit der Maschine erlernen können.

Wie nun eine Feile zu gebrauchen ist, soll in den nachstehenden Ausführungen noch etwas näher beschrieben werden:

Eine Feile beim Gebrauche richtig zu führen, ist für den Fachmann eine einfache Sache, nicht aber für den, der die Handhabung der Feile erst lernen will.

Mit der rechten Hand wird das Heft der Feile ganz umfaßt mit dem Zeigefinger nach unten, die Spitze der Feile hält man je nach ihrer Größe mit Daumen und Zeigefinger oder mit dem Ballen der linken Hand. Die Feile wird über das im Schraubstock befestigte Arbeitsstück möglichst horizontal vor- und zurückgeführt, dabei wird stets ein leichter Druck nach der rechten Seite angewendet, damit die Feile nicht, der Richtung des Kreuzhiebes nachlaufend, von selbst nach links geht, wodurch ein Angreifen der Zähne verhindert würde. Ein Druck auf die Feile wird nur dann gegeben, wenn sie nach vorwärts geführt wird, weil ja nur nach dieser Richtung die Zähne angreifen. Beim Zurückführen der Feile läßt man diese, um ein vorzeitiges Stumpfwerden zu verhindern, nur durch ihr Eigengewicht über die gefeilte Fläche des Werkstückes gleiten.

Eine ebene Fläche kann man nur dann erzielen, wenn während des Bearbeitens die Feilrichtung immer wieder geändert wird. Man feilt abwechslungsweise eine Zeitlang z. B. von rechts nach links, dann von links nach rechts und dann wieder eine Zeitlang geradeaus. Diese Art des Feilens wird fortgesetzt, bis die ebene Fläche annähernd hergestellt ist. Während des Feilens muß von Zeit zu Zeit mit einem geraden Lineal die gefeilte Fläche kontrolliert werden, damit höhere oder tiefere Stellen erkannt und entsprechend nachbearbeitet werden können. Diese Arbeit wird so lange fortgesetzt, bis die genaue Kante des Lineals keinen Lichtstrahl mehr durchläßt.

Soll z. B. ein Rechteck gefeilt werden, so wird seine eine Fläche möglichst genau vorgearbeitet und dann die nächste Fläche in Angriff genommen, wobei zuerst mit einem genauen Winkel festgestellt wird, wo die Feile angesetzt werden muß. Die übrige Bearbeitung geschieht wie oben beschrieben, nur muß dazwischen auch immer wieder der Winkel angelegt werden. — Bei einem Würfel müssen, um gleiche Stärken zu erhalten, die verschiedenen Seiten noch mit Kaliber Rachenlehren, Mikrometer oder Meßuhren nachgemessen werden.

Je nach der Größe des Arbeitsstückes beginnt man zunächst mit der Handfeile, der Strohfeile oder der Vorfeile, welche alle mit Bastardhieben versehen sind. Sind die Flächen annähernd eben gefeilt und wird eine feinere und genau ebene Fläche gewünscht, so sind zur Weiterbearbeitung nach und nach Halbschlicht-, Schlicht- und Doppelschlichtfeilen zu verwenden, wobei zu beachten ist, daß zur Vermeidung von Riefen oder Rissen entweder Öl, Kreide oder Seifenwasser anzuwenden sind, da dadurch verhindert wird, daß losgelöste kleine Späne sich zwischen den Feilen der Zähne festsetzen. — Die Leistung der Feile wird hierbei allerdings heruntergedrückt, aber dies hat insofern nicht viel zu sagen, als es beim Schlichten nicht darauf ankommt, viel Späne wegzufeilen, sondern eine feine, saubere Fläche zu erhalten.

Ebene Flächen erzielt man am leichtesten und besten mit einer bauchigen Flachfeile, und zwar wenn man mit ihrer bauchigsten Stelle arbeitet. Ganz gerade, d. h. zylindrische Feilen geben niemals — auch nicht beim geübtesten Feiler — ebene Flächen, diese werden stets mehr oder weniger gewölbt ausfallen. Vielfach kann man hören, daß es durch Verwendung der Dreikantfeile möglich ist, eine Fläche nicht nur eben, sondern sogar etwas hohl herzustellen. Die Erfahrung lehrt die Richtigkeit dieser Behauptung, da die Dreikantfeile gegenüber der Flachfeile eine viel stärkere Wölbung aufweist. Dazu können mit ihrer Spitze auch noch die kleinsten Unebenheiten leicht behoben werden. Damit soll aber nicht gesagt sein, daß nicht ein geschickter Feiler annähernd dieselbe Arbeit mit einer richtig gewölbten Flachfeile ausführen kann.

Die Feilengröße richtet sich stets nach der Größe der zu bearbeitenden Fläche.

Wird weiches Material wie Eisen gefeilt, so ist es angebracht, eine Stahlbürste oder ein Stückchen geglühtes Messingblech bei der Hand zu haben, um Kiesel, welche sich in den Hieben festsetzten, leicht entfernen zu können.

Rückblick.

Als Rückblick erscheint es zweckmäßig, den Werdegang der Feile an Hand von Naturmustern zu veranschaulichen, welche den Hauptstufen der Fabrikation entstammen, und deren getreue Bilder (Abb. 276) hier wiedergegeben sind. Diese zeigen die Entwicklung der Feile vom gewalzten Rohmaterial bis zum verkaufsfertigen Produkt, so wie es als nutzbarer Gegenstand in die Hand des Werkmannes kommt.

Man staunt, wie einfach diese Darstellung aussieht; trotzdem aber weiß der Leser, welche Unzahl von Arbeitsgängen, wenn auch mehr untergeordneter Art, und wieviel Handgriffe auszu-

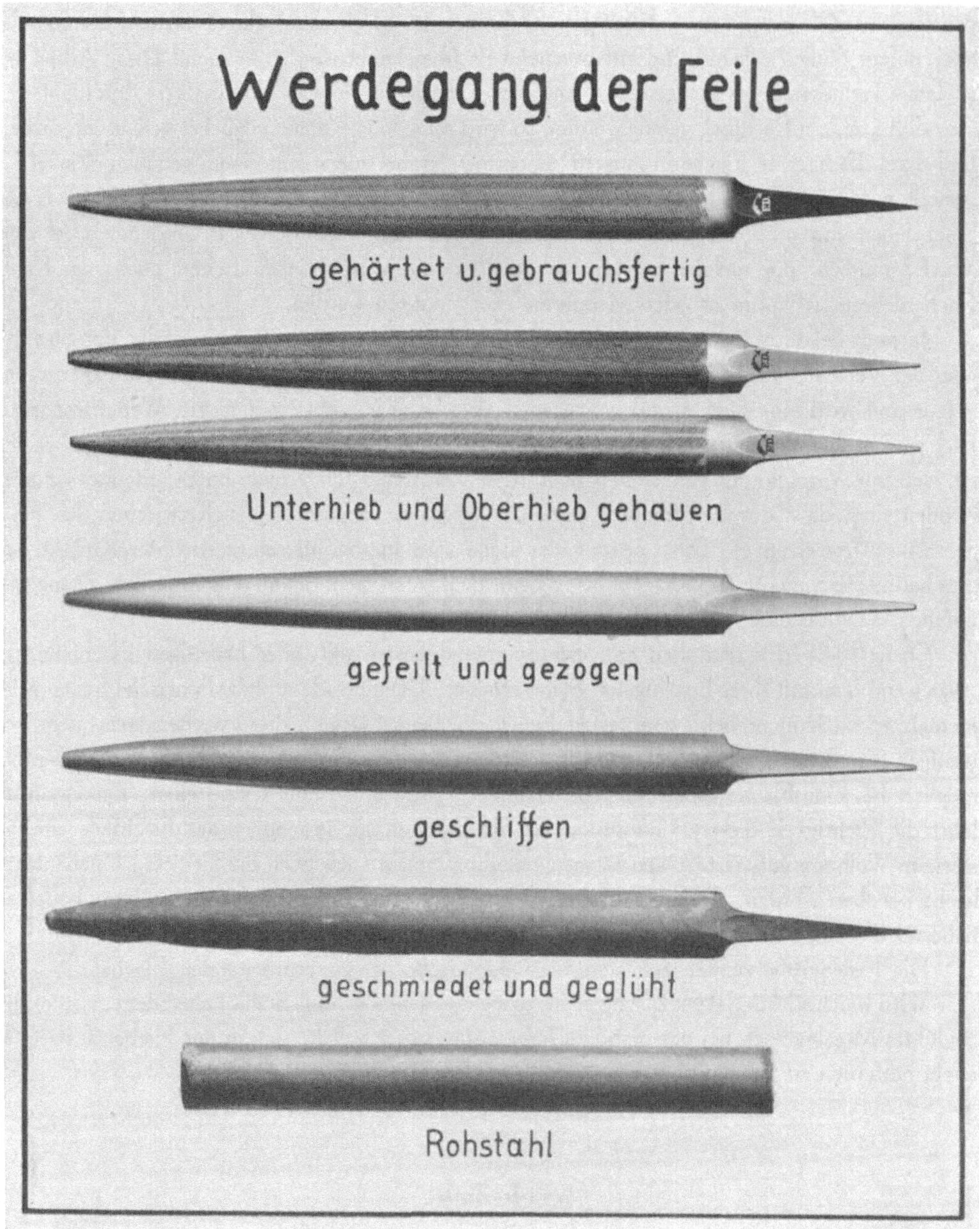

Abb. 276.

führen sind, bis die Feile zu dem geworden ist, was sie sein soll, nämlich ein Werkzeug, vor allem schneidend wie Gift, elegant und ansehnlich in der Form, frei von allen Fehlern und Unebenheiten und, wenn es sein muß, höchst genau in den Maßen.

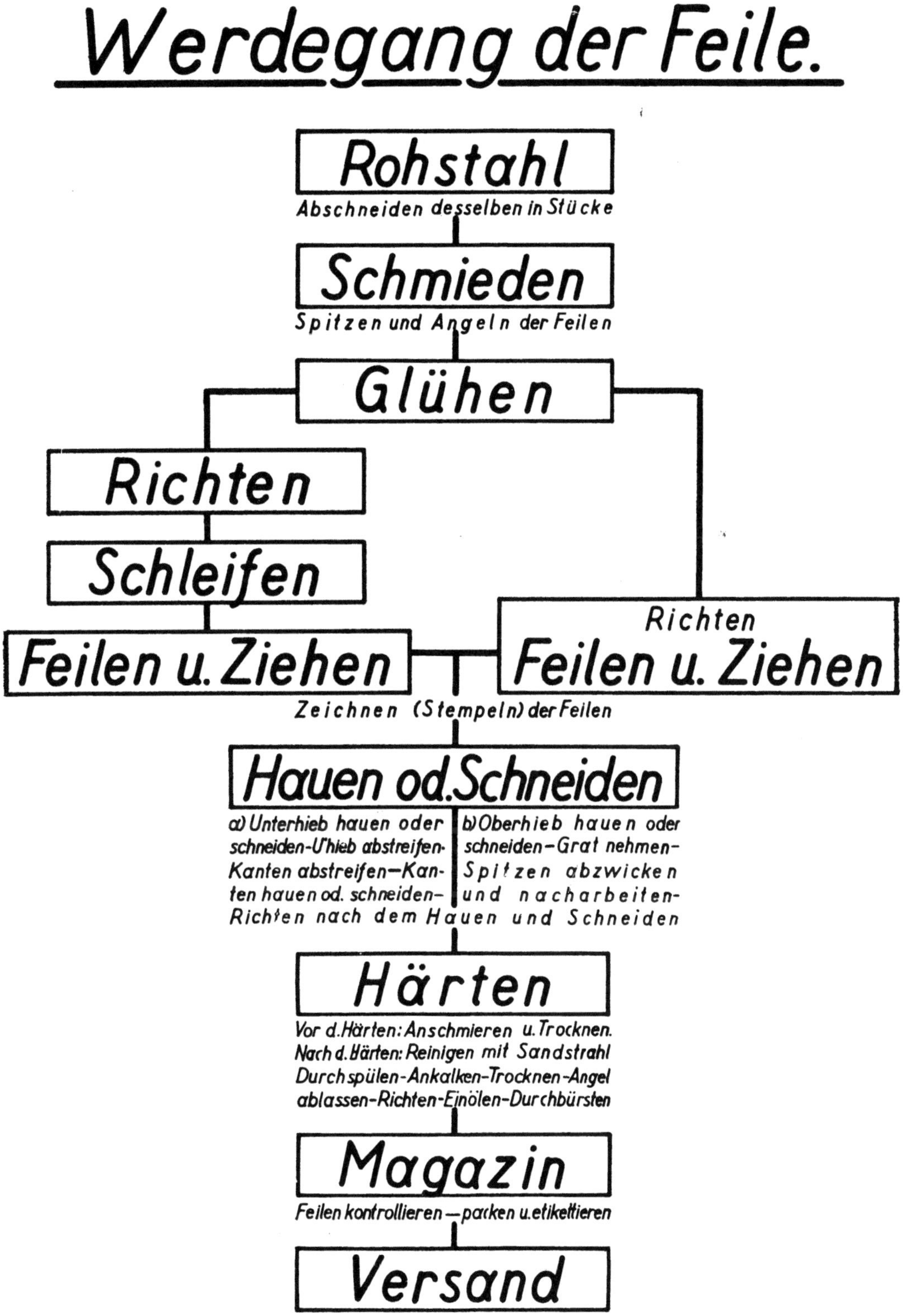
Werdegang der Feile.
Rohstahl
Abschneiden desselben in Stücke
Schmieden
Spitzen und Angeln der Feilen
Glühen
Richten
Schleifen
Feilen u. Ziehen
Richten
Feilen u. Ziehen
Zeichnen (Stempeln) der Feilen
Hauen od. Schneiden
a) Unterhieb hauen oder schneiden-U'hieb abstreifen-Kanten abstreifen—Kanten hauen od. schneiden-
b) Oberhieb hauen oder schneiden—Grat nehmen-Spitzen abzwicken und nacharbeiten-
Richten nach dem Hauen und Schneiden
Härten
Vor d. Härten: Anschmieren u. Trocknen.
Nach d. Härten: Reinigen mit Sandstrahl
Durchspülen-Ankalken-Trocknen-Angel ablassen-Richten-Einölen-Durchbürsten
Magazin
Feilen kontrollieren—packen u. etikettieren
Versand

Abb. 277.

Deshalb ist es kein Überfluß, wenn den Feilenabbildungen noch eine weitere hinzugefügt wird, worin der Werdegang einer Feile schematisch dargestellt ist, und wo neben den Hauptstufen auch die Nebengruppen berücksichtigt sind (Abb. 277). Daraus kann man sich den Gang der Feilenfabrikation im modernen Großbetrieb entnehmen, wo so ein an sich unscheinbares Gebilde durch zwanzig und noch mehr Hände wandern muß. — Aber auch da sind noch nicht alle Möglichkeiten berücksichtigt, denn die Feile ist im Laufe der Jahre zu den verschiedensten und schwierigsten Arbeiten herangezogen worden und hat deshalb oft eine Form, die den allgemeinen Feilenformen auch nicht annähernd entspricht. So kommt es vor, daß sie, schon mit Hieb versehen, nochmals warm gemacht und in komplizierte Formen gebogen wird. Häufig auch gibt ihr der Drehstahl die eigenartigsten Profile, ja selbst die Fräsmaschine und die Hobelmaschine legen oft ihren Zahn an die werdende Feile.

Die von den Feilenverbrauchern an Form, Genauigkeit und innere Qualität gestellten Anforderungen haben einer so beschaffenen Feile nicht ohne Grund die Bezeichnung „Präzisionsfeile" eingebracht.

Abb. 278. Nürnberger Feilenhauerwappen um 1680.

Die drei Feilen stellen nach Aufzeichnungen, welche in Nürnberg aufbewahrt sind, die damals verlangten Feilenhauermeisterstücke dar.

Literaturverzeichnis.

Abraham a S. Clara, R. P., Augustiner: Etwas für Alle, das ist: Eine kurtze Beschreibung allerley Stands-, Ambts- und Gewerbs-Personen. Mit Kupffern von Christoph Weigeln. Wuertzburg 1711.

Äsopus: Leben und auserlesene Fabeln mit Erklärungen und Kupfern. Nürnberg 1760 (s. auch Steinhöwel).

Allgemeiner Anzeiger der Deutschen Nr. 122. 1808.

Allgemeiner literarischer Anzeiger oder Annalen der gesamten Literatur für die geschwinde Bekanntmachung verschiedener Nachrichten aus dem Giebet der Gelehrsamkeit und Kunst. Dezember 1798.

Altmüller, G.: Beschreibung der Werkzeugsammlung des k. k. polytechnischen Instituts. Wien 1847.

Annales des Arts et Manufactures. 1800 und 1804.

Archives des Découvertes et des Inventions nouvelles, Faites dans les Sciences, les Arts et les Manufactures, tant en France que dans les Pays étrangers, pendant l'année 1817, 10. Bd. Paris 1818.

Armengaud, Frères: Le Génie Industriel, Revue des Inventions Françaises et Etrangères. Bd. 27. 1864.

Ausstellungsbericht über die Pariser Ausstellung 1855.

Beck, Dr. Ludwig: Die Geschichte des Eisens in technischer und kulturgeschichtlicher Beziehung. I. Bd. 1884, II. Bd. 1893—1895, III. Bd. 1897.

Beckmann: Phys.-ökon. Bibliothek I. Stück, 7. Bd. 1777.

Beckmann, Johann: Beyträge zur Oekonomie, Technologie, Polizey und Cameralwissenschaft. Göttingen 1786.

Bergius, Johann Heinrich Ludwig: Neues Polizey- und Cameralmagazin. Leipzig 1776.

Berlinisches Journal für Aufklärung von S. N. Fischer und A. Riem. II. Bd., I. Stück. 1789.

Beschreibung der Erfindungen und Verbesserungen, für welche in den Kaiserlich-Königlichen österreichischen Staaten Patente erteilt wurden. Wien 1846.

Besson, Jaques: Theatrum oder Schaubuch Allerley Werckzeug und Rüstungen. Mömpelgart 1595.

Biographien berühmter Erfinder und Entdecker der Neuzeit: James Watt. Stuttgart 1860.

Blumhof, Dr. Johann Georg Ludolph: Versuche einer Encyclopädie der Eisenhüttenkunde. Gießen 1817.

Breithaupt, H. C. W.: Feilenhauer-Maschine mit einem Kupfer. Rudolstadt 1809.

Brunschwig, Hieronymus: Chirurgia. 1497.

Bücher, Karl: Die Berufe der Stadt Frankfurt im Mittelalter. Leipzig 1914.

Bulletin de la Société d'Encouragement pour l'Industrie nationale. 1802 und 1814.

Burgmaier, J.: Des weisen Königs Maximilian Taten und Werke. Wien 1750.

Busch, Gabr. Christ. Benj.: Handbuch der Erfindungen. Eisenach 1807.

Compte-Rendu sur l'Exposition des Produits de l'Industrie Nationale. Paris 1839.

Conversations-Lexikon für Künstler und Handwerker, Fabrikanten und Maschinisten. I. Bd. Weimar 1841.

Cronau, Rudolf: Geschichte der Solinger Klingenindustrie. 1885.

Der Handwerker und Künstler, Fortschritte und Muster. Weimar 1826, 1827 u. 1831.

Der kaiserl. privilegierte Reichsanzeiger Nr. 8. 1793.

Der praktische Maschinenkonstrukteur. Zeitschrift für Maschinen- und Mühlenbauer, Ingenieure und Fabrikanten. 36. Jahrgang. Leipzig 1903.

Descriptions des Arts et Métiers 1761—1779: 1. L'Art de la Draperie, M. Duhamel du Monceau. Bd. 4. 1764. — 2. L'Art du Serrurier, M. Duhamel du Monceau. Bd. 6. 1767. — 3. L'Art du Menuisier-Ebeniste. M. Roubo le Fils. Bd. 8 1769; Bd. 20 1774. — L'Art du Coutelier. Jean Jacques Perret. Bd. 13 1771; Bd. 15 1772; — 5. L'Art du Facteur d'orgues. Bedos de Celles. Bd. 11 1770. — 6. L'Art du Tourneur mécanicien. Hulot sr. Bd. 22. 1776. — 7. L'Art de l'épinglier.

Dinglers Polytechnisches Journal 1823 und 1843.

Eude, Emile: Histoire Documentaire de la Mécanique Française. Paris 1902.

Euripides: Tragödien.

Explication des Modèles des Machines et Forces Mouvantes, que l'on expose à Paris dans la Rue de la Harpe vis-à-vis Saint Cosme. Paris 1683.

Forrer, Dr. Robert: Reallexikon der prähistorischen Altertümer. Straßburg 1907; Die Urgeschichte des Europäers. 1908.

Geissler, J. G.: Beschreibung und Geschichte der neuesten Instrumente und Kunstwerke. 1792 u. 1798.

Göttingische Anzeigen von Gelehrten Sachen unter der Aufsicht der Königl. Gesellschaft der Wissenschaften. 1770.
Grivaud de la Vincelle: Arts et Métiers des Anciens. Paris 1819.
Grothe, H.: Leonardo da Vinci als Ingenieur und Philosoph. Berlin 1874.
Haedicke, Hermann: Die Technologie des Eisens. Leipzig 1900.
Halle, Johann Samuel: Werkstätte der heutigen Künste oder die neue Kunsthistorie. 3. Bd. Brandenburg und Leipzig 1764.
Hambruch, Dr. Paul: Nauru. II. Halbband. 1914—1915.
Handschriften, technische: 1405, Cod. philos. 63, Kyeser, Konrad; 1420, Cod. iconogr. 242; 1420, im Großen Generalstab der Armee zu Berlin.
Hasenclever, Professor Adolf: Erinnerungen und Briefe von Josua Hasenclever. 1922.
Hassenfratz, J. H.: La Sidérotechnie ou l'art de traiter les Minérals de Fer. Paris 1812.
Hettner, Felix: Römische Steindenkmäler des Provinzialmuseums Trier. 1893.
Hildt, Johann Adolf: Handlungszeitung oder wöchentliche Nachrichten von Handel, Manufakturwesen, Künsten und neuen Erfindungen. Gotha 1798.
Histoire de l'Academie Royale des Sciences. 1750 u. 1756.
Homer: Odyssee.
Hoyer; Lehrbuch der mechanischen Technologie. 1878.
Jacobi, L.: Das Römerkastell Saalburg. Homburg 1897.
Jacobssons (Johann Karl Gottfried): Technologisches Wörterbuch. 1781.
Jars, M. G.: Voyages Métallurgiques. Lyon 1774.
Jasmund, Robert: Das Buch der Fortschritte für Schlosser. Weimar 1860 u. 1870.
Johannsen, Dr. Otto: Geschichte des Eisens. Düsseldorf 1924.
Journal für Fabrik, Manufaktur, Handlung und Mode. 1797 u. 1802.
Jousse de la Flêche, Mathurin: La fidelle Ouverture de l'Art du Serrurier. 1627.
Illustrierter Katalog der Großen Industrieausstellung aller Nationen in London 1851.
Karmarsch: Handbuch der mechanischen Technologie. 1888 u. 1891.
Karmarsch u. Heeren: Technisches Wörterbuch. 1878.
Kelleter, Dr. Heinrich: Geschichte der Familie J. A. H. Henckels in Verbindung mit einer Geschichte der Solinger Industrie. 1924.
Koller, Dr. Theodor: Neueste Erfindungen und Erfahrungen. 1882, 1887, 1888 u. 1889.
Krämer, Professor Dr.: Hawaii, Ostmikronesien und Samoa. Stuttgart 1906.
Kruenitz, D. Johann Georg: Oekonomische Encyclopädie. Berlin 1777.
Lasteyrie, Graf von: Sammlung von Maschinen, Instrumenten, Gerätschaften, Gebäuden, Apparaten usw. 1. Bd. 1821.
Lauraeus, Gabriel: Kongl. Svenska Vetenskaps Academiens Handlingar. 9. Bd. Stockholm 1748.
Leonardo da Vinci: Cod. Atl. Fogl. 6, r. Nr. II: Riprodotto e Publicato dalla Regia Academia dei Lingei. Milano 1903.
Leupold, Jacob: Theatrum Machinarum Generale, Schauplatz des Grundes mechanischer Wissenschaften. 1724.
Lloyd, G. J. H.: M. A. The Cutlery Trades. Toronto 1913.
Lucretius, T. Carus: Von der Natur der Dinge.
Magazin aller neuen Erfindungen, Entdeckungen und Verbesserungen für Fabrikanten, Manufakturisten, Künstler und Handwerker und Ökonomen. D. G. F. Hermbstädt. VII. Bd. I. Stück. Leipzig um 1800.
Meyer, Eduard: Geschichte des Altertums, I. 2. 1909.
Meyers Konversationslexikon. 5. Auflage. Bd. 6. 1894.
Munro, N. G.: Prehistoric Japan. Yokohama 1911.
Neuburger, Dr. Albert: Technik des Altertums. Leipzig 1919.
Nicholson, John: Der praktische Mechaniker und Manufakturist oder gemeinnützige Erläuterung der mechanischen Künste und Handwerke in England. 1826.
Nicholson: File Filosophy. Providence 1922.
Panckouke: Encyclopédie Méthodique. Les Arts et Métiers Mécaniques et l'Art de la Taillanderie. Paris 1791.
Petrie, Flinders W. M.: Fourth Memoir of The Egypt Exploration Fund. Defenneh. Theben. Abydos. 1888.
Petrie, Flinders W. M.: The Arts and Crafts of Ancient Egypt. 1909.
Pfeiffer, Dr. Ludwig: Die steinzeitliche Muscheltechnik und ihre Beziehungen zur Gegenwart. Jena 1914
Plinius, Cajus Secundus: Naturgeschichte.
Polhem, Christian: Erinnerungen wegen Zubereitung des Stahls. 1740. (Siehe auch Dr. Beck, Geschichte des Eisens, III. Bd.)
Poppe, Johann Heinrich Moritz: Encyclopädie des gesamten Maschinenwesens. Leipzig 1804.
Prechtl, J. J.: Technologische Enzyklopädie. Stuttgart 1834.
Quanz, J. C.: Das Verfertigen der Feilen in Schmalkalden. 1790. (Siehe auch Beckmann, Joh. Göttingen 1786.)
Quellenforschungen — Feldhaus: Berlin-Friedenau.
Ramelli: Schatzkammer mechanischer Künste. 1620.

Recueil des Machines, approuvées par l'Académie Royale des Sciences. Bd. I 1699; Bd. III 1716; Bd. IV 1725; Bd. VI 1732.
Recueil de Planches sur les Sciences, Les Arts Libéraux et les Arts Méchaniques. Paris 1765.
Reuleaux, Prof. Dr. F.: Die praktischen Beziehungen der Kinematik. 1900.
Sachs, Hans: Eigentliche Beschreibung aller Stände auf Erden. Mit Kupfern von Jost Ammann. Frankfurt 1568.
Simrock, K.: Die deutsche Heldensage. Stuttgart 1863.
Sprengel, P. N.: Handwerke in Tabellen mit Kupfern. Berlin 1767.
Stahl und Eisen (Zeitschrift) Nr. 13. Juli 1892.
Steinhöwel: Hermann Oesterley. Tübingen 1873.
Taylor, Georg: Files and Filing. London 1920.
The North of England Medical and Surgical Journal Nr. 1. 1830.
Theophilus Presbyter: Schedula diversarum artium, übersetzt von A. Ilg. Wien 1874.
Thun, Alphons: Die Industrie des Bergischen Landes 1879. (Siehe Schmoller, Staats- und sozialwissenschaftliche Forschungen. Bd. 2.)
Traité de l'Horlogerie Méchanique et Pratique approuvée par l'Academie Royale des Sciences. (Thiout l'aîné) 1741.
Transactions of the American Philosophical Society, held at Philadelphia. 1771 u. 1789.
Vinci, Leonardo da: Cod. Atl. Fogl. 6, r. Nr. II: Riprodotto e Publicato dalla Regia Academia dei Lingei. Milano 1903.
Vouga, Paul: La Tène. Monographie de la Station. Leipzig 1923.
Weigel, Christoff: Abbildung der Gemein-Nützlichen Hauptstände von Regenten und ihren Künstlern und Handwerkern. Regenspurg 1698.
Xenophon: Cyropaedia.
Ziegler, Dr. Franz: Wesen und Wert kleinindustrieller Arbeit, gekennzeichnet in einer Darstellung der Bergischen Kleineisenindustrie. 1901.

Namenverzeichnis.

Orts- und Sachverzeichnis.

GPSR Compliance

The European Union's (EU) General Product Safety Regulation (GPSR) is a set of rules that requires consumer products to be safe and our obligations to ensure this.

If you have any concerns about our products, you can contact us on ProductSafety@springernature.com

In case Publisher is established outside the EU, the EU authorized representative is:

Springer Nature Customer Service Center GmbH
Europaplatz 3
69115 Heidelberg, Germany

Batch number: 10684220

Printed by Printforce, the Netherlands